문명의 요람

지은이 **남영우**

서울대학교와 일본 쓰쿠바대학교를 졸업했다. 지리학 중에서도 인문지리학으로 학문을 시작했으며 도시지리학, 계량지리학, 교통지리학, 지도학으로 연구 영역을 확장했다. 고려대학교 교수, 쓰쿠바대학교 초빙교수, 미네소타대학교 연구교수, 한국도시지리학회 회장을 역임했다. 서울시 수도발전위원, 글로벌 도시 심의위원, 행정안전부 지역발전분과 부위원장 등의 직책을 맡아 한국 도시정책에 참여했다. 또한 국무총리실 세종시 민관합동위원회의 위원, 한국해양포럼 대표, 대한민국 학술연구재단의 국가 석학 선정위원으로도 활약했다. 현재 고려대학교 명예교수다.

대한민국 정부로부터 도시학술상과 지리학 발전에 기여한 공로로 대한지리학회로부터 학술상을 수상했고, 한국대학신문의 오피니언 리더로 선정된 바 있으며, 케임브리지 국제인명센터(IBC) 20세기 저명 지성에 선정되기도 했다. 《도시공간구조론》, 《글로벌시대의 세계도시론》, 《한국인의 두모사상》 등의 저서는 대한민국학술원과 일본 학술진흥원으로부터 우수도서로 선정된 바 있으며, 이 외 저서로는 《도시와 국토》, 《지리학자가 쓴 도시의 역사》, 《계량지리학》, 《일제의 한반도 측량침략사》, 《日本の生活空間(공저)》, 《首都圈の空間構造(공저)》, 《21世紀人文地理學の展望》, 《France-Corée: 130 ans de relations 1886-2016(공저)》, 《땅의 문명》, 《한국의 도시와 국토(공저)》, 《아주 쓸모 있는 세계 이야기(공저)》 등 다수가 있다.

인류 최초의 도시는 왜 퍼타일 크레슨트에서 탄생했는가

문명의 요람
퍼타일 크레슨트

메소포타미아, 레반트, 이집트 문명의 이해

푸른길

차 례

문명은 개개인의 관심 분야나 전공에 상관없이 인류가 공통으로 흥미를 가지고 있는 것 중 하나라 할 수 있다. 오늘날 우리들이 누리고 있는 혜택들도 대부분 과거에 선조들이 이룩한 고대 문명 덕분이다. 많은 사람들은 인류 문명의 근간을 그리스·로마 문명이라 오해하고 있다. 정작 그리스·로마 문명의 삶의 방식이 오리엔트의 퍼타일 크레슨트 문명의 영향을 받은 것인데도 말이다.

현재 초기 문명의 발상지로 알려진 곳은 메소포타미아, 나일강, 인더스강, 황허로, 여기서 인류는 하천이 운반한 충적토 위에 문명을 탄생시켰다. 유프라테스강과 티그리스강 사이에 위치한 메소포타미아는 매년 홍수 때문에 토양이 갱신되었으며, 당시 신석기인들이 농경을 지속하기에 유리한 식물상과 동물상을 갖추고 있었다. 아나톨리아고원과 아르메니아고원의 눈이 녹으면서 비옥한 미사토가 함께 운반되고, 유프라테스강과 티그리스강은 매년 범람하였다. 유량이 많은 경우에는 심한 침식을 받아 유로가 변경되기도 했다. 이 때문에 신석기 시대의 메소포타미아인들은 갈대숲과 야생 식물을 제거하고 수로를 만들어 배수를 시도했으며, 이 수로는 후에 관개 시설로 바뀌었다.

이집트 역시 나일강이 매년 범람했지만 아비시니아고원의 화산 쇄설물이 섞인 미사토가 운반되면서 비옥한 토양을 얻을 수 있었다. 이집트인들은 메소포타미아인들처럼 비료를 이용하는 시비술fertilizing을 개발하지 못했으므로 땅에 의존할 수밖에 없었다. 그러나 청나일강의 홍수가 매년 토양의 비옥도를 유지해 주었기 때문에, 이집트인들은 나일강이 제공해 준 토양에서 파피루스를 베어낸 다음, 파종을 하고 밟아주는 일 이외에는 아무것도 할 필요가 없었다. 해마다 토양이 새롭게 갱신되면서 이집트인들은 이동 생활을 할 필요 없이 정착하여 도시와 국가를 건설할 수 있었으며 이를 통해 문명을 창출하는 기반을 마련할 수 있었다.

반면에 배수로와 관개 시설을 만들어 낸 메소포타미아인은 이집트인과 달리 땅의 기생자가 아니라 땅의 창조자로 존재할 수 있었다. 두 문명은 하천 문명이라는 점에서는 동일하지만, 범람이 규칙적이었던 이집트와는 달리 범람이 불규칙했던 메소포타미아는 땅의 재창조가 이루어졌다는 차이가 있다.

몇 해 전 원고의 분량이 지나치게 방대하다는 이유로 많은 내용을 삭제하고 발간된 나의 저서가 있다. 그중에서 특히 메소포타미아 문명과 이집트 문명에 관한 내용이 대폭 삭제되는 바람에 아쉬움이 컸다. 그리하여 전작에서 다루지 못한 부분을 이 책을 통해 제대로 전달하고자 한다. 이 책의 제목이 《문명의 요람 퍼타일 크레슨트》인 만큼 고대 문명을 중심으로 설명해야 하지만, 울림이 있으면 되돌아오는 메아리까지 들어야 하듯이, 문명사란 것이 두부모 자르듯 명백히 구분되지는 않으므로 필요에 따라 이슬람 문명과 같은 중세 문명까지 설명한 곳도 있음을 일러둔다.

이 책은 지리학적 관점에서 본 문명론으로, 누구나 이해하기 쉽도록 풍부한 자료와 그림, 지도를 실었다. 또한 독자들과 대화하듯 친근감 있게 다가가기 위해 배경지식이나 좀 더 자세한 읽을거리는 BOX로 만들어 별도로 구성하였다.

본문 중에 수학 공식이 등장하기는 하지만, 어렵다고 느낀다면 그 부분은 건너뛰어도 내용을 파악하는 데 큰 문제가 없다는 사실을 미리 말해 둔다. 나는 전문가보다는 일반 독자들이 이 책을 읽어주었으면 하는 바람이 있다. 그리하여 인류 문명의 뿌리가 유럽 문명의 기초가 된 그리스·로마 문명이 아니라, 퍼타일 크레슨트 문명에 있다는 사실이 널리 알려지기를 바란다.

이 책을 집필하는 데 푸른길의 김선기 사장님을 비롯한 여러 분들의 협조가 있었지만, 가정에 소홀한 내 곁에서 항상 격려를 아끼지 않은 아내에게 가장 큰 감사를 전하고 싶다. 비록 이제는 인생을 정리해야 할 칠순의 나이를 넘어섰지만, 이 책이 마지막 집필이 되지 않길 내 스스로 다짐해 본다. 내가 원고를 완성할 때마다 꿈에 나타나는 어머니 영전에 이 책을 바친다.

남영우

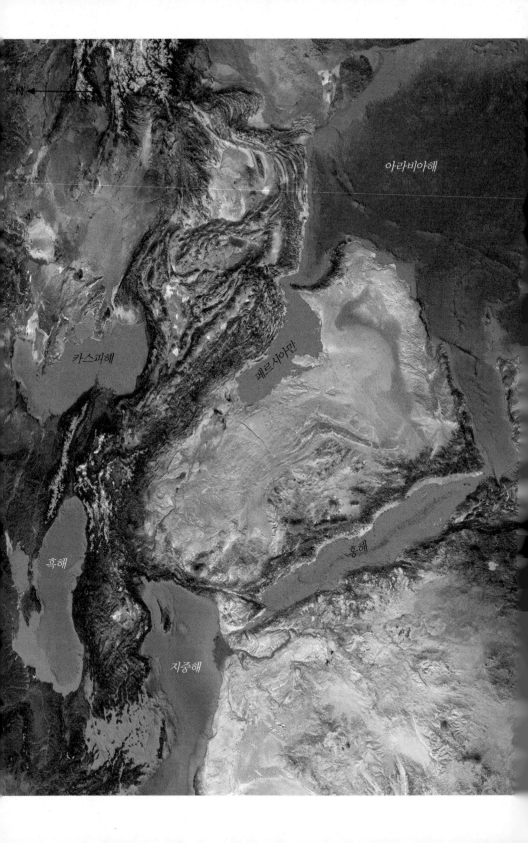

제1장

프롤로그: 문명이란?

문명은 일반적으로 사회의 여러 가지 기술적·물질적인 측면의 발전에 의해 이루어진 결과물의 총체로 정의될 수 있다. 그러나 문명의 개념이 그렇게 간략히 정의되는 것도 아니며, 때로는 문화의 개념과 혼동되기도 한다. 여기서는 문명의 개념과 함께 문명 창출의 메커니즘을 개략적으로 설명하면서 문명이 땅의 생김새, 즉 '지절'이란 새로운 개념으로 파악될 수 있다는 사실에 대해 설명하고자 한다.

키워드 문명, 문화, 미개, 지절, 지절률, 수평지절, 수직지절, 프랙털이론, 서구 우월주의, 환경 결정론, 비교우위.

문명의 정의

이 책은 《문명의 요람 퍼타일 크레슨트》란 제목에서 보는 것처럼 인류 최초의 문명론에 관한 것이다. 그렇다면 도대체 문명이란 무엇인가? 우리는 퍼타일 크레슨트Fertile Crescent에서 탄생한 문명에 대해 살펴보기 전에 먼저 문명에 관한 정의에 대해 알아볼 필요가 있다. 문명에 대한 정의는 학자에 따라 무궁무진할 정도로 다양하다. 문명론을 설명함에 있어 문명의 정의를 빠뜨릴 수는 없지만 모두 소개하려면 많은 분량을 소모해야 하므로, 여기서는 최대한 간단히 설명하려 한다.

오늘날 우리들이 사용하고 있는 '문명'이란 단어가 생긴 시기는 고대 그리스로 소급되지만, 일상적으로 사용되기 시작한 것은 18세기 후반 스코틀랜드의 보즈웰(Boswell, 1791)이 '미개barbarity'의 반대 개념으로 '문명civilization'을 상정한 것에서 비롯되었다.

보제만(Bozeman, 1975)이 문화와 문명의 개념을 구태여 구분할 필요가 없다고 주장한 것처럼, 일반적으로 문화와 문명을 엄격히 구분하지 않고 혼용해 설명하는 경우가 많다. 그러나 19세기 독일의 사상가들은 문명을 물질적 요소와 결부되어 있는 것으로 여기고, 문화를 한 사회의 가치관, 이상, 지적으로 높은 수준에 있는 예술적·윤리적 특성과 결부되어 있는 것으로 여겨 엄격하게 구분했다. 하지만 일반적으로는 문화를 그 저변의 문명으로부터 억지로 분리하는 것은, 《문명의 역사》에서 브로델(Braudel, 1994)이 주장한 것처럼 기만적 정의라고 할 수 있다.

그런 까닭에 문화는 문명과 유사한 개념이므로 혼동을 일으키기 쉽다. 간단히 요약하면 문화는 '국민'에 근거를 두는 데 비해 문명은 '전 인류'를 포함하는 개념을 뜻하므로, 그 영역이 로컬 차원인가, 글로벌 차원인가에 따라 구별할 수 있다. 테일러(Taylor, 1884)의 저서인 《문화의 정의》에 의하면, 문화는 사회의 한 구성원으로서의 인간이 획득한 모든 능력과 습관을 포함하는 복합체라고 정의했고, 이와 달리 문명은 이러한 문화를 소유한 공동체가 가시적이고 조직적으로 이루어진 구조적 산물이며 문화의 현상학적 표현 양식인 동시에 힘이라고 정의했다. 따라서 문화와 문명은 다른 개념이기는 하나 상호 불가분의 관계이며, 문화 없이 문명의 존재도 없고, 문명이 없이는 문화의 항구성을 보장받기도 힘들다.

이렇듯 문명을 문화의 상위개념으로 여기는 것이 일반적인 생각인 데 반해, 독일에서는 유독 문명 대신 문화라는 단어를 사용하고 있다. 구체적으로 말하자면, 영어권과 프랑스어권에서는 문명이라는 용어를 사회적 행위를 가리키는 포괄적 개념으로 사용하기 때문에 사회적 행위의 근본적 특성들이 동일하면 문명도 같은 것으로 인식하고 있다. 그러나 독일에는 그 개념이 정착되지 못한 대신에 문화kultur란 개념을 개발했다. 즉 문명이 보편성과 물질적 측면을 갖는 데 비해 문화는 개별성과 정신적 측면을 갖는다는 차이가 있으므로 각기 지향점이 다르다. 그러나 이런 구분은 문명에도 정신문명과 물질문명이라는 개념이 존재하기 때문에 오히려 혼동을 야기하기 쉽다.

이런 구분에 관해 1908년에 설립된 대일본문명협회(大日本文明協會, 1919)는 문화가 독일의 정신이라면 문명은 영국의 정신이라고 설명한 바 있다. 그 의미는 문화가 국민에 근거를 두는 것이며 문명은 전 인류를 포함한다는 뜻이다. 그런 까닭에 독일의 철학자 슈펭글러(Spengler, 1918)는 문화와 문명의 생성과 멸망에 관해 논하면서 문명을 문화의 몰락 단계로 파악한 바 있다.

헌팅턴(Huntington, 1996)은 문명을 단일 문명과 복수 문명으로 구분하면서 각각의 문명은 독자적 방식으로 문명화되고 문명을 이루는 구성 단위들은 서로 상호적 관계나 전체와의 관련성으로 정의될 수 있다고 설명했다. 문명이라는 용어는 광의적 의미를 가지며 가장 광범위한 문화적 실체라 할 수 있으므로 물질적 용어가 아니라 지식과 예술의 문제에 속하는 개념이며 종교적 입장과 철학적 태도를 요구한다고 볼 수 있다.

영국의 철학자이자 경제학자인 밀(Mill, 1859)은 유럽인들이 강성한 이유를 결합할 수 있는 능력에서 찾았고, 문명화의 결과로 권력이 점차 개인으로부터 대중에게로 옮겨 간다는 사실에 주목했다. 또한 밀(Mill, 1834)은 문명의 중심이 유럽, 특히 영국에서 뚜렷하게 존재한다고 확신했다. 우리는 그의 인종적 편견에는 동의할 수 없지만, 문명이 발달할수록 인간이 사회 제도에 의존하게 된다는 지적에는 공감하게 된다.

듀보(Dubos, 1865)와 월러스틴(Wallerstein, 1991)은 고유성 및 개별성을 가진 문화와 유사성과 공통성을 가진 문명을 대비시키면서, 문명과 문화는 상위와 하위의 위계적 개념이 아니라 총체와 개체, 복합성과 단일성의 포괄적 관계인 것으로 인식했다. 분명한 것은 프랑스의 지리학자 숄레(Cholley, 1951)가 지적한 것처럼, 문명이란 용어는 글로벌 스케일로 분포하며, 세기를 단위로 하여 변화한다는 것이다. 이와 같은 견지에서 이 책에서는 내용적 맥락에 따라 문화와 문명을 엄격하게 구별해 기술하지 않음을 밝혀두고자 한다.

우리는 문명을 하드웨어와 소프트웨어로 구별해 생각할 필요가 있다. 왜냐하면 문명이란 인간의 육체적 노동뿐만 아니라 정신적 노동을 통해 창출된 결과물의 총체이기 때문이다. 그러므로 문명은 물질문명과 정신문명으로 대별될 수 있다고 보아야 한다. 정신문명은 물질문명의 토대 위에서 성장할 수 있지만, 물질문명과 정신문명은 상호 보완적이면서 서로 긴밀하게 연결되어 있다. 또한 물질문명은 파괴될 수 있으나, 정신문명은 그렇지 않다.

영국의 역사학자 로버츠(Roberts, 1998)는 문명을 정의하는 일을 마치 '교양 있는 인물을 찾아내는' 것에 비유한 바 있고, 프랑스의 지리학자 페브르(Febvre, 1922)는 문명을 역사적·철학적 개념과 지리적 개념으로 나누어 설명했다. 그가 말하는 문명의 지리적 개념은 자연환경이 제공하는 자원을 인간사회가 개발하는 것을 뜻하므로 한정된 의미를 지닌다고 보아야 한다. 페브르와 달리 프랑스의 지리학자 구루(Gourou, 1948)가 정의한 문명은 인간과 자연환경과의 관계, 인간 상호 간의 관계, 토지 공간의 조직화 패턴을 규제하고 인간관계를 맺게 하는 인적 기술을 가리킨다. 따라서 문명은 결코 우열을 가릴 수 없는 존재지만, 문명에 따라 경관에 미치는 영향은 결코 동일하지 않다. 이처럼 프랑스의 문명론은 대체로 지리적 특성을 중시하는 전통이 있다.

뮐러(Müller, 1998)의 주장에 따르면, 문화는 문명보다 협소한 개념으로 인간의 '아름다운 활동'만을 가리킴으로써 사회 전체 레퍼토리의 일부분만을 파악하는 것이라 정의했다. 일반적으로 동물은 본능의 도움으로 삶을 영위하지만, 인간은 본능의 많은 부분을 상실했기 때문에 부족분을 문명의 도구로 보완하는 존재다.

이상에서 설명한 문명과 문화의 개념을 지리학적으로 정리한다면, 문명은 도시라는 공간과 관련되기 때문에 도시의 발생과 관련이 없는 '채집 문명'과 '수렵 문명'이나 '유목 문명'이란 성립될 수 없고, 잉여 산물에 기초하여 형성된 도시로부터 '농업 문명'과 '상업 문명'이 성립될 수 있게 된 것이다. 재차 강조해 두지만, 인구의 집적에 따른 잉여의 재생산은 문명이 탄생할 수 있는 필요조건인 동시에 충분조건으로 조직화가 이루어져야 비로소 완성되는 것이다.

식량 채집과 사냥 기술은 약 100만 년 전부터 50만 년 전까지의 장기간에 걸쳐 꾸준히 개선되어 온 경험이 축적된 결과였다. 수렵 대상인 동물의 감소와 1/29에 불과한 사냥 확률은 가축화를 가속시켰고, 가축화는 지구의 환경 파괴로 이어졌으며, 이와 동시에 인류는 증가하는 인구를 부양하기 위해 경작법을 터득하게 되었다.

이상의 내용을 시대별로 정리해 보면, 토기 이전의 신석기 시대로부터 토기 신석기 시대로 바뀌면서 작물화와 가축화를 바탕으로 토기 제작과 농업 혁명을 일궈낸 인류는 나투피안Natufian 문화와 야르묵Yarmuk 문화를 창출하게 되었다. 청동기 시대에 진입하면서 문자의 발명은 물론 당나귀와 말의 가축화에 힘입어 도시 문명이라 할 수 있는 수메르 문명이 탄생할 수 있었다.

가축화는 개를 제외하고는 기원전 9000년경을 전후해 염소와 양을 필두로 시작되었고, 그보다 약간 늦게 돼지, 소, 고양이 등이 가축화되었다. 그 뒤를 이어 나귀와 말이 가축화되었으며, 낙타는 기원전 2000년 이후에 가축으로 이용되었다.

나투피안 문화는 팔레스타인과 시리아 남부에 형성되었던 중석기 문화이며, 요르단강 지류인 야르묵강 유역에서 탄생한 야르묵 문화는 토기가 본격적으로 시작된 신석기 문화를 가리킨다. 이들 문화는 인간의 생활 양식이 메소포타미아 남부의 수메르처럼 종족과 공간을 초월한 것이 아니었으므로 문명 이전 단계로 간주되어야 마땅하다.

인류 최초로 가축화된 개는 사냥 방법이 인간과 유사하고 뛰어난 청각과 후각을 가지고 있어서 사냥감들을 추적하는 데 도움이 되었다. 애완동물을 제외하고 수많은 동물 중 문명 발달에 기여한 평균 중량 45킬로그램 이상의 가축화된 대형 포유류는 소, 돼지, 말(나귀), 염소, 양, 낙타, 사슴(순록)의 7종류로, 나머지 종들은 가축화의 대상에서 제외되었다. 양과 염소는 레반트에서 가축화되

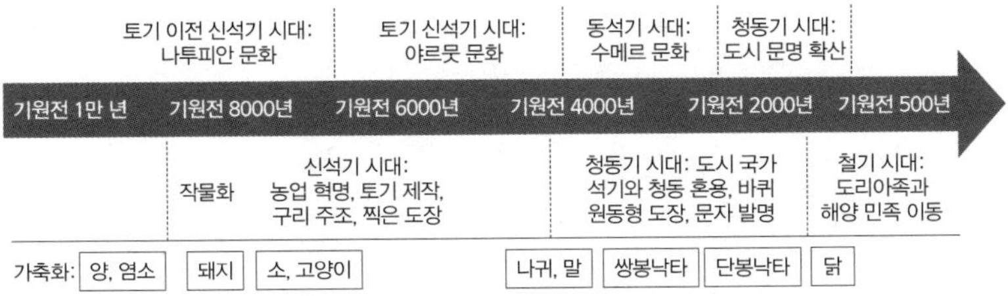

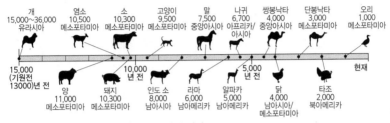

토기 이전 신석기 시대:
나투피안 문화
토기 신석기 시대:
야르뭇 문화
동석기 시대:
수메르 문화
청동기 시대:
도시 문명 확산
기원전 1만 년
기원전 8000년
기원전 6000년
기원전 4000년
기원전 2000년
기원전 500년
작물화
신석기 시대:
농업 혁명, 토기 제작,
구리 주조, 찍은 도장
청동기 시대: 도시 국가
석기와 청동 혼용, 바퀴
원동형 도장, 문자 발명
철기 시대:
도리아족과
해양 민족 이동
가축화:
양, 염소
돼지
소, 고양이
나귀, 말
쌍봉낙타
단봉낙타
닭

그림 1-1. 신석기 시대·청동기 시대·철기 시대의 추이에 따른 문화와 문명의 발생

개
15,000~36,000
유라시아
염소
10,500
메소포타미아
소
10,300
메소포타미아
고양이
9,500
메소포타미아
말
7,500
중앙아시아
나귀
6,700
아프리카/
아시아
쌍봉낙타
4,000
중앙아시아
단봉낙타
3,000
메소포타미아
오리
1,000
메소포타미아
15,000
(기원전
13000)년 전
10,000
년 전
5,000
년 전
현재
양
11,000
메소포타미아
돼지
10,300
메소포타미아
인도 소
8,000
남아시아
라마
6,000
남아메리카
알파카
5,000
남아메리카
닭
4,000
남아시아/
메소포타미아
타조
2,000
북아메리카

그림 1-2. 고고학에 기초한 가축화의 개략적 시기

었는데, 양은 토로스산맥의 산기슭에서, 염소는 자그로스산맥의 산기슭에서, 돼지는 아시아와 유럽에서, 닭은 남아시아에서 가축화되었다. 나귀는 말보다 조금 늦은 시기에 가축화된 것으로 알려져 있지만 지역에 따라 보급된 시기는 상이하다.

사실 말과 낙타는 북아메리카에서 기원해 베링해를 건너 유라시아 대륙으로 넘어온 동물이었으나, 그들의 고향인 북아메리카에서는 멸족하고 말았다. 그러므로 아시아의 쌍봉낙타는 아메리카에서 건너온 직계 후손이며, 아프리카와 아라비아의 무더운 사막에 사는 단봉낙타는 표면적을 최소화함으로써 수분 손실을 줄이도록 진화했다. 운송 수단을 제공한 나귀와 낙타는 유라시아에서만 살아남았으며 가축화된 후 수천 년 이내에 유라시아 대륙 전체로 확산되었다.

신석기 시대에 가축화된 동물은 전체의 34%에 불과했다. 가축화의 대상은 주로 사료의 효율성을 비롯해 성장 속도, 사육 가능성, 사회성 및 온순성 등이 조건이 되었다(Brain, 1981; Hesman, 2018). 가축화의 시기에 관한 학설은 분

분하여 정확하지 않지만, 고고학적 발굴 결과를 토대로 개략적 시기를 가늠해 보면 그림 1-2와 같다.

문명 창출의 메커니즘

초기의 문명은 현대 문명에 비해 훨씬 더 지리적 조건에 구속되는 바가 컸지만, 인간들은 지리적 제약을 조금씩 극복하기 시작했다. 인간들의 이동을 가로막는 산맥과 하천을 가로질러 여행하는 기술이 이 시대에 발달한 것이다. 독보적인 역사학자 토인비(Toynbee, 1957)는 《역사의 연구》에서 자연조건이 지나치게 좋은 환경에서는 문명이 생겨나지 않았고, 안락한 자연환경보다는 가혹한 환경에서 문명이 발생했다고 주장하면서, 인류의 역사는 도전과 응전의 수레바퀴에 의해서 진행되었다고 지적한 바 있다.

저널리스트인 마샬(Marshall, 2015)은 그의 저서에서 지리의 힘이 21세기의 현대사에 미치는 영향이 막대함을 강조하여 그것을 '지리의 포로prisoners of geography'라고 표현했다. 과연 그의 말처럼 역사는 지리의 포로인지 이제부터 추론해 보고자 한다.

토인비의 문명론은 지리적 환경 요소를 경시하거나 간과한 탓에 객관성을 상실하는 우를 범했지만 독특한 시각에서 체계적이며 간명한 분석을 했다는 점에서 높이 평가할 만하다. 그는 "지구는 인류의 어머니다"라고 언급하면서도 나무만 보고 숲을 보지 못하는 실수를 범한 것이다. 사실 역사적으로 자연환경이 좋은 나라는 늘 발전에서 뒤쳐졌고 고대 문명과 세계 종교의 발상지가 모두 척박한 땅이었다는 사실은 우리의 상식을 뒤엎는 이론이다. 그것이 사실이라면 인류의 문명은 과연 어떤 땅에서 꽃피웠을까? 이에 대한 해답은 다른 누구도 아닌 지리학자의 몫이다.

문명은 자연환경의 영향에 좌우되는가, 아니면 인간의 능력에 따라 좌우되는가? 미국의 지리학자 헌팅턴(Huntington, 1915)은 악명 높은 그의 저서 《문명과 기후》에서 기온 및 습도와 풍속 등과 관련된 기후 환경이 인간의 능률을 지배하고 그것에 따라 문명의 발달 정도가 좌우된다고 주장했다. 그는 보다 양호한 환경을 찾으려고 노력해 온 서양인의 본능적이고 현실 불만족 정신이 서양 역사의 활력소가 되었으며 어느 누구도 이것을 가로막을 수 없다고 주장함으로써 서양인들의 제국주의적 기질을 미화했다.

이러한 환경 결정론은 하루아침에 생겨난 것이 아니다. 이런 주장은 고대 그리스 이오니아 학파에 뿌리를 둔 히포크라테스까지 거슬러 올라간다. 그는 기후가 인간의 지력知力은 물론 건강과 성격에 큰 영향을 미친다는 생각으로, 온난하여 농작물이 잘 자라는 그리스 남쪽의 민족은 온순하지만 용기와 근면성이 결여되었고, 기온이 낮고 자연의 혜택을 못 받은 그리스 북쪽의 민족은 인내력과 진취성이 결여되었다고 주장했다. 그 중간에 위치한 그리스 민족은 근면하고 독립심이 강할 뿐더러 지성적이라는 자기(그리스) 중심적 궤변을 전개했다. 그렇다면 그리스 북쪽 마케도니아의 알렉산더 대왕을 어떻게 평가해야 할는지

아리스토텔레스　　　　루소　　　　　　헤겔

마르크스　　　　　라첼　　　　　　셈플

그림 1-3. 서구 우월주의의 사상적 계승자

난감해진다.

이와 같은 히포크라테스의 사상은 고대 그리스로 그친 것이 아니라 서구 우월주의의 사상적 계승자인 루소(Rousseau, 1762), 헤겔, 마르크스, 랑케를 거쳐 계승되었고, 뒤를 이어 지리학 분야의 라첼(Ratzel, 1896)과 헌팅턴(Huntington, 1915)에 이어 셈플(Semple, 1922)이나 마쉬(Marsh, 1965)가 궤를 같이 하는 주장을 펼쳤다. 이들은 모두 현대인의 추앙을 받는 학자들이다.

그러나 고대 환경 사학자인 휴스(Hughes, 1975)는 인류가 체득한 과거의 경험, 적극성과 창의성, 기술 수준 등과 같은 요인들이 무시하지 못할 요인들임에 틀림없지만, 기후 환경만으로 설명하는 것은 아전인수我田引水로 문명의 절정기에 달한 유럽 문명의 우위성을 논리화한 것에 지나지 않는다는 사실을 지적했다. 만약 그들의 주장을 받아들인다면 영국과 같이 추운 땅에서 발전한 문명은 어떻게 설명할 것인가?

지리학자 헌팅턴이 일관되게 주장한 기후 결정론은 많은 비판을 받아왔으나, 인류의 문명은 기후 변화에 따라 여러 차례 변화하고 발전해 온 것도 사실이다. 특히 셈플(Semple, 1922)과 같은 학자는 지중해 연안을 사례로 과거 농업의 발전은 토양의 비옥도보다 기후 조건이 더 중요하다는 사실을 지적한 바 있다. 앞에서 헌팅턴의 연구를 악명 높은 저서라 표현했지만, 데 블레이(De Blij, 2005)는 헌팅턴의 저서를 끝까지 읽어보지도 않고 함부로 그의 이론을 비판하지 말아야 한다고 주장한 바 있다. 사실 많은 지리학자들이 헌팅턴의 저서를 처음부터 끝까지 정독하지 않는 경우가 많은 것 같다.

헌팅턴이 강조하려는 핵심은 기후가 식량과 생산 자원 획득의 난이도와 관련되어 문명 발달에 크게 영향을 미쳤다는 점에 있다. 특히 고대에 인류가 생존하기 위해서는 식량 획득이 불가결했고, 식량 생산은 기후에 의존하는 바가 컸다. 인류는 잉여분의 식량 자원이 충분하게 얻어지는 땅에서 기원했으며 그곳에서 문명을 발전시켰다. 기후는 그림 1-4에서 알 수 있는 것처럼 인간의 정신적 에

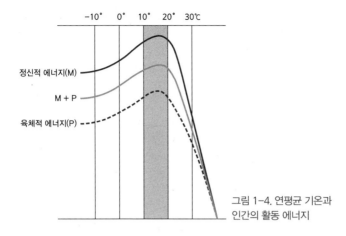

그림 1-4. 연평균 기온과
인간의 활동 에너지

너지와 육체적 에너지를 포괄하는 활동 에너지에도 심대한 영향을 미친다. 인
간의 활동은 섭씨 15도를 정점으로 하여 섭씨 10~20도에서 가장 능률적으로
정신적·육체적 에너지를 발휘할 수 있다.

우리는 헌팅턴의 주장을 간과하거나 과소평가할 수 없다는 점에 귀를 기울일
필요가 있다. 왜냐하면 그가 역설하는 바와 같이, 기후가 인간의 활동에 알맞은
땅에서는 인간의 창의적인 활동력이 왕성해져 문명이 발달할 뿐만 아니라 생산
이 증진되는 것이 사실이기 때문이다. 그 결과 생활 내용이 풍부해짐에 따라 문
명 발달을 가져오게 된다. 나는 물론 헌팅턴의 그와 같은 주장에 전적으로 동의
하지 않는다.

땅의 생김새에 좌우되는 문명

삼라만상에 존재하는 모든 것에서는 아름다운 것과 추한 것이 있듯이, 땅 역시
잘생긴 땅과 못생긴 땅으로 구별된다. 지금까지 인류는 아무 땅에서나 살지 않
았다. 그들 나름대로 살기에 적합한 땅을 골랐다. 어떤 땅에는 신석기 시대가 빨
리 찾아 왔고, 또 어떤 땅에는 뒤늦게 찾아왔다. 구석기 시대와 신석기 시대의
경계가 모호하긴 하지만, 신석기 시대의 사회는 모든 땅에 동일한 시기와 동일

한 수준의 기술과 지혜가 보급된 것은 아니었다. 왜 이러한 지역적 차이가 발생했을까?

나는《땅의 문명》이란 저서에서 문명 창출의 메커니즘으로 땅의 생김새를 꼽았다(남영우, 2018). 오늘날 우리가 접하고 있는 지구의 모습이 만들어진 것은 지금으로부터 약 1만 년 전의 일이다. 기나긴 선사 시대에 비하면 문명이 발생한 기원전 3500~500년에 걸친 약 3,000년이란 세월은 인류가 직립 보행을 시작한 700만 년에 비하면 일순간에 불과한 것이다. 그런데 어떤 땅에서는 문명이 생겨났고, 또 어떤 땅은 그렇지 못했다. 그것은 땅의 생김새와 관련이 있기 때문이다. 그것이 바로 내가 주장하는 문명 창출의 메커니즘이다. 나는 땅의 생김새를 거론하면서 잘생긴 땅이라 함은 문명이 발생할 수 있는 땅이라는 담론을 제시했다. 땅의 생김새는 지형적으로 설명할 수 있는데, 평면적으로 볼 때 해안선의 만입 상태가 풍부해 드나듦이 복잡한 지형과 단면적으로 볼 때 평지와 산악의 굴곡이 다양한 지형의 정도로 가늠할 수 있다. 이것을 땅의 '지절肢節'이라 부른다. 이 용어는 내가 고안한 용어는 아니지만 지형적 다양함과 복잡함의 정도를 의미하는 '지절률sinuosity ratio'이란 용어를 사용하려 한다. 여기서 지절에 관한 약간의 설명이 필요하다.

평면적으로 본 지형적 다양성을 수평지절이라 부르고, 입면 형태의 그것을 수직지절이라 구별했다. 따라서 수평지절은 대륙으로부터 돌출한 반도와 해안

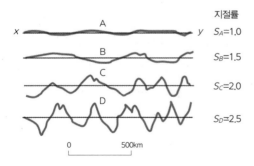

지절률
$S_A=1.0$
$S_B=1.5$
$S_C=2.0$
$S_D=2.5$

0   500km

그림 1-5. 지절률의 개념

의 만입이나 하천의 출입상태를 뜻하며, 수직지절은 단면으로 본 지표면의 기복 상태를 가리킨다. 그림 1-5에서 보는 것처럼 직선에 가까운 A의 지절률 S_A를 1.0이라 한다면, 그보다 굽이치는 정도에 따라 B의 S_B는 1.5, C의 S_C는 2.0, D의 S_D는 2.5의 순으로 높아진다. 결국 지절률이 높을수록 다양한 형태로 복잡성을 띠게 된다.

곡선 B의 곡률도가 1.5 이상이면 지절률이 높은 편이라고 할 수 있다. 이 그림에서 주목해야 할 점은 그림 하단부에 표시된 스케일의 축척에 있다. A의 길이 x와 y 간의 실제 거리가 1,000킬로미터라는 점에 유의해야 한다. 다시 말해서 여기서 말하는 지절률은 국지적 스케일이 아닌 대륙적 스케일에서의 지절을 의미하는 것이다. 그러므로 D의 2.5는 2,500킬로미터가 되는 셈이다. 독자들은 일단 국지적 스케일에서 탄생한 것을 문화로, 그리고 대륙적 스케일에서 잉태된 것을 문명이라 이해하면 될 것 같다. 여기서는 주로 국지적 스케일이 아닌 대륙적 스케일의 경우만을 대상으로 언급하려고 한다.

내가 제시한 지절의 개념은 대륙적 스케일에서 볼 경우를 의미하지만, 국지적 스케일에서 볼 경우에도 지절률이 높은 지역에서 문화가 창출됨은 물론이다. 이와 같이 개념은 동일하지만 공간적 스케일이 다를 경우 적용되는 것이 이른바 프랙털 이론fractal theory이다. '프랙털'이란 일부 작은 조각이 전체와 비슷한 기하학적 형태를 취하는 것을 가리킨다. 이런 특징을 자기 유사성이라고 하는데, 이 특징을 갖는 기하학적 구조를 프랙털 구조라 하며, 동일한 구조는 동일한 기능을 갖게 된다는 것이다.

그림 1-6(a)에서 보는 것처럼 수직지절률은 육지의 가장 높은 지점으로부터 바다의 가장 깊은 곳까지를 단면도로 그렸을 때 땅의 기복을 나타내는 지절의 상태를 의미한다. 이 기복은 해수면을 기준으로 한 해발 고도와 상대적 고도 차이의 비고比高를 포함한다. 그림 1-6(b)의 수평지절은 대륙적 스케일에서 곡률도로 측정되는 S값이 1.5를 넘어 3.0에 가까운 지절률을 보이지만, 수직지절의

경우는 횡축과 종축의 비율에 따라 다르긴 해도 약 1,000:1로 할 경우 1.5를 넘는 경우가 드물다.

땅의 형태를 대륙별로 보면 유럽과 아시아 대륙의 기복차가 다양하며 높고, 아프리카와 오스트레일리아 대륙의 수직지절률이 상대적으로 단조로워 낮은 편이다. 그리고 수평지절률은 그림 1-6(b)에서와 같이 대륙별 대축척 지도를 보면 해안선의 만입에 따른 굴곡의 정도를 쉽게 이해할 수 있다. 여기에 추가적으로 섬이 있거나 배가 다닐 수 있는 가항 하천可航川이 있으면 접근성이 향상되어 지절률은 더 높아진다. 결국 지절이란 수직지절이건 수평지절이건 지형의 단순성과 복잡성을 뜻하는 것이라 이해하면 될 것이다.

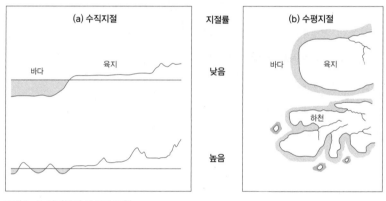

그림 1-6. 지절률의 모식적 표현

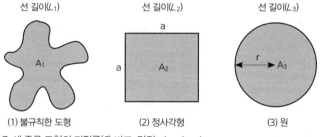

그림 1-7. 세 종류 도형의 지절률(S) 비교. 면적: $A_1=A_2=A_3$

그림 1-7에서 보는 것과 같은 불규칙한 세 가지 도형 형태 A_1, A_2, A_3을 비교하기 위해 세 도형의 면적을 A_1, A_2, A_3, 둘레의 길이를 각각 L_1, L_2, L_3으로 하여 지절률을 계산해 보기로 하자. 세 도형의 면적은 동일하지만($S_1=S_2=S_3$), 둘레의 길이는 원이 가장 짧다($L_1>L_2>L_3$). 그 이유는 원이 가장 효율적인 도형이며 다각형일수록 L값이 길어지기 때문이다. 지절률 S_1, S_2, S_3은 결국 도형의 둘레 길이를 원의 둘레 길이로 나눈 것과 같으므로

$$S_1=L_1/L_3$$
$$S_2=L_2/L_3$$
$$S_3=L_3/L_3$$

이 된다. 이 식은 원의 길이가 가장 경제적인데 대해 불규칙한 도형이 얼마만큼 복잡한가의 비율을 나타내는 것이다. 원의 반경을 r이라 하면, $A_3=2\pi r$이므로 지절률 $S_3=L_3/(2\pi r)$이 된다. 따라서

$$S_1=L_1/(2\pi r)=L_1/(2\pi\sqrt{(S/\pi)})=L_1/(2\sqrt{(S/\pi)})$$
$$S_2=L_2/(2\pi r)=L_2/(2\pi\sqrt{(S/\pi)})=L_2/(2\sqrt{(S\pi)})$$
$$S_3=L_3/(2\pi r)=L_3/(2\pi\sqrt{(S/\pi)})=L_3/(2\sqrt{(S\pi)})$$

이 된다. 그러므로 지절률 S는 다각형 주위 길이를 원의 길이인 $2\pi r$로 나눈 값이 된다. 따라서 $S_1>S_2>S_3$이 되며, 지절률은 $1\leqq S<\infty$, 즉 1과 무한대 사이의 값을 가진다. 가령 그림 1-7(2)의 정사각형 A_2 지절률을 구해 보면, 한 변의 길이가 a이므로 면적 A_2는 a^2이며, 길이는 4a가 되므로

$$S_2=L_2/2\sqrt{(S\pi)}=4a/2\sqrt{(a^2)}=2/\sqrt{\pi}\simeq1.13$$

이 되며, 동일한 요령으로 정삼각형의 지절률일 경우에는 1.29의 근사값이 도출된다. 1.13<1.29이므로 정사각형은 정삼각형보다 원에 가까워 지절률이 낮

다고 할 수 있다. 대륙적 스케일은 아니지만 퍼타일 크레슨트의 범위에 속하는 키프로스의 지절률을 구해 보면, 해안선이 782킬로미터이고 면적이 9,251제곱 킬로미터이므로 지절률은 $S = L/(2\sqrt{(S\pi)})$의 식에 대입하면 $782/2\sqrt{9.251\pi} \simeq$ 2.29값이 산출된다. 이와 동일한 요령으로 크레타 문명이 발생한 크레타섬의 지절률은 3.23인데, 두 섬 모두 문화 생성의 잠재력을 가진 매우 높은 값을 보인다.

이상에서는 1차원의 선(해안선)과 2차원의 도형에 대한 지절률을 설명했지만, 이것을 3차원의 입체적 도형으로 확장해 설명하면, 그 공식은 약간 복잡해진다. 수직지절과 수평지절 모두 그림 1-5에서 설명한 방법으로 계산해도 무방하니 여기서는 생략하기로 하겠다(杉谷隆·平井幸弘·松本淳, 2005).

지절을 놓고 볼 때 수평지절만 중요한 것은 아니다. 수평지절과 달리 수직지절 역시 문명의 발생 메커니즘을 분석하는 데 매우 중요하다. 미국의 고고학자 레드만(Redman, 1978)은 처음 문명이 발생한 오리엔트 땅의 환경을 8개 지대로 분류한 바 있다. 그는 비록 다이아몬드와 마찬가지로 지절이란 용어를 사용하진 않았지만, 북쪽의 흑해로부터 남쪽의 페르시아만에 이르는 단면도를 작성해서 8개의 상이한 환경 지대가 존재하고 있음을 지적했다. 그것은 해안 평야, 충적 평야, 산록 지대, 반半건조 고원 지대, 구릉 및 계곡 지대, 산악 지대, 저지대, 사막 지대의 8개 유형이다. 이보다 더 세분할 수도 있겠지만, 대체로 이 정도로 구분하면 어느 정도는 동질성을 담보할 수 있을 것이다.

이와 같이 지절의 개념을 도입해 문명사를 파악해 보면 새로운 사실에 눈뜰 수 있다. 서구 중심적 역사관에서 보면 인간이 공간을 지배하는 것처럼 보이지만, 그 시각에서 벗어나면 공간이 인간을 지배한다는 사실을 목격할 수 있다. 독자들에게 지절률에 따라 이질적 문명간 교류로 더 발달한 새로운 문명이 탄생할 수 있다는 사실을 납득시키기 위해, 그림 1-8과 같이 단면도를 그려봤다. 그림 1-8의 a는 흑해의 아나톨리아로부터 페르시아만의 이라크에 이르는 단면이고, b는 지중해에 면한 페니키아로부터 이란의 자그로스산맥에 이르는 단면

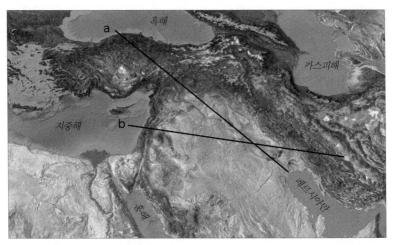

그림 1-8. 퍼타일 크레슨트 일대의 지절 단면

이다.

그림 1-8의 a와 같이 흑해로부터 페르시아만에 이르는 단면도를 작성하면, 해발 1,000미터 내외의 아나톨리아고원과 1,000미터가 넘는 토로스산맥을 지나 산록 지대와 티그리스강과 유프라테스강이 만들어 낸 충적 지대로 이루어진 평야 지대가 번갈아 연단되어 병존하고 있음을 알 수 있다.

아래에 제시한 그림 1-9(a)의 단면도에서는 해안 지대, 고원 지대와 산악 지대, 산록 지대, 충적 평야와 저지대, 해안 평야 등의 이질적 환경이 병존하고 있음을 알 수 있다. 해발 500~800미터의 지대에서 형성된 산록 문화는 1,000미터 이상의 산악 문화와 5~240미터의 평지 문화의 점이적 성격을 지니므로 별개로 구분했다. 아울러 삼림 지대와 사막 지대의 대비는 문명 교류사적으로 주목해야 할 사항이다.

메소포타미아의 평원은 기복이 킬로미터당 10센티미터가 되지 못하고, 바그다드로부터 하류 지대는 킬로미터당 2센티미터도 안 되는 대단히 편평한 평야다. 그러므로 선사 시대와 역사 시대의 인간들은 별도의 교통로 없이 각각의 문

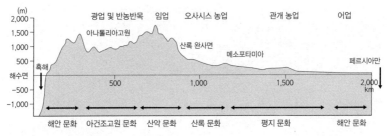

그림 1-9(a). 아나톨리아고원과 메소포타미아의 수직지절

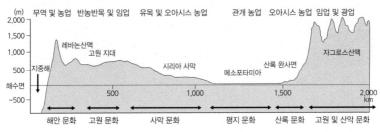

그림 1-9(b). 레반트와 메소포타미아 및 자그로스산맥의 수직지절

화와 문명을 상호 교류하기에 적합했을 것이다. 곡선계curvimeter로 측정한 결과 두 수직지절률은 1.5를 넘는 값을 보였다.

그리고 그림 1-8의 b와 같이 지중해 연안의 페니키아로부터 레바논산맥을 지나 메소포타미아를 통과하여 자그로스산맥에 이르는 단면도를 작성하면, 페니키아의 좁은 해안 평야를 가로막고 있는 해발 1,000~2,000미터의 산들로 구성된 레바논산맥과 안티레바논산맥 사이에 길게 펼쳐진 해발 900~1,000미터의 베카 계곡과 산록 지대를 지나 메소포타미아의 충적 지대와 2,000~3,000미터 높이의 산들로 구성된 자그로스산맥이 번갈아 전개되어 있음을 알 수 있다.

그림 1-9(b)에서 보는 이 단면도에서는 해안 지대, 산악 지대와 계곡의 고원 지대, 산록 지대, 사막 지대, 충적 평야와 저지대, 산록 지대, 산악 지대와 고원 지대 등의 이질적 환경이 병존하고 있음을 알 수 있다. 이 단면도에서도 삼림 지대와 사막 지대의 이질적 환경의 대비를 간과해서는 안 될 것이다. 물론 이들 지

대는 더 다양하게 세분될 수 있다.

이들 두 단면도를 보면서 기후적 속성에 따른 자연환경은 물론 식생과 토양, 천연자원 등이 함께 고려되어야 생태적 시각에서 이해될 수 있다. 구체적으로 수자원의 공급처가 되는 만년설의 산악부와 선선한 고원 지대, 지하수와 오아시스가 제한적 주거지를 제공하는 뜨거운 사막 지대, 비옥한 땅의 충적 지대, 자연 제방과 배후 습지로 점철된 하천 유역 등의 경관을 염두에 두고 생각해야 농경 문화, 목축 및 유목 문화, 어로 문화 간의 교류와 평야 문화, 사막 문화, 고원 문화, 산악 문화 간의 교류 등과 같은 문화 교류를 위한 지절의 개념을 이해할 수 있다. 여기에는 반드시 해안선의 만입 상태와 하천의 존재 여부가 가미되어야 한다.

지중해를 중심으로 지도를 펼쳐보면 북쪽의 해안선과 남쪽에 있는 아프리카 해안선 간에 큰 차이가 발견된다. 북쪽의 유럽 쪽은 해안선이 복잡하고 섬들이 많은 반면, 남쪽은 해안선이 단조롭고 섬이 거의 없다. 구체적으로 고대 그리스와 로마가 위치했던 에게해와 아드리아해 및 티레니아해는 지중해 해안선 길이의 1/3을 차지하지만, 그 육지 면적은 전체 중 극히 일부분에 불과하다. 이와는 대조적으로 아프리카 쪽의 해안선은 카르타고가 위치했던 튀니지를 제외하고는 매우 단조로운 편이다. 그런 까닭에 유럽에서는 역사적으로 다양한 문명이 탄생했지만 아프리카에서는 카르타고 문명 외에는 이렇다 할 문명이 만들어지지 않았다.

유럽인들이 살고 있는 땅은 산지와 평원으로 이루어져 있다. 산지는 그리스와 로마가 그러했듯 빈곤이 만연해 있으나 그곳의 주민은 용감한 전사가 될 수 있고 잘 다스리면 곧 문명화되며, 평원의 주민은 천혜의 조건을 갖추어 평화적이다. 스트라본은 이들 두 가지 문화의 상호보완적 특성을 놓치지 않고 포착했다. 그는 이미 지절의 개념을 인지하고 있었던 것이다. 과거 하나의 지구에 다른 세상이 펼쳐진 이유는 지절과 위도에서 비롯된 바가 컸다.

송나라 시대의 학자였던 심괄沈括은 저서《몽계필담夢溪筆談》에서 땅의 기운은 계절과 날씨에 따라 변화함을 지적하고 지형이 높을수록 식물의 생장이 상이함을 설명했다. 그는 지형의 고도차에 따라 땅의 기운이 다르므로 꽃이 피는 시기가 달라 식물의 생장에 영향을 미친다는 사실을 밝혀낸 것인데(胡阿祥·彭安玉, 2004), 이는 심괄이 수직지절의 개념을 이미 알고 있었음을 시사하는 것이다. 현대 지리학에서도 습기를 가진 공기가 산지를 거슬러 올라갈 때는 고도가 100미터 높아질 때마다 약 0.5도씩 기온이 낮아진다는 사실이 정설로 되어 있다.

명나라 시대의 걸출한 지리학자인 왕사성王士性은 그의 저서《광지역廣志繹》에서 지리적 현상에서 나타나는 내재적 연관 관계와 그 형성 요인을 심도 있게 고찰한 바 있다. 구체적으로 인간과 땅의 관계는 자연환경이 인간의 행위 방식에 중대한 영향력을 끼친다는 사실을 구체적으로 적시한 것이다. 그는 땅의 생김새에 따른 인간을 평원과 물가가 많은 택국지민澤國之民, 산과 골짜기로 이뤄진 산곡지민山谷之民, 해안 지방의 해빈지민海濱之民으로 구분해서 각기 다른 문화를 창출한다는 논리를 폈다. 왕사성의 인간과 땅의 관계에 대한 인식은 당시로서는 중국에서 인문지리학 연구의 틀을 깬 획기적인 시도였으며, 중국 지리학을 발전시키는 기념비적 계기를 제공했다. 그 이전의 중국 지리학은 땅의 이치를 탐구하는 지리학이 아니라《한서 지리지漢書地理志》에서 보는 것과 같은 단편적이며 연혁의 변천에 관한 기록에만 국한해 체계적이고 이론적 연구가 부족한 것들이었다.

프랑스의 식민지였던 튀니지에서 태어난 지리학자 구루(Gourou, 1948)는 인문지리학이 경관의 인문적 요소 또는 인문 경관 전체를 연구 대상으로 함에 있어 경관의 자연적 틀 속에서 파악하지 않으면 어떤 의의와 정당성도 인정받을 수 없음을 지적했다. 그는 그림 1-10에서 보는 것처럼 경관의 설명 원리에 관해 자연적 요소-문명-인문적 요소라는 세 가지 항목을 검토해야 한다고 지적했다. 즉 자연환경은 인간으로부터 독립한 객관적 존재가 아니며, 인간은 자연을 고려한다는 것이다. 즉 자연환경은 각 인간 집단이 지닌 문명에 따라 그 중요성이 달라진다는 것이다. 그러므로 인문 경관

그림 1-10. 구루Gourou의 경관 설명 원리

을 설명하기 위해서는 자연과 인간의 직접적 관계보다도 양자를 관계시키는 매개항으로서 반드시 문명을 포함시켜야 한다(남영우, 2017).

미국의 해군 제독 출신으로 전략지정학자이자 전쟁사학자인 머핸(Mahan, 1890)은 《해양 세력이 역사에 미치는 영향》이란 저서에서 역사적으로 해양 세력이 갖춰야 할 필요조건으로 긴 해안선과 적당한 항만이 있어야 하고, 지리적으로 혜택받은 땅을 보유해야 한다는 점을 지적한 바 있다. 19세기 미군의 전략에서 가장 중요한 인물로 꼽히는 그가 비록 지절이란 용어를 사용하지는 않았지만, 카르타고와 로마를 비롯해 베네치아, 네덜란드, 영국 등의 사례를 인용하여 역사적으로 지절률이 높은 땅을 보유해야 해양 세력이 생겨날 수 있음을 지적한 것이다. 이와 같은 주장은 비록 군사적 측면에서뿐만 아니라 문명사적 측면에서도 수긍할 수 있는 내용임을 직감할 수 있을 것이다.

모든 문명은 도시에서 창출되었다. 도시가 입지한 땅에는 문명이 탄생한 것이다. 도시의 입지에 대한 명쾌한 설명은 비달(Vidal, 1922)의 《인문지리학의 원리》에서 찾아볼 수 있다. 그의 설명에 따르면, 도시란 스스로 도달할 수 없을 정도의 대규모 사회 조직이며 일정한 문명 단계의 반영물이란 것이다. 도시 문명이 스스로 형성될 수 없다는 것은 배후지의 역할과 경제력·정치력이 도시 창조의 기반임을 암시하는 것이다. 비달은 도시가 입지하는 지역을 산악 지대의 입구, 하천의 도하 지점, 사막의 관문, 육지와 바다의 접촉점인 해안선, 산악 지대와 평야 지대의 경계 등을 꼽았다. 그리고 밀물 때 조수가 하천 깊숙한 곳까지 미치는 지점을 비롯하여 도서 지방, 곶, 만, 하구 등도 도시의 발생 가능성이 높

은 땅으로 꼽았다.

우리는 그가 꼽은 땅 중에서 공통점을 찾을 수 있을 것이다. 즉 비달이 도시 문명의 형성 가능성이 높은 곳으로 거명한 땅은 대체로 지절률이 높은 곳에 해당한다. 그의 구체적 설명에 의하면, 가령 산악 지대와 평야 지대의 경계에 해당하는 경우에는 평야의 각종 생산물, 운반 수단, 교통 등이 새로운 조건들과 타협해야 하는 지점이기 때문에 하나의 결절結節이 생겨 도시가 발생한다는 것이다.

비달의 지적은 비록 '지절'이라는 용어를 사용하지 않았지만 그 개념을 적용한 문명 해석이라 할 수 있다. 즉 앞에서 소개한 수평지절로 설명하면, 도시 문명의 확산과 문화 전파는 바다에 면한 육지여야 신속하고 원활하게 이뤄질 수 있으며, 돌출한 반도부와 하구의 만입부가 복잡해야 이질적인 자생 문화와 토착 문화가 교류할 수 있게 된다는 것이다. 하천의 경우에는 동일 유역권의 문화가 동질적이라 여겨지지만, 자세히 보면 하류 지방의 문화와 상류 지방 간의 문화의 이질성이 교차하는데, 이것 또한 지절의 유사한 사례다.

우리는 이상에서 설명한 내용으로부터 시대에 따라 속도를 달리한 문명사의 흐름이 땅의 비교우위comparative advantage에 따른다는 사실을 간파할 수 있다. 문명의 흐름은 시간의 경과에 따라 확산과 이동이 빨라진 것이다. 오늘날은 과거에 비해 상대적으로 변화하는 속도가 격심해졌다. 역사적으로 볼 때 어림잡아 현대사의 1년은 구한말의 10년, 고려 시대의 100년에 해당될지 모르겠다.

제2장

퍼타일 크레슨트 문명 탄생의 서막

장구한 기간에 걸쳐 인류는 구석기 시대를 마감하고 서서히 신석기 시대로 진입하게 된다. '호모 사피엔스 사피엔스'라 불리는 현생 인류는 마지막 빙하기가 끝나갈 무렵에 발생한 자연환경의 변화에 견뎌내면서 적응했다. 그들이 일궈낸 기술 향상, 언어 발달, 취락 형성 등에서 이윽고 고대 문명의 싹이 움트고 있었다. 그 땅이 바로 이 책의 연구 대상인 퍼타일 크레슨트였다. 여기서는 문명 탄생의 서막을 올린 배경에 대해 설명할 것이다.

키워드 퍼타일 크레슨트, 신석기 시대, 잉여 식량, 야금술, 나투피안인, 슈바야카, 천연자원의 저주, 차탈회위크, 하산케이프.

신석기 시대의 도래와 잉여 식량의 의미

잘 알려진 바와 같이 '호모 사피엔스 사피엔스'라 불리는 현생 인류는 문명을 창출하기 위해 오랜 시간에 걸쳐 노력했다. 그들의 목적은 문명을 창출하기 위함보다는 생존을 위한 처절한 몸부림이었고 더 나은 생활을 추구함에 있었을 것이다. 기원전 9000년경에 마지막 빙하기가 끝나면서 그들은 사실상 문명을 일궈낼 수 있는 준비를 끝마친 셈이었다. 인류는 그로부터 고대 문명이 창출되기까지 5,000~6,000년을 더 기다려야만 했다.

그 무렵부터 인류에게 중대한 변화가 일기 시작했다. 그것은 바로 식량 생산, 즉 농경과 목축을 시작한 것이다. 우리는 이것을 농업 혁명이라 부르는데, 이만큼 인류의 진보를 가속시킨 사건은 18세기에 일어난 산업 혁명 이외에는 없을 것이다. 어떤 학자는 선사 시대가 종료되면서 발생한 일련의 변화를 신석기 혁명이란 용어를 사용해 설명한다. 그러므로 인류의 문명사는 신석기 혁명→도시 혁명→산업 혁명의 순으로 이어졌다고 보아야 한다.

인류에게 있어서 신석기 시대가 중요한 이유는 무엇일까? 물론 신석기 시대

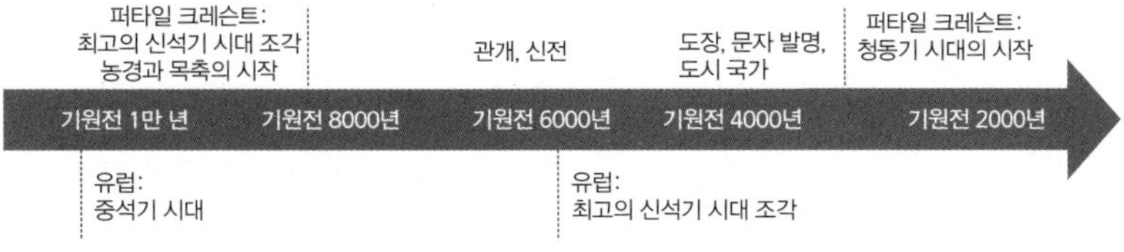

퍼타일 크레슨트: 최고의 신석기 시대 조각 농경과 목축의 시작		관개, 신전	도장, 문자 발명, 도시 국가	퍼타일 크레슨트: 청동기 시대의 시작
기원전 1만 년	기원전 8000년	기원전 6000년	기원전 4000년	기원전 2000년
유럽: 중석기 시대		유럽: 최고의 신석기 시대 조각		

그림 2-1. 신석기 시대의 시작

의 시작은 돌멩이를 다루는 기술技術이란 측면에서 볼 때 지역마다 차이가 있었다. 즉 구석기 시대→중석기 시대→신석기 시대의 진보에는 명확한 경계가 없다. 그 이유는 동일한 신석기 시대의 사회라 할지라도 똑같은 수준의 기술과 지혜를 발휘한 것은 아니었기 때문이다. 어떤 땅에는 타제 석기나 마제 석기를 사용한 사회가 있었는가 하면 또 다른 땅에는 토기를 사용한 사회도 있었다. 그런가 하면 야생 동물을 가축화하거나 곡물 채집을 넘어 작물 재배를 시작한 사회도 있었다. 문자를 가진 문명이 출현되었어도 땅에 따라 사회의 진보 속도는 천차만별이었다.

앞서 신석기 혁명이란 용어를 사용하긴 했지만 혁명 전과 혁명 후를 무 토막 자르듯 별개의 것으로 생각할 수는 없다. 다시 말해서 모든 것이 급속히 변하는 시대가 왔더라도 구석기 시대와 신석기 시대를 명확하게 구별하긴 쉽지 않다는 뜻이다. 이는 청동기 시대와 철기 시대도 마찬가지였다. 과거와 현재가 완전히 단절된 사회는 존재하지 않기 때문이다. 새로운 시대란 어느 날 갑자기 찾아오는 것이 아니라 인간의 행동과 집단의 존재 양식이 서서히 근본부터 변하고, 그 변화가 조금씩 더 넓은 땅으로 퍼져나감으로써 도래하는 것이다.

수백만 년에 걸쳐 호모 사피엔스로 진화해 온 구석기 시대 말기의 인류는 이미 현대인과 큰 차이가 없는 체형을 하고 있었다. 키와 체중은 달라졌어도 식생활이 풍요로워지고 수명이 길어진 지역에서는 커다란 변화가 보였다. 그러나 구석기 시대에는 아직 40세까지 살아남는 사람이 드물었다. 만약 그 나이까지 살아 있다 해도 관절염과 류머티즘으로 고통을 받거나 뼈가 부러진 장애를 가지기 십상이었을 것이며, 치아 또한 엉망인 노인의 모습이었을 것이다.

호모 사피엔스 사피엔스라 불리는 현생 인류는 마지막 빙하기가 끝나갈 무렵에 발생한 자연환경의 변화에 견뎌내면서 기후 순화와 지형 순화에 적응하는 데 성공했다. 그들이 일궈낸 취락 형성, 기술 향상, 언어 발달 등에서 이윽고 고대 문명의 싹이 움트고 있었다. 그러나 그것만으로는 불충분했다. 문명의 성립에는 무엇보다 일상적 소비를 뛰어넘는 분량의 잉여 식량 확보가 필요했다. 약 1만 년 전까지 인류는 식량을 구하는 방법으로 수렵과 채집밖에 모르고 있었다.

문명의 탄생을 가능케 한 것은 무엇보다 농경과 목축의 시작에 있었다. 어떤 학자들은 이것을 '식량 생산 혁명'이라 부르기도 한다. 후에 청동기를 만든 야금술도 식량 생산의 시작만큼 중요한 의미를 갖지 못한다. 농경과 목축은 인간 생활에 혁명을 가져다줬다.

다른 지역에 비해 농경과 목축이 시작된 땅은 퍼타일 크레슨트 일대였다. 동아시아가 더 빨랐다는 주장도 있지만, 문명사의 흐름과 유적 발굴의 결과 퍼타일 크레슨트의 실태가 훨씬 소상하게 밝혀진 바 있다. 퍼타일 크레슨트 중에서도 특히 주목할 땅은 서아시아였다. 퍼타일 크레슨트의 공간적 범위에 관한 설명은 뒤에서 더 자세히 설명하겠다.

양을 사육했다는 가장 오래된 흔적은 메소포타미아 북부에서 발견된 바 있다. 주변 구릉 지대에는 야생 염소들이 우글거렸으며, 사람들은 양과 염소를 식량으로 이용하는 것뿐만 아니라 그 가죽과 털 또한 이용할 수 있다는 것을 발견했다. 더 나아가 양과 염소의 젖도 식용 가능하다는 사실을 알게 되었다. 다만 동물을 축력畜力으로 이용한 것은 얼마 후의 일이었다. 유라시아 대륙의 동서축 방향으로 이뤄진 교류 덕분에 퍼타일 크레슨트 지대의 농작물들은 서쪽으로는 아일랜드, 동쪽으로는 인더스강 유역까지 걸친 온대성 위도대에 농업을 촉발시킬 수 있었고, 동아시아에서 독자적으로 발생한 농업을 더욱 보강해 줄 수 있었다. 그리고 퍼타일 크레슨트로부터 멀리 떨어져 있지만 동일한 위도상에 위치

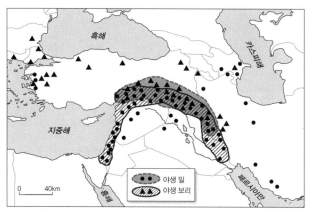

그림 2-2. 퍼타일 크레스트의 야생 작물 서식지

한 땅에서 처음으로 작물화된 유라시아의 농작물들도 거꾸로 퍼타일 크레스트로 전파될 수 있었다. 이러한 농작물의 전파와 확산은 주로 중위도 내에서 진행되었다.

기원전 9500년경에는 마지막 빙하기가 끝나 삼림 지대가 확대되면서 새로운 자연환경이 만들어졌고, 인구가 증가해 수렵과 채집을 행할 땅이 부족해짐에 따라 사람들은 삼림을 잘라내어 작물을 심고 삶의 터전을 넓혀 나아갔다. 특히 오늘날 터키의 영토에 속하는 소아시아에서 그와 같은 유적이 발굴된 바 있다. 해수면 상승이 일단락된 후, 기원전 6000년경 이곳으로부터 발칸반도와 펠로폰네소스반도의 유럽 쪽으로 새로운 작물과 재배 방법이 전파되었다.

당시 인간의 주식이었던 야생 밀과 야생 보리의 서식지가 퍼타일 크레스트 전역에 걸쳐 분포하고 있다는 사실은 그림 2-2에서 확인할 수 있다. 이들 야생 작물은 퍼타일 크레스트와 그 이북의 터키 아나톨리아와 캅카스 산지를 비롯해 에게해 건너편까지 자생하고 있었다. 이 지역 중에서도 특히 메소포타미아와 레반트 일대에 집중되어 있었다.

야생 작물의 재배는 그림 2-3에서 보는 것처럼 농경의 형태로 기원전 9000

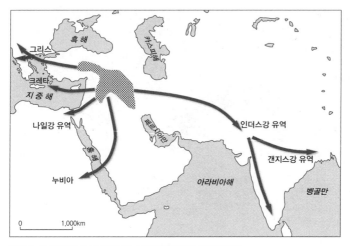

그림 2-3. 퍼타일 크레슨트의 농경 전파(기원전 9000년경)

년경부터 주변부로 확산되어 아프리카의 나일강 유역과 상류의 누비아 지방은
물론 크레타섬과 그리스를 위시한 유럽으로 전파되었다. 시간이 좀 더 경과되
면서 멀리 인더스강 유역과 갠지스강 유역, 그리고 인도반도의 남쪽으로 전파
되었다.

　야생 곡물의 작물화와 더불어 야생 동물의 가축화도 실현되었다. 생업을 목
축에 의존하는 유목민들도 생겨났다. 목축 역시 기원지는 메소포타미아였다.
일반적으로 농경과 목축이 별개로 발달했다고 생각하기 쉽지만, 사실은 거의
동시에 발전해 나아갔다.

　어떤 사회를 농경 사회로 자리매김하면 좋을지 판단하는 것은 쉬운 일이 아
니다. 그것은 인간이 작물화 및 가축화로 얻은 식량이 전체에서 어느 정도의
비중을 차지하느냐에 따라 달라지기 때문이다. 이에 대한 해결책으로 머독
(Murdock, 1964)은 식량 생산 사회를, 전체 식량 중 절반 이상을 '농경+목축'에
의지하거나, 또는 농경이나 목축만으로 충당할 경우로 한정했다. 그는 식량 생
산 사회는 어느 정도 효율적 수준의 식량을 생산한다는 것을 필연적 상황으로

전제하여 ① 적어도 1년 중 일정 기간만이라도 그 공동체가 필요로 하는 식량의 절반이 직접 생산을 통해 획득된 식량으로 충당되어야 한다. ② 작물화 및 가축화된 동식물을 자연 서식지와 야생 식물군으로 돌이키지 않는다는 두 가지 기준을 제시하였다. 이 기준에 의하면 농경 사회에서는 이미 모든 시간을 식량 구득을 위해 할애하는 단계를 지나 시간적 여유가 생겨났음을 뜻한다.

그러므로 문명은 식량 수탈자가 아닌 식량 생산자에 의해 창출된 것이라 생각된다. 식량 수탈자는 농경 활동에 관심이 없으므로 소규모 농경 활동이라도 강화할 생각을 하지 않는다. 스미스(Smith, 1976)의 주장에 따르면 가령 볼리비아의 시리오노Siriono족의 경우는 농사짓는 일보다 수렵과 채집 활동을 더 즐거운 일로 인식하고 있다. 그 이유는 농경에 의한 식량 생산은 오랜 시간이 걸리지만, 수렵과 채집에 의한 식량 수탈은 즉시 대가를 얻을 수 있기 때문이다. 다시 말해서 그들에게는 인내심을 필요로 하는 농경 활동은 그다지 매력적이지 않다는 것이다. 농업을 선택한 인류가 종종 식량난에 고통을 받아야 했다는 사실은 하나의 아이러니다.

가축 중 양의 사육을 증거하는 가장 오래된 유적은 이라크 북부에서 발견된 바 있는데, 그 유적은 기원전 11000~9000년경일 것으로 생각된다. 돼지는 유라시아 대륙 전체에 서식하고 있었지만, 양과 염소는 소아시아와 서아시아에 특히 많이 서식했다. 원래 돼지는 사막의 동물이 아니며 다리가 짧아 장거리 이동을 하는 유목민의 생활 체계에 포함되기 어렵다. 양과 산양은 사막에 자생하는 풀로 사육할 수 있지만, 돼지는 사막 풀을 먹지 않아 잡곡류로 사육해야 한다. 인류는 이들 야생 동물을 사냥하면서 들개를 가축화한 노하우를 살려 사육과 번식 방법을 터득할 수 있었다.

한민족의 일부를 구성한 퉁구스족은 돼지를 사육한 종족으로 유명하다. 퉁구스Tungus란 돼지를 뜻하는 투르크어에서 차용된 용어로 만주 일대에 거주하던 물길勿吉과 말갈족을 가리킨다(Klaproth, 1823). 퉁구스족은 순록 퉁구스, 유목 퉁구스, 농경 퉁구스 등으로 세분되는데, 그 가운데 농경 퉁구스족은 돼지를 사육하는 경우가 많았다. 물론 돼지를 즐겨 사육하는 종족은 퉁구스족만은 아니었다. 가령 뉴기니의 마링Maring족은 12년에 한 번씩 카이코Kaico라 불리는 돼지 축제를 연다. 그들은 다른 부족과의 전쟁으로 돼지가 거의 소멸되면 전쟁을 그치고 돼지 사육에 집중했다(Rappaport, 1967). 건조 지역과 습윤 지역은 돼지 혐오 문화와 돼지 숭배 문화로 갈리는 양상을 보인다.

인류는 가축을 식량뿐 아니라 다양한 방식으로 활용하기 시작했다. 가축의 가죽과 털의 이용 방법을 발견하고, 젖을 채취해 낙농이 발전해 갔다. 가축의 젖을 육아에 이용하기 시작한 것은 신석기 시대부터였으며, 얼마 지나지 않아 가축을 이동 수단으로 이용하는 데까지 발전해 갔다. 젖과 곡물을 섭취하면서 여성은 출산력이 더 높아졌고, 아이를 데리고 먼 거리를 가지 않아도 되었다. 농경 사회에서 아이가 많다는 것은 작물과 가축을 돌보고 어린 형제를 보살피며 거처에서 음식을 만들 노동력이 많아졌다는 뜻이므로 커다란 장점으로 작용했다. 농부들은 더 많은 농부들을 낳을 수 있게 된 것이다.

하천 유역의 충적 평야에서 관개 시설을 정비하여 밀과 보리를 재배하던 수메르인들은 양, 산양, 염소, 소를 사육하기 위해 농경지 주변에 목초지를 확보했다. 가축으로부터 가죽을 얻고 고기와 우유의 맛을 본 인간은 결코 목축을 포기할 수 없었다. 이런 이유로 인류는 농경과 목축을 동시에 꾸려나갈 수 있었던 것이다.

수메르의 맥류 생산량은 비약적으로 증가했다. 당시의 기록을 보면 기원전 2370년경 수메르의 고대 도시 라가시Lagash에서는 낟알 수확량이 파종 시의 76.1배에 달했다. 이는 비료와 제초제를 사용해 집약적 생산을 하는 현재와 비교해도 별반 차이가 없는 수확량이다. 참고로 중세 유럽의 맥류 낟알 수확량은 겨우 5배 정도에 지나지 않았다.

농경과 목축은 인류의 문명사에 지대한 영향을 미쳤다. 인류는 자연을 효율

그림 2-4. 메소포타미아에 자생하는 야생 밀

적으로 이용하는 지혜를 터득하게 된 것이다. 수렵과 채집을 행하던 시절, 하나의 가족이 생활하기 위해서는 약 1,000헥타르의 토지가 필요했으나, 농경과 가축을 시작한 후부터는 10헥타르 정도의 토지만 있으면 충분했다. 그러니 토지 대비 인구가 증가한 것은 당연했다.

잉여 식량을 확보하자 좁은 면적의 토지에 많은 인구가 생활할 수 있게 되었다. 좁은 공간에 많은 사람들이 모여 살게 되었다는 것은 취락이 발생하게 되었음을 뜻한다. 이에 따라 취락의 성격이 변하고 식량 생산 이외의 직업이 생겨나기 시작했다. 지금으로부터 약 1만 년을 전후한 무렵에 이스라엘의 예리코 Jerich, 터키의 차탈회위크Çatalhöyük와 하산케이프Hasankeyf에서 비교적 규모가 큰 촌락이 발생한 사실을 알 수 있는 유적지가 발굴된 바 있다.

잉여 식량이 문명 발전에 결정적으로 기여한 것은 사실이지만, 모든 면에서 긍정적인 영향만 미친 것은 아니었다. 즉 인류에게 부정적 현상도 일어났다. 그것은 바로 전쟁의 발생이었다. 식량을 구하기 위해 각지에서 발생된 습격과 정복 전쟁은 갈수록 그 규모가 커졌다. 식량을 전리품으로 취득하기 위해 벌어진 전쟁은 정주하는 농경민과 이동하는 유목민 간의 전쟁이었다. 적으로부터 농작물을 지키기 위해서는 주민의 협력과 결속을 필요로 했다.

메소포타미아에서는 목축만을 특화해 목축업으로 생활을 영위하는 유목민들이 농업 지대 주변에 생겨났다. 농경이 시작된 후에도 그 주변부에는 장기간에 걸쳐 채집과 수렵에 의존하는 사람들이 많았다. 그들은 영양, 타조, 새 등을 대상으로 사냥하면서 생활했다. 이들은 가축화가 불가능한 동물이었다. 그러므로 의외의 사실이지만 유목은 수렵 생활의 연장선상이 아니라 농경지대에서 익힌 목축 경험을 바탕으로 파생된 생활 기술이었다. 그러므로 유목은 천수답 농사와 관개 농업에 버금가는 새로운 발명이었다고 볼 수 있다.

유목민은 정주하지 않고 천막에 살면서 가축과 함께 이동하게 되는데, 광범위하게 산재하는 목초와 물 등의 자원을 이용하는 유목 기술 자체는 메소포타미아를 넘어 퍼타일 크레슨트의 땅에서도 발명되었다. 양과 산양의 가축화에 성공한 사람들이 서쪽으로 이동하는 과정에서 유목 또는 반半유목(농업과 목축업) 생활을 발달시켰을 것으로 추정된다. 관개 농업 지대의 인구가 증가함에 따라 인구압人口壓에 밀려난 무리들도 있었을 것이다.

유목민이 된 그들은 처음에는 약자의 입장이었지만 생존을 위해 우수한 기동성과 전투 능력을 갖추게 되었다. 그들의 규모는 농경민의 1할 정도에 불과했지만 막강한 군사력을 가졌다. 농경 지대의 정주 취락에서 생산되는 물자에 의존할 수밖에 없던 그들은 물물 교환을 하거나 약탈하면서 생활했다. 유목민들은 농민과 도시민을 야만인으로 얕잡아 봤다.

중세 이슬람을 대표하는 사상가이자 정치가인 이븐 할둔Ibn Khaldun은 라코스테(Lacoste, 1981)가 번역한 그의 저서 《역사서설》에서 문명의 본질을 설명하는 가운데 다음과 같은 주장을 했다. 즉 도시민과 유목민은 모두 조미료를 사용하지만 도시민들은 조리 과정을 거친 음식을 먹기 때문에 험난한 사막이나 황무지 사람들에 비해 유약해진다는 것이다. 그러면서 그는 풍요롭고 사치한 생활을 하는 도시민보다 그렇지 못한 유목민의 신앙심이 더 강하다는 점을 지적한 바 있다. 그는 사치와 풍요의 정도에 따라 인간의 대처 능력에 차이가 발생한다고 설명하면서 맛있는 음식을 먹는 도시민들은 환경적 재앙이 닥치면 유목민보다 빨리 죽는다고 주장했다. 마그레브(북아프리카)의 모로코 페스Fez 시민들이 한발과 기근에 취약한 이유를 그렇게 설명한 것인데, 그와 같은 판단은 할 둔의 사고가 다분히 환경 결정론에 뿌리를 두고 있음을 단적으로 보여 주는 대목이라 할 수 있다.

전투를 지휘한 사람이 정치적인 힘 또한 가지게 되는 것은 자연스러운 일이었다. 수렵 채집민은 강력한 무력을 가지고 있었지만, 정주민은 그에 비해 무력했다. 수렵 채집민들은 정주민들을 정복해 노예로 삼았다. 그 후, 수렵은 후술하는 길가메시처럼 왕들의 스포츠가 되어 전설과 예술 작품 속에 영웅의 모습으로 묘사되었다. 고대 벽화와 조각품에서 왕과 영웅들이 사냥하는 모습을 표현한 것은 그런 이유 때문이다.

선사 시대는 그와 같은 폭력적인 무법의 시대였다. 그러나 그런 상황을 완화시키는 요인도 있었음을 간과해서는 안 된다. 농경이 시작되기 전에는 인구가 적고 토지가 넓어 새롭게 등장한 농경 민족은 수렵 민족과 충돌함이 없이 생활권을 넓혀 나아갈 수 있었다. 그런데 인구가 증가하고 넓은 땅이 점차 경작지로 개간됨에 따라 차츰 대립 구도가 만들어지기 시작했다. 귀족 계급이 등장하게 된 것은 이 무렵이었을 것이다.

퍼타일 크레슨트의 자연환경

퍼타일 크레슨트의 자연환경을 이해하기 위해서는 먼저 이 지역의 지형과 지질에 관해 설명할 필요가 있다. 이 지역은 지중해와 홍해 및 페르시아만이 서·남·동쪽에 자리하고 아라비아반도를 중심으로 북쪽에 메소포타미아와 서쪽의 나일강이 흐르는 이집트가 위치해 있다. 또한 터키의 아나톨리아반도와 이집트 사이에는 레반트와 가나안이 있다.

이 지역은 융기, 습곡 작용, 단층 작용의 세 요인으로 기본적인 지형이 형성된 후, 침식 작용과 퇴적 작용이 더해져 현재의 지형과 지질이 만들어졌다. 수억 년 전인 캄브리아 시대의 이스라엘 일대의 지괴, 즉 지각의 땅덩어리는 과거 지중해였던 고대양古大洋의 연변에 위치해 아라비아·누비아 지괴의 중간에 존재했다. 이 지역에 화성암과 결정암의 변성암도 역시 과거 지괴의 구성 암석이었음을 의미한다.

가장 오래된 이들 암석은 홍해와 연결되는 아카바만 서쪽의 구릉 지대에서 볼 수 있는 선캄브리아 시대Precambrian의 결정암인 변성암과 화성암으로 새로운 지질 시대에 형성된 것들이다. 때문에 여기에서는 선캄브리아 시대의 변성암·화성암으로부터 고생대의 퇴적암(누비아 사암), 중생대의 퇴적암(석회암·고회암 등), 신생대 제3기의 퇴적암(석회암), 제4기의 화성암·사암 및 퇴적물(사구·충적물)까지 분포해서 가장 오랜 암석과 최근에 생성된 암석에 이르기까지 모두 관찰할 수 있다.

약 200만 년 전, 바닷속에 있던 서쪽의 아프리카판과 동쪽의 아라비아판이 융기에 의해 솟구쳐 올라 심성암과 해성 퇴적암이 육지 위로 드러났다. 그 결과

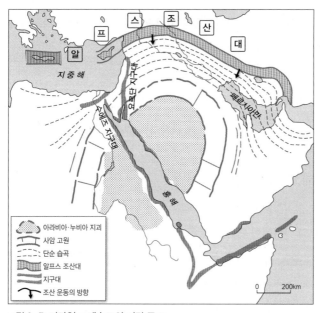

그림 2-5. 퍼타일 크레슨트의 지각 구조

해역은 서쪽으로 후퇴했기 때문에 해안선 방향을 따라 지질학적으로 새로운 것이 되어 버렸다. 퍼타일 크레슨트의 산지는 신기 조산 운동에 따른 알프스 조산대의 연변부에 위치해 있으므로 해발 고도가 점차 낮아지는 곳이다. 조산 운동에 의해 알프스산맥, 터키의 폰토스산맥과 토로스산맥, 이란의 엘부르즈산맥과 자그로스산맥 등과 같은 높은 산맥이 형성되었다. 그러나 레반트의 갈릴리 산지 일대는 고도가 1,200미터, 네게브 산지 일대는 1,000미터 정도로 낮아진다.

이와 같은 습곡 작용의 결과, 장력과 압력이 작용해 균열과 단층이 일어났다. 사해 지구대, 아랍 지구대, 갈릴리 지구대 등의 요르단 지구대는 넓은 의미에서 침강과 융기 작용을 수반한 단층 작용에 의해 형성된 지구대라 할 수 있다. 그림 2–5에는 요르단 지구대와 수에즈 지구대를, 그림 2–6에서는 요르단강이 흐르는 요르단 지구대만을 묘사했다.

사해 남쪽 끝에는 《구약 성서》에 죄악으로 인해 불과 유황으로 절멸된 도시 소돔과 고모라의 유적지가 있을 것이다. 불과 유황은 지질학적 지각 변동인 대지진을 암시하는 것이리라. 북쪽의 갈릴리해로부터 남쪽의 아카바에 이르는 사

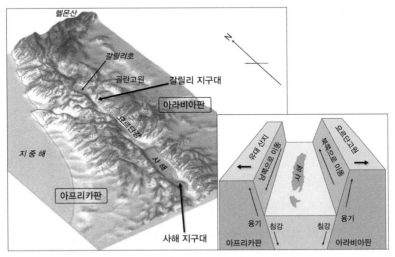

그림 2–6. 요르단 지구대(갈릴리 지구대 및 사해 지구대)의 기복도와 단층 작용

해 지구대는 지각 변동으로 해수면보다 낮게 함몰되어 두 유적지는 사해 밑바닥에 묻혀 있을 것이다.

사해 지구대를 따라 분출한 용암이 화산암이 되어 곳곳에 분포하는 것을 보면 소돔과 고모라의 멸망은 대분화로 함몰해 사해의 물이 유입되어 호수 밑으로 가라앉았기 때문에 발생했다. 이 지구대를 따라 요르단강이 흐르며, 이스라엘과 요르단 간의 국경이 지나고 있다. 수간獸姦을 뜻하는 '소도미sodomy'라는 단어는 소돔Sodom이라는 지명에서 유래된 것인데, 그것은 소돔 사람들이 그러한 비인간적 성행위를 저질렀기 때문이라 일컬어진다.

메소포타미아 동쪽의 북서쪽에서 남동쪽으로 뻗은 자그로스산맥은 전통적으로 고대에 아시리아와 메디아 간의 국경을 이루었다. 이 산맥은 위에서 설명한 것처럼 알프스·히말라야 조산대의 일부이며 습곡 작용으로 융기한 산악 지대이므로 산줄기의 방향이 대부분 같은 방향으로 뻗어 있다.

메소포타미아는 대부분 건조 내지 아亞건조 지역에 속하여 강수량이 매우 적은 편이다. 그런데 어떻게 잉여 식량을 확보할 수 있을 만큼 농사를 지을 수 있었을까? 아무리 아나톨리아고원 지대의 아르메니아 산지로부터 흘러내리는 물이 공급된다고 하더라도 퍼타일 크레슨트 일대에서 발견된 야생 작물들이 과연 잘 자랄 수 있었을지 의문이 생긴다.

이런 의문은 그림 2-7을 보면 풀리게 된다. 이 지역의 강수량은, 매우 적은 곳은 연간 100밀리미터 이하이며, 많은 곳이라 해도 200밀리미터 이하에 불과하다. 강수량이 적은 시리아 북부의 알자지라al-Jazira의 경우 농경이 불가능한 기후지만, 이곳에도 고대 도시의 유적지가 많은 것으로 보아 과거에는 유프라테스강과 오아시스 주변에서 농사를 지었던 것으로 추정된다.

여름과 겨울에는 지중해로부터 레바논산맥을 넘어 바람이 불어오고, 겨울에도 서쪽의 자그로스산맥과 북쪽의 캅카스산맥으로부터 바람이 불어와 강수량을 300~500밀리미터까지 증가시키는 요인으로 작용한다.

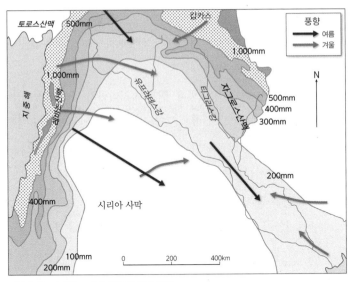

그림 2-7. 퍼타일 크레슨트의 강수량 분포

    자그로스산맥과 두 강 연안의 충적 지대 사이에 형성된 산록 완사면 지대에는 우기인 겨울이 되면 연 강수량이 200밀리미터를 넘는 비가 내려 충분하지는 않지만 관개 시설 없이도 농사가 가능하다. 미국의 지리학자 붓저(Butzer, 1965)는 영국의 하이암스와 달리 초기 농경 문화가 바로 여기서부터 시작되어 중앙 저지대인 하천 유역으로 전파되었음을 밝힌 바 있다.

    농경이 메소포타미아에서 시작되었다는 일반적인 학설과 달리 하이암스(Hyams, 1952)는 그의 저서 《토양과 문명》에서 최초의 농경이 이스라엘 북쪽에 위치한 카멜 산기슭에서 후술하는 나투피안인Natufians에 의해 시작되었다고 주장한 바 있으나, 어느 학설이 옳은지 판단이 서지 않는다. 독자들은 다음 항을 읽으면 이해가 갈지도 모르겠다.

    인류 문명사의 중심 무대가 되었던 메소포타미아의 충적 지대는 규모가 커짐에 따라 관개 시설 없이는 농사가 불가능했다. 그러므로 농경 문화가 전파되었다고 하더라도 거기에는 커다란 조건의 차이가 있다. 건기에 접어들면 메마른 토양이 단단하게 굳어져 파종을 할 수 없으므로 동일한 농법을 적용하면 안 된다. 그렇다면 어떻게 그와 같은 조건적 차이를 극복해 도시가 형성될 수 있을 만큼 잉여 식량을 산출할 수 있었을까?

이와는 다른 주장을 제기한 학자도 있다. 일본의 지리학자 무라야마(村山, 1990)는 그의 저서 《성지聖地의 지리》에서 구약 성서 시대에는 현재보다 사계절의 구분이 뚜렷해 폭우도 내리고 공기 중에는 습기도 많았으며 나뭇잎에 이슬이 맺혔고, 가을이 되면 서리가 내릴 정도였다고 주장했다. 그러나 퍼타일 크레슨트지역이 건조 기후 지역이었던 것은 부정할 수 없는 사실이다.

퍼타일 크레슨트지역이 건조 기후 지역이었다는 사실은 음식 문화에서도 엿볼 수 있다. 《구약 성서》와 《레위기》를 보면 각각 한번씩 "돼지는 불결한 동물이기 때문에 이를 먹거나 손을 대면 부정하게 된다"라고 선포한 고대 히브리 신의 말을 기록해놓고 있다. 그로부터 1,500년 후, 알라신은 그의 예언자 마호메트를 통해 돼지는 무슬림에게도 불결하고 부정한 동물이라고 선언했다. 돼지는 다른 동물보다 식물성 사료를 효과적으로 지방과 단백질로 바꾸는 동물이지만, 수백만의 유태인들과 수억 명의 무슬림들은 여전히 돼지를 불결한 동물로 여기는 관습이 있다. 퉁구스족이나 마링족으로서는 이해하지 못할 관습일 것이다.

그 이유는 덥고 건조한 기후 지역에 속하는 퍼타일 크레슨트에서는 신체구조상 돼지가 생존하기 어렵다. 소, 양, 염소 등의 가축과 비교해서 돼지는 체온 조절 능력이 높지 않다. 땀을 흘리지 못해 섭씨 37도가 넘는 기온과 직사광선 아래서는 죽고 만다. 보호막 역할을 하는 털도 없고 땀을 흘려 체온 조절을 못하는 돼지는 외부의 습기를 이용해 피부를 습하게 유지해야 한다. 그러나 퍼타일 크레슨트에서는 여름이면 섭씨 40도가 넘는 건조한 날이 거의 매일 이어진다. 돼지가 오물을 뒤집어쓰고 더럽게 보이는 것은 본성에 따른 것이 아니라 퍼타일 크레슨트의 덥고 척박하며 그늘이 없는 서식지의 환경 탓이다(Harris, 1975).

그럼에도 불구하고 레반트를 포함한 퍼타일 크레슨트 일대는 오늘날보다 강수량이 많았던 것으로 추정된다. 빙하기의 마지막 간빙기로 여겨지는 홍적세洪積世에 지구 대부분은 현재보다 섭씨 2~3도 정도 기온이 높았을 것으로 추정된다. 당시의 사하라 사막은 초원 지대였으며, 소가 방목되어 유유히 풀을 뜯고 있었다. 사하라는 아랍어로 '불모'란 뜻인데, 지금은 풀 한 포기, 나무 한 그루 찾아보기 힘들다.

상기한 무라야마의 주장에도 불구하고 퍼타일 크레슨트가 문명을 창출하기에 최적의 기후적 환경을 지닌 땅이라고 보기에는 불충분하다. 오히려 잉여 식량을 산출할 수 있는 최적의 장소에서는 자연을 극복하려는 의욕과 새로운 발상이 생기지 않는다. 나는 문명이 인간의 능력에 따라 좌우되는 것이 아니라 땅의 생김새에 의해 좌우된다고 생각한다. 그러나 토인비가 지적한 것처럼 최적의 환경뿐만 아니라 인류의 정신적 의지도 문명 창출의 중요한 메커니즘이라는데에 동의한다.

인류 최초의 빵을 만든 주인공은?

여기서는 인류 최초의 경작자를 메소포타미아인들이라 전제하고 신석기 시대의 농경을 설명하고 있다. 그러나 전술한 영국의 하이암스(Hyams, 1952)는 최초의 농경이 이스라엘 북쪽에 위치한 카멜 산기슭에서 혈거 생활을 하던 나투피안인에 의해 시작되었다고 주장한 바 있다. 어느 학설이 옳은지 확신이 서지 않지만 오히려 현재 터키에 속하는 차탈회위크나 하산케이프 쪽이 더 신빙성이 높다고 생각한다. 나투피안인은 기원전 9000~8000년경부터 팔레스타인과 시리아 일대에서 주로 수렵에 의존하던 종족이었다.

고고학의 창시자라고도 불리는 차일드(Childe, 1951)는 나투피안인이 유럽인들이 사용했던 것과 매우 흡사한 돌도끼를 사용했음을 밝혔는데, 그것은 풀을 베는 낫 역할을 하던 석기였다. 발굴된 돌도끼는 나무를 자르는 것이 아니라 풀베기에 이용되었으며, 독특한 광택이 그 증거라 주장했다. 하지만 어떤 종류의 풀을 베었는지 알 수 없으며 더욱이 그 풀이 재배된 것인지 야생풀인지도 불분명했다.

그러나 그 후 이어진 연구로 그들이 여러 개의 곧은 동물 뼈의 자루에 박아 만든 곡물 수확용 돌낫과 곡물을 빻기 위한 공이를 사용했던 것이 밝혀졌다. 이들이 남긴 나투피안 유적지에서는 효모와 맷돌, 증류용 그릇, 술밥을 가열하는 데 사용된 불의 흔적 등이 발견되었다. 이것으로 보아 수메르의 우르 주민들이 마시기 시작한 맥주의 원조가 사실은 그들이 아니었을까 하는 생각을 하게 된다.

돌도끼는 곡괭이를 발명하지 못한 나투피안인들이 야생풀, 즉 야생 작물을 베는 데 사용했을 가능성이 높다. 그들은 여전히 농경인이 아니라 신석기 단계에 진입하지 못한 식량 채집인으로 생활했다. 만약 그 풀이 재배된 것이라면 토양의 성질상 그들은 반농·반유목 생활을 영위했을 것이다. 그들은 맥주를 마시기에는 아직 문화 수준이 성숙되지 못했다. 그러나 그들과 동일한 발전 단계에 있던 메소포타미아의 충적층에 살던 주민들은 사정이 달랐다. 앞서 설명한 것처럼 그들은 하천 본류로 이동한 후 더 큰 규모로 경작하기 위해 관개 기술을 고안했던 것이다.

이러한 논란에도 불구하고 그보다 최근 아란츠오타구이 등에 의해 시도된 연구에 따르면(Arranz-Ottagui et al., 2018), 지금으로부터 14,400년 전 요르단 북동부에 위치한 나투피안 수렵인들의 거처였던 그림 2-8의 슈바야카 Shubayaqa란 곳에서 빵과 유사한 식량이 있었다는 사실이 밝혀졌다. 이 연구로 빵 등의 식량이 적어도 작물화가 시작되기 4,000년 전인 농업의 출현보다 앞섰다는 것이 증명되었다. '검은 사막'이라 알려진 이 지역은 선

그림 2-8. 슈바야카 유적지의 위치

사 시대의 유물이 다수 발견된 곳이기도 하다(Smith, 2017). 인류의 제빵 기술의 진보는 인간의 생존과 영양 섭취에 커다란 전기를 제공했다.

이것이 14세기경 인도와 서남아시아의 주식이 된 난Naan의 원조는 아닐까? 난은 페르시아어로 빵을 의미하는 '난nan'에서 비롯되었는데, 이는 고대 페르시아어로 벌거벗었다는 뜻의 '나그나nagna'에서 유래된 말이다. 레반트는 물론 인도와 터키, 우즈베키스탄, 카자흐스탄 등의 페르시아 일대에서는 그림 2-10에서 보는 것과 같은 발효시킨 납작한 빵을 일컫는 넓은 의미의 용어로 사용된다.

이 빵은 초기 형태의 오븐에서 뚜껑을 덮지 않고 구웠다는 의미에서 연유된 것으로 추정된다. 고대 로마의 폼페이에서는 넓적한 빵을 굽는 화덕의 기원전 유적이 발굴된 바 있다(그림 2-9). 우리나라의 빵이라는 말은 포르투갈어인 '팡

그림 2-9. 슈바야카의 빵을
굽던 화덕 유적

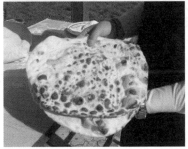

그림 2-10. 레반트 주민이 빵을 굽는 모습

pão'이 일본을 거쳐 들어온 것으로 알려져 있다. 그래서 포르투갈어의 영향을 받은 일본어를 비롯한 스페인어, 이탈리아어, 베트남어 등은 모두 빵이라고 부른다.

인류 최초의 도시, 선사 취락 차탈회위크

고대 도시를 설명하는 대부분의 교과서에는 차탈회위크에 관한 설명이 조금씩이라도 언급되어 있다. '차탈회위크'라는 지명은 일반인은 물론 지리학도와 역사학도 중에서도 생소하게 여기는 사람이 많을 것이다. 더욱이 그곳이 인류 취락의 기원이라고 한다면 더 의아해질 것이다. 그 이유는 지금까지 인류 최초의 고대 도시가 메소포타미아 일대에서 그 기원을 찾을 수 있는 것으로 생각되어 왔기 때문이다. 그러나 퍼타일 크레슨트의 범위를 광역적으로 설정해 본다면 차탈회위크도 그 범위 속에 포함된다.

터키 아나톨리아고원의 남부에 위치한 차탈회위크 유적지는 1950년대 후반에 발견되었다. 12개 유적층에서 수백 개의 건물이 동쪽 언덕의 남서부에서 발견되었으나, 1965년부터 이 유적지는 터키 정부에 의해 보호를 받게 되었다. 평지에서 14층 빌딩 높이에 해당하는 유적지의 언덕이 수많은 방문객과 토양 침식으로 중대한 손상을 입었기 때문이었다.

터키 문화부는 차탈회위크 유적지의 손상이 가속화될 것을 염려해 1993년 앙카라 고고학연구소와 멜라트(Mellaart, 1964)의 개인적 지원하에 이 유적지의 발굴 작업을 호더(Hodder, 1997; 2004; 2005; 2008)에게 승인했다. 12개의 유적층은 지표면에 가까울수록 현재와 가까운 시기이고 깊이 들어갈수록 오래된 유적층이라고 생각하면 된다. 따라서 그림 2–11에서 XII기 12개 층 가운데 XIII기 이하가 8,000년 전에 해당한다.

그림 2–12에서 보는 서쪽 언덕은 실험적으로 발굴이 행해졌고, 그 후 발굴단은 동쪽 언덕의 유적에 대한 발굴에 주력했다. 고대 유적지 중 이처럼 언덕을 이

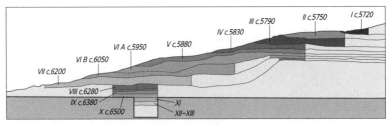

그림 2-11. 차탈회위크의 시기별 유적층 구분(기원전 6500~5720년)

루는 곳이 많은 이유는 원래 마른 땅의 구릉지에 터전을 잡으면 수백, 수천 년이 지나도 동일한 땅에 계속해서 집을 짓고 살기 때문이다. 그래서 점점 더 높은 언덕을 형성하게 된다. 당시의 인간들은 늪지대를 피해 약간 높은 구릉지에 살면서 어로와 수렵 생활을 병행했다. 빙하 시대가 끝나고 간빙기로 접어들면서 신석기 시대의 사람들은 구석기 시대의 사람들과 달리 단백질 공급을 위해 덩치가 작은 짐승들을 사냥하기도 했지만, 물고기를 잡는 어로 생활도 겸했다. 바닷가인 경우에는 조개를 잡아먹을 수 있었지만, 차탈회위크는 내륙 지방이라 불가능했다.

이 차탈회위크의 발굴 작업에 참가한 단체와 후원 기업은 앙카라 고고학 연구소와 터키 정부 이외에도 영국 케임브리지 대학 고고학과, 미국 버클리 대학 차탈회위크 고고학자 모임BACH을 비롯해 쉘 석유회사, IBM, VISA, 영국 항공사 등의 글로벌 기업들이 포함되어 있다. 그리고 영국, 미국, 그리스, 독일 등과 국제적 공동 연구로 진행되고 있는 이 프로젝트는 유적지의 중요성 때문에 많은 인원과 다양한 스폰서들이 참여하고 있다. 안타깝게도 한국 기업이나 대학은 없다. 이제 글로벌 기업의 반열에 든 한국의 재벌 기업들도 차탈회위크와 같은 중요한 유적지 발굴 작업에 참여할 때가 되었다고 생각한다(2019년 한국의 CJ대한통운이 수몰 위기에 처한 하산케이프 고대 유적 이송 프로젝트에 참여한 바 있다).

발굴 결과, 놀랍게도 9,000년 전에 차탈회위크 주민들은 5,000명을 훨씬 넘

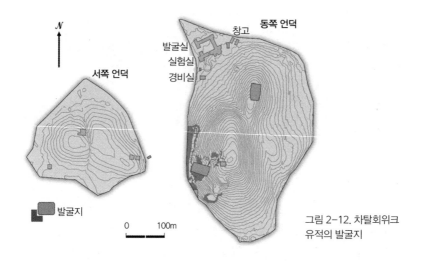

그림 2-12. 차탈회위크
유적의 발굴지

을 정도의 커다란 공동체를 형성해 고대 도시 초기형태를 이루고 있었음이 밝혀졌다. 선사 시대의 취락 규모로서는 매우 큰 편에 속한다. 미국의 역사학자 발터(Balter, 1998)는 1만 명의 인구가 살았다고 주장했다. 수천 세대들은 약 4만 평의 공간에 조밀하게 사각형의 주택에서 거주했으며, 하나의 주택에서 약 100년 정도 사용한 후에 그것을 메우거나 부숴버리고 그 위에 새로운 주택을 건설한 것이다.

이러한 과정이 약 1,000년간 반복된 결과, 이곳에는 고도 20미터에 달하는 언덕이 형성되었다. 초기의 주택은 길과 공터를 확보해 여유 있게 배치되었으나, 인구가 증가함에 따라 주택 간의 간격이 좁아지기 시작했다. 그 결과, 대부분의 주택은 이웃집과 벽을 맞대어 건설되었고, 주택의 출입은 지붕에 구멍을 뚫어 이루어졌다. 이 구멍은 출입구인 동시에 부엌의 화덕과 방의 벽난로로부터 나오는 연기를 배출하는 굴뚝으로도 이용되었다. 그 까닭에 가옥 내부는 연기가 자욱해 주민의 건강을 해치게 되었을 것이다. 이 사실은 시신의 폐에서 시커먼 그을음의 흔적이 발견됨으로써 확인되었다.

터키의 대부분을 차지하고 있는 중앙 아나톨리아고원의 코니아Konya 근처에 차탈회위크 유적지가 위치해 있다. 차탈회위크 주민들은 지금으로부터 약 9,000년 전에 독특한 형태의 주택을 건설하고 그들 특유의 미술품과 상징물을 만들기 시작했다는 사실이 밝혀졌다. 돌연히 등장한 그들은 선사 시대 초기에 해당하는 농경 정착민이었다. 멜라트의 발굴 결과, 그들은 양, 염소, 소 등의 가축을 사육하는 동시에 차탈회위크 일대의 풍요로운 늪지대에서 야생 동물을 사냥하거나 야생의 과일, 콩 등의 채집에 많은 시간을 소비했던 것으로 밝혀졌다. 그들은 목축과 수렵, 농업과 채집을 병행한 셈이다.

고고학자 하란(Harlan, 1967)의 연구에 의하면, 야생 식물이라 할지라도 풍부하다면 채집이 용이하므로 한 가족이 수 주간 곡물을 채집하면 1년을 먹을 수 있는 분량임을 입증해 보였다. 그러므로 식량 생산의 장점은 노동력 투하 대비 수확량이 많은 데 있으므로 단위 면적당 수확량이 담보되어야 한다는 사실을 알 수 있다. 나는 차탈회위크의 주민들이 목축과 수렵, 농업과 채집을 병행한 이유를 그 점에서 찾을 수 있었다.

앞서 그림 2-3에서 언급한 바와 같이 아나톨리아의 농업은 기원전 7000년경 서쪽에 인접한 그리스에 전해지면서 서양과 관계를 맺기 시작했다. 농경 활동과 달리 수렵 활동은 용이한 것이 아니었다. 수렵 활동이 농경에 비해 어려운 이유는 짐승을 사냥하기에는 인간보다 동물이 더 민첩했고, 어떤 경우에는 오히려 인간이 잡아먹히는 경우도 있었기 때문이다. 그들이 사냥에 성공할 확률은 겨우 4% 정도에 지나지 않았으므로 육식은 어쩌다 재수 좋은 날만 할 수 있었다. 그들은 사냥한 짐승을 여러 사람들과 함께 먹기 위해 뼈에 붙어 있는 살점까지 뜯어 먹거나 한민족이 즐겨먹는 곰탕처럼 끓여서 국물을 만들어 먹었다. 그러기 위해서는 당연히 토기가 필요했을 것이다.

가장 중요한 관심사는 사람들이 이 지역에 집단적으로 거주한 이유일 것이다. 왜 하필이면 이곳 차탈회위크에 사람들이 모여 살았을까? 확실한 이유는 아직 밝혀지지 않았지만, 배후 습지로 둘러싸인 이 유적지는 주변보다 고도가 약간 높아서 유일하게 취락을 조성할 수 있을 만한 마른 땅의 공간이었다. 그리고 많은 사람들이 방어를 목적으로 모여 살았을 것으로 추정된다. 2000년대에 들어와 케임브리지 대학의 미스(Meece, 2006)의 발굴 보고에 의하면, 화덕의 형태가 원형에서 사각형으로 바뀌었음을 알 수 있는 유적이 발견되었다. 이처럼 화덕의 형태가 변한 것은 시간이 경과함에 따라 화덕의 중요성이 커졌음을 의미하는 것이다. 즉 취사의 빈도가 많아졌음을 뜻하는 것으로 식량 조달이 개선되었거나 기후 변화가 있었음을 암시하는 것이다. 전술한 슈바야카의 원형 화덕에 비해 더 진보한 것이다.

차탈회위크에 세워진 주택의 형태와 밀집 정도는 그림 2-14에서 보는 바와 같이 매우 특이하다. 이에 대해 멜라트(Mellaart, 1964)는 1960년대의 발굴 결과를 분석하면서 차탈회위크 주민들이 방어를 위해 주택의 벽을 견고하게 축조하거나 출입구를 지붕에 만들고 가옥과 가옥을 붙여 배열함으로써 성곽 효과를 낼 수 있도록 고안되었다고 주장했다. 그러나 1990년대의 발굴 결과는 출입구의 위치와 가옥 배치의 목적이 방어가 아닌 것으로 밝혀졌다. 차탈회위크에서는 성곽의 흔적이 발견되지 않았지만, 전쟁이 있었던 증거는 일부나마 발견되었다. 건물을 빼곡하게 붙여 지은 이유는 북아프리카 페스의 가옥처럼 여름철의 햇볕 차단과 겨울철의 추위를 막기 위한 목적도 있었던 것으로 여겨진다.

차탈회위크가 대규모 취락을 형성한 이유는 이 유적지의 발굴이 완전히 종료되면 밝혀지겠지만, 무엇보다도 이 일대의 풍부한 자원 때문이었을 것으로 추정된다. 우선 풍부한 물은 생활용수와 농업용수로 사용되었을 것이며, 각종 식물과 동물은 채집과 수렵 혹은 가축화의 대상이었다. 그리고 하천 주변의 충적지대는 비옥하여 농경에 적합했을 것이다. 만약 이들이 집단 취락을 형성한 이유가 다른 것에 있다면, 그것은 흑요석이나 사회적 요인에서 찾을 수 있을 것으로 생각된다.

당시 주민들의 생활상을 알아내기 위해서는 차탈회위크의 주택 구조와 재질을 살펴보는 것이 중요하다. 조사 결과 이곳의 주택은 주요 건축재가 흙벽돌과 목재인 것으로 밝혀졌다. 특히 초기 유적층에서 발굴된 벽돌은 길고 얇았는데, 그것은 진흙과 짚을 섞어 만든 것이었다. 벽을 쌓던 벽돌 크기는 작았지만, 벽의 상단부를 덮는 벽돌은 초기의 것보다 더 두껍고 작아졌으며, 그 두께는 오늘날의 그것보다 더 얇았다. 흙벽돌을 쌓아 만든 지붕은 경사 없이 편평하게 만들었고, 목재로 만든 서까래에 갈대와 진흙을 덮었다. 차탈회위크를 중심으로 한 코니아 평원 일대에서는 오늘날에도 9,000년 전과 같이 편평한 지붕 위에서 가축을 사육하고 있다. 방 안은 채광이 안 되는 탓에 햇볕이 들지 않아 어두컴컴했다. 그들은 낮에는 주로 지붕 위에서 생활했다.

차탈회위크는 아나톨리아고원 지대에 위치하므로 겨울철에는 매우 추운 편

그림 2-13. 선사 시대(9,000년 전)의 차탈회위크 상상도

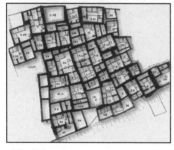

가옥 배치도

가옥 경관 상상도

그림 2-14. 차탈회위크의 조밀한 가옥 배치

이다. 그러므로 흙벽돌로 만든 벽은 겨울철 코니아 평원의 추위에 대비해 매년 봄에 새롭게 벽토를 해야만 했다. 취락 형성 초기에는 벽에 출입구를 만들었으나, 많은 주택들이 밀집해 인접한 주택들이 둘러쌈에 따라 지붕 위로 출입하는 입구를 만들었다. 이와 같은 독특한 구조는 앞서 설명한 것처럼 방어 목적을 위해 고안된 것 같지 않다. 결과적으로 동일한 구멍으로 부엌의 연기도 빠져나가고 사람도 출입한 셈이다. 지붕의 출입구는 건물의 남쪽 방향에 배치하고 오르내리기 쉽도록 사다리를 설치했다. 발굴단은 작업 도중에 어떤 건물에서 사다리 바로 밑바닥에 파놓은 웅덩이를 발견했다. 이것은 비와 눈 녹은 물의 배수를 위해 고안된 것으로 판명되었다.

코니아 일대의 유적지들은 교역을 통해 서로 연계되어 있었다. 신석기 시대에 각 취락들이 연계하는 방법은 물물 교환을 통한 것이었다. 교역 물품은 다양했지만, 특히 중앙 아나톨리아에서 채집된 흑요석은 칼, 송곳, 거울 도구 등으로 이용될 수 있는 귀중한 자원이었다. 제이콥스(Jacobs, 1969)는 차탈회위크에서 수렵인들의 전前농업 도시가 형성된 요인을 흑요석에서 찾아야 한다는 이른바 '신흑요석 이론'을 제기한 바 있다. 화산 활동에 의해 생성된 흑요석은 잉여 식량과 대등한 가치를 지니고 있었으며, 나아가 화폐로서의 기능도 지니고 있었다. 흑요석의 대부분은 차탈회위크로 운반되어 가공하는 작업이 행해졌다. 흑요석은 지배층에 의해 주민들에게 분배되었다.

흑요석의 교역은 화산 지대가 많은 카파도키아를 중심으로 광역적으로 행해졌다. 차탈회위크에서 발견된 흑요석을 분석한 결과 그림 2-15의 괼뤼 닥Göllü Dağ과 네네지 닥Nenezi Dağ에서 출토된 것임이 밝혀졌다. 카파도키아는 유명한 관광지이므로 독자들 중에는 직접 목격한 사람도 있을 것이다. 그 후, 기원전 5500~2500년 기간에는 그 배후지가 더욱 광역화한 것이 여러 연구에 의해 밝혀진 바 있다(Hamblin, 1973; Chataigner et al., 1998; Fevzi, 2010). 하산 닥 Hasan Dağ 등의 카파도키아 흑요석은 서쪽으로는 크레타섬으로부터 동쪽으로

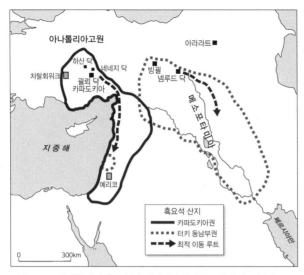

그림 2-15. 아나톨리아 흑요석의 페니키아와 메소포타미아 교역권

그림 2-16. 차탈회위크 유적지에서 발견된 흑요석 더미

는 지중해 연안의 페니키아를 포함해 시나이반도까지 확대되었고, 또한 카파도
키아 동쪽의 빙괼Bingöl과 넴루드 닥Nemrud Dağ의 흑요석은 메소포타미아의 북
부와 남부까지 확대되었다. 터키어로 닥Dağ은 산을 뜻하는 단어다. 흑요석 산
지로부터 그것을 운반하기 위한 최적 이동 루트는 해안을 따라 남하해 팔레스
타인의 예리코 방향과 티그리스강 동쪽 자그로스산맥의 기슭을 따라 남하하는

루트였다.

이상에서 설명한 것처럼 차탈회위크는 교역 네트워크에서 형성된 취락임을 알 수 있다. 특히 흑요석의 교역권은 900킬로미터 떨어진 이스라엘의 예리코에서 발견될 정도로 광역적이었으며, 취락 간 물품 교환은 문화 전파에도 영향을 미쳤을 것이다. 이 유적지에서는 상품 혹은 위탁화물의 소유권을 뜻하는 징표가 발견되었다. 다른 지역 간 교역의 증거물이기도 한 징표는 교역품의 소유권을 밝히는 것으로 오늘날의 스탬프 혹은 영수증이나 로고에 상당하는 것이다. 진흙으로 만든 스탬프는 후술하는 것처럼 메소포타미아에서도 더욱 정교해진 원통형의 스탬프가 발견된 바 있다. 우리는 메소포타미아에서 교역이 행해지면 영수증에 해당하는 징표가 필요하여 문자가 생겨나는 사례를 볼 수 있었지만, 이곳 차탈회위크에서는 문자 사용의 증거가 아직 발견되지 않고 있다.

흑요석으로 만든 그릇은 귀중품이었으므로 대부분의 주민들은 토기를 사용했다. 각종 생활 용구로 사용된 민무늬 토기는 이 유적지 일대의 풍부한 점토로 만들어졌다. 토기 역시 교역의 대상이 되면서 질적으로 급속히 개선되었다. 가옥 건축 시에 사용된 목재는 고산 지대에 자생하는 노간주나무를 사용하거나 주변 지역의 풍부한 팽나무를 사용했으며, 석재는 근처에서 채취한 것을 사용하거나, 부족한 양은 다른 지역으로부터 조달했다. 장신구인 구슬을 만들기 위한 다양한 재료들은 남부 아나톨리아 전 지역으로부터 입수되었다. 이와 같은 재료를 구하기 위해서는 흑요석이 위력을 발휘했을 것이다.

차탈회위크의 본질적 의미를 이해하기 위해서는 발견된 예술품이 상징하는 바가 무엇인지 살펴볼 필요가 있다. 예술의 상징성에 대한 의문은 다른 지역에서 발굴된 것과 연관시킴으로써 부분적으로 이해할 수 있다. 차탈회위크의 어떤 유적층은 아나톨리아 지방은 물론 에게해 연안국의 문화를 묘사한 예술품도 포함하고 있지만, 차탈회위크의 예술을 이해하는 일은 다른 지역의 고대 문명에서 볼 수 있는 유형과 판이하기 때문에 난해한 측면이 있다. 차탈회위크에서는 신전과 사제가 존재하는 국가 종교의 형태를 갖춘 국가의 흔적이 발견되지 않고 있다.

그들의 매장 방법 또한 특이했다. 가족이 죽으면 방바닥에 시신을 묻어 굴장 屈葬을 한 점은 우리나라 부산의 가덕도에서 발굴된 신석기 시대의 것과 매우 흡사하지만 매장 장소가 다르다. 여기서 말하는 굴장이란 굴속에 매장하는 굴 장窟葬이 아니라 시신을 접어 매장하는 방식을 가리킨다. 그들은 죽은 시신과 함께 교감하며 생활했다.

방 안 무덤 속의 부장품은 목걸이와 같은 장신구와 잘 다듬어진 도끼 등이다. 목걸이는 젊은이와 여자의 유골에서 발견되었다. 여자들이 장식을 했다는 사실 은 문화가 형성되고 있었음을 의미한다. 알타이족을 포함한 중앙아시아의 유목 민족은 죽은 자의 영혼을 달래기 위해 종종 그림을 이용했다. 즉 그림을 그리는 행위와 그림을 바치는 행위는 그 자체가 죽은 자의 영혼을 달래는 일이었다. 이 유적지에서 발견된 그림은 하나의 쟁점이 될 수 있다. 그 그림은 젊은이들의 혼 백을 달래주기 위해 제작되었거나 죽은 자의 영혼을 보호하는 기능을 갖고 있 었을 것이다.

이상에서 살펴본 바와 같이 차탈회위크는 다른 유적지와 부분적으로 유사한 점도 있지만 대부분 특이한 문화를 보유했던 신석기 시대 유적지라고 자리매 김할 수 있다. 이 유적지는 형성 시기가 기원전 7000년 전까지 소급될 수 있는 선사 취락이며, 현재까지 발굴된 유물은 기원전 4000~2000년 기간 중의 유물 이 가장 많이 출토되었다. 이 취락은 대략 5,000~10,000명이 거주했던 세계 최 대·최고의 선사 취락임이 판명되었다.

기원전 6200~6050년의 유적층을 탐사한 멜라트는 팔레스타인 지방의 선사 취락과 달리 차탈회위크가 계획된 취락일 것이라고 추정했는데, 그 가능성은 BOX 2.1에 소개한 지도의 발견으로 짐작할 수 있다. 이 지역 주민들은 주어진 공간에 적합하도록 건물을 배치했고, 일반적인 법칙에 따라 가옥 구조를 결정

BOX 2.1

차탈회위크 맵에 대하여

차탈회위크 맵Catalhuyuk map은 방사성 탄소 측정의 결과로 확인된 기원전 6200년 전에 제작된 것이므로 세계 최초의 고지도라 할 수 있다. 지금으로부터 무려 8,200년 전의 고지도가 이 유적지에서 발견된 것은 지도학사를 새롭게 써야 하는 획기적 사건이었다(Ülkekul, 1999). 이 지도의 위대함은 기원전 4000년경 티그리스강과 유프라테스강에서 수메르인들이 설형 문자를 만들기 전보다 훨씬 빠른 2,200년 전에 제작되었다는 점에서 찾을 수 있으며, 조감도 형식의 지도 제작 기법은 선사 시대의 지도학적 표현의 효시라 할 수 있다(Meece, 2006).

지도상에 그려진 취락의 규모로 판단할 때 취락 형성 초기의 모습이거나 계획도일 가능성이 크다. 가옥의 배치가 언덕 사면의 능선을 따라 배열된 유적층은 초기에 해당되는 것이므로, '차탈회위크 맵'은 이곳에 취락을 건설하기 위해 제작된 도시(취락)계획도로 간주될 수 있다. 지도에는 건물의 배치와 도로 계획이 담겨져 있다. 특히 건물은 가옥의 실내까지 표시될 정도로 상세하게 묘사되었다.

북쪽과 동쪽 벽으로 나뉘어 제작된 지도를 합성해 보면 남북 방향으로 더 길다. 이는 유적지가 약간의 경사가 있는 구릉지였기 때문에 지형적 조건이 반영된 결과였을 것으로 추정된다. 이 지도와 실제 차탈회위크의 가옥 배치 상황과 비교해 보면, 이것은 취락 초기이거나 계획 상태임이 분명하다(남영우, 1999; 2012).

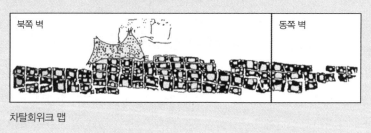

북쪽 벽　　　　　　　　　　　　　　　　　　동쪽 벽

차탈회위크 맵

했다. 주택의 배치는 노후화된 주택을 재건축했으므로 시간이 경과해도 동일했다. 그러나 주택의 건축 기술은 시간이 경과함에 따라 노하우가 축적되어 더욱 정교해졌다. 이것은 사회적 지위와 부가 조상의 계보에 따라 세습화되어 갔음을 의미하는 것이다.

9,000년 전 선사 유적지인 차탈회위크의 생존 전략을 파악하기 위해 동물 분

포와 고식물학·토양학적 자료가 이용되었다. 당시의 동물 분포는 이 유적지의 일부가 스텝 지역이었음을 시사해 주고 있으며, 이 일대는 야생 동물과 가축화된 동물들이 공존했다. 특히 소아시아는 아이삭(Isaac, 1970)이 저서 《가축화의 지리학》에서 지적한 것처럼 염소, 소 등의 기원지 중 하나였다. 차탈회위크의 후기 유적층을 분석한 결과, 주민들의 동물 사육에 따라 가축이 증가했음이 밝혀졌고, 농경 생활을 영위한 사실은 유적지에서 발굴된 씨앗 저장용 용기로 입증되었다.

이 유적지에서 씨앗 저장용 용기와 함께 그림 2-17에서 보는 것과 같은 여인의 토우土偶도 발견되었으나, 유감스럽게도 이것은 차탈회위크 여성들이 가정과 사회에서 어떤 역할을 담당했는지에 대한 확실한 답을 내려주진 못했다. 이곳에서 발견된 진흙 토우의 여인상은 풍요를 기원하는 상징물로 봐야 할 것이다. 이 토우와 함께 출토된 조각상도 임신한 여인의 모습을 묘사하고 있어, 다산과 풍요를 상징하는 것으로 여겨진다.

이제 차탈회위크 유적에 관한 설명을 마무리해야 할 때가 되었다. 차탈회위크를 둘러싼 최대 쟁점은 이 유적지가 과연 인류 최초의 도시로 간주될 수 있는가에 있다. 이에 대해서는 학자에 따라 견해가 분분하다. 전술한 제이콥스

그림 2-17. 차탈회위크에서 발견된 토우와 조각상

는 차탈회위크를 도시적 성격을 지닌 취락으로 간주한 데 대해, 휠러(Wheeler, 1966)와 모리스(Morris, 1979) 등의 학자들은 도시적 조건을 갖추었다는 견해에 난색을 표한 바 있다. 문명화된 도시의 조건으로서 인구 5,000명 이상이어야 한다는 조건은 충족시키더라도 신전과 같은 의식의 중심지가 존재해야 한다는 것이다. 그러나 이 유적지의 발굴 작업이 극히 일부에 불과한 상태에서는 어떤 결론도 속단일 수 있다.

지금까지 진행된 차탈회위크 유적지의 발굴에서 거둔 또 하나의 획기적 업적은 인류 최초의 지도가 발견되었다는 점이다. 지도 제작은 문자의 발명과 더불어 인간 생활에 있어 매우 중요한 의미를 갖는다. 그러므로 인류 최초의 차탈회위크 지도는 중요한 발굴의 성과물이다. 지도의 발달은 지표면을 공간적 지각으로 전환하는 능력을 향상시킨 결과물이다.

차탈회위크와 더불어 터키 동남쪽에 위치한 그림 2-18의 하산케이프는 티그리스강 상류에 댐을 건설하다가 발견된, 10,000년 전의 취락이다. 수몰 위기에

그림 2-18. 하산케이프의 주거지 중심부의 유적

처한 이 유적지에서 신석기인들이 만든 수 천 개의 동굴과 그 상단부에 집단주
거지가 발견된 것이다(Bolz, 2009). 이 취락이 차탈회위크보다 더 오래전에 형
성된 취락이란 것인데, 자세한 사항은 발굴 결과를 더 지켜보아야 할 것 같다.

야금술의 발달과 문명의 탄생

야금술治金術의 등장은 긴 안목에서 볼 때 농경의 시작에 필적할 만큼 세상을
변화시켰지만, 당초에는 별로 주목할 만한 변화를 일으키진 못했다(Roberts,
1998). 처음에는 발견된 광맥이 적은 탓에 금속을 적은 양밖에 생산하지 못했
다. 인류가 처음 사용한 금속이 동銅이었기 때문에 우리는 이 시대를 청동기 시
대라 부르게 되었다.

　기원전 7000~6000년간에 차탈회위크에서 구리를 사용했음이 밝혀진 바 있
다. 그러나 당시에는 아직 열을 가해 구리를 가공하기 쉽게 녹이는 기술은 개발
되지 못했다. 지금까지 발견된 가장 오래된 금속제 유물은 이집트에서 출토된
구리로 만든 핀인데, 기원전 4000년경의 것으로 알려져 있다. 기원전 3000년경
에 메소포타미아에서 주석의 사용에 이어 구리와 주석을 섞어 만든 청동이 만
들어졌다. 이것이 진정한 청동기이므로 이때부터를 청동기 시대의 시작이라 봐
야 마땅하다. 청동은 비교적 저온에서 녹여 주조하는데, 이것을 필요로 하는 형
태로 변형시킬 수 있었다. 이때부터 인류는 다양한 도구와 무기를 만들 수 있게
되었다.

　이 무렵부터 사회에도 커다란 변화가 일어났다. 구리와 주석 광맥이 매장된
곳이 급속한 번영을 누리게 되고, 그곳을 중심으로 시장과 교역로가 재편되었
다. 그 후, 철의 야금술이 개발되어 철기 시대에 돌입하면서 더 큰 변화가 일어
났다. 구리보다는 철이 더 단단한 금속이었기 때문이다. 인류가 처음으로 철을
사용하기 시작한 때에는 일부 지역에서 이미 문명이 창출되어 있었다. 여기서
도 선사 시대와 역사 시대, 또는 청동기 시대와 철기 시대를 확연히 구별할 수

있는 것은 아니다.

철기 시대라 하면 새로운 철로 만든 강력한 무기를 먼저 떠올리기 쉽지만, 철은 농기구로서 대단히 중요한 역할을 한다는 사실을 염두에 두어야 한다. 왜냐하면 청동기보다 강한 철제 농기구는 단단한 땅도 팔 수 있고 또한 더 깊이 팔수 있으므로 심경深耕이 가능해졌기 때문이다. 심경은 당연히 수확량을 높여 준다. 철제 농기구의 개발은 농경지 확대에 큰 도움이 되었다. 그러므로 철제 농기구가 본격적으로 사용된 시기를 농경 시대라 불러야 마땅할 것이다.

파종을 할 때 토양을 9~15센티미터 정도를 파서 씨앗을 뿌리는 것이 보통인데, 이보다 토양을 30~40센티미터 정도 깊게 파는 파종을 심경이라 한다. 파종을 얕게 하면 비바람에 취약하고 한발과 냉해에 약하며 짐승들의 먹이가 된다는 단점이 있으므로 깊게 파종하는 심경이 높은 수확을 거둘 수 있다. 심경을 위해서는 당연히 약한 청동기보다 단단한 철제 농기구가 유리하다.

누차 강조한 바 있듯이 선사 시대와 역사 시대의 경계선을 명확하게 그을 수는 없다. 선사 시대 말기와 문명 탄생의 여명기 사이에는 과거에는 볼 수 없던 다양한 사회가 존재하고 각 사회들은 각각의 방법으로 자연을 극복하여 생존할수 있는 길을 모색했다. 그중 몇몇 사회는 역사 시대까지 존속할 수 있었다. 발전한 사회가 있었는가 하면 정체된 상태에 머문 사회도 있었다. 가령 플라톤과 아리스토텔레스가 생존하던 시대에 아메리카 대륙은 아직 선사 시대였으며, 메소아메리카에서 위대한 테오티우아칸 문명 및 아즈텍 문명과 마야 문명이 탄생하기까지는 오랜 시간이 걸렸다. 에스키모와 호주의 애버리진 등과 같은 사회에서는 19세기까지 선사 시대가 지속되고 있었다.

이처럼 변화 속도는 천차만별이었다. 우리가 변화 속도를 생각할 경우 또 하나의 중요한 문제를 염두에 두어야 한다. 그것은 자연이 일으킨 변화와 인간이 일으킨 변화에 커다란 차이가 있다는 사실이다. 인류는 선사 시대부터 이미 스스로의 의지로 진화의 길을 선택하기 시작했다. 그와 같은 경향은 점차 강해져 역사 시대에 들어와 인간의 의지가 한층 중요한 역할을 하기에 이르렀다.

인간의 의지가 유전자에 따라 서서히 진화함에 따라 인류의 앞길에는 커다란 가능성이 열린 것이다. 물론 자연의 힘은 컸지만, 이에 맞선 인간의 노력 또한 위대했다고 볼 수 있으며, 인간이 만든 사회와 문명은 자연과의 관계를 끊을 수 없었다. 수렵과 채집으로 삶을 영위하던 시대의 인간은 식량 구득, 맹수의 습격, 외부의 침입, 질병 등으로 엄청난 스트레스에 시달려야만 했다. 인간의 유전자가 형성된 것은 대부분 이 무렵부터의 일이었다. 일단 체질화된 유전자는 아무리 시간이 흘러도 좀처럼 변하지 않는다.

인류는 문명 창출의 주역이 되었을 때, 이미 스스로 운명을 어느 정도 컨트롤할 수 있는 능력을 갖추고 있었다. 여기서 반드시 염두에 두어야 할 사항 중 하나는 후기 구석기 시대 이후에 인간의 생물체로서의 능력은 거의 진보하지 않았다는 사실이다. 현생 인류인 호모 사피엔스 사피엔스로 진화한 이래 4만 년간 인간의 현저한 신체 변화는 없었으며 두뇌의 크기 역시 별반 변하지 않았다. 그러므로 인간의 지능만 진보했다고 볼 수 없을 것이다. 그 정도로 단기간에 유전상의 형질이 큰 변화를 할 리 만무하다.

인류가 급속한 발전을 거둔 것은 매우 단순한 이유 때문이었다. 그것은 인구가 증가함으로써 여러 사람들의 능력을 결집할 수 있게 되었다는 점에 있다. 더 중요한 것은 인류가 결집해 지식과 업적을 축적하는 것이 가능했다는 사실이다. 취락의 인구가 증가한다는 것은 어떤 의미를 내포하고 있을까? 한 사람만 존재할 경우에는 교류 대상이 없으므로 상호 작용이 발생하지 않지만, 4명 이상일 경우에는 상호 작용(In)은

$$I_n = \frac{n}{2} \times (n-1)$$

이 된다. 위의 조합식(nC_2)에 따라 상호 작용이 급증한다. 즉 4명일 경우 6회, 7명일 경우 21회의 상호 작용을 가질 수 있다. 그러므로 인구 규모가 1,000명만

되어도 그들 간의 상호 작용 가능 횟수는 499,500회, 인구 5만 명이면 그림 2-19에서와 같이 무려 14억 회를 넘는다는 계산이다. 인구가 증가하고 사람이 모여 산다는 것은 결국 정보교류의 기회가 폭발적으로 많아짐을 뜻하는 것이다.

사람이 이동하거나 타인과 접촉하는 것은 그 행위 이상의 의미를 갖는다. 왜냐하면 사람에게는 각종 정보와 지혜를 비롯해 문화, 관습, 사고 등이 포함되어 있으므로 물자와 재화는 물론 이들 비가시적인 것들의 이동과 교환이 수반되기 때문이다. 이 상호 작용은 도시 내부뿐 아니라 도시 간 교류에도 적용될 수 있다. 활발한 상호 작용으로 정보 구득이 많았던 땅은 발전했고, 그렇지 못한 땅은 정체되었다. 역사적으로 인류는 시대와 공간에 따라 명칭이 바뀐 아고라agora, 포럼forum, 마르크트markt, 바자르bazaar, 플라자, 수크souq, 스퀘어 등이라 불리는 도시의 광장에 모여 그들의 지혜와 사상을 교류했다.

또 염두에 두어야 할 것은 인류는 자신의 의지로 환경에 변화를 일으킨다는 생물사상生物史上 유례를 찾아볼 수 없는 방법으로 진화했으며, 한편으로는 여전히 중대한 제약과 한계도 지니고 있다는 점이다. 인간은 자연의 일부에 불과하지만 역사에 등장한 때부터 자연을 지배하려는 시도와 다양한 노력을 지속해

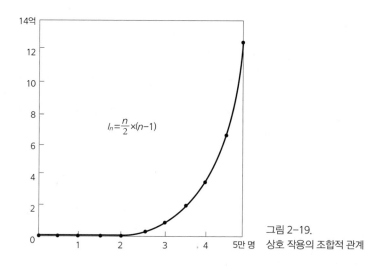

$$I_n = \frac{n}{2} \times (n-1)$$

그림 2-19.
상호 작용의 조합적 관계

왔다. 오늘날의 현대인들 역시 스스로의 의지로 환경을 바꾸는 능력에 한계가 있음을 깨닫고 있다. 전술한 토인비의 '천연자원의 저주'라는 패러독스는 여전히 존재하고 있다.

제3장

문명의 탄생

문명이 발생한 요인은 다양하다. 다양한 요인이 상호 작용한 결과 새로운 생활 양식이 생겨나 그 총체가 이윽고 문명이라 부를 수 있는 단계에 접어드는 것이다. 그러므로 문명이 탄생한 요인에 관한 이론 역시 학자에 따라 다를 수 있다. 여기에서는 토인비의 문명론과 헌팅턴의 문명권에 대해 설명하기로 한다. 아울러 문명이 탄생하기 위한 전 단계로 문자의 발명과 고대 도시가 등장한 배경, 문명 간의 교류에 관해서도 설명할 것이다. 수학에 관심이 없는 독자들은 문명 전파의 수학적 해석은 생략하고 읽어도 좋다.

키워드 토인비, 문명권, 헌팅턴, 설형 문자, 페니키아 문자, 규모의 경제,
       고대 도시, 문화 전파, 교역망, 수메르어.

토인비와 헌팅턴 문명론의 문제점

전술한 바와 같이 오늘날의 지구가 지금의 모습을 하게 된 것은 약 1만 년 전의 일이다. 마지막 빙하기가 끝나면서 대륙을 포함해 산맥, 하천, 해안선 등이 지금의 형태를 취했다. 그 이전의 수십만 년에 비해 이 기간은 기후도 비교적 안정된 편이었다. 이때부터 자연을 대신해 인간이 지구에 변화를 일으키는 시대가 시작되었다.

새로운 변화를 일으키는 원동력이 된 것은 문명이었다. 토인비Toynbee와 같은 역사가는 문명에 관해 자연조건과 인류의 능력이 결합해 지구상에 새로운 형태의 7개 문명권이 형성되었다고 주장한다. 그러나 나는 여기에 전적으로 동의할 수 없다. 7개의 문명권이란 그림 3-2에서 보는 것처럼 서구 문명권, 이슬람 문명권, 인도 문명권, 아프리카 문명권, 러시아 문명권, 중화 문명권을 가리킨다. 이것을 지도로 나타내면 그림 3-1과 같다. 토인비가 저서《역사의 연구》에서 거론한 아시아 문명에는 동남아시아 문명, 티베트 문명, 중국 문명, 일본 문명, 베트남 문명, 유목 문명이 포함되어 있는데, 한민족이 이룩한 문명은 누락

그림 3-1. 토인비의 7대 문명권 분포

되어 있다.

　토인비는 한국의 역사에 대해 "하나의 왕조가 5백년 또는 천년이나 지속되는 나라에서 무엇을 배울 수 있나?"라며 폄하한 바 있다. 나는 토인비가 한민족이 이룩한 문명을 간과했다는 이유로 그를 비난하는 것은 아니다. 안락한 자연환경보다는 가혹한 환경에서 문명이 발생했다는 그의 주장에는 수긍이 가지만, 토인비의 문명론에는 교류의 개념이 결여되어 있거나 불충분한 측면이 있다.

　나는 하나의 문명은 다른 문명과 교류하기 마련이므로 토인비의 설명에는 문제가 있다고 생각한다. 문명 간 거리가 먼 경우 다소 시간이 걸릴 뿐이며, 인접한 문명권이라면 곧 교류가 시작된다. 토인비의 문명론은 독특한 시각에서 체계적으로 간명하게 분석한 점은 높이 평가할 만하지만 지리적 환경 요소들을 경시했거나 간과한 탓에 객관성을 상실하는 우를 범했다.

　문명권의 분류 중 정치학자 헌팅턴은 그의 저서《문명의 충돌》에서 토인비와 유사한 우를 범했다. 그는 역사적으로 볼 때 주요 문명은 최소한 12개 존재했지만, 그들 중 7개 문명은 현존하지 않으며 여기에 4개 문명을 추가해 모두 8~9개 문명권으로 구분했다(Huntington, 1996). 즉 기독교 문명의 서구 문명, 서구 문

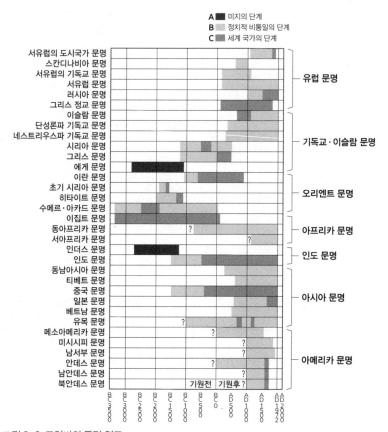

그림 3-2. 토인비의 문명 연표

명과는 별개인 동방 정교회 문명, 이슬람 문명, 불교 문명, 힌두의 인도 문명, 가톨릭과 남미 토속 종교의 남미 문명, 신도神道에 기초한 일본 문명, 유교 중심의 중화 문명의 8개 권역으로 구분한 것이다(그림 3-3).

그의 문명권은 토인비와 달리 역사적 관점이 배제되었으나, 종교에 근거했다는 점에서 일치한다. 나는 전술한 것처럼 토인비가 문명을 발생케 한 메커니즘을 자연환경으로 간주한 점에 동의한다. 또한 그것은 살기 좋은 환경이 아니라 살기 힘든 환경이라고 규정하고, 자연조건이 너무 가혹하면 그 도전에 직면한

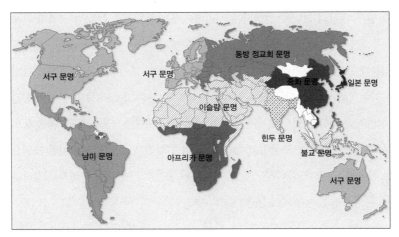

그림 3-3. 헌팅턴의 주요 문명권

인간의 문명은 쇠퇴한다고 하여 '중용의 도전'을 성공적인 문명 발생의 조건으로 지적한 점에도 동의한다.

토인비는 국가 단위의 역사 연구를 배격하고 문명을 연구 단위로 해야 한다고 주장하며, 문명이 멸망하는 원인으로 해석되는 외세의 침입을 쇠망해 가는 문명의 결과로 일어나는 것임을 강조했다. 그러면서도 왜 한국에 관해 "한 왕조가 5백년, 천 년을 지속하는 나라에서 무엇을 배우겠느냐?"라고 일갈했는지 궁금하다. 헌팅턴의 문명권에서도 일본 문명이 중화 문명으로부터 독립하여 설정된 것을 두고 이의를 제기하거나 의아해 하는 사람들이 많다.

문명권이란 문명이라는 지표를 근거로 권역을 설정한 것이므로 다분히 지리적 개념에 속한다. 그러므로 문명을 어떻게 정의하는가에 따라 문명권 설정이 좌우될 수 있을 것이다. 구태여 지리학자 페브르(Febvre, 1922)가 문명을 역사적·철학적 개념과 지리적 개념으로 나누어 설명한 것을 인용하지 않더라도 헌팅턴의 문명권 설정에는 역사적·철학적 개념이 누락되어 있을 뿐만 아니라 지리적 개념이 배제되어 있다.

문명권과 유사한 문화권은 지리학의 주요 연구 대상이 된다. 지역 구분을 주요 연구 대상의 하나로 인식하는 지리학에서는 문화권을 문화적 지표가 분포하는 공간적 범위나 영역을 가리키므로 영어로 표기할 경우 'realm'이란 단어를 사용해 'culture realm'으로 표현한다. 원래 민족학 분야에서 사용하기 시작한 문화권의 개념은 문화 복합체라 불리는 다수의 문화 요소가 모여 구성된 공간적 범위를 뜻하는 것으로, 물질문화를 포함한 경제형태, 사회, 종교, 예술 등의 문화의 모든 분야를 포괄하고 있다. 따라서 문화권은 문명권과 동일한 개념으로 사용될 수 있다. 왜냐하면 문화 복합체의 공간적 분포가 문화권을 지칭하듯이, 문명의 공간적 영역이 문명권을 의미하기 때문이다.

지리학의 중요성을 역설한 바 있는 미국의 지리학자 데 블레이(De Blij, 2007)는 저서 《인문지리학: 문화, 사회, 그리고 공간》에서 위에서 설명한 문화 영역에 기초하여 세계를 12개의 문화권으로 구분한 바 있다. 그는 권역을 설정함에 있어서 자연적 권역과 인문적 권역을 위시해 기능적 권역과 역사적 권역을 망라한 구분을 지리적 권역이라 간주하여 12개의 문화권을 설정했다. 그는 각 권역들이 하나의 선으로 구분되기보다는 권역 간의 접촉 지대에 점이 지대가 존재함을 지적했다. 비록 그림 3-4에는 북아프리카 문화권과 사하라 이남

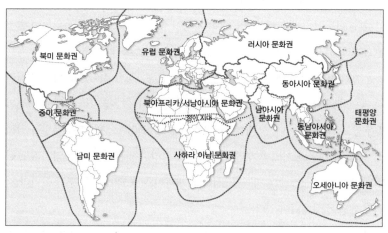

그림 3-4. 데 블레이의 문화권 구분

문화권 간에 존재하는 점이 지대만을 표시했지만, 모든 문화권 간에도 그와 같은 점이적 성격의 지대가 존재하고 있음을 강조한 것이다. 데 블레이의 문화권 구분은 앞에서 본 토인비와 헌팅턴의 구분에 비해 더 합리적임을 알 수 있다.

인간의 생활에서 과연 종교가 차지하는 비중이 경제, 사회, 정치, 도덕, 지적 요소 등보다 더 크다고 할 수 있을까? 앞서 설명한 바와 같이 지리학자 구루가 인간과 자연환경과의 관계, 인간 상호 간의 관계, 토지 공간의 조직화 패턴을 규제하는 기술의 조화 등이 문명의 한 축이라고 지적한 사실도 문명권 속에 포함되어야 마땅하다. 문명의 또 다른 축을 이루는 기술은 인간 집단의 물질적 생활을 뒷받침해 주는 생산 기술과 공간을 조직하고 인간관계를 맺게 하는 인적 기술을 가리키는데, 종교가 그런 것들을 모두 내포한 결과물인지 의아스럽다.

고대 문명은 대부분 기원전 3300년부터 기원전 500년에 걸쳐 약 3,000년 사이에 탄생했다. 이 기간은 긴 것처럼 여겨질는지도 모르겠지만, 장구한 선사 시대에 비한다면 일순간에 해당한다. 그렇지만 각 문명은 땅의 생김새에 따라 성격과 번영의 정도가 다양했다.

현대 문명의 밑바닥에는 여전히 고대 문명의 유산이 이어져 오고 있다. 그런가 하면, 유적과 유물 이외에는 아무것도 전해지지 않고 단절된 문명도 있다. 그럼에도 불구하고 전체적으로 보면 고대 문명에 따라 세계의 문명권의 대부분이 고대에 결정된 사실은 부인할 수 없다. 왜냐하면 각각의 문명이 낳은 사상, 기술, 사회 제도가 잊힌 후에도 문명의 전통은 뿌리 깊게 이어져 강력한 힘을 발휘하고 있기 때문이다.

문명의 시작

약 1만 년 전 초기 문명의 유적지로 생각되는 소아시아의 차탈회위크와 하산케이프, 요르단강 서안의 예리코 등은 지금까지의 연구 결과 아직 문명 단계에 접어들지 못한 것으로 밝혀졌다. 이들 유적지에 관한 이야기에 앞서 먼저 문명은 어떻게 시작되었는가에 대해 생각해 볼 필요가 있다. 문명의 시작은 인류의 탄생만큼 그 시기를 규명하기 힘들다. 어느 시기에 인류에게 중대한 변화가 일어난 것은 틀림없지만, 구체적으로 어느 시점에서 획을 그을 수 있을지 정확히 알수 없다. 기원전 5000년경에 오리엔트, 특히 퍼타일 크레슨트의 도처에서 잉여식량이 생겨나기 시작했다. 즉 문명이 탄생할 수 있는 기초가 마련되었다는 것이다. 당시 신석기 시대를 대표하는 채색 토기를 만들고 복잡한 종교 의식을 행하는 마을이 생겨났다.

이미 기원전 6000년경에는 예리코에서 관개용 저수조貯水槽와 방벽이, 차탈회위크와 하산케이프에서 벽돌로 지은 주택 등이 발굴되었지만, 그것만으로는 문명이 탄생했다고 볼 수 없다. 많은 사람들이 모여 사는 취락이 형성되었다고 해도 그것이 곧 도시로서의 충분조건을 갖춰 문명이 탄생한 것이라 간주할 수 없다는 것이다.

지금까지 인류는 인간의 부족분을 채우기 위한 문명을 만들기 위해, 또 물질적 삶을 위해 분업 형태를 띤 조직을 필요로 했다. 조직화는 문자의 존재 없이는 불가능하다. 즉 문자 없이는 사회의 조직화가 불가능하므로 도시가 형성될수 없다는 것이다. 그런 측면에서 볼 때 서양의 'civilization'보다 한자 문화권의 '文明'이 더 본질에 가깝다. 문화와 문명의 구분은 생물과 무생물을 확연히 구분할 수 없는 것처럼 이들도 명쾌하게 구분하기 어렵다. 다만 양극단에 문화와 문명을 놓고 그 속성들이 얼마만큼 나타나는가에 대한 스펙트럼 분석에 의해서도 가능하지만, 주로 직관과 상황에 따라 판단하는 경향이 있다(남영우, 2018).

문명은 기원전 3500~3300년경 시작되었다. 현재까지 확인된 가장 오래된 문명은 메소포타미아에서 발생했다. 그보다 약 100년 후인 기원전 3200년경에 이집트에서도 문명이 탄생했다. 그 후, 문명은 인더스강 유역, 크레타섬, 메소아메리카 등지에서도 발생했지만, 이 책에서는 책의 제목이 그러하듯 퍼타일 크레슨트 이외의 땅에서 창출된 문명은 생략하기로 하겠다.

위에서 거명한 문명들은 내용적 측면에서 각기 차이가 있었다. 다만 미개하던 선사 시대에 비하면 훨씬 진보한 단계였지만 어느 문명도 괄목할 만한 기술을 보유하지는 못했다. 더욱이 초기의 문명은 현대 문명에 비해 훨씬 더 지리적 조건에 좌우되는 경향을 보였다. 그러나 인간은 환경적 제약을 조금씩 극복하기 시작했다. 인간의 이동을 제약하는 산맥과 하천을 넘어 이동하는 기술이 이 시대에 발달했다. 이 시대의 해류와 기류는 현재와 거의 동일한 것이며, 기원전 2000년대에는 이미 해류와 기류를 이용한 항해술이 존재하고 있었다.

가축, 바퀴, 선박 등의 이동 수단은 인간의 행동 반경을 넓혀줬다. 따라서 땅의 생김새에 따라 달리 형성된 각각의 문명은 서로 교류할 수 있게 되었다. 문명의 탄생에는 커다란 하천 유역이 있어야 한다는 점과 일정한 자연환경적 조건이 갖춰져 있어야 한다는 학설이 있다. 하천 유역에는 비옥한 토양이 펼쳐져 있어 농작물이 잘 자란다. 그와 같은 풍요로운 땅에 큰 규모의 농촌이 출현하고, 그것이 성장해 이윽고 도시로 발전한다.

이 책에서 다루는 퍼타일 크레슨트 이외에도 인더스 문명과 황허 문명이 그러했다. 그러나 도시 문명은 대하천이 없는 땅에서도 탄생했으므로 '하천→도시→문명'이란 패턴은 반드시 옳은 것은 아니다. 퍼타일 크레슨트 문명 이후에 탄생한 페니키아 문명, 크레타 문명, 미케네 문명, 로마 문명 등은 대하천이 없어도 성립될 수 있었다. 그것은 하천의 필요성이 부정된 것이 아니라 잉여 식량을 대체할 수 있는 수단인 교역의 중요성이 증가했기 때문이다.

그러나 그들 문명은 독자적으로 발전한 것이 아니라 주변 지역, 특히 퍼타일 크레슨트 문명의 영향을 받아 성립될 수 있었다. 인더스 문명은 메소포타미아와 멀리 떨어져 있었지만, 선진 문명인 메소포타미아 문명과 교류했다는 사실은 하버드 대학의 람버그-칼로브스키(Lamberg-Karlovsky, 1973) 부부에 의한 획기적인 연구 성과로 밝혀진 바 있다. 즉 두 문명권 간의 중간 지점에 이란 남부의 테페 야야Tepe Yahyā라는 도시가 중간적 매개 역할을 한 것이다. 그와

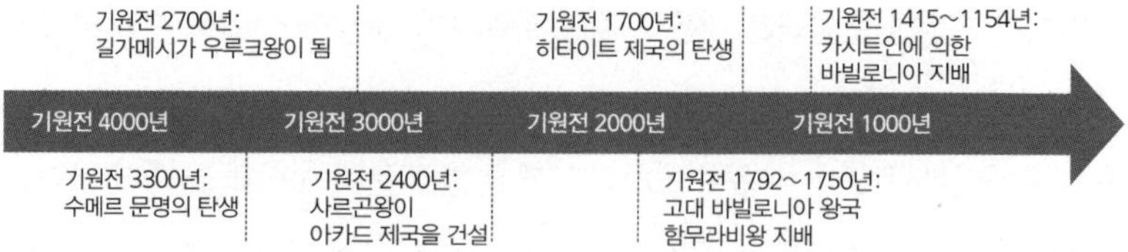

그림 3-5. 역사시대의 시작

같은 사례에 의해 문명의 핵심부로부터 주변 지역으로 확산된다는 '문명 확산설'은 더 이상 유효하지 않게 되었다.

전술한 것과 같이 문명이 발생한 요인은 다양하다. 고대 사회의 진화에는 각 사회마다 주어진 환경이 상이하므로 표준적 패턴이 존재하지 않았다. 우리가 고대 문명을 생각할 때 사물을 선입견을 갖고 판단하거나 예외적 사항을 무시해서는 오류를 범할 수 있다. 예컨대 문자의 발명에 따라 인류는 자신들이 터득한 지혜와 노하우를 기록해 후세에 전할 수 있게 되었다. 그러나 문자를 갖지 못한 문명도 존재했던 것이 사실이다. 기술 개발의 측면에서도 지역에 따라 대단히 큰 차이가 있었다. 메소아메리카의 경우 대규모 건축물이 만들어진 시대에 돌입했어도 바퀴는 존재하지 않았다.

문자의 출현: 지난한 설형 문자의 해독 작업과 문자의 보급

인류 문명은 수메르 문명으로부터 시작되었다. 이에 대해서는 뒤에서 상세히 설명할 것이지만, 이 문명은 기원전 3300년경부터 기원전 2000년경에 이르는 약 1,300년간 지속되었다. 수메르 문명의 최대 업적은 문자의 발명에 있다. 이 발명은 훗날 산업 혁명이 일어나기 전까지 농업 혁명에 필적할 만한 대발명이었다.

메소포타미아에서는 문자가 발명되기 이전부터 원통형 도장이 사용되고 있었다. 길이가 2~4센티미터인 이 도장은 그림 3-6에서 보는 것처럼 점토가 마르기 전에 그 위에 둥근 도장을 굴려 찍는 방식이다. 점토가 마른 후에는 위조가

그림 3-6. 원통형 도장

불가능하다. 그것은 문자가 아니라 그림이었음은 물론이다. 도장은 주변 지역과 교역이 활발해지면서 토기가 대량 생산됨에 따라 필요하게 되었다. 도장에 새겨진 내용은 일종의 물품 목록을 기록한 송부장이나 영수증 역할을 한 셈이다. 이 도장은 메소포타미아를 대표하는 공예품 중 하나라고 할 수 있다. 원통형 도장의 발견으로 수메르인들이 이집트, 엘람(수사)을 비롯한 인더스 유역(모헨조다로) 등의 여러 나라와 교역을 했다는 사실이 밝혀졌다.

최초로 등장한 문자는 간단한 그림 문자였다. 점토판에 새겨진 그림 문자가 서서히 형태를 바꿔 최종적으로 설형 문자로 발전했다. 문자의 발명은 수메르인들만의 전유물로 끝나기에는 너무 편리한 것이었다. 기원전 2000년에 이르러 설형 문자는 자그로스산맥 일대의 엘람Elam왕국에도 보급되었다. 이집트와 같이 파피루스가 없던 수메르인들은 진흙이 굳어지기 전에 갈대로 찍어 문자를 고안했기 때문에 다른 문자와 달리 쐐기 형태로 곡선이 없는 글자였다. 설형 문자를 쐐기 문자라 부르는 이유가 바로 그것 때문이다.

현재의 이란 서부에 속하는 엘람을 그리스인들은 수시아나Susiana라 부르기도 했는데, 그들은 아카드 설형 문자를 변형해서 사용했다. 그러나 당시의 자급자족적 성격을 지닌 사회는 그림과 달리 문자의 보급을 절실하게 필요로 하지 않았으므로, 문자는 인접 지역으로만 전파되는 데에 그쳤다. 이것은 지리학에서 말하는 확대 전파의 형태에 속한다.

문화 전파의 개념을 분석한 스웨덴의 지리학자 헤거스트란트(Hägerstrand,

1967)는 문화 전파의 형태를 확대 전파와 이전 전파의 두 유형으로, 또 확대 전파를 접촉성 확대 전파와 계층성 확대 전파로 세분한 바 있다. 수메르로부터 오늘날 이란 서쪽 엘람으로의 문자 전파는 접촉성 확대 전파에 속하는데, 이는 문화 혹은 문명이 직접적인 접촉에 의해 확대하는 과정을 뜻한다(남영우, 2018).

설형 문자의 발명으로 그림 문자는 완전히 자취를 감추었다. 그 후에는 단독의 기호와 몇 가지 기호를 조합해 음과 음절을 표시하기에 이르렀다. 이런 기호는 모두 기본적인 설형楔形을 조합해 만들어졌다. 설형 문자의 발명은 인간의 커뮤니케이션 능력을 비약적으로 발전시켰다.

설형 문자로 쓰인 점토판은 대체적으로 기원전 3000년경부터 발견되며, 이후 약 3,000년간 바빌로니아, 아시리아 등의 여러 문명권에서 광범위하게 사용되었다. 점차 발달된 다양한 형태의 설형 문자들이 메소포타미아 전역에 걸쳐 출토된 바 있으며, 문자의 수는 초기에 1,800개 정도 사용되었으나, 이후 바빌로니아에서는 570개 정도로 줄어들었고, 후기 아시리아에서는 350개 정도로 감소되었다. 고대 페르시아의 설형 문자는 글자의 획도 간략해지고, 자수도 42개로 정리된다. 가령 페르시아 문자의 물고기, 새, 과수원을 나타내는 ⿰·⿰·⿰와 같은 문자는 설형 문자와 거의 동일하다(그림 3-7).

앞에서 언급했듯이 문자가 뜻을 표현하는 표의 문자에서 소리를 표시하는 표음 문자로 변화함에 따라, 해당 언어에서 사용되는 소리의 수만큼만 글자 수가

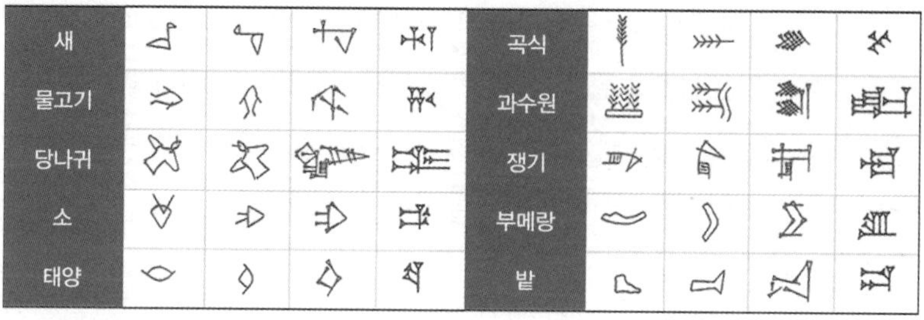

그림 3-7. 설형 문자의 변화

필요하게 되므로 그 수가 줄어드는 방향으로 발전한 것이다. 설형 문자로 기록된 언어만 해도 수메르어, 아카드어, 바빌로니아어, 히타이트어, 페르시아어, 엘람어 등이 있으며, 기원전 1세기경까지 사용되다가 이후 그리스 문자나 아람 문자의 보급으로 점차 소멸되었다.

문자가 발명되자 사회에 자극을 주는 효과와 사회를 안정시키는 효과의 양면성이 드러났다. 커뮤니케이션의 규모와 내용이 일거에 확대되는 한편, 기록을 해독할 수 있게 된 덕분에 다양한 일이 수순에 따라 정확하게 실현될 수 있게 된 것이다. 즉 관개, 수확, 농작물의 저장, 세금 등의 측면에서 사회 발전이 한결 수월해졌다.

문자는 행정의 측면에서도 대단히 편리한 도구였다. 문자가 발명되기 전부터 도장은 신관 계급의 전유물이었는데, 문자가 발명된 이후로도 초기에는 문자 사용이 신관 계급에 의해 독점되었다. 그들은 농부가 신전에 농작물을 바칠 때마다 도장을 사용해 그 수량을 기록했다. 당시에는 농민이 수확량 전부를 신전에 헌납한 후, 필요한 분량만큼만 되돌려 받는 이른바 '집중 재분배'라는 시스템이었으므로 문자는 신관들의 행정적 업무에 큰 도움이 되었다.

서양인 중 최초로 메소포타미아에 발을 디딘 사람은 스페인의 벤자민이었다. 그는 1160~1173년에 걸쳐 현재의 이라크와 이란을 답사하던 중 티그리스강가에 위치한 모술의 폐허에 당도했는데, 당시의 유적지는 대부분 모래로 뒤덮여 있었다. 그의 뒤를 따라 메소포타미아를 방문한 여러 서양인들은 석판과 점토판에 새겨진 쐐기 모양의 흔적을 보고 놀라움을 금치 못했다. 1621년에는 페르세폴리스의 왕궁 유적과 왕묘가 발굴된 곳의 절벽에 새겨진 쐐기 문양이 발견되었다. 이탈리아의 피에트로 델라 발레Pietro Della Valle 일행은 1629년 그곳에서 발견한 쐐기 문양을 필사해 본국으로 보냈다(그림 3-8). 그들은 그것이 문자임을 눈치챘지만 그 의미는 물론 어느 시대, 어느 나라의 언어인지도 알 수 없었다.

여러 학자들이 이 문자의 해독
에 도전했다. 그들은 이 석판에 잃
어버린 왕국의 역사가 숨어 있을
것으로 판단했다. 226~651년에
걸쳐 이 땅을 지배한 페르시아의
사산 왕조는 고유한 문자를 가지
지 못했으므로, 설형 문자를 사용
한 왕국은 그보다 훨씬 이전으로
거슬러 올라가야 한다고 생각했
다. 그리하여 학자들은 기원전 6~
4세기에 걸쳐 번영을 누렸던 페르
시아 아케메네스 왕조 때의 문자

그림 3-8. 이탈리아의 발레가 유럽에 처음 공개한
설형 문자 유물

일 것으로 판단했다(Benjamin and Karen, 2009).

1765년 이곳을 찾은 독일의 수학자이며 탐험가인 카르스텐 니부어Carsten
Niebuhr가 비문을 필사하면서 언뜻 보기에는 동일한 쐐기 형태로 보이는 문자가
사실 세 종류의 다른 서체였다는 것을 밝혀냈다. 제1종 서체는 40개, 제2종은
약 100개, 제3종은 500개가 넘는 문자가 사용되었다. 즉 여러 어족들이 혼재했
던 당시에는 관습에 따라 동일한 비문의 내용이 3개 국어로 병기되어 있었던 것
이다.

이것을 어떻게 해독할 것인가? 학자들은 우선 수가 가장 적은 제1종 언어부
터 해독 작업에 착수했다. 문자 개수가 적다는 것은 그것이 알파벳을 뜻하는 것
이라고 생각되었기 때문이다. 이 제1종 문자의 비문에는 단어별 띄어쓰기라 생
각되는 이탤릭체와 유사한 사체斜體 기호가 사용되었으므로 해독하기 용이하
다는 이점이 있었다. 해독의 실마리는 고유명사에 있었다. 결국 페르세폴리스
왕궁에 비문을 새긴 주인공은 페르시아 제국의 아케메네스 왕들이었음이 밝혀

졌다.

유럽에서는 18세기 말부터 고대 페르시아어로 쓰인 조로아스터교의 성전이 번역되어, 그것을 바탕으로 중기 페르시아어도 해독할 수 있었다. 페르시아 사산 왕조의 비문 속에는 역대 왕 또는 왕의 아들 이름과 같은 글귀가 반복되는 것에 착안해 시대적으로 선행한 아케메네스 왕조의 비문에도 동일한 글귀가 사용되고 있음을 알아내면서 해독 작업은 일거에 진행될 수 있었다. 그러나 예상과 달리 제1종 문자는 순수한 알파벳이 아니라 음절 문자의 성격도 내포하고 있다는 것이 드러났다.

해독 작업은 여러 학자들이 지혜를 모은 덕분에 제1종 문자가 고대 페르시아어임을 알아냈다. 특히 자그로스산맥 골짜기에서 발견된 비문은 큰 도움이 되었다. 앞에서 설명한 것처럼 페르세폴리스에서 발견된 제1종 문자의 개수는 40개에 불과했지만, 이곳에서는 400개가 넘는 서체가 발견되었기 때문이다. 제2종 문자와 제3종 문자 역시 많은 분량이 발견되었다. 결국 이 비문은 기원전 521(혹은 550)년부터 기원전 486년에 걸쳐 오리엔트를 지배한 페르시아 왕 다리우스 1세의 전승 기념비임이 밝혀졌다.

학자들은 제2종 문자를 해독함에 있어서 고대 페르시아어로 새겨진 제1종 문자의 내용을 참고했다. 비록 언어 구조가 상이하더라도 내용적으로는 제1종 문자와 제2종 문자가 동일한 것을 기록했을 것이기 때문이다. 해독 작업은 간단하지 않았지만, 학자들의 피나는 노력으로 제2종 문자로 쓰인 언어도 서서히 해명되어 갔다.

그 결과, 그들이 알아낸 것은 우선 제2종 문자가 기본적으로 음절 문자란 사실이었다. 제2종 문자에는 [a], [gu], [ab]와 같은 음에 대응하는 단음절 문자와 [pan], [muš] 같은 복음절 문자가 섞여 있었다. 그리고 복음절 문자는 쓰기 쉽게 [pa-an], [mu-uš]처럼 단음절 문자를 두 개로 나누어 표기하는 경우가 있음을 알아냈다. 또 하나 중요한 발견은 제1종 문자보다 더 많은 표의 문자가 발견된 사실이다. 이 표의 문자는 뜻을 나타낼 뿐 아니라 표음 문자로도 사용되었다. 가령 [kur]라는 표의 문자는 산山이란 뜻으로도 사용된 반면 의미와 관계없이 [kur]라는 음을 나타내는 것으로도 사용된 것이다. 또한 왕을 뜻하는 단어는 [sunkuk]라는 표의 문자를 사용하거나 [su-un-ku-uk]의 네 음절로 나누어 표기하기도 했다.

제2종 문자로 새겨진 언어는 제1종 문자로 쓰인 고대 페르시아어보다 한층 복잡한 구조를 갖고 있었다. 이것을 제1종 문자의 해독으로 알아낸 고유 명사만을 실마리로 해독한 것이니 학자들의 노고가 얼마만큼 컸는지 알 수 있다. 게다가 제2종 문자는 제1종 문자와 달리 문법과 어휘적 측면에서 고립된 것이었기 때문에 학자들의 고생이 컸다. 제2종 문자는 이란 남서부에 위치했던 엘람 왕국에서 사용된 엘람어였다. 고대 페르시아어의 비문과 병기된 사실은 아케메네스 왕조 시대에 엘람 왕국이 얼마나 중요한 지위를 차지하고 있었는지를 말해 주는 대목이다.

제1종 문자와 제2종 문자가 해독되었으니 이제 남은 것은 제3종 문자였다. 기원전 539년에 메소포타미아를 지배했던 주인공은 바빌로니아인이었다. 따라서 학자들은 만약 제3종 문자가 해독된다면 《구약 성서》에서 유명한 바빌로니아의 역사와 문명을 알 수 있게 된다는 기대를 걸었다. 더 거슬러 올라가 《구약 성서》에 호전적 민족으로 묘사된 아시리아인에 대한 지식도 얻게 될 것으로 기대했다.

제3종 문자의 해독은 제1종 문자(고대 페르시아어), 제2종 문자(엘람어)의 해독으로 얻은 성과를 바탕으로 그 두 가지 문자와 비교하는 작업으로부터 시작되었다. 그 결과, 제3종 문자와 두 문자 사이에는 몇 가지 유사점이 있음을 알아냈다. 42개의 제1종 문자와 113개의 제2종 문자와 달리 제3종 문자는 적어도 500개를 넘는 분량이므로, 제3종 문자가 표음 문자라 보기에는 너무 많았다. 학자들은 제3종 문자로 새겨진 언어가 표음 문자와 표의 문자를 섞어 사용했다는 결론에 도달했다.

제3종 문자는 발음을 나타내거나 의미를 나타내기도 했고, 다음적多音的 성격을 지니고 있다. 그뿐만 아니라 동일한 발음을 표기하기 위해 별개의 문자가 사용되는 경우도 있었다. 한글이 창제되기 전 한국에서 [du] 음을 표기하기 위해 '斗', '豆', '頭' 등을 사용한 것과 같다. 그러므로 제3종 문자는 다음적인 동시에 동음이자同音異字의 성격을 지니고 있었던 것이다.

지난한 연구를 통해 이 제3종 문자가 히브리어, 엘람어, 아랍어 등과 같은 메소포타미아에서 사용되던 셈 어족에 속한다는 사실이 규명되었다. 제3종 문자로 새겨진 언어는 제1종 문자의 고대 페르시아어와 마찬가지로 비슷한 언어를 사용했던 것이다. 이 사실은 제3종 문자가 나타내는 언어의 해석에 두 가지 새로운 사실을 내포하고 있다.

하나는 유사한 언어와 비교함으로써 발음과 의미가 쉽게 추적해 낼 수 있었다는 사실이고, 또 하나는 유사한 언어와 비교함으로써 이 언어의 문법적 구조가 이해되기에 이르렀다는 사실이다. 비록 그들이 사용한 언어는 셈어였지만, 독자적 특징을 갖고 있었음이 밝혀진 셈이다.

처음 학자들은 이 언어를 아시리아어라 불렀는데, 《구약 성서》에 의하면 그 이유는 메소포타미아에 처음 정착한 것이 아케메네스 왕조가 이 땅을 정복하기 수세기 전인 기원전 721년에 이스라엘 왕국을 멸망시킨 아시리아인들이었기 때문이다. 메소포타미아 역사를 더 거슬러 올라가면, 아시리아인은 메소포타미아 남부에서 번영한 바빌로니아와 함께 메소포타미아 북부에서 문명을 꽃피운 왕국이었다. 아시리아어와 바빌로니아어는 방언 정도의 차이일 뿐, 두 언어는 매우 유사한 언어였음이 규명되었다. 오늘날에는 두 언어를 총칭해 아카드어라 부르고 있다.

제1종의 고대 페르시아어, 제2종의 엘람어, 제3종의 아카드어 가운데 구조적인 복잡함에서 보면 아카드어가 가장 오래된 언어임에 틀림없다. 그러나 아카

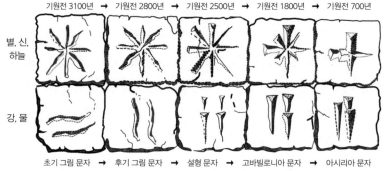

별, 신,
하늘

강, 물

초기 그림 문자 ➡ 후기 그림 문자 ➡ 설형 문자 ➡ 고바빌로니아 문자 ➡ 아시리아 문자

그림 3-9. 문자의 발달

드어를 사용한 사람들이 문자를 발명한 것은 아니었다. 연구는 대부분의 문자가 그렇듯이 설형 문자 역시 그림 문자에서 비롯되었다는 사실을 염두에 두고 계속되었다.

학자들은 아카드어 이전의 문자가 설형 문자의 원조일 것으로 생각해 이 언어가 어느 어족에 속하는지에 관해 추적했다. 어떤 학자는 스키타이어라고 주장했고, 고대 우랄 알타이어에 속한다고 주장한 사람도 있었다. 결국 메소포타미아에서 출토된 문서를 연구하던 중, 바빌로니아인과 아시리아인 이전에 수메르인이라는 민족이 존재했음을 알게 되었다(Stève, 1993).

독일 출신의 프랑스학자 줄 오페르트Jules Oppert는 1869년 이 정체불명의 언어를 수메르어(갈데아어)라 명명했다. 그 이후부터 메소포타미아 남부 지방을 수메르라 칭하기 시작한 것이다. 무엇보다 수메르에서 발견된 문서가 결정적인 역할을 했다. 그때까지 발굴된 문서들은 주로 메소포타미아 북부에서 발굴된 것이었지만, 수메르에서 발견된 문서는 오래된 형태의 설형 문자였다.

수메르의 설형 문자는 아카드어(아시리아어+바빌로니아어)와는 연관성이 없는 표의 문자였으며 문자와 문자 사이를 연결하는 기능을 가진 음절 문자였다. 결국 설형 문자의 발명자가 바빌로니아인이거나 아시리아인이 아니라는 사실이 밝혀진 것이다. 수메르의 역사는 기원전 3200년경까지 거슬러 올라간다.

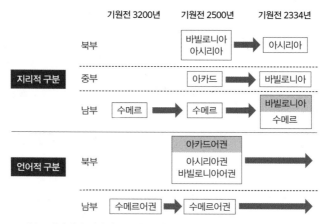

그림 3-10. 메소포타미아의 지리적 구분과 언어적 구분의 차이

그리하여 모든 학자들도 오페르트의 호칭대로 수메르어라 부르기 시작했다.

수메르 북쪽에서는 기원전 2500년경부터 이주해 온 바빌로니아인과 아시리아인, 그리고 동일한 셈 어계 민족인 아카드인이 세력을 떨쳤고, 기원전 2334년에는 수메르를 포함한 아카드왕국이 건국되었다. 이것을 두고 지리적으로는 메소포타미아 남부는 세분해서 남과 북을 수메르와 아시리아, 그 사이의 중부를 아카드라 불렀다. 그 후, 아카드는 바빌로니아가 그 일대를 지배하게 됨에 따라 모두 합쳐 바빌로니아라 부르게 되었다. 따라서 메소포타미아 북부는 여전히 아시리아로 남게 되었다. 여기서 주의할 점은 언어적 구분의 경우에는 지리적 구분과 달리 아시리아어권과 바빌로니아어권을 총칭해서 아카드어권이라 부른다는 점이다.

메소포타미아 남부 지방에서 발견된 4만여 장에 달하는 점토판은 대부분 기원전 2200~1800년경에 제작된 것이다. 이것을 연구하는 과정에서 뜻하지 않은 부산물로 기원전 450~400년에 제작된 페르시아의 아케메네스 왕조 시대의 경제 문서가 발견되었다. 이 문서에 의하면 아케메네스 왕조 시대에는 농지를 거래하는 일을 전문으로 하는 은행과 유사한 금융 기관이 있었다는 사실이 밝

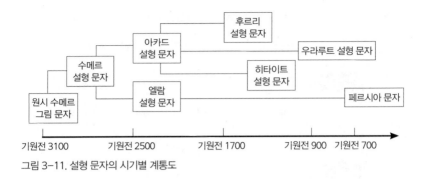

후르리
설형 문자

아카드
설형 문자

우라루트 설형 문자

수메르
설형 문자

히타이트
설형 문자

엘람
설형 문자

원시 수메르
그림 문자

페르시아 문자

기원전 3100   기원전 2500   기원전 1700   기원전 900 기원전 700

그림 3-11. 설형 문자의 시기별 계통도

혀졌다. 이 사실은 고대 세계에 관한 흥미로운 지식을 심화시켰다는 점에서 큰
역할을 했다.

설형 문자의 해독으로 메소포타미아에서 출토된 문서들이 하나둘씩 번역되
기 시작했다. 여러 방면의 문서가 있었지만, 가장 충격적인 것은 조지 스미스라
는 영국의 아시리아 학자가 1872년 12월에 발표한 홍수 신화에 관한 문서였다.
이에 대해서는 후술할 기회가 있을 것이다.

크레이머는 《역사는 수메르에서 시작되었다》에서 수메르의 물질문명과 정
신문명이 수메르인들의 삶과 그들의 정신세계 등과 같은 방대한 영역에 걸쳐
수메르 문명이 후대 인류 문명사에 영향을 미친 39가지 이야기를 소개한 바 있
다(Kramer, 2012). 설형 문자를 분석한 그는 수천 년 전 수메르인들의 삶이 오
늘날 현대인의 모습과 거의 다르지 않음을 설명했다. 당시에도 학교가 있었고,
사제 간에 촌지가 건네졌으며, 갖가지 사회적 병리 현상이 발생했다. 사람들 간
에 재판이 벌어졌으며, 청춘들의 사랑 노래가 지어졌고, 일상생활의 여러 노하
우들이 전수되었다. 무엇보다 후대 유대교와 가톨릭, 기독교에서도 등장하는
대홍수 이야기, 모세와 욥의 이야기, 메시아, 성모 등과 같은 이미지의 원형이
수메르 문명의 기록 속에 뚜렷이 들어 있다는 사실에서 수메르 문명이 상상 이
상으로 우리에게 큰 영향을 미쳤음을 지적했다.

문명화의 진전을 드러내는 요소 중 하나는 문자의 보급이었다. 기원전 2000

년경까지는 메소포타미아와 이집트의 영향을 받은 지역에서만 문자가 사용되었다. 메소포타미아의 설형 문자는 시간이 경과함에 따라 여러 언어에 적용되어 갔다. 이집트의 신성 문자는 일상생활의 문자로 사용되었지만, 그 후 1,000년 동안의 상황은 크게 변화했다.

문자는 기원전 1000년까지 오리엔트 전역을 비롯해 크레타섬, 그리스 본토 등지에서 여러 민족이 사용하기에 이르렀다. 설형 문자는 더 많은 언어에 사용되었다. 이집트조차도 외교 문서에는 설형 문자를 사용할 정도였다.

새로운 문자도 하나둘 발명되었다. 그 가운데 크레타섬에서 탄생한 문자로 기원전 1500년경에는 이미 그리스어를 사용하는 민족이 크레타섬에 존재했었음을 알 수 있다. 기원전 1000년경에는 페니키아 문자가 탄생했다. 이 문자는 원시 가나안 문자에서 비롯된 음소 문자다. 원시 가나안 문자는 기원전 15세기경 이후인 청동기 시대 후기에 레반트의 문서에 보이는 22개의 상형 문자로서 구성된 자음 문자인데, 기원전 1050년을 기점으로 하여 이전의 문자를 관습적으로 원시 가나안 문자라고 부르고, 이후의 문자는 페니키아 문자라고 부른다.

원시 가나안 문자는 페니키아 문자로 발전했고, 페니키아 문자에서 아람 문자, 고대 히브리 문자, 그리스 문자 등이 파생되었다. 따라서 현재 사용되는 시리아 문자, 히브리 문자, 아랍 문자, 그리스 문자, 로마 문자, 아르메니아 문자, 조지아 문자, 키릴 문자 등은 모두 원시 가나안 문자의 원형 문자에 속한다.

기원전 1500~1000년부터 점차 독립된 국가와 민족이 역사 속에 등장하기 시작했다. 문자에 의해 공동체의 전통과 신화 등이 기록될 수 있게 되었다. 각각의 부족과 민족이 지닌 정체성 역시 조금씩 확립되기 시작했기 때문이다. 차츰 체제를 정비함에 따라 부족과 민족이 지닌 정체성은 한층 강화되어 나아갔다.

수메르 시대부터 현대에 이르기까지 무수한 국가가 탄생하고 사라져 갔다. 기원전 2000년대에는 이미 국가가 강력한 단결력과 지속력을 보여 주기 시작했다. 이 시기에 행정이 뿌리를 내리고 국가 권력이 정비되는 경향이 엿보인다. 왕들은 관료 기구를 조직하거나 대사업을 추진하기 위한 자금을 조달하기 위해 세금을 징수하는 체제를 정비했다. 납세자는 소득을 숨기려 했고, 지배자는 더 많은 세금을 거두려 했다. 그러나 문자의 기록은 탈세를 용납하지 않았다. 문자로 기록된 법률의 보급으로 개인의 힘은 제한되고 입법자의 힘은 강해진 것이다.

신들의 고향 수메르: 문명의 산파 역할을 한 도시의 출현

고대 문명은 대부분 종교에서 비롯되었다고 해도 과언이 아니다. 수메르인들은 하늘의 신인 아누An와 풍요의 신 두무지Dumuzi, 사랑과 수확의 여신 이난나 Inanna 등과 같은 여러 신들을 믿는 다신교의 사회였다. 그중에서 가장 열렬히 숭배했던 신은 신의 출발점에 있던 아누, 엔키, 엔릴의 3주신柱神 이외에도 두무지와 이난나를 포함한 7개 지배신이었다(그림 3-12). 그중 가장 강력한 신은 공기의 신인 엔릴과 물의 신인 엔키였다. 수메르인들은 자신들이 이룩한 찬란한 문명의 원동력이 풍성한 농업 생산력이라고 믿었고, 그래서 농업을 주관하는 두무지와 이난나를 높이 섬겼다.

수메르인들은 매년 겨울이 되면 두무지가 죽고, 그를 찾기 위해 이난나가 지하 세계로 내려갔다가 봄이 되면 두무지와 함께 돌아와 풍요로운 한 해를 약속한다고 믿었다. 이것은 계절의 변화에 대한 신화적 설명이다. 풍요를 숭배했던 수메르인들은 야릇한 풍습도 가지고 있었다. 그들은 매년 봄마다 이난나 여신을 섬기는 신전에서 남녀가 공개적으로 집단 성교를 했다. 이들은 남녀의 성행위가 임신케 하여 아이를 낳듯이 그해의 풍성한 수확도 가져다준다고 믿었다.

독자들은 이 책에서 자주 오르내리는 메소포타미아, 특히 수메르를 설명할 경우 자주 언급되는 그림 3-12에 요약해 놓은 길가메시 이전 신들의 계보를 참고하며 읽어주길 바란다. 그들이 믿는 신은 하늘, 땅, 물, 바람, 달, 지혜, 신관, 저승, 양, 질투, 전쟁, 진리 등으로 다양했다. 길가메시 이후의 기원전 2000년대부터는 난나→신, 이난나→이슈타르, 엔릴→마르두크의 사례에서 보는 것처

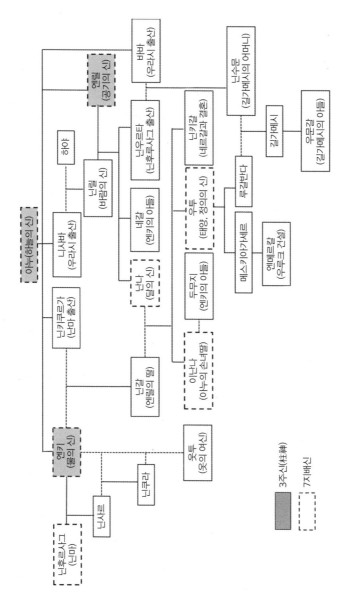

그림 3-12. 수메르 신의 계보

범례:
- 3주신(柱神) (회색 음영)
- 7지배신 (점선 테두리)

신의 계보:

- 아누 (하늘의 신)
  - 나비 (우라시 출산)
  - 닌릴 (바람의 신)
    - 닌우르타 (닌후르사그 출산)
    - 바바 (우라시 출산)
  - 엔릴 (공기의 신)
  - 히아
  - 닌후르사그 (닌마)
  - 니사바 (우라시 출산)
  - 닌카르라가 (닌마 출산)
    - 닌갈 (엔키의 아들)
    - 난나 (달의 신)
    - 닌릴 (엔릴의 딸)
  - 엔키 (물의 신)
    - 닌쿠라
    - 니사르
  - 웃투 (옷의 여신)
    - 두무지 (엔키의 아들)
    - 우투 (태양, 정의의 신)
    - 닌키갈 (네르갈과 결혼)
    - 이난나 (아누의 손녀딸)
    - 루갈반다
    - 메스키아가셰르
    - 엔메르카르 (우루크 건설)
    - 닌수문 (길가메시의 어머니)
    - 길가메시
    - 우문갈 (길가메시의 아들)

럼 신의 명칭이 바뀌거나 새로운 신들이 등장하게 된다.

프랑스 철학자 옴람(Omraam, 1984)의 저서 《사랑과 섹슈얼리티의 역사》에는 점토판의 내용이 번역되어 실려 있는데, 여기서는 인용할 수 없을 만큼 매우 노골적인 표현이 담겨 있다. 메소포타미아의 여신 이슈타르는 풍요의 신 두무지와 사랑에 빠져 정부情夫인 상대방을 혈연관계가 아님에도 '오빠'라는 호칭으로 불렀다. 당시 여성의 정부는 절도범으로 간주해 처벌받았으나, 왕이 여사제와 성관계를 갖는 것은 성공적 통치 행위를 위한 의례 정도로 받아들였다. 간통죄는 사형에 처했지만, 그것은 여성의 정조 문제가 아니라 재산 상속 문제와 관련이 있었기 때문이었다.

수메르인은 매해 봄마다 수태 준비를 마친 대지에 씨를 뿌린 뒤 부활제를 올렸다. 그들은 아카드어로 두무지라고도 불리는 탐무즈Tammuz를 풍요의 신으로서, 또한 대지의 여신이 탐하는 남성적인 힘의 상징으로서 숭배했다. 이러한 풍년제 기간에는 모든 아내들이 자신의 남편뿐 아니라 좋아하는 다른 남자와도 동침할 수 있는 권리를 남편에게 인정받고는 자유롭게 사랑의 상대를 선택할 수 있었다. 그렇지만 남편 이외의 연인의 정액은 밖으로 흐르게 하여 임신하지 않도록 스스로 주의해야만 했다. 그렇지 않으면 결혼의 의무를 저버리기 때문이다(남영우, 2018).

메소포타미아에서는 최초로 먼 길을 떠나거나 항해를 앞둔 선원을 대상으로 자선적 의미의 매춘 행위가 시작되었다. 이는 일종의 사회봉사로 간주되었으며, 나아가 신성화되기까지 하여 종교적 성격을 내포하게 되었다(Mancini, 1951). 그리스의 역사학자 헤로도토스(Herodotos, 기원전 440)의 기록에 따르면 매춘은 이집트와 페니키아를 비롯해 소아시아 서부에 위치한 리디아 왕국에서도 존재했다.

이러한 행위는 오늘날의 시각으로 보면 매우 문란해 보이지만, 고대인들에게 섹스는 결코 부끄러운 행위가 아니었다. 두무지와 이난나의 신화는 훗날 그리스로 전해져, 미소년 아도니스Adonis와 아프로디테Aphrodite의 신화로 변형되었다.

고대 문명은 인간의 잠재력을 전과 비교할 수 없을 정도로 극대화했다. 사람들은 집단을 이뤄 살면서 서로 힘을 합쳐 생활하는 것이 좋다는 생각을 하게 되었다. 그 무대가 된 곳이 도시였다. 도시는 처음부터 존재했던 것이 아니라 작은 촌락이 잉여 식량을 기초로 성장한 결과물이다. 종교적 기능을 하는 건축물과 시장 주변에 주거 시설이 들어섬으로써 도시가 형성된 것이다. 도시의 출현은 문명의 탄생에 강력한 원동력이 되었다. 다른 요인보다 변화와 창조를 촉진하는 힘이 된 것은 바로 도시였다. 즉 도시의 탄생은 문명의 탄생을 뜻하는 것이다. 기원전 3000년경까지 건설된 도시는 10여 개가 넘었고, 기원전 2000년 무렵에는 수메르 인구의 약 90%가 도시에 거주했다.

도시 문명의 중심에는 기원전 3300년경을 전후해 에리두를 필두로 라가시와 우루크 등이 있었지만 수메르의 대표적인 고대 도시는 아브라함의 고향인 우르였다. 이들 도시는 신전을 중심으로 한 시가지와 주위의 농경지로 이루어졌으

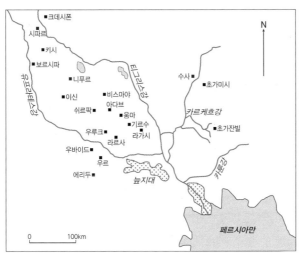

그림 3-13. 수메르의
고대 도시 분포

며, 도시는 신의 소유라고 생각되었다. 도시는 모든 생활이 신전을 중심으로 이루어지는 신전 공동체 국가였던 것이다. 초기 도시 국가들은 서로 세력을 다투기도 했다.

우르 유적은 유프라테스강이 유로를 변경함에 따라 흙더미에 묻혀 있었지만, 1927~1932년 사이에 영국 고고학자 울리Woolley 경이 이끄는 대영 박물관 발굴 팀에 의해 그 실체를 드러냈다. 유적 발굴을 통해 《구약 성서》에서 아브라함이 유목민으로 묘사된 것과 달리, 실제로 그의 고향 우르에서는 도시 귀족층이었다는 것이 밝혀졌다. 나아가 우르 유적을 통해 수메르 문명의 진가가 드러남으로써 아브라함이 빈손으로 가나안을 향한 것이 아니라 당대 최고로 발달한 문명인으로 그의 후손들에게 큰 영향을 미쳤다는 사실이 드러났다. 그림 3-13에서 보는 것과 같은 수메르의 여러 도시 유적지가 발굴되면서 울리 경의 연구 결과는 무려 20여 편에 달하게 되었고, 그는 왕실로부터 작위를 수여받았다(Milleman, 2015).

수메르의 신화에 따르면 가장 먼저 건설된 도시는 4,000명이 거주한 에리두Eridu였지만, 수메르의 도시 중 가장 중요한 중심지 가운데 하나는 기원전 5000년경에 건설된 우루크Uruk였다. 다만 이 시기에 고대 도시가 발생했다고는 해도, 문명이 탄생한 시기는 기원전 3500~3400년경으로 보아야 한다. 이 도시는 제1차 세계대전 이전부터 세 차례에 걸쳐 독일의 발굴단에 의해 체계적으로 발굴되었다. 전성기 우루크의 인구는 5~8만 명에 달했다. 성벽 내의 크기는 6제곱킬로미터 정도로 성벽의 일부가 발굴되었으며, 당시로서는 가장 큰 도시였다. 현재까지 우루크는 밀집된 인구를 가진 세계 최초의 도시로 알려져 있다(Mario, 2006).

우루크는 또한 관리, 전문가, 군인 등으로 계층화된 사회를 이뤘으며 메소포타미아의 도시 국가 시대를 열었다. 수메르 왕의 목록에 따르면, 우루크는 엔메카르Enmerkar가 건설했다. 그가 이난나신을 위해 '하늘의 집'이라는 뜻의 인-안나(에안나E-anna) 신전을 건설했다고 기록되어 있다. 이 신전이 위치한 구역은 당시의 역사적 기록이나 공공 건축물로서 상징적 의미를 갖는다.

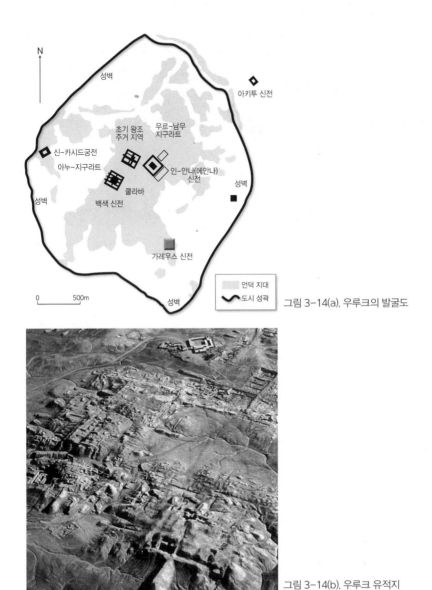

그림 3-14(a). 우루크의 발굴도

그림 3-14(b). 우루크 유적지 발굴 후의 항공 사진

그림 3-15. 아누-지구라트의 발굴과 백색 신전의 상상도

아누-지구라트Anu-Ziggurat가 위치한 신전 구역은 인-안나(에안나)신전보다 이르게 기원전 4000년경의 우바이드 시대에 만들어졌다. 문명이 탄생하기 전부터 신전이 존재했던 것이다. 이 지구라트는 거대한 하나의 테라스로만 구성된 것으로 수메르 최고의 신인 아누에게 봉헌하기 위해 건설되었다. 아누 신전은 쿨라바Kullaba라 불리던 곳에 세워졌는데, 이곳은 수메르에서 가장 오래된 지역이었다. 문명이 탄생하면서 신전을 중심으로 도시가 계획되었고 경제 활동이 체계화되기 시작했다. 정치력의 상징인 백색 신전은 햇빛에 반사되는 모습 때문에 그렇게 명명되었다. 우루크는 《길가메시 서사시》의 영웅인 길가메시의 수도였다. 우루크 후기의 지층에는 처음 그림 문자로부터 점차 쐐기 모양의 문자로 진화하던 시기의 가장 오랜 점토판이 발견되었다.

《구약 성서》 창세기 제10장 10절에 따르면, 에레크Erech, 즉 우루크는 님로드 Nimrod가 세운 두 번째 도시이다. 우루크의 역사적인 왕으로는 우루크를 정복한 움마의 왕을 들 수 있다. 우루크는 아카드의 사르곤 왕 이전 시대에 강력한 패권을 장악했고, 기원전 2004년 후반기에는 엘람인과의 치열한 경쟁을 벌인 바 있다.

수메르 제국의 가장 강력한 도시 국가는 우루크 남쪽에 위치한 우르였다. 길가메시의 고향인 우르Ur는 수메르어로 도시 혹은 취락을 뜻한다. 우르-남무Ur-nammu가 건설한 우르는 8미터 높이의 성벽이 도시를 둘러친 성곽 도시로서 36 헥타르의 면적에 최고 35,000명의 인구가 거주했다. 이 도시는 그림 3-16(a)에서 보는 것처럼 성곽의 북쪽과 서쪽에는 선박이 정박할 수 있는 항만 시설이 있었고, 지구라트 주변에는 난나, 닌갈, 니민타바 신전과 궁전으로 이뤄진 내성內城과 같은 성역이 있었다. 서쪽에는 유프라테스강이 흐르고 북동쪽으로는 항해할 수 있는 운하가 해자처럼 설치되어 있었으며, 북항과 서항 쪽을 연결하는 운하가 계획되기도 했다. 주택은 흙벽돌집이 대부분이었고 도로가 개설되어 있었다(Moscati, 2007).

성곽 밖에 거주하던 인구를 합하면 그 규모가 25만 명에 달했다. 그들은 귀족, 신관, 서기 등의 지배층을 위시해 보석, 목재 등의 가공 기술자들로 구성되어 있었으며, 농업, 목축, 어업과 같은 식량 생산 활동에 직접 관련된 주민들이 아니었다. 따라서 이 취락은 촌락을 뛰어넘어 도시 단계에 이르렀다고 보아야 한다.

우르에 처음 건설된 것은 기원전 2112년부터 축조된 중심부의 성역聖域이었다(그림 3-17). 이 성역 내부에는 궁전과 지구라트를 위시한 난나, 닌갈, 니민타바 신전 등이 자리했고 왕묘도 이곳에 있었다. 그 후, 우르를 재건한 마지막 왕은 아케메네스 왕조의 키루스Cyrus 대제였다. 그는 새로운 정복지의 주민을 회유하기 위한 포용 정책으로 종류에 상관없이 그들의 신을 섬기게 했다.

우르는 메소포타미아의 남부 지방을 주도하는 도시로 꾸준히 성장했다. 이 도시는 페르시아만의 입구를 통해 오만Oman으로부터 구리, 인도로부터 금을 들여오는 역할을 하는 거점 항구였다. 우르에 집중된 부富는 왕묘의 발굴에서

1. 도시 성곽
2. 북항
3. 난나 궁전(기원전 6세기)
4. 항만 신전(기원전 6세기)
5. 성곽 주택지
6. 성채
7. 신바빌로니아 시대 신성 구역
8. 제3왕조 신성 구역
9. 난나 중정
10. 신전
11. 지구라트
12. 난나 신전
13. 제단
14. 닌갈 신전
15. 기파르쿠
16. 에두블라마크
17. 가눈마크
18. 후르사그 궁전
19. 제3왕조 왕묘
20. 왕묘
21. 니민타바 신전
22. 주택지
23. 서항
24. 주택지(기원전 1800년)
24. 신바빌로니아 주택지 (기원전 6세기)
25. 엔키 신전

그림 3-16(a). 우르의 발굴도

입증되었다. 나아가 제3왕조는 우르를 새로운 명예와 영향력의 최고점에 올려놓았다. 우르-남무는 사르곤 왕과 달리 잔인한 군인 출신이 아니었다. 그는 인접한 도시들에 대해 영향력을 확대하기 위해 전쟁뿐 아니라 외교적 수단과 종교적 요소를 이용했다. 특히 달의 신 난나를 숭배하는 최고의 지구라트를 건설한 것에서 그의 지혜를 엿볼 수 있다(Scarre and Fagen, 2007).

우르는 기원전 4세기 말 아르타크세르크세스Artaxerxes 2세 시대까지 간신히 유지되었으나, 이 무렵에 토양이 염분화되고 유프라테스강의 물길이 바뀌며 관개 시설이 파괴되면서 대지는 사막으로 변하고 마침내 우르에도 사람이 살지 않게 되었다.

문명의 탄생은 도시를 중심으로 다양한 측면에서 변화를 일으켰다. 특히 문

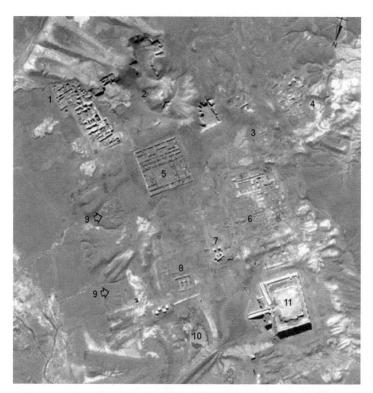

그림 3-16(b). 우르 유적지 발굴 후의 항공 사진 (사진 속 번호는 그림 3-16(a)와 동일)

그림 3-17. 우르 중심부의 성역 주변의 상상도

화의 다양화는 고대 문명 가운데 가시적으로 뚜렷하게 나타났다. 건축, 의복, 기술, 행동 양식, 사회 구조 등의 분야에서 지역적 차이가 생겨난 것이다. 이런 변화는 물론 선사 시대부터 존재했지만, 도시의 탄생으로 일층 확대되었다. 선사 시대에는 자연환경에 따라 문화가 발달했지만, 도시가 출현하면서부터는 각각의 문명이 지닌 창조력이 다양화의 원동력이 된 것이다.

도시가 탄생하면서 잉여 식량이 창출한 부에 의해 다양한 기술과 문화가 만들어졌다. 도시의 잉여 식량 덕분에 사람들이 모여들어 복잡한 조직을 지닌 신관 계급이 생겨났고, 이어서 대규모 종교 시설이 건설되었다. 수메르의 신들 중 '엔En'이란 호칭은 본래 신관을 지칭하는 것이었다. 잉여 식량의 확보는 농부 이외의 직업이 생겨나게 했고, 이를 관리하는 제도와 지배 계급의 출현으로 이어졌다. 신전은 산출된 생산물을 백성들로부터 거둬들이는 창고 역할을 하는 곳에서 출발한 것이다. 오늘날 영어로 창고라는 단어와 상점이라는 단어가 모두 'store'로 사용되는데, 이는 본래 저장 창고가 상점과 같은 기능을 했다는 의미를 갖는다. 식량을 모으는 행위는 관점에 따라 납세일 수도 있고 수탈일 수도 있었다. 따라서 이제부터는 농산물에 한정된 잉여 식량이 아니라 잉여 산물이라 표현하는 것이 옳다.

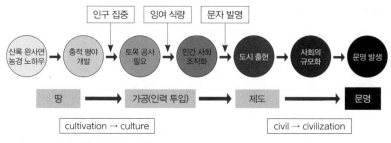

그림 3-18. 문명 탄생 과정의 모식도

생산물은 이제 저장할 수 있는 여분이 생겼으며, 그 양은 비약적으로 증가해 갔다. 그 결과, 새로운 유형의 활동과 경험의 축적이 가능해져 그동안 축적된 문화가 한층 세련되어졌으며, 세상을 변하게 하는 힘을 보유하게 되었다. 신관 혹은 왕은 잉여 산물로 도시 국가를 경영한 것이다. 이에 따라 그들의 정신세계에도 변화가 일어났을 것이다.

그러나 현대인은 고대인의 정신세계를 알 수 없어 상상력을 동원해야 그 일부만을 엿볼 수 있다. 왜냐하면 고대인의 상상력을 알 수 있는 유물이 남아 있지 않기 때문이다. 다만 그들의 정신세계와 가치관을 엿볼 수 있는 실마리를 찾을 경우에도 합리적 의심을 갖고 상상력을 동원하지 않으면 오류를 범하게 된다.

이상에서 설명한 문명 탄생의 과정을 모식적으로 표현하면 그림 3-18과 같다. 즉 인류는 적당하다고 생각되는 땅을 골라 인력을 투입해 가공하여 잉여 식량이 생겨나면서 각종 제도를 만드는 과정을 거쳐 문명을 탄생시킨 것이다. 그 과정은 복잡해 보이지만 퍼타일 크레슨트에서는 반드시 거쳐야 하는 자연스러운 절차였다.

교역로와 도시 발달

인구가 증가해 취락의 규모가 커지게 되면 식량 증산의 필요성이 대두되기 마련이다. 이는 관개 시설의 필요성이 대두되었음을 의미한다. 관개 시설은 기원전 5000년 이후부터 메소포타미아의 이곳저곳에서 만들어지기 시작했다. 평탄지의 하천은 수시로 유로를 변경했다. 그런 까닭에 오늘날에는 과거와 달리 고대 도시의 유적지가 하천과 떨어진 곳에 위치해 있어서 도시 입지와 하천 간의 관계를 간과하기 쉽다. 이에 관해서는 미국의 고고학자 애덤스(Adams, 1981)의 저서 《도시의 심장부》에서 규명되었다. 그러나 지질학자들의 연구 결과, 하천의 유로는 바뀌었어도 페르시아만의 해안선은 기존의 학설과 달리 현재의 그것과 별 차이가 없음이 확인된 바 있다.

애덤스는 메소포타미아 일대에서 발견된 증거들을 요약하면서 취락은 세 단계를 거쳐 발전한다고 주장했다. 첫 번째 단계 모든 지역에서 발굴된 초기 취락은 적당한 크기로 분산된 농업 취락이었다. 두 번째 단계 인구가 급격히 증가함에 따라 분산되어 분포하던 촌락들은 밀집된 형태로 변화하게 되었다. 세 번째 단계 중심지로 인구가 집중되었는데, 이때의 인구 증가는 자연적 증가와 더불어 주변부로부터의 인구 유입에 의해 이루어졌다. 두 번째 단계에서 주목할 점은 증가하는 인구 때문에 농경지에 관개할 물이 부족해지기 시작했다는 점이다. 이런 형태의 인구압은 기존의 정착민과 새롭게 유입된 이주자들 사이에 빈부의 차이를 유발시켰다. 부자와 빈자의 계층적 차이가 벌어질수록 갈등을 일으켰을 것이다. 그리고 세 번째 단계인 도시로의 인구 집중은 다분히 인위적 측면도 작용했을 것이다. 즉 도시의 지도자는 모든 수단을 동원해 이주를 촉진함으로서 자신의 백성을 늘릴 수 있었고 권력을 증대시킬 수 있었을 것이다. 이와 같은 배경에서 초기의 취락들은 인구 5천~5만 명에 이르는 도시를 형성하게 되었다.

본래 모든 도시는 자연 하천이나 인공 수로에 면하여 입지했으며, 상인들의 교역로 역시 수로를 따라 열려 있었다. 이들 수로는 거주민들에게 농업용수와 생활용수만 제공한 것이 아니라 교류의 채널이 되었다. 이리하여 이 지역에서는 소하천 주변의 마을→인구 증가→식량 증산의 필요성→농경지 확대의 필

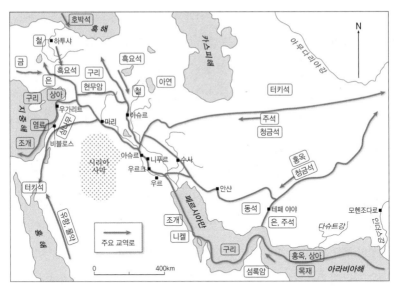

그림 3-19. 메소포타미아 일대의 주요 산물과 교역로

요성→대하천으로 이동→관개 시설→노동력의 필요성→도시 형성이라는 순환이 생겨나게 되었다. 각 도시와 마을들은 수로로 연결되어 있었고, 사막과 소택지가 그들을 분할하는 장애물이었다.

교역권의 확대는 교역 루트, 즉 교통로가 전제되어야만 하는데, 메소포타미아의 평탄 지대에서는 별 문제가 없었다. 그러나 그 외곽부의 고지대의 경우에는 그림 3-19에서 보는 것처럼 사막을 피해 하천과 골짜기가 교역 루트로 이용되었다. 자그로스산맥의 서쪽 사면은 티그리스강의 지류가, 지중해 연안의 레반트 방향으로는 유프라테스강을 따라 거슬러 올라가다가 해안선을 따라 가면 된다. 유프라테스강 이남은 평탄 지대라 할지라도 사막 지대이므로 교역 루트로는 부적합했다.

물 문제와 식량 문제만 해결된다고 해서 곧바로 도시가 성립하는 것은 아니다. 건축, 농기구 제작, 토목 사업 등을 위해서는 목재와 금속 등이 필요했다. 메소포타미아에는 그와 같은 자원이 없었던 탓에 외부로부터 수입해야만 했으므

로, 그들의 교역권은 서쪽으로 레바논산맥을 위시해 북쪽으로는 아나톨리아고
원과 동쪽의 자그로스 산악 지대를 넘어 현재의 아프가니스탄까지 확대될 수밖
에 없었다. 기원전 3500~2900년경에 해당하는 우루크 시대의 도시들은 이미
자그로스 산지로부터 석회암, 현무암, 목재, 홍옥 등을 다량으로 수입했고, 아
라비아반도의 오만에서 생산된 니켈이 함유된 동광을 사용했다. 그들은 교역에
수메르의 풍부한 곡물을 이용했다.

　메소포타미아와 오늘날 이란 쪽에 위치한 엘람 간의 통상 교역로는 자그로스
산맥을 넘는 협곡이었다. 이 산악 지대는 제2장의 그림 2-5에서 본 것처럼 습
곡작용을 받아 형성된 까닭에 북쪽으로 통하는 골짜기가 많이 형성되어 있다.
당시의 주요 교통로는 디야라 계곡으로부터 비스툰, 하마단을 거쳐 엘부르즈산
맥을 횡단해 카스피해 남쪽에 이르는 루트였다. 수메르와 엘람과의 접촉은 티
그리스강 지류인 자브강과 디야라강을 통해서도 이루어졌다.

　이 밖에도 새로운 목초지를 찾아 침입해 들어오는 중앙아시아와 인도로부터
의 유목민들이 왕래하는 루트를 이용하기도 했다. 이들 중 주요 교통로는 티그
리스강과 옥수스강(아무다리야강)을 연결하는 카스피해 횡단로를 꼽을 수 있
다. 기원전 2000년경에는 페르시아만의 바레인이 메소포타미아와 인도 간의
교역을 위한 무역 중계항 역할을 했다.

　이상에서 설명한 내용은 두 지역의 민족 차이뿐만 아니라 메소포타미아의 수
메르 왕국과 자그로스산맥의 엘람 간의 극단적인 지리적 차이를 설명한 것이
다. 메소포타미아는 풍부한 수산물과 곡물이 있으나 도시 생활에 불가결한 원
료 물자가 부족하여 정치 체제를 경제적 수요에 부합시킬 필요가 있었고, 자그
로스 산악 지대는 산지의 목초와 풍요로운 광산자원을 보유하고 있었던 까닭에
상호 보완적 관계에 따라 교류할 수밖에 없었던 것은 자연스러운 현상이었다.

　《구약 성서》 창세기의 아브라함은 60년간 살던 갈데아의 우르를 떠나 자기
자신을 통해 미지의 땅에 새로운 민족을 만들겠다는 야훼의 가르침에 따라 그

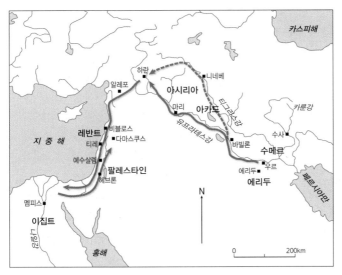

그림 3-20. 아브라함의 이동 루트

림 3-20과 같이 기독교가 탄생하기 2,000년 전에 유프라테스강을 거슬러 올라 갔다. 그는 마리 혹은 니네베를 거쳐 하란Haran에서 잠시 거처하다가 방향을 남 쪽으로 틀어 레반트 중 하나인 미지의 땅 가나안에 정착했다.

아브라함과 그 가족은 셈 어족에 속하는 아모리족Amorites이었을 것이며, 아 랍에 기원지를 둔 민족일 것으로 추정되고 있다. '셈족'이란 호칭은 세 명의 아 들 중 셈에서 유래했고, 인종과 언어적 특징으로부터 셈 어족이라 부르게 되었 다. 그러므로 유태인과 이슬람 민족은 조상을 함께한다고 보아야 한다. 이런 호 칭이 사용되기 시작한 것은 훗날 18세기부터의 일이다.

그 후, 아브라함은 이집트에 살다가 다시 가나안으로 돌아왔다. 여기서 이스 라엘 민족의 첫 번째 족장으로 알려진 아브라함의 이야기를 끄집어 낸 이유는 그가 수메르인(갈데아인)인가, 히브리인인가의 문제보다는 그가 이동한 루트 가 바로 당시의 교역 루트였음을 적시하고 싶기 때문이다. 특히 현재 터키의 카 르하에Carrhae로 알려져 있는 비옥한 땅 하란은 메소포타미아의 주요 상업·문

야훼, 여호와, 주님에 대하여

하느님은 모세에게 자신의 이름이 "야훼"라고 알려주고 이 이름으로 자신을 부르라고 계시했다. 본래 야훼Yahweh라는 말의 의미는 "그는 존재하는 모든 것을 존재하게 한다(Yahweh-Asher-Yahweh)"라는 뜻이다. 자음 표기만 있던 고대 문자에서 하느님의 이름을 알파벳으로 쓰면 YHWH가 된다. 과거 유태인들은 1년에 단 한 번에 한해 대제사장만이 이것을 발음했다. 따라서 그 발음을 완전하게 알 수 없다. 교황청은 2008년 거룩한 네 글자를 사용하거나 발음하지 말고 '주님'으로 표현해야 한다는 지침을 발표한 바 있다.

기원전 3세기부터 유태인들은 야훼라는 이름을 사용하지 않았다. 그 이유는 유대교가 로마에서 보편 종교가 되었기 때문이다. 이스라엘의 하느님이 다른 모든 신들에 대해 보편적인 주권을 갖고 있음을 과시하기 위해 신이라는 뜻을 지닌 명사 엘로힘Elohim을 야훼 대신 사용하게 되었고, 야훼는 너무 거룩하여 발언해서는 안 되는 것으로 간주했다. 르네상스와 종교 개혁 이후 기독교 신학자들은 여호와Jehovah라는 이름을 사용했지만, 19~20세기 성서학자들은 다시 야훼라는 이름을 사용했다. 이 고유한 이름은 여러 가지 의미로 해석되어 왔다.

최근 여성 단체와 여성 운동가들은 하느님이 왜 남성이어야만 하는가에 대한 이의를 제기하고 나섰다. 성경책에 야훼를 지칭하는 he를 she와 병기할 것을 주장하고 있다.

히브리어의 단어인 할렐루야Halleluj(y)ah는 '찬미하다'를 뜻하는 '할렐루'와 '야훼'를 뜻하는 '야'의 합성어이므로, "야훼를 찬미합니다"라는 뜻이 된다.

화·종교의 중심지로 규모가 컸던 도시이며, 아브라함의 이동 루트를 따라 페니키아의 티레와 교역을 한 매우 중요한 고고학적인 장소였다. 그리고 그가 그림 3-20에서 보는 것처럼 교류의 공간적 범위가 메소포타미아 문명과 이집트 문명을 연결하는 레반트를 포함했으므로 퍼타일 크레슨트의 범위와 대체로 일치함을 알 수 있다. 그런 까닭에 서양학자들을 포함한 여러 학자들은《구약 성서》에 매몰되어 아브라함의 이동 루트를 퍼타일 크레슨트의 범위로 생각하는 경향이 있다.

문명 전파와 교역망 확대의 수학적 해석

문명사의 흐름은 모든 땅에서 발생한 것이 아니라 땅의 비교우위에 따른다는 사실을 간과해서는 안 된다. 문명의 흐름, 즉 확산과 이동은 시대에 따라 속도를 달리했다. 시대가 경과함에 따라 그 속도가 빨라지고 있다는 것이다. 오늘날은 과거에 비해 상대적으로 변화하는 속도가 격심해졌다.

일본의 경우에도 현대의 1년을 메이지 시대明治時代의 10년과 헤이안 시대平安時代의 100년과 맞먹는 기간으로 이해하고 있다. 일본에서는 교토에 세워진 헤이안쿄平安京가 가마쿠라 막부鎌倉幕府가 설립될 때까지 정치의 중심이었기 때문에 헤이안 시대(794~1185)라고 부른다. 한국 역사로 따진다면 통일 신라후 고려 시대에 해당하는 시기이며, 중국 역사로는 당나라 이후의 송나라에 해당하는 시기로 생각하면 될 것이다.

인류의 문명은 오래전부터 내려온 지혜와 기술의 축적 위에 성립하여 다양한 변화를 거듭하면서 급속히 발전하기 시작했다. 석기 시대의 변화 속도에 비하면 매우 빠른 속도였다. 여기에 인간의 지능, 기술, 사회 조직, 부의 축적, 인구증가 등이 더해져 여러 측면에서 진보 속도가 가속화되었다.

우리들이 흔히 중세 유럽을 암흑기라 부르는데, 이에 대해 중세사를 연구하는 학자들 가운데 반론을 제기하는 사람이 많다. 그것은 오늘날의 급속한 변화속도에 기준을 두고 내린 평가라는 것이다. 그들은 석기 시대의 변화 속도에 비하면 중세의 그것은 상대적으로 매우 빨랐다고 강조한다. 그럼에도 불구하고 중세 유럽의 진보 속도는 매우 완만했던 것 또한 사실이다. 이와 같이 시대의 움직임에 대해 변화의 속도를 염두에 두고 이해하는 것은 역사학 분야뿐만 아니라 모든 분야의 연구자들에게는 대단히 중요한 일이다.

이와 같은 역사적 사실은 수학을 이용해 해명할 수 있는 경우도 허다하다. 흔히 자연 현상은 수학적 설명이 가능하지만 사회 현상은 외생 변수가 많아 불가능하다고 생각하는 경우가 일반적이다. 그러나 여러 학자들의 주장에 의하면 반드시 그런 것만은 아니다. 이는 과거의 지나간 현상에 '필연적 귀결'임을 전제로 한 것이므로 증언deposition의 동의어라 할 수 있는 후측postdiction이지만, 일단 법칙을 확립하고 그것을 수식화할 수 있다면 수학적으로 예측prediction도 가능해진다. 수학 및 통계학이 인문 사회 과학 분야에 도입되면서부터 지리학의 연구 방법도 달라졌다. 지리학 분야에서도 영국의 하게트(Haggett, 1977)는 지리학이 나아가야 할 방향을 미래의 예측에 초점을 맞춘 '미래 지리학'에 두었고, 아누친(Anuchin, 1973)은 저서 《지리학의 이론》에서 사회 발전에 지리학이 기여하기 위해서라도 지리적 예측에 입각한 지리학 연구가 필요함을 역설한 바 있다. 역사는 지구상에서 전개된 인류의 행동을 기록한 것이라고 할 수 있으므로 미래학 역시 존재할 수 있다.

우리가 역사를 배우는 이유는 과거를 알아야 장단점을 찾아 미래에 대비하기 위함에 있을 것이다. 그런 까닭에 영국의 처칠은 "역사를 잊은 민족은 미래가 없다"라고 일갈했을 것이다. 우리나라의 신채호 선생도 그와 비슷한 말을 남겼다. 그런데 역사학이라는 학문은 각종 분야에서 도출된 과학적 이론이나 방법론들을 거의 배우지 않는다. 그래서 다이아몬드는 저서 《총, 균, 쇠》에서 역사학은 사실들을 이것저것 모아 놓은 것에 불과하며 눈속임에 지나지 않는다고 비판했다. 물론 역사를 연구해 어떤 원리와 법칙을 찾아내는 일이 대단히 어려운 일임은 부인할 수 없지만, 시도하면 역사학도 역사 과학의 반열에 오를 수 있을 것이다.

역사적 과학과 비역사적 과학의 차이는 예측할 수 있는지의 여부에 있다. 역사적 과학을 연구하는 학자는 귀납적인 설명을 할 수 있지만, 선험적인 예측을 하는 것은 그보다 더 어렵다. 만약 역사학자들이 미래를 예측하고 검증할 수 있게 된다면 천문학자, 지리학자, 지질학자, 고생물학자 등의 분야처럼 전술한 후측과 예측을 가능케 하여 인류 문명에 기여할 수 있게 될 것이다.

지난 세기 말부터 인간의 반응을 자연 과학적으로 다루는 '행동 과학behavior

science'이라는 학문 분야가 발달하고 있는데, 라셉스키(Rashevsky, 1968)를 비롯한 학자들은 그러한 기법을 이용해 역사를 재구성하는 시도를 하고 있다. 라셉스키는 수학적 기법을 사용해 지나온 인류의 문명사를 돌이켜 본다면 역사 속에 내재한 문명 발달에 대한 새로운 이해의 길을 열 수 있다고 보았다. 수학을 이용해 자연 현상을 규명하려는 시도는 오래전부터 있어 왔다. 물리학, 화학, 생물학 등의 분야에서는 자연 현상에 대한 인자를 수량화하여 그들 간의 양적 관계를 수량 또는 수학적 해석으로 설명이 가능해야 비로소 완전하게 그 현상을 이해한 것으로 간주한다. 이와는 달리 인문·사회 현상의 경우는 자연 현상과 달리 복잡한 관계 속에서 이뤄지며, 또한 현상의 이해는 주관에 따라 좌우되기 때문에 수량화하는 것 자체가 곤란하다고 생각하는 경우가 많다.

그렇지만 시간의 형태를 역사의 흐름 속에 넣어 조망해 보면 불가능할 것도 없다. 어떤 현상 속에 내포된 각종 요인들 사이에는 일정한 법칙이 성립되어 있으며, 결과는 우연히 빚어진 것이 아니라 필연적으로 생긴 것임을 알 수 있다. 그러므로 인문·사회적 현상이라고 하더라도 반드시 수량화하거나 수학적으로 해석하는 것이 불가능한 것만은 아니다.

릴과 윌슨(Rihll and Wilson, 1992)이 주장한 것처럼 역사적 사실은 수학을 이용해 공간적인 패턴과 과정에 대한 해석으로 설명이 가능하다. 이것은 위에서 언급한 것처럼 인문현상의 발생 이유를 후측하거나 공간적 질서를 규명하는 작업이라고도 할 수 있다. 즉 현재의 공간적 패턴을 알면 그와 같은 패턴이 도출된 과정을 알 수 있다는 것이다.

문명을 하나의 구조이면서 과정이라 정의한 정수일(2009)은 과정이란 시공간적인 부단한 변화와 이동을 말하며, 그 속에서 문명 간의 만남과 교류가 이루어져 결국 문명 간에는 상관성과 융합 등의 공통분모가 발생하게 된다고 주장했다. 문명은 도시에서 발생하므로 도시의 공간적 분포 패턴과 공간적 과정을 알면 문명의 공간적 범위와 확산 과정을 파악할 수 있다. 가령 현재의 도시 분포를 통해 그 분포 패턴이 형성된 지리적 과정을 유추할 경우, 일단 그것들의 분포와 확산 법칙을 확립하여 수식화하면 수학적 예측이 가능해진다.

오늘날은 변화가 과거에 비해 빨라졌음을 앞에서 지적한 바 있다. 오늘날 1년간 벌어지는 변화는 전술한 것처럼 구한말의 10년, 고려 시대의 100년간의 그것과 맞먹을 것이라 추론했다. 또한 시대의 움직임을 변화의 속도에 따라 이해할 필요가 있다고도 했다. 인류의 역사는 공간상에 전개된 인간 행동의 기록이라 할 수 있다. 여기서 문명이 전파되는 속도를 기체 분자의 운동에 대입하여 수식으로 표현해 보기로 하겠다(Rashervsky, 1968).

풍선에 공기를 많이 불어 넣을수록 풍선이 점점 커지는 이유는 기체 분자의 수가 많아지므로 기체 분자가 풍선 벽에 더 많이 충돌해 풍선 벽에 가하는 힘이 커지기 때문이다. 즉 풍선 벽에 작용하는 기체의 압력이 커지므로 풍선이 부풀어 오르는 것이다.

수학적 수식에 관심이 없는 독자라면 이 부분을 읽지 않아도 이 책의 전체적인 맥락을 파악하는 데 큰 지장이 없으므로 생략해도 좋을 것이지만, 고등학교 과학 수준이니 수식 간의 행간을 유심히 읽어보면 수식이 뜻하는 바를 이해할 수도 있을 것이다.

공간 속에서 인간이 이동하고 문화가 전파되는 것처럼 기체 분자는 충돌과 직진 운동을 끊임없이 행한다. 충돌한 후부터 다음 충돌까지의 거리 ζ(제타)는 확률적이며, 그 평균값 $\bar{\zeta}$는 밀도 ρ(로)와 충돌반경 d로 다음과 같이 나타낼 수 있다.

$$\bar{\zeta} \sim \frac{1}{\rho d^2} \text{ (여기서 ~는 크기의 정도를 의미하는 기호)}$$

이것은 분자끼리 충돌하는 평균 거리가 밀도와 분자 간의 충돌할 거리의 제곱에 반비례한다는 의미이겠지만, 이것을 평면 운동으로 한정할 경우에 충돌은 직경에 반비례하기 때문에 위의 식은 제곱이 필요 없어지므로 다음과 같이 변형된다.

$$\xi \sim \frac{1}{\rho d} \tag{1}$$

한편 확산계수 D와 분자의 운동 속도 v(웁실론)과의 사이에는

$$D \sim \xi v \tag{2}$$

라는 관계가 성립된다. 즉 확산 계수는 분자 간의 거리와 운동 속도를 곱한 것과 같으므로 분자 간 거리가 멀거나 운동 속도가 빠를수록 커진다. 분자 운동은 무작위적으로 랜덤한 운동을 하므로 원점으로부터의 이동 거리 S는 확산하는 시간 t에 따라 다음과 같은 식이 성립된다.

$$S \sim \sqrt{Dt} \tag{3}$$

이는 이동 거리가 확산 계수와 확산하는 시간의 제곱과 비례한다는 의미이다. 여기서 문명의 전파를 예로 든다면, 밀의 작물화作物化는 서남아시아에서 시작되었는데, 그것이 유럽 전역에 전파되기 위해서는 대략 1,000킬로미터당 1,000년이 소요된다. 따라서 서남아시아와 유럽 간의 거리가 대략 3,999킬로미터이므로 총 3,000년 가까이 걸린 것으로 추정된다. 즉

$$S \sim 10^3 \text{km} \quad t \sim 10^3 \text{년}$$

이라는 것이다. 또 구석기 시대의 어떤 도구가 전파되기 위해서 걸리는 시간도 이와 유사하다. 선사 시대의 인구 밀도 ρ는 제곱킬로미터당 1명으로 추정되므로 이를 수식으로 나타내면,

$$\rho \sim 10^{-1} \text{km}^{-2} \tag{4}$$

인데, 10^{-1}제곱킬로미터는 1km^2당 0.1명의 인구 밀도를 의미한다. 또한 수렵

민족은 씨족 및 부족 집단을 이뤄 1일에 10킬로미터, 1년에 10제곱킬로미터의 속도로 이동했다고 추정한다면, 이동 속도 v는

$$v \sim 10^{-1}\text{km}$$

이 된다. d를 가시거리可視距離로 생각하여 그것을 1킬로미터로 상정하면,

$$d \sim 1\text{km}$$

가 된다. 그러면 앞의 식 (3)에 대입하여 확산 계수 D를 좌변에 놓으면,

$$D \sim \frac{S^2}{t} 10^3 \text{km}^2/\text{년}$$

이 도출되고, 앞의 식 (1), (2)로부터

$$\rho \sim \frac{1}{d\,\zeta} \sim \frac{v}{dD} = \frac{10\text{km}^2/\text{년}}{1\text{km} \times 10^3\text{km}^2/\text{년}} = 10^{-1}\text{km}^{-2}$$

이 되어 위의 식 (4)에서 추정한 것과 일치한다.

그리고 위의 식 (1), (2), (3)으로부터 인간의 이동 거리는 다음과 같이 도출된다. 즉

$$S \sim \sqrt{Dt} \sim \sqrt{\zeta vt} \sim \sqrt{\frac{vt}{\rho d}} \qquad (5)$$

오늘날의 인구 밀도를 가령 $\rho \sim 43\text{km}^{-2}$라고 표시할 수 있으나, 현대 사회는 선사 시대와 달리 정보 통신 기술과 교통수단의 발달로 정보 전달 및 이동 속도가 빨라졌으므로 v값이 증대했다고 봐야 한다. 만약 $v \sim 10^3\text{km}$로, 또 $D \sim 1\text{km}$로 가정한다면, $S = 100\text{km}$의 지점에 정보가 전달되는 시간은 위의 식 (5)로부터

$$t \sim S^2 \frac{\rho d}{v} \qquad (6)$$

이 도출되므로 $t \sim 430$일이 소요된다는 계산이 나온다. 인류의 문명 전파와 정보 및 사상 등의 전파 속도는 대략 이 정도일 것이다. 이와 같은 계산은 어디까지나 지난 역사적 사실로부터 유추된 것이므로 미래의 세계에서는 새로운 외생 변수가 도입될 필요가 있음은 물론이다. 다시 한 번 말하지만, 이들 수식이 골치 아프다고 생각하는 독자들은 그냥 넘어가도 좋다.

여기서는 위에서 설명한 수학적 해석을 토대로 문명의 메커니즘을 설명하기 위해 인구 규모, 농업 생산, 취락 간 이동 거리, 육상 및 해양 수송 등을 변수로 선정해 봤다.

구석기 시대의 인구 밀도 ρ는 앞서 밝힌 바와 같이 식 (4)에 의거하면 $\rho \sim 10^{-1} \, km^{-2}$ 정도라는 계산이 나왔으므로 인구 밀도가 1제곱킬로미터당 0.1명이었던 것으로 추정되고 있다. 이것은 유목 민족의 인구 밀도이다. 미국의 도시학자 제이콥스(Jacobs, 1969)의 저서 《도시의 경제》에 의하면, 채집 경제하의 평균 인구 밀도는 프랑스 0.04~0.08명/제곱킬로미터, 아메리카 0.04명/제곱킬로미터, 오스트리아 0.01명/제곱킬로미터였을 것으로 추정한 바 있다.

이러한 추정치에 따르면, 2,000명 규모의 인구 집단을 유지하기 위해서는 최소 5만 제곱킬로미터에 달하는 면적을 가진 배후지가 필요하다는 계산이 나온다. 이 면적은 결국 반경 63킬로미터의 원에 상당하는 면적이다. 이 거리는 한국의 전통적 거리 단위로 환산하면 약 160리에 달하는 거리인데, 운송 수단이 없던 채집 경제하에서는 왕래하기 힘든 거리일 것이다.

신석기 시대에 들어와 농업 경제 체제로 전환되면서 밀은 1년간 1헥타르당 모로코에서는 300킬로그램, 유럽에서는 2,500~3,000킬로그램을 수확했고, 세계 평균으로는 970킬로그램의 수확이 있었던 것으로 추정된다. 당시의 1인당 밀 소비량은 연간 300킬로그램이었으므로 1제곱킬로미터의 경작지에서 100명의 인구를 부양할 수 있었다는 계산이 나온다. 그러나 가뭄, 홍수 등의 기상 재해를 고려할 경우에는 그보다 10배 정도에 해당하는 10제곱킬로미터의 경작지가 필요했던 것으로 생각할 수 있다.

반경 2킬로미터인 원의 면적은 약 12.6제곱킬로미터이므로, 그곳에는 120여 명이 거주하는 촌락이 형성될 수 있다. 이와 마찬가지로 반경 5킬로미터인 면적은 78.5제곱킬로미터이므로, 그곳에는 780여 명이 거주하는 촌락이 형성될 수 있을 것이다.

한 개의 마을당 인구 규모는 아메리카 100~700명, 서남아시아의 퍼타일 크레슨트는 300~1,000명, 메소포타미아의 자르모는 200명 정도였다. 자르모 Jarmo는 터키 아나톨리아의 차탈회위크 및 하산케이프와 더불어 기원전 6000년 전 채집 경제에서 생산 경제로 옮겨가는 과정에 있던 인류 최초의 취락 농경 공동체 중 하나가 발견된 이라크 북동부 키르쿠크 동쪽에 위치한 선사 시대의 유적지이다.

한편 농경 시대의 인구 밀도는 수렵·채집 시대의 10배에 달하는 $\rho = 1/km^2$로 추정되므로 500제곱킬로미터당 500명의 주민이 거주하는 촌락이 한 개 존재한다는 계산이 나온다. 그리고 촌락과 촌락 간의 거리는 이론상 25킬로미터지만, 현실 세계에서는 촌락 입지가 등질 공간의 균등한 분포가 아니므로 약 30~40킬로미터라는 계산이 나온다. 실제로 고대 이집트와 메소포타미아에서도 취락 간 간격이 대체로 30킬로미터 정도였고, 한국의 경우는 약 32킬로미터

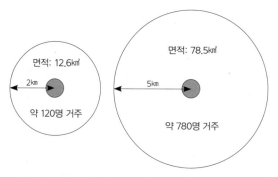

그림 3-21. 선사 시대 인구 규모에 따른 취락 형성에 필요한 배후지 면적

에 달했다. 이러한 고대 취락 간의 거리는 바퀴 달린 수레와 도보를 이용해 이동할 수 있는 거리인 70~80리와 대체로 일치한다.

일반적으로 고대 도시가 형성되기 위해서는 3,000명 규모의 인구 집단이 필요하지만, 가령 5,000명 규모라 가정할 경우, 그림 3-22에서 보는 것과 같이 두 도시 배후지의 농경지 면적은 3,000제곱킬로미터이며, 도시 간 간격은 위에서 설명한 바와 같이 약 30킬로미터 정도에 이른다. 이 정도의 거리라면 당연히 수송 가능성의 문제가 발생할 것이다.

취락 간 거리는 약 30~40킬로미터라 했으므로 이것을 식 (1)에 맞춰 평균이동 거리 ζ로 간주하고, 이동 속도는 1주간 왕복할 경우에 40킬로미터/주(편도로는 80킬로미터/주)이며, 이를 1년 단위로 환산하면 약 2,000킬로미터이므로 $v=2000$km/년이 된다. 따라서 식 (2)에 의거하면 $D \sim \zeta v = 8$만km/년이 성립한다. 만약 문물이 전파되는 기간을 $t=100$년으로 상정하면, 이 기간의 이동 거리 S는 식 (3)에 따라

$$S \sim \sqrt{Dt} \sim 2.8 \times 10^3 \text{km}$$

가 된다. 그러므로 밀 재배의 확산보다 정보 전달의 속도가 더 빠름을 알 수 있다. 여기서 말하는 정보란 단순한 내용이 아니라 도시 문명을 창출하는 데 도움이 될 만한 것이 포함되어 있는 정보를 뜻한다. 이러한 결과는 어려운 수식을 이용하지 않아도 이해가 가능할 것이다.

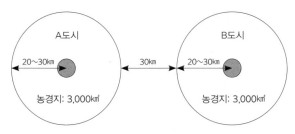

그림 3-22. 인구 5,000명 규모의 도시 배후지 면적과 도시 간 거리

가령 신석기 시대의 어느 시기에 청동으로 만든 도끼가 어떤 마을에서 발명되었을 경우, 10년에 16킬로미터의 비율로 인접한 마을들로 확대되어 전파한다고 가정하면, 도끼 분포지의 원 반경은 20년 후에는 32킬로미터, 50년 후가 되면 80킬로미터가 된다.

이와 같은 방식으로 서남아시아와 유럽에서의 농경을 곡물과 식용 식물, 농기구 등의 발굴지로부터 추정하면, 기원전 7000년부터 기원전 2800년까지의 기간에 진행된 농경의 전파는 그림 3-23의 실선으로 확인할 수 있다. 표시된 실선을 보면 현재의 터키 서쪽으로부터 유럽 쪽으로(영국 및 아일랜드와 스칸디나비아반도 일부를 포함) 거의 같은 속도로 확대되었다는 사실을 알 수 있다. 또한 이 도끼가 동쪽인 인더스강 유역까지 전파되는 데에는 그림 3-23의 아래 그래프에서 점선의 화살표로 표시된 것처럼 약 1,200년 정도 소요되었을 것이다. 이는 실제로 메소포타미아 문명과 인더스 문명 간의 시기적 차이가 1,200년이 소요되었으므로 놀라울 정도로 일치한다는 사실을 확인할 수 있다. 고고학자 디츠의 날카로운 분석에 경의를 표하고 싶다(Deetz, 1967).

그림 3-23에서 ①은 터키와 시리아 사이의 알레포 근처, ②는 발칸반도 북쪽과 페르시아 동쪽, ③은 이탈리아반도 북쪽과 인더스강 유역, ④는 덴마크 근처를 가리킨다. 대략 ①에서 ②는 2,000년, ③까지는 3,000년, ④까지는 4,000년 소요되었다.

신석기 시대에 들어와 인간이 해결해야 할 최초의 문제는 나무를 베어 농경지를 만드는 것이었는데, 시간이 경과하자 인간은 훌륭한 돌도끼를 만들어냈다. 역시 필요는 창조의 어머니였던 것이다. 도끼의 형태는 변함이 없었다. 다만 사용된 재료가 돌→청동→철→강철의 순으로 변한 것뿐이다.

그러나 신석기 시대의 인간은 나무를 베기 위해 사용했던 도끼가 유일한 물리적 도구였고, 정신적 도구가 인간으로 하여금 가장 효과적으로 도끼를 휘두를 수 있는 방안을 고안해냈다. 즉 인간은 나무를 간단히 베어내기 위한 방안을

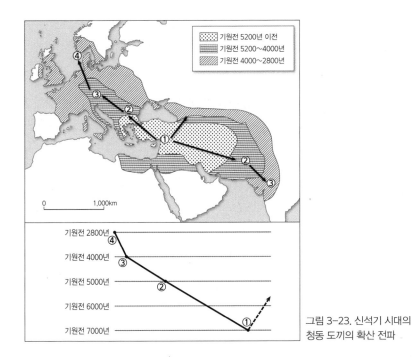

그림 3-23. 신석기 시대의
청동 도끼의 확산 전파

생각했고, 그것이 바로 정신적 도구였던 것이다. 이와 같이 인간은 물질문명과
더불어 정신문명을 창출하게 되었다(Hyams, 1952).

　인류가 청동기와 철기와 같은 금속을 사용하게 되면서 그것의 거래를 위해
넓은 지역에 걸쳐 복잡한 교역망이 출현했을 것이다. 오리엔트를 중심으로 하
는 고대 세계가 기원전 2000년대 말엽까지 어느 정도 퍼타일 크레슨트 문명권
으로 형성될 수 있었던 것은 각지를 연결하는 교역망의 존재가 있었기 때문인
것으로 추론된다. 가령 주석은 생산지인 메소포타미아, 아프가니스탄, 소아시
아로부터 몇몇 가공지로 보내지고 있었다. 키프로스섬의 구리도 광역적으로 거
래되고 있었다.

　이처럼 먼 거리 간의 교역을 가능케 한 것은 수송 수단의 발달에 있었다. 고대
사회에서 물건을 운반하는 것은 대부분 당나귀의 몫이었다. 기원전 2000~1000

년대 낙타의 가축화에 성공한 인류는 캐러밴이라고도 불리는 대상隊商을 이뤄 아시아 대륙과 아라비아반도를 왕래할 수 있게 되었다. 그전까지는 엄두를 못 냈던 사막을 낙타 덕분에 횡단할 수 있게 된 것이다. 아람인들의 수도였던 다마스쿠스가 각광받기 시작한 것은 낙타의 가축화에 힘입은 바 컸다. 다마스쿠스는 대상로의 끝자락에 위치한 덕분에 교역이 성할 수 있게 된 것이다. 기원전 11~8세기경 시리아 북부 지방에서 세력을 키운 아람인들은 페니키아인들과 달리 내륙 지방의 상인 세력으로 성장할 수 있었다. 이견이 있긴 하지만, 중앙아시아에 서식하는 쌍봉낙타에 이어 퍼타일 크레슨트의 단봉낙타가 가축화되었다.

당시 주요 교통수단이던 낙타 한 마리가 실을 수 있는 짐은 270킬로그램 정도여서 낙타들을 거느린 대상이 운반할 수 있는 짐의 양은 제한될 수밖에 없었다. 중앙아시아의 쌍봉낙타는 서남아시아 및 아프리카의 단봉낙타에 비해 다리가 짧아 속도는 느리지만 지구력이 강해 장거리 이동에 유리하다. 낙타에 짐을 가득 싣고 혹독한 사막을 통과하려면 사람은 물론 낙타 역시 엄청난 고통이 뒤따랐다. 사막 한가운데 옹기종기 자생하는 낙타 풀은 낙타의 요깃거리가 되었다. 낙타는 피를 철철 흘리며 가시가 돋친 낙타 풀을 먹어야만 했다.

이처럼 대상들은 혹시 있을지도 모르는 도적떼의 출현에 대비해 호위 무사도 고용하고 고된 여정을 거쳐야 했으므로 수송 가격이 높아 대부분의 수송 상품 또한 비쌀 수밖에 없었다. 이 실크 로드는 오늘날의 아프가니스탄과 이란을 경유하므로 오랫동안 페르시아와 터키가 동양의 신기한 물품 교역을 독점할 수 있었다(남영우, 2018).

낙타에 앞서 가축화한 나귀는 기원전 2700년경 이들을 이용할 때부터 이미 바퀴를 발명한 바 있지만, 당시에는 도로 상태가 좋지 않기 때문에 마차는 유목민을 제외하고는 소수의 사람들, 즉 지휘관만 제한적으로 이용할 뿐이었다. 이런 상태가 메소포타미아에서는 기원전 3000년경, 시리아에서는 기원전 2250년경, 소아시아에서는 기원전 2000년경, 그리고 그리스 본토에서는 기원전

1500년경까지 지속되었다.

그림 3-24는 기원전 2700년 전의 것으로 보이는 구리로 조각된 동상으로, 티그리스강 지류인 자브강 유역의 텔 아그라브Tell Agrab의 신전 유적지에서 발견된 것이다. 텔 아그라브는 에쉬눈나Eshnunna의 동쪽에 위치한 소규모의 고대 도시였다. 이것으로 초기 청동 주조 기술의 수준을 엿볼 수 있다. 이 조각품은 네 마리의 나귀가 끄는 이륜 전차를 묘사한 것인데, 이 전차에 달린 바퀴는 목재로 만든 것으로 추정된다(Kramer, 1963). 이런 형태의 이륜 전차는 당시로서는 크게 유용하지 않았을 것이다.

기원전 2000년경에는 이미 물자를 대량으로 운반할 경우 수상 교통을 이용하고 있었다. 아라비아 남부의 아라비아 페릭스에서 산출되는 고무, 수지, 향료 등은 육로로 메소포타미아와 이집트로 운반되기 훨씬 전부터 홍해를 왕래하는 선박으로 운반했다. 에게해에서도 무역선이 빈번하게 왕래했다. 당시 아라비아 페릭스에서 생산되는 유향과 몰약은 매우 중요한 교역물이었다.

각종 수송 수단 중 특히 해상 수송에 관한 기술이 발달한 것 역시 이상할 것 없다. 신석기 시대에 인간은 뗏목으로 바다를 건너 먼 곳까지 항해한 바 있다. 기원전 7000년대에는 이미 항해가 행해졌다는 증거가 있다. 범선帆船은 제3왕조 시대(기원전 2675~2625년)의 이집트에서 발명했다. 범선은 풍향에 의존했

그림 3-24. 텔 아그라브에서 발견된
네 마리 나귀가 끄는 이륜 전차

으므로 해상 수송은 바람 부는 시기를 택해 행해졌다.

고대의 상거래는 거의 대부분 물물 교환으로 행해졌다. 그러다가 화폐가 발명되면서 사회는 크게 진보하게 되었다. 처음 화폐가 발명된 곳은 메소포타미아였다. 메소포타미아에서는 기원전 2000년 이전에 이미 상품의 가치를 곡물과 은으로 환산하는 관행이 있었다. 청동기 시대 후기에는 레반트 일대에서 구리 덩어리銅塊가 화폐로 사용되기도 했다. 공식적인 도장이 찍힌 화폐 가운데 지금까지 발견된 가장 오랜 것은 기원전 3000년대 후반의 은덩어리銀塊인데, 소아시아의 카파도키아에서 출토된 것이었다.

화폐의 발명은 상업 활동을 촉진시키는 매개체였지만, 교역에 필수적인 것은 아니었다. 뛰어난 상술로 소문난 페니키아인이 처음 화폐를 사용한 것은 기원전 6세기의 일이었다. 막대한 부를 소유하고 경제가 중앙에 집중되어 있던 이집트에서도 기원전 4세기가 되기 전까지 화폐는 주조되지 않았다.

문명 창출에 기여한 유목민

지금까지 우리는 경작cultivation과 문화culture, 그리고 시민civil과 문명civilization의 연관성을 염두에 두고 농경과 도시의 관련성에 대해 여러 사례를 살펴봤다.

목축민 또는 유목민은 문명 밖의 존재로 인식하는 경우가 많다. 우리는 농경과 목축이 별개로 발달한 것으로 생각하기 쉽지만 실제로는 모두 신석기 시대의 메소포타미아에서 동시대에 동일한 사람들에 의해 발전해 왔다. 그 이전 사람들은 채집과 수렵이라는 식물 자원과 동물 자원 양쪽으로부터 식량을 구해 생활을 영위했고, 이에 대한 적극적 행동이 차츰 농업과 목축업으로 발전해 나아간 것이다.

그렇다면 신석기 시대의 그들은 농경과 목축 중 어느 쪽을 선택했던 것일까? 그들은 둘 다를 특화시켜 나아갔다. 비옥한 충적 평야에서 관개 시설을 정비한 메소포타미아 사람들은 밀이나 보리를 재배하면서 농경지 주변의 목초지에 양,

산양, 염소를 풀어놓아 사육했다. 맨 처음 야생 개의 가축화에 성공한 인류는 이미 가축화의 노하우를 터득하고 있었기 때문에 다른 짐승들도 손쉽게 가축으로 만들 수 있었다. 더욱이 축력을 이용할 수 있게 되거나 고기 맛을 알게 된 인류는 목축을 결코 포기할 수 없었다.

가축화와 작물화의 노하우는 문명권 간의 교류에 의해 전파되었다. 이와 같이 동물과 농작물이 이리저리 옮겨지고 확산되는 전파 가능성이 용이한가와 어려운가를 가늠하는 난이도가 지리적 환경에 따라 달라지는 현상을 다이아몬드는 '선제적 가축화' 또는 '선제적 작물화'라고 일컬었다(Diamond, 1997). 가축화할 수 있는 동물은 모두 엇비슷하고 가축화할 수 없는 동물은 가축화할 수 없는 이유가 동물마다 제각기 달랐다.

이처럼 인류는 삶의 지혜로서 농경과 목축을 동시에 꾸려나갈 수 있었던 것이다. 이러한 사실은 예컨대 영어의 'farm'이란 단어를 보아도 알 수 있다. 이 단어는 동사의 경우 '경작하다'란 뜻도 있지만 '동물을 사육하다'란 의미를 포함하고 있다. 평소 우리가 사용하는 '농경민'과 '목축민'을 구별해서 사용하는 것은 다만 어느 쪽을 중시하는가 하는 비중의 문제일 뿐이다.

메소포타미아에서는 목축에 비중을 둔 사람들, 즉 유목민들이 농업 지대 주변에 나타나기 시작했다. 당시의 유목은 수렵 활동의 연장선상에서가 아니라 농업 지대에서 목축의 경험을 바탕으로 잘 짜인 하나의 생활 방법이었다. 이러한 생업 형태는 어쩌면 농경 못지않은 새로운 발명이라고 볼 수 있을 것이다. 그러므로 문명 창출에는 농경 문화뿐만 아니라 유목 문화도 기여했다고 보는 것이 합리적이다.

유목민은 정주하지 않고 천막에 살면서 가축과 함께 이동하게 되는데, 광범위하게 산재하는 목초와 물 등의 자원을 이용하는 유목 기술 자체는 메소포타미아를 넘어 퍼타일 크레슨트의 땅에서도 발명되었다. 내 생각으로는 양과 산양의 가축화에 성공한 사람들이 서쪽으로 이동하는 과정에서 유목 또는 반半유목(농업과 목축업) 생활을 발달시켰을 것 같다. 관개 농업 지대의 인구가 증가함에 따라 인구압에 밀려난 무리들도 있었을 것이다.

인간이 야생 동물을 길들여 가축화하면서 동물에 기생하는 미생물이나 병충과 접촉할 기회가 많아지면서 신석기 시대 이후 질병이 널리 퍼지게 되었다. 즉 인간의 질병 가운데 상당수가 동물의 질병과 밀접한 관계가 있다. 예를 들면, 인간은 소와 똑같은 천연두에 걸리고, 우역牛疫과 관계가 깊은 홍역에도 걸린다. 결핵과 디프테리아도 소에서 기원하며, 나병은 물소로부터 발생했다. 인플루엔자는 사람과 돼지가 함께 앓고, 감기는 사람과 말이 함께 걸린다. 가축화 이래 동물과 함께 살아온 인간은 개와 65종, 소와 50종, 양 및 염소와 46종 등의 많은 질병을 공유하게 되었다. 최근 세계적 공포의 대상이 된 에이즈(후천면역결핍증)는 원숭이, 메르스(중동호흡기증후군)는 낙타로부터 감염된 것이다.

가축 의존도가 높았던 퍼타일 크레슨트, 중앙아시아 등지의 주민은 유목 농업보다 곡물 농업의 비중이 높았던 동아시아와 아메리카 주민들, 16세기까지 외부 세계와 고립되어 있었던 오스트레일리아 주민들에 비해 월등히 많은 질병을 지니고 있었다. 스페인 군대가 1532년 페루를 침략해 잉카 제국을 몰락시킨 원인도 소가 없던 남미에 면역력을 기르지 못한 잉카 사람들에게 천연두를 감염시켰기 때문이었다. 고대 그리스 신화에 등장하는 판도라 상자는 목축 문화가 질병의 전파에 영향을 주었다는 사실과 무관하지 않을 것이다.

그럼에도 불구하고 인간과 가축이 공생하면서 나타난 문제점은 그다지 대두되지 않았다. 유목민이 된 그들은 처음에는 약자의 입장이었지만 생존을 위해 우수한 기동성과 전투 능력을 갖추게 되었다. 그들은 농경민의 1할 정도에 불과했지만 군사력은 막강했다.

우리들은 흔히 농업을 기반으로 한 정주 문명과 대비해 유목 문명을 경시하는 경향이 있다. 아니 유목 문명이란 용어의 사용을 주저하는 경향마저 있다. 이는 서구의 주류사관主流史觀이 농경 문명과 유목 문명을 이분법적으로 재단하려는 데에서 비롯되었을 것이다. 나는 이 책에서 스키타이, 훈족, 셀주크, 오스만, 몽골족 등에 대해 언급할 것이다. 유목 문명이 문명의 중심에서 벗어나 주변적 존재로 전락한 것은 편견과 오해의 산물이다. 문명의 동서 교류가 그들의 존재 없이 가능했을까?

그럼에도 불구하고 우리는 몽골 제국의 후예 원나라가 역사상 유례없는 대제국을 건설해 놓고도 단명한 것은 유목민의 사고방식에서 벗어나지 못한 탓이라는 점을 인정하지 않을 수 없다. 그들은 나라를 다스리는 데에 오로지 무력에만 의존해 시빌리언 콘트롤civilian control을 경시한 것이다. 그 결과, 문명은 뿌리를 깊게 내릴 수 없었고 글로벌 스탠더드가 정립될 수 없었다.

농경 민족과 유목 민족의 차이점을 위의 표에서 보는 것처럼 알기 쉽게 요약해 보면 어떤 점에서 다른지 알 수 있을 것이다. 농경 민족이 권위적이고 보수적인 데 비해 유목 민족은 민주적이고 개방적임을 알 수 있다. 또한 전자는 수직적 사회 구조를, 후자는 수평적 사회 구조를 띠고 있다. 이와 같은 비교는 예외적인 경우가 존재하므로 지나치게 이분법적으로 개략화했다는 비판을 면할 길 없지만, 독자들의 이해를 돕기 위해 간략화했다는 점을 염두에 두고 이해해 주기 바란다.

농경 민족과 유목 민족의 비교

농경 민족	비교 사항	유목 민족
쌀(밥)	주식	가축(고기, 우유, 치즈), 밀(빵)
미약함	공간 극복 능력	뛰어남
황제(왕) 중심	정치 제도	쿠릴타이 제도(원탁 회의)
농업 및 목축업	경제 활동	유목
중앙 집권적	지배 구조	분산적
문민 통치	통치 방법	무민 통치
수직적, 배타적, 정태적	사회 구조	수평적, 개방적, 역동적
절대적	왕권	상대적
매우 발달	존경어	약간 존재

《구약 성서》에 대하여

《구약 성서舊約聖書, Old Testament》 또는 《구약 성경舊約聖經》은 유대교 성경을 기독교 경전의 관점에서 가리키는 말인데, 중립적 용어로 《히브리 성경》이라고 부른다. 기원전 1200년 이전의 이스라엘인의 역사는 모두 전설에 따른 것이다. 《구약 성서》가 현재의 형태를 갖춘 것은 기원전 7세기이므로 요셉의 이야기가 등장한 약 900년 후의 것이다. 《구약 성서》는 5세기에 신약 성서가 결정되면서 경전의 경계를 명확하게 구분 짓기 위해 사용되기 시작한 명칭이다. '구약'이란 말은 '옛 계약'이란 의미의 한자어이며, 기독교적 관점에서, 《신약 성서》와 대비되는 신과의 '옛 계약'이 적힌 책이라는 의미로 쓰이므로, 유태인에게는 용인되지 않는다.

《구약 성서》는 율법서, 예언서 및 성문서 등으로 분류되며, 기독교 종파에 따라 분류 체계에 차이가 있고, 일부 낱권은 제2경전 또는 외경으로 분류된다. 《구약 성서》는 유대교의 경전이며, 본래 명칭은 '타나크Tanakh'다. 전통적인 증언은 기원전 1500~400년 사이에 유대 민족의 구전 전설이 문자로 기록되었다고 주장하지만, 성서학계에서는 실제 문헌 작성 연대를 훨씬 후의 일로 규정한다.

유대교의 타나크와 개신교의 《구약 성서》는 분류법이 서로 다르지만, 기본 골격과 다루는 내용은 같다. 그러나 동방 정교회와 로마 가톨릭 교회의 경우 여기에 제2정경을 성문서 범주에 더 추가해 정경으로 인정한다. 개신교의 경우 39권, 로마 가톨릭 교회에서는 46권, 동방 정교회에서는 49~50권으로 분류하고 있다.

그리고 독자들은 이 책에서 자주 언급되는 《구약 성서》에 관해서는 BOX 3.3을 참고하기 바란다. 성서의 맨 앞에 나오는 창세기, 출애굽기, 레위기, 민수기, 신명기는 모세가 저술했다고 하여 '모세 5경'이라고도 부른다. 이 성서가 매우 방대하므로 상세한 설명은 지면 관계상 생략하겠다.

제4장

오리엔트와 퍼타일 크레슨트

우리는 흔히 지구를 동양과 서양, 즉 오리엔트와 옥시덴트로 구분하는데, 이 구분은 언제부터의 일이었는지 모르는 경우가 많다. 그리고 이 책에서 주제로 삼은 퍼타일 크레슨트의 공간적 범위에 대해서도 오해의 소지가 다분하다. 여기서는 그것에 대한 설명과 인도-유럽 어족의 기원을 밝힌 쿠르간 가설에 대해 설명할 것이다.

키워드 아시아, 오리엔트, 옥시덴트, 레반트, 퍼타일 크레슨트, 쿠르간 가설, 인도-유럽 어족, 도시 문명, 고대 도시.

아시아, 오리엔트는 왜 생겨났나?

인류 문명은 메소포타미아 남부에서 창출된 수메르 문명으로부터 시작되어 메소포타미아 전역으로 퍼져 나아갔고, 이는 지중해 연안의 레반트Levant를 따라 나일강 유역의 이집트까지 확산되었다. 물론 문명 발생 초기부터 수메르 문명이 이집트 문명에 영향을 미친 것은 아니었다. 프랑스어에서 유래된 '레반트'란 동지중해 연안을 가리키는 지명인데, 이탈리아어로 '태양이 떠오르는 땅'이란 뜻을 지니고 있으므로 다분히 유럽 중심적 사고에서 유래된 지명이다.

오늘날 서남아시아를 근동과 중동으로, 동아시아를 극동 혹은 원동으로 부르는 것도 마찬가지다. 이는 고대 그리스가 에게해 건너편 동쪽의 터키를 소아시아라 부른 것과 마찬가지로 서구 중심의 지리관에서 비롯된 것이다. 그런 까닭에 나는 이 책에서 가능한 그와 같은 용어를 사용하지 않으니 독자들의 이해를 바란다.

한편 '오리엔트orient'는 전술한 레반트처럼 해가 떠오르는 곳이라는 뜻의 라틴어 '오리엔스oriens'라는 방위 개념에서 유래되었다. 유럽에서 볼 때에는 퍼타일 크레슨트를 가리키는데, 서양사에서는 특히 고대의 이집트와 메소포타미아 역사를 가리킨다. 일반적으로 오리엔트는 오늘날의 터키, 시리아, 이라크, 이란, 이집트, 아라비아 등지를 포함하는 지역이다. 오리엔트의 반대말로는 그리스와 로마 일대를 가리키는 옥시덴트occident를 사용한다.

동양과 서양의 경계에 해당하는 오리엔트의 공간적 범위는 시대에 따라 변해 갔다. 기원전 12세기에 그리스가 번영을 누리게 되면서 소아시아 서쪽 지방인 이오니아로 영토를 확장함에 따라 옥시덴트와 오리엔트의 경계에 변화가 일어 났다. 5세기에 이르러 로마 제국이 동로마와 서로마로 나뉘면서 옥시덴트의 범 위가 조금 확대되었고, 7세기에 이슬람 국가가 팽창하면서 오리엔트의 범위에 커다란 변화가 생겼다. 동양과 서양, 아시아와 유럽의 경계는 고대와 중세뿐만 아니라 근세에 들어와서도 확정되지 않았다. 18~19세기의 유럽 경계선에는 그림 4-2에서 보는 것처럼 혼란이 있었다. 즉 돈강과 볼가강 사이에서 혼란이 일 어났다. 오늘날의 유럽과 아시아의 경계가 확정된 것은 극히 최근의 일이다. 아

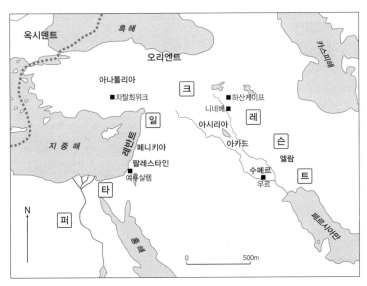

그림 4-1. 오리엔트의 퍼타일 크레슨트 범위

직도 캅카스 3국은 어디에 속하는지 불분명한 실정이다.

11~14세기에 걸쳐 이슬람 국가에게 빼앗긴 예루살렘을 탈환하기 위해서 유럽 기독교 교회가 주도한 십자군 전쟁은 오리엔트의 소아시아와 팔레스타인, 이집트 문화를 유럽에게 가르쳐 주었지만, 유럽인의 세계는 여전히 사해 동쪽 해안에서 끝나고 있었다(Van Loon, 1932). 더 큰 변화는 16세기 오스만 제국이 번영을 누리면서 발생했다. 이때 오리엔트의 범위는 발칸반도와 동유럽 일부를 포함하게 되었다. 이는 1389년 코소보에서 발칸 동맹군을, 또 1444년 십자군을 무찌르고 1453년 콘스탄티노플을 함락해 이 지역에 대한 오스만 제국의 지배를 확립한 결과였다. 이렇게 볼 때 결과적으로 오리엔트와 옥시덴트의 경계는 이슬람권과 기독교권 간의 경계로 간주될 수 있게 된 셈이다.

일부 학자는 문화의 교류에 힘입어 가장 이른 시기에 눈부신 성과가 나타난 오리엔트 땅을 이집트의 나일강 유역이라고 주장했지만 사실은 메소포타미아 지방이었다. 이 땅에서 가장 먼저 인류 최초의 문명이, 그리고 인류 최초의 도시가 발생한 것은 무슨 이유 때문일까?

인류의 역사에서 최초의 정착 주거 형태는 곡물의 경작과 함께 나타났으며, 도시적 취락은 잉여 식량이 충분히 확보되면서 발생한 것이다. 인류에게 가장 중요한 것은 먹는 것에 관련된 문제였다. 식량 생산에서 최초의 성공적 경험은 서남아시아에 있는 퍼타일 크레슨트 지대에서 얻게 되었다. 또한 이

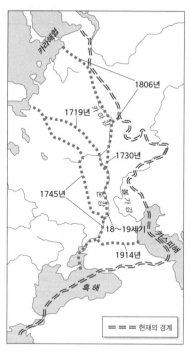

그림 4-2. 아시아와 유럽의 경계 변화

지대 중 메소포타미아에서는 3,000~4,000년이라는 장구한 기간에 걸쳐 다양한 민족이 왕래해 번영과 전란의 무대가 되었다. 구체적으로 아람 어족과 셈 어족 및 햄 어족을 비롯해 캅카스 어족, 인도·유럽 어족 등이 그들이다.

이에 따라 퍼타일 크레슨트에는 오래전부터 다양한 문화가 혼재했다. 즉 주변 지역으로부터 이주는 물론 이곳을 통과하는 사람들이 많았기 때문에 끊임없이 수많은 정보와 사상이 흐르고 있었다. 이 지대에서 서로 다른 언어와 종교, 사회 제도 등이 영향을 주고받으면서 다양한 사상과 관습이 탄생한 것이다.

위의 사실을 뒷받침해 주면서 구루(Gourou, 1966; 1973)는 문명의 발달을 위한 조건으로 상대적 위치가 대단히 중요한 요소이고, 문명의 흐름은 대륙의 생김새와 지리적 배열을 통해 작동한다고 주장했다. 물론 그 흐름은 역사의 흐

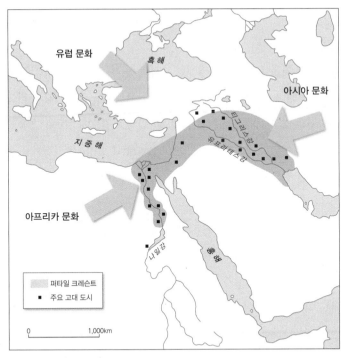

그림 4-3. 구대륙의 요충지 퍼타일 크레슨트 지대의 주요 고대 도시 분포

름으로 바뀐다. 경관적 특징으로 볼 때 문명의 불균등성은 지리적 위치의 불균등성과 역사적 상황, 문명 자체의 문제라는 3요소가 복합적으로 작용해 발생한다는 것이 그의 핵심적 주장이다. 여기서 문명 자체의 문제란 구체적으로 집단이 내포하고 있는 사회 조직의 문제를 의미한다. 결과적으로 문명은 인종이나 자연환경만으로 결정되는 것이 아니라는 것이다.

퍼타일 크레슨트에서 인류 최초의 도시가 등장한 것은 이곳이 구대륙의 지리적 중심부에 해당하는 지역으로, 아프리카·유럽·아시아 문화가 교차하며 접근성이 양호한 땅이었기 때문이다. 그림 4-3에서 보는 것처럼 지구의 건조화로 말미암아 하천 유역으로 이동한 아프리카 문화와 펠로폰네소스반도 및 아나톨리아고원으로부터의 유럽 문화, 자그로스산맥을 넘어 온 중앙아시아 문화가 교차하는 지점이 메소포타미아 일대임을 알 수 있다.

퍼타일 크레슨트란?

퍼타일 크레슨트란 처음에는 고대 오리엔트 역사의 연구에서 자주 사용되는 역사·지리적 개념이었다. 그 범위는 페르시아만으로부터 유프라테스강과 티그리스강을 거슬러 올라가 시리아를 거쳐 팔레스타인과 이집트에 이르는 초승달 형태의 반원형 지역이었다. 그러나 브레스테드(Breasted, 1916)가 이집트를 중심으로 서아시아를 연구할 당시만 하더라도 이 일대를 가리키는 별도의 지명이 없었다.

'퍼타일 크레슨트'란 용어는 1916년 시카고 대학의 이집트 연구가였던 브레스테드의 저서 《고대: 초기 세계의 역사》에서 처음 사용되었다. 뒤를 이어 미국의 역사학자 클레이(Clay, 1924)가 퍼타일 크레슨트의 용어를 재정리했지만, 당시만 하더라도 이 용어를 영어 소문자로 표기했었다. 그는 '퍼타일 크레슨트, 사막만의 해안the shores of the desert bay'이란 지명은 자연적·역사적 지식이 부족해 생긴 것으로 부정확할 뿐만 아니라 오해를 일으킬 소지가 있음을 지적했다.

특히 '사막만'이란 용어는 아나톨리아와 자그로스산맥 남쪽의 전 지역을 가리키므로 명확한 범위를 나타내지 못한다고 주장했다.

그 후, 퍼타일 크레슨트는 여러 학자들에 의해 고대 오리엔트의 중심부를 가리키는 용어로 사용되었고, 그에 따라 하나의 고유 명사로 정착되어 영어의 대문자로 표기하게 되었다. 그러나 이 용어가 뜻하는 공간적 범위는 엄밀하게 정의되지 않았다. 게다가 이 범위에 속한 곳들의 자연환경과 농업 체계는 물론 문화적인 동질성을 찾아보기가 힘들다. 퍼타일 크레슨트는 오히려 주변의 사막 지대에 대한 하천 유역권의 특성을 강조한 용어로서의 의미가 강했다. 그 까닭에 퍼타일 크레슨트의 범위는 출판사마다 상이하게 묘사되어 있다.

퍼타일 크레슨트의 범위는 오늘날의 이라크, 이란, 시리아, 레바논, 이스라엘, 팔레스타인, 이집트, 요르단을 포함한다. 이들 국가 외에도 터키를 위시해 키프로스와 아르메니아, 조지아를 포함시켜 광의적으로 생각하는 학자들도 많아졌다. 이렇게 생각하면 퍼타일 크레슨트의 면적은 약 460만 제곱킬로미터에 달한다. 여기에 터키 일부와 이란의 자그로스산맥 등을 합치면 대략 500만 제곱킬로미터에 달하는 넓은 면적이다.

퍼타일 크레슨트라는 지명 속에 '퍼타일fertile'이란 단어가 들어가 있으므로 많은 사람들은 비옥한 토양을 머릿속에 떠올리게 된다. 그런 까닭에 한국을 비롯한 중국과 일본의 한자 문화권 학자들이 이 지명을 '비옥한 초승달'이라 부르는 오류를 범하기도 했다. 이 지역은 작물화 및 가축화가 처음 시도되었고 농경과 인류의 정착 생활이 시작된 곳이므로 '문명의 요람'이라 칭하는 것이 옳다.

세계사 및 지리 교과서에서는 퍼타일 크레슨트를 대략 반원형을 이룬 땅이며, 남쪽을 향해 열려 있고 서쪽 끝은 지중해의 남동쪽 모퉁이에, 중앙은 시리아 사막의 바로 북쪽, 그리고 동쪽 끝은 페르시아만의 북쪽 끝에 위치해 있다고 설명한다. 그것은 마치 남쪽을 향한 군대처럼 한 쪽 날개가 지중해 동쪽 해안을 따라 뻗어 있고, 다른 한 쪽 날개는 페르시아만으로 뻗어 있으며, 중앙은 북쪽의 아나톨리아고원에 등을 대고 있다는 것이다. 교과서에는 서쪽 날개의 끝은 팔레스타인이고, 동쪽 날개의 끝은 바빌로니아이며, 아시리아는 중심부의 큰 부분을 차지하고 있다고 기술하고 있다.

여러 영어권 출판사에서 발간한 책 속의 퍼타일 크레슨트는 일반적 범위보다 좁게 설정한 협의적 범위와, 넓게 포괄적으로 설정한 광역적 범위까지 다양하게 표현되어 있다. 이 책의 서두에서 강조한 것처럼 '지절'이란 개념을 염두에 두고 생각했다면 당연히 광역적 범위의 퍼타일 크레슨트를 상정해야 마땅하다. 메소포타미아에 국한해 설정한 협의적 범위는 잘못 설정한 것이다. 메소포타미

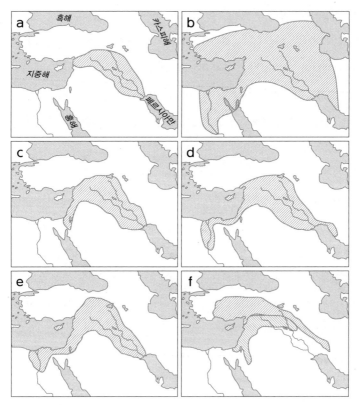

그림 4-4. 다양한 퍼타일 크레슨트의 공간적 범위

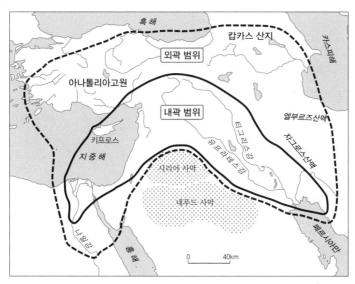

그림 4-5. 퍼타일 크레슨트의 내곽 범위와 외곽 범위

아의 남쪽 우르에서 태어나 야훼와의 약속을 지키기 위해 가나안 땅으로 향한 아브라함의 이동 루트에 초점을 맞춘 성서적 해석을 바탕에 둔 퍼타일 크레슨트의 범위 설정 역시 오류를 범했다고 할 수 있다.

퍼타일 크레슨트를 내곽 퍼타일 크레슨트와 외곽 퍼타일 크레슨트로 구분해 그림 4-4의 b지도처럼 캅카스 산지를 포함한 것은 너무 광범위한 것처럼 보이지만 눈여겨볼 필요가 있다. 그림 4-4의 d와 e지도의 범위가 통용되고 있지만, 전술한 바와 같이 f처럼 특이하게 아나톨리아 고원과 키프로스를 포함하는 것도 있다. 키프로스는 구리의 산지로 메소포타미아와 교역을 했던 섬이므로 그림 4-4의 d처럼 퍼타일 크레슨트 범위에 포함시키는 것이 타당하다.

메소포타미아 문명이 평야 지대에서 생성된 평지 문명임에는 틀림없지만, 산악 지대와 고원 지대에서 발생한 문명들과의 교류에 의해 형성된 문명이라는 것을 염두에 둬야 한다. 달리 표현하면, 퍼타일 크레슨트의 역사는 북부의 고원 및 산악 민족과 이 초원의 유목 민족 간의 오래된 투쟁의 역사로 묘사될 수도 있을 것이다.

이상에서 설명한 바와 같이 퍼타일 크레슨트의 공간적 범위를 재설정하면 그림 4-5에서 보는 것과 같다. 구체적으로 퍼타일 크레슨트를 내곽 지대와 외곽 지대로 세분해 이들 모두를 퍼타일 크레슨트의 범위로 상정하는 것이 더 현실에 부합하므로 합리적일 것이라 생각한다. 독자들은 이 지도에 표시된 범위를 퍼타일 크레슨트라고 생각해 주길 바란다.

오리엔트의 민족들

오늘날 우리들 인간, 즉 호모 사피엔스 사피엔스는 크게 세 인종으로 대별된다. 황인종, 백인종, 흑인종이 그것이다. 고대 오리엔트에서 활약한 사람들은 모두 백인종이었다고 서양학자들은 주장한다. 그러나 나는 그들이 온전히 백인종이라고 칭하기는 어렵다고 생각한다.

그 증거로 그림 4-6의 유적지에서 발굴된 미술 작품에 나타난 메소포타미아인들의 얼굴 모습을 들 수 있다. 당시 메소포타미아에 살고 있던 인종은 몽골 인종도 아니지만 서양인의 모습과도 다른 모습이었음을 확인할 수 있다. 눈과 코의 형태, 체모의 정도는 동양인과 달랐지만 눈동자가 파란색이 아니라 갈색이었다.

그림 4-7에서 알 수 있는 흑발의 분포를 보면 오리엔트와 아프리카에 흑발이 많이 분포함을 알 수 있다. 우리가 흔히 금발 벽안의 백인종으로 알고 있는 그리스인들도 출토된 유물을 통해 그들이 흑발과 갈색 눈동자의 인종이었음을 확인할 수 있다.

아시리아인들은 화장술에는 관심이 없었지만 오직 머리와 수염 손질에 관심이 많았다. 그들은 웨이브 진 장발의 헤어스타일과 가슴에 걸치는 긴 수염을 선호했고, 대머리는 수치스럽게 여겨 모자나 가발로 숨겨야 했다. 독특한 헤어스타일은 짧은 머리로, 아무런 손질을 하지 않은 스키타이와 같은 북방의 야만족

그림 4-6. 미술작품에 나타난 메소포타미아인의 얼굴

과 구별하는 상징이라 생각했다. 아시리아 군사들은 머리를 손질한 후에야 전쟁터에 나갈 수 있었다.

아시리아인의 헤어스타일은 그리스인의 동경의 대상이 되기도 했다. 정복 전쟁으로 일관한 사르곤왕의 유년기에 관해서는 밝혀진 바 없지만, 후대의 메소포타미아인들은 사르곤Sargon이야말로 그들 셈족 역사에 일관되게 나타나는 군사적 전통의 창시자라고 여겼다.

그들은 사용 언어에 따라 더 세분될 수 있다. 고대에 퍼타일 크레슨트에서 살았던 민족은 사하라 사막 북쪽으로부터 동북부에 걸친 지역에서 살았던 인도·유럽 어족과 조지아에 기원을 둔 캅카스 어족들이었다. 특히 인도·유럽 어족은 기원전 4000년경까지 유럽과 이란에도 퍼져 살고 있었다. 그들이 남긴 유적은 모두 초기 농경과 문명이 탄생한 지역에 집중되어 있다.

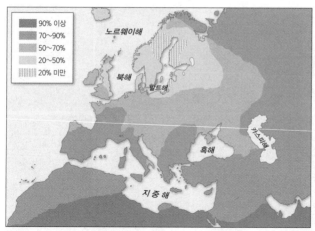

90% 이상
70~90%
50~70%
20~50%
20% 미만

노르웨이해
북해
발트해
흑해
카스피해
지중해

그림 4-7. 흑발의
분포

인도·유럽 어족에 속하는 언어를 사용하는 민족은 '아리아인Aryan'이라고도 불리며 그 분포가 매우 광범위하다. 흔히 아리아인은 넓은 의미에서 인도·유럽 어족의 총체를 가리키기도 하지만, 이에 관해서는 지금의 러시아 남부에 있었던 쿠르간 문화가 산스크리트어에서 분파된 인도·유럽어의 원조였다고 주장하는 쿠르간Kurgan 가설도 존재한다.

리투아니아의 고고학자인 김부타스는 1956년에 고고학과 언어학을 결합해 인도·유럽어를 구사하는 사람들의 기원에 관한 쿠르간 가설을 제창했다 (Gimbutas, 1956). 그녀는 러시아 남부의 '쿠르간'이라 불리는 분묘를 가진 문화를 조사해 이를 '쿠르간 문화'라고 부르고, 그림 4-8에서 보는 쿠르간형의 분구묘墳丘墓가 유럽 및 중앙아시아 전역에 퍼졌다는 사실을 밝혀냈다. 누구나 이들 지역을 답사하면 신라 왕릉과 동일한 적석목곽분積石木槨墳 형태의 분묘를 볼 수 있다.

쿠르간 가설은 흑해 북부에서 카스피해에 이르는 스텝 지역에서 말의 가축화와 더불어 발전한 쿠르간 문화를 가진 사람들이 쓰던 언어가 전 원시 인도·유럽어Proto-Indo-European였을 것이라 주장하는 가설이다. 인간의 승마 습관

쿠르간형 분구묘

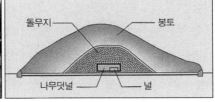

적석 목곽분의 내부구조

그림 4-8. 쿠르간 문화권의 분구묘와 적석 목곽분의 내부구조

의 발생지로 추정되는 볼가강 일대를 본향本鄕으로 비정해 이곳에서 최초로 인도·유럽 어족이 생겨났다는 것이다. 영국의 고고학자 말로리(Mallory, 1989)는 쿠르간 가설을 정설로 받아들여야 한다고 주장했다.

이에 대해 영국의 언어학자 그레이와 앳킨슨(Gray and Atkinson, 2003)은 그들의 저서 《인도·유럽어 논쟁: 역사적 언어로 본 사실과 오류》에서 언어 연대학glottochronology의 측면에서 볼 때 인도·유럽 어족의 본향이 기원전 9000년에 아나톨리아였다는 대립 가설을 제기했다. 즉 볼가강 유역의 쿠르간이 2차 본향이며 1차 본향은 아나톨리아라는 것이다. 나는 두 학설 중 지리학적 안목으로 볼 때 김부타스의 쿠르간 가설이 더 신빙성이 있다고 생각한다.

아무튼 이러한 주장은 언어학적 견해일 뿐 지리학적 근거는 없다고 생각되지만, 히타이트어가 기원전 7000년경에 인도·유럽어로부터 분화가 시작되었다는 데 방점을 찍어야 할 것 같다. 언어학자 월터(Walter, 2001)는 19세기 문헌학자들의 노력으로 인도·유럽 어족의 원형을 분석하여 그들이 사계절의 변화가 있는 중위도권에 살았으며 농경 문화권에 속한 부족이기는 하지만 지중해 연안 지역에 거주한 부족이 아니었음을 밝혀낸 바 있다.

한편 역사학자 로버츠는 아리아인들이 기원전 2000년 이후 고대사에 큰 영향을 끼친 인도·유럽 어족 가운데 현재의 이란과 인도에 침입한 종족을 가리킨다고 지적한 바 있다(Roberts, 1998). 원래는 그림 4-9의 중앙아시아 볼가강 일대의 마이코프Maikop에 살던 이들 중 인도·유럽 조어祖語를 사용하는 어족의 일부가 이란을 향해 이동을 개시한 기원전 1750년경에 별개의 아리아인 부족도 인도를 향해 이동을 개시했다. 인도·유럽 조어PIE: Proto-Indo-European language란 인도·유럽 어족에 속하는 언어들의 근간이 되었으리라고 여겨지는 언어이며, 이 원시 인도·유럽어를 현대의 언어학자들이 재구성한 조어를 뜻한다.

칼카스산맥 북쪽에는 돈강, 도네츠강, 드네프르강 등이 흑해로 흘러들고, 우랄강, 볼가강 등이 카스피해로 유입된다. 이 일대에 전개된 스텝 지역이 원시 인도·유럽 어족의 본향이다. 바로 이곳 스텝 지대에서 말이 사육되기 시작했고

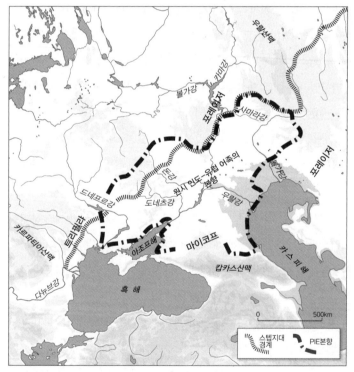

그림 4-9(a). 원시 인도·유럽 어족(PIE)의 본향(기원전 3500~3000년)

기마 민족이 출현한 것이다. 그로부터 수백 년에 걸친 민족 대이동은 인더스강 유역으로부터 펀자브 지방 전역으로 확산되어, 최종적으로는 갠지스강 상류까지 도달했다. 기원전 3600~2600년경 마이코프 일대의 광대한 지역을 걸쳐서 존재한 인도·유럽인 최초의 청동기 문화를 얌나야 문화Yamnaya culture라 부르기도 한다.

반농반목半農半牧하던 이들이 인도에 도달할 무렵에 인더스 문명은 거의 붕괴되고 있었고 아리아 문명과 인더스 문명은 서로 융합하여 새롭게 태어났을 것이다. 결과적으로 기원전 2000~1000년에 걸친 아리아인들의 이동은 지절률이 높은 땅에서 일어난 유목 문명과 농경 문명의 교류였으며, 이로 인해 문명은 한 단계 더 발전했다.

BOX 3.2

아리아인에 대하여

산스크리트어에서 유래한 아리아인Aryan이란 용어는 엄밀히 말하자면 인도·유럽 어족과 동일한 언어학적 용어로 지금도 널리 사용되고 있다. 이들은 기원전 2000년 이후 고대사에 커다란 영향을 준 어족 중 유럽과 이란, 인도로 침입한 종족을 가리키는 말이다. 그들은 토착 민족을 절멸시키지는 않았지만, 인더스강 유역에 번창했던 문명은 거의 같은 시기에 붕괴되고 있었다. 청동의 무기를 가진 아리아인은 말과 마차를 갖춘 전사戰士로서 인도에 들어온 것이다. 그곳에 정착한 후, 인더스 문명과 그들이 가져온 새로운 문명의 양식이 융합해 오늘날까지 다양한 문명이 지속되고 있다. 에게해 방향으로 이동한 아리아인도 마찬가지였다.

당초 반농반목 생활을 하던 아리아인들은 점차 유목민의 전통을 버리고 농경 생활에 적응해 갔다. 그들이 인도 역사에 공헌한 것은 종교와 사회 제도였다. 오늘날 인도를 포함한 파키스탄, 방글라데시, 스리랑카에 사는 사람과 동쪽의 동남아시아에 사는 사람의 얼굴이 다른 것은 그런 이유 때문이다. 그러나 인도반도는 남부에 밀림이 무성한 데칸고원으로 북부와 남부의 지역차를 유발했다.

'인도·유럽 어족'이라는 이름은 이 어족이 분포하는 지역의 동쪽과 서쪽 끝인 북인도와 서유럽에서 따온 것이며(Andrew, 2006), 이 용어는 영국의 물리학자이며 언어학자인 토머스 영이 1813년 처음 사용했다.

인도·유럽 어족의 아시리아인은 유목민인 그들을 아쉬쿠즈Ashkux라 불렀고, 페르시아인과 인도인들은 '사카Saka'라고 불렀으며, 그리스인들은 '스키타이Scythians'라고 불렀다. 인도로 남하해 정착한 사카족을 한자 釋迦(석가)로 표기했는데, 기원전 544년 석가모니는 결국 스키타이족의 일파, 즉 석가족에서 유래된 것으로 보아야 할 것 같다. 오늘날 세계 인구의 거의 절반에 달하는 종족이 인도·유럽 어족에 속하는 언어를 모어母語로 사용하며, 이는 모든 어족 중 가장 큰 비중을 차지하고 있다.

인도·유럽 어족의 이동으로 발생한 문명의 상호 작용은 인도 사회에 다양성을 갖게 만들었을 것이다. 그들은 문명적 측면에서 인도의 역사에 결정적 공헌을 했는데, 특히 종교와 사회 제도의 두 측면에서 지대한 영향을 미쳤다.

또 다른 원시 인도·유럽 어족의 일파로 추정되는 기마 민족인 스키타이족이

그림 4-9(b). 원시 인도·유럽 어족의 본향인 마이코프 일대의 3D 기복도

처음 말을 타고 발칸반도 북쪽으로부터 남하했을 때에, 그리스인들은 경악하지 않을 수 없었다. 그리스 신화에 등장하는 켄타우로스는 상반신은 사람의 모습이고 하반신은 말인 모습을 하고 있다. 몸에서 하반신에 해당하는 말의 부분은 태양에 속하는 남성적인 힘을 나타내며, 이 힘을 다스리는 정신이 상반신을 이루는 사람 부분에 있다. 요컨대 켄타우로스는 덕성과 판단력이라는 인간의 고귀한 본성과 대비되는 인간의 저열한 본성을 상징한다.

이런 신화가 생겨난 것은 볼가강 일대에 살던 기마민족인 스키타이인들이 유럽에 나타나자 경악해 괴물처럼 보인 데에서 유래된 것으로 추정된다. 그리스 신화에서는 그들을 성질이 난폭하고 음탕한 민족이며, 음주가무에 능통한 민족으로 묘사했다. 그러나 케이론Cheiron이라고도 불리던 켄타우로스는 여러 학문에 능통해 그리스 신화에 나오는 영웅들을 가르친 스승이기도 했다. 이런 왜곡된 평가 역시 유럽 중심적 역사관에서 비롯된 것이리라.

기원전 4000년경까지는 퍼타일 크레슨트의 대부분 지역에 캅카스 지역으로부터 이동해 온 캅카스 어족이 정착했다. 그리고 이 무렵 셈어를 사용하는 민족들도 침입해 들어오기 시작했다. 메소포타미아 문명이 탄생한 얼마 후, 기원전 3000년대 중반에 셈 어족은 점차 세력을 뻗어 티그리스강과 유프라테스강 중류를 지나 메소포타미아 중앙부에 정착했다.

한편, 남캅카스 어족들도 메소포타미아 북동부의 고원 지대를 둘러싸고 셈 어족과 대립하게 되었다. 기원전 2000년에 이르기 전에 이곳에 인도·유럽 어족에 속하는 민족들도 등장하게 되었다. 그들은 두 방향으로부터 침입해 들어왔다. 하나는 유럽 쪽으로부터 소아시아로 이동해 온 히타이트

그림 4-10. 그리스 신화에 묘사된 켄타우로스의 모습

인이었고, 또 다른 쪽은 동쪽으로부터 침입해 온 페르시아인이었다.

새롭게 침입해 들어온 민족과, 셈 어족과 캅카스 어족 등의 선先주민은 기원전 2000년부터 1500년에 걸쳐 여러 차례 충돌을 반복하면서 섞여 살게 되었다. 인접한 이집트에서도 정치 무대의 뒤에서는 항상 셈 어족과 햄 어족 간에 대립과 화해가 되풀이되고 있었다. 지금까지 설명한 인도·유럽 어족과 다른 어족 간의 관계는 그림 4-11과 같다.

1960년대 소련의 언어학자들은 '우리의 언어'라는 뜻의 노스트라틱Nostratic이라 불린 언어로부터 여러 어족이 생겨났다는 학설을 제기했다. 이 학설은 1980년대 말까지 빛을 못 보다가 최근 다양한 인종의 세포 중 미토콘드리아 DNA를 분석한 결과, 그림 4-11에서 알 수 있는 것처럼 모든 인류의 유전자 줄기가 동일한 것으로 확인되면서 인류의 언어도 12,000여 년 전의 노스트라틱 어족에서 갈라져 나왔다는 주장이 설득력을 얻게 되었다(Salmons and Joseph, 1998). 이 노스트라틱 가설에 의하면, 인도·유럽 어족은 유라시아 어족에서 파생되었으므로 알타이어와 깊은 관련이 있음이 밝혀졌다(Bomhard, 1996).

이 가설은 대부분의 언어학자들이 인정하고 있다(Greenberg, 2005). 현대어는 고대로 거슬러 올라갈수록 복잡한 과정을 거쳐 형성되었다. 여기서 독자들은 민족들의 이동과 교류야말로 고대 오리엔트 역사를 이해하는 데 매우 중요한 대목임을 기억해 두기 바란다. 민족 간 교류에 관한 사항은 아직 규명되지 못한 부분이 많으며, 활발한 이동 원인도 불분명하다. 그럼에도 불구하고 메소포

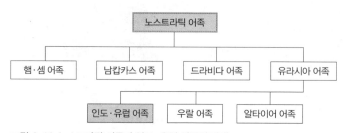

그림 4-11. 노스트라틱 어족과 인도·유럽 어족의 관계

타미아 문명의 탄생 원인 중 하나가 민족들 간의 이동에 있었음은 분명하다.

퍼타일 크레슨트의 인구 과잉

사실 메소포타미아에는 하천 덕분에 잉여 식량이 확보될 정도의 농산 자원과 건축재가 된 갈대와 진흙은 풍부했지만, 문명이 발생할 만한 다른 자원들은 별로 없었다. 하나의 문명을 창출하기 위해서는 농산 자원 이외에도 임산 자원이나 광산 자원이 필요하다. 그러므로 메소포타미아는 일찍부터 교역권이 넓어질 수밖에 없었고, 그 범위가 광역화하는 덕분에 서로 다른 자연환경이 포함된 지절을 보유할 수 있게 되어 다양한 문화가 접촉할 수 있었던 것이다.

고고학자 말로완(Mallowan, 1966)이 주장한 것처럼, 도시 문명은 사회적으로 개화의 필요성에 대한 심리적 요구가 전제되어야 발생할 수 있는 것이다. 그러나 대부분의 인간 사회는 주어진 환경에 효과적으로 순응하면서 그 상태를 바꾸기보다는 오히려 변화에 저항해 전통을 지키려 하는 속성이 있다.

우리는 그들을 수구 세력이라 부른다. 이와 같은 보수적 사회가 고대에는 하나의 규범이 되기도 했지만, 경우에 따라서는 전통에 대한 보수적 고집보다는 오히려 혁신과 변화에 만족감과 해방감을 느끼는 민족이 출현하기도 했다. 우리는 이러한 혁신적 사회를 문명의 창시자로 지목하게 된다. 따라서 모든 취락과 공동체가 정해진 과정을 거쳐 문명 사회로 발달해 가는 것은 아니다.

지금으로부터 약 8,000~10,000년 전 지구상에 커다란 기후 변동이 있었다. 빙하기가 끝난 시기를 지질학에서는 충적세Holocene라 부르는데, 기후는 이 충적세가 시작된 약 1만 년 전에 급격히 온난해지게 되었다. 그 후 4,000년간은 현재보다 지구의 평균 기온이 2~3도 높은 상태가 이어졌다.

오늘날 지구상에서 발생하는 현상들—강수량과 수분 증발량이 변해 기상이변이 발생하고, 지구의 숲이 줄어들며, 사막화가 진행되고, 극해의 빙하가 녹아 해수면이 상승하고 저지대 육지가 침수되거나 홍수가 발생하는 것 등—이 지금보다도 더 급격하게 진행되었을 것이다. 지구의 온난화로 해수면 상승이 일단 락된 시기는 대략 7,000~8,000년 전의 일이다(그림 4-12).

사실 지구상에 존재하는 물은 넘쳐날 정도로 많지만 해수가 지구상 물 총량의 약 97%를 차지하고 인간이 실질적으로 사용 가능한 담수는 2.5%에 불과하다. 담수 중에서도 빙하와 극지대의 눈이 약 69%를 차지하고, 지하수가 30%, 호수와 토양수, 즉 식물들이 머금은 물이 약 0.8%로 하천의 물이 차지하는 비중은 겨우 0.005%에도 미치지 못한다. 환경학자 글리크에 따르면 0.0002%에 불과하다(Gleick, 1993). 즉 0.002%도 되지 않는 하천수 중 일부에서 인류의 문명이 시작된 것이다. 그러므로 인류 문명의 시작은 '0.002%의 기적'이었다고 볼 수 있다. 이것을 독자들이 이해하기 쉽게 표현하면 그림 4-13과 같다. 즉 지구

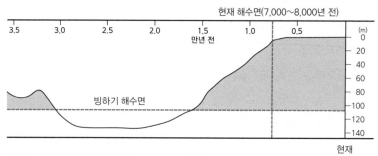

그림 4-12. 해수면 변동의 추이

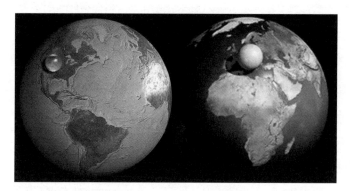

그림 4-13. 지구 물의 총량

가 포함하고 있는 물의 총량을 하나의 물방울로 나타낸다고 가정하면 그림에서 보는 것과 같은 미국 중앙부의 대평원만 한 크기 또는 동유럽만 한 크기로 표현할 수 있다.

사막화로 인해 오아시스 면적이 감소하고 경작지가 급격하게 부족해지게 되었다. 이렇게 인류는 점차 연안 지대에서 내륙으로 이주를 하면서 자신들이 살 땅을 찾게 되고, 그렇게 찾은 공간이 바로 앞서 언급한 유역 면적이 넓은 큰 하천들이었다. 특히 사하라 일대가 사막화됨에 따라 이 지역의 정착민들은 큰 하천 주변으로 이동하게 되었다. 그리하여 그곳은 아랍어로 불모의 땅이란 뜻의 '사하라Sahara'라는 지명이 생겨났다. 약 1만 년 전의 홀로세 초기만 하더라도 사하라 사막은 생겨나지 않았다.

'자갈'이란 말에서 유래된 메소포타미아 남쪽의 네푸드 사막과 '공백 지대'란 뜻의 룹알할리 사막 역시 마찬가지였다. 그곳으로부터의 이주민들을 받아들인 하천 유역의 토착민들은 늘어나는 인구에 대처하기 위해 식량 증산을 위한 관개 기술을 개발하거나, 유입된 이주민을 노예화하고 노동력을 가혹할 정도로 착취하여 잉여 식량의 창출을 꾀했다. 그런데도 인구 증가는 너무 부담스러웠다. 인구 과잉이 해결해야 할 당면 과제였다.

독자들은 '그 시대에 인구 과잉이라니 웬 말인가?'하고 생각할 것이다. 세계사 연구의 석학인 로버츠(Roberts, 1998)에 따르면, 기원전 4000년경 지구상의 인구는 겨우 8000만~9000만 명에 불과했다. 당시의 인구 증가율은 오늘날과 비교하면 매우 낮았는데, 그것은 식량 부족이 가장 큰 이유였다. 여기서 말하는 인구 과잉이란 의미는 바로 식량 대비 인구가 지나치게 많았다는 뜻이다. 당시는 가뭄이라도 발생하면 농작물이 치명적 피해를 입었다. 멀리 떨어진 곳으로부터 식량을 운반하기 시작한 것은 훨씬 후의 일이었다. 따라서 흉작이 발생하면 마을 전체가 혹독한 기근에 시달려야만 했다.

생태학적 관점의 인구 과잉은 서식지의 부양 능력이 한계점을 넘는 때에 인구가 영양 부족 상태나 환경 파괴가 시작되는 순간의 인구로 간주한다. 선사 시대에는 부양 능력 이하로 인구를 줄이는 제도적인 메커니즘들이 존재하고 있었으므로 웬만해서는 인구 과잉 현상이 발생하지 않는 것으로 알려져 있다. 미국의 라파포트는 뉴기니 비스마르크산맥에 거주하는 마링족을 대상으로 부양 능력의 한계점이 나타나기 전에 미리 인구와 생산을 감소하는 조절 능력이 있음을 규명해 냈다(Rappaport, 1967). 원시 사회는 일부다처제였지만, 남자가 죽더라도 그의 미망인을 편입하려고 대기하고 있는 형제와 조카가 많아 전혀 인구 감소의 우려는 없었다.

굶주림에 지친 고대인들은 살던 마을을 버리고 대규모 이동을 해야만 했다. 그들은 때로는 충돌을 일으키기도 했고, 때로는 협력하기도 했다. 이런 이동이 다른 전통을 가진 민족의 교류를 촉발한 원인이 되었고, 나아가 역사를 발전시키는 아이러니한 결과를 초래했다. 그것은 사람들이 서로 다양한 것을 배우며 사회 전체로서 지식과 경험을 축적해 나아갔기 때문이었다.

일부 학자들의 주장에 따르면, 퍼타일 크레슨트에서 활약한 사람들은 모두 하얀 피부를 가진 백인종이었는데, 출처가 불분명한 수메르 어족 이외에도 사하라 사막의 북부로부터 북동부에 이르는 햄 어족을 위시한 아라비아반도의 셈 어족, 그리고 러시아 남부로부터 이주해 온 인도·유럽 어족과 조지아 및 아제르바이잔에서 기원한 캅카스 어족들로 구성되어 있었다는 것이다. 이들이 뒤섞여 메소포타미아의 주인공이 되어 도시를 건설했다는 것이다(남영우, 2018).

그러나 나는 생각을 달리한다. 알렌의 법칙Allen's rule에 의하면, 황인종이 백인종에 비해 코 높이가 낮은 이유는 추운 기후하에서 동체로부터 돌출부를 최소화해 열 방출을 감소시키기 위함에서 비롯된 것이다(Allen, 2014). 같은 법칙으로 볼 때 서양인은 동양인과 달리 이목구비가 뚜렷하게 진화한 것이다. 즉 퍼타일 크레슨트에 살던 사람들의 피부는 백인종보다 약간 더 검은 피부를 지니고 있었다는 것이다. 독자들은 앞에서 설명한 그림 4-6의 메소포타미아인들의

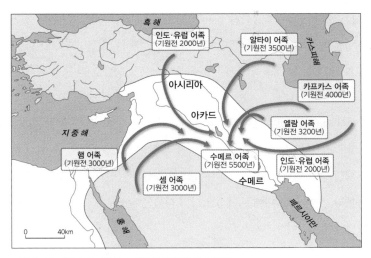

그림 4-14. 메소포타미아의 수메르로 이동한 각 어족들

모습을 떠올려주기 바란다. 백인종이 등장한 것은 기원전 1만 년 전 이후 햇볕
이 밝은 동아프리카의 고원 지대에서 발생한 인류의 일부가 서남아시아를 거쳐
암울한 기후의 유럽으로 이주해 일조량이 적은 환경에 적응하면서 햇빛을 흡수
하기 위해 피부가 흰색으로 퇴화함에 따른 것이었다. 그렇다고 해서 그들이 몽
골 인종, 즉 황인종은 아니었다.

식량 생산에서 최초의 성공적 경험은 서남아시아에 있는 퍼타일 크레슨트 지
대에서 얻게 되었다. 특히 그 지대의 남쪽에 위치한 수메르 땅의 수확량은 다른
지역의 무려 76배에 달할 만큼 많았다. 그러나 인류의 정착 생활이 반드시 경작
과 함께 시작된 것은 아니었다. 원시적 농경 생활을 영위하던 무리들은 수렵과
보조적인 생계 수단으로 어로 생활을 하면서 정착생활을 하는 경우도 있었다.

'고기 반, 물 반'이었던 당시에는 물고기가 풍부해 이동할 필요를 느끼지 않아
정착할 수 있었다. 또한 그들은 어로와 채집을 강화하면서 야생의 이삭을 훑어
서 수확하는 과정에서 씨를 뿌리게 되는 파종에 도달하게 되었다. 이로부터 농
경이 시작되었고 농법의 노하우가 쌓여 농경 생활로 전환하는 단계로 접어들었

다. 야생 상태의 곡물은 작물화됨에 따라 생산량이 무려 100배 이상 많아졌다. 잉여 식량을 산출하게 된 농경 생활 덕분에, 수렵·채집 생활을 하던 1만 년 전무렵에 약 1,000만 명 정도에 불과하던 세계 인구는 오늘날 70억 명을 넘게 된 것이다.

농경에서 퍼타일 크레슨트 지대의 유리한 점은 지중해성 기후 지역에 속하여 건조기에도 살아남았다가 다시 비가 내리면 재빨리 성장을 재개할 수 있는 품종을 선택할 수 있었다는 사실인데, 특히 곡류와 콩류는 인간에게 유용한 쪽으로 적응했다. 또한 이 지대에는 야생 조상의 식물군이 풍부하고 생산성이 높은 경우가 많았다는 점이다.

밀은 벼와 옥수수에 비해 단백질 함량이 높다. 그리고 퍼타일 크레슨트 지대는 지절률이 높은 까닭에 환경이 다양해 농작물의 잠재적 조상인 야생 식물도 풍부하고 상이한 문화가 발달할 수 있었다. 이 지대의 고도차, 즉 수직지절의 다양함은 곧 수확기가 각기 상이했음을 의미한다. 고원에서 자라는 식물들은 평야에서 자라는 식물들에 비해 종자를 늦게 생산했다. 그리하여 수렵·채집인들은 곡물이 익는 속도에 따라 산비탈을 오르면서 수확을 할 수 있었다. 여기서 말하는 산이란 자그로스산맥을 가리킨다.

오늘날 메소포타미아 동쪽의 산악 지대에 비해 이라크는 저지대에 속하므로 페르시아어로 '저지대低地帶'를 뜻하는 '이라크'라 국명을 정했다. 작물화가 시작되자 산비탈에서 불규칙한 비에 의존해 자라던 야생 종자를 최초의 농경민들이 물이 풍부한 하천 유역으로 옮겨 심는 것은 간단한 일이었다. 특히 충적 지대인 메소포타미아에서는 멀리 떨어진 산악 지대나 외국으로부터 광물 자원을 들여오게 되어 일찍부터 교역이 발달할 수 있었다. 이는 메소포타미아 주변부가 수직지절률이 높은 지역이기 때문에 가능한 일이었다.

그러므로 메소포타미아, 나아가서 퍼타일 크레슨트의 공간적 범위를 획정할 때에는 반드시 자그로스산맥은 물론 토로스산맥으로 이어지는 아나톨리아고원을 위시해서 레바논산맥을 포함해야 옳다. 자그로스와 토로스산맥은 물론 캅 카스산맥의 남쪽 사면에 살고 있던 사람들은 집약적인 식물 채집에 기초한 정 주 공동체를 형성하던 중이었다.

지절률에 대한 개념이 없는 학자들의 경우 퍼타일 크레슨트의 공간적 범위 를 경작이 가능한 평야 지대만을 포함시키는 우를 많이 범하고 있다. 유프라테 스강의 중상류에 위치한 텔 무레이비트Tell Mureybit는 농업의 기원을 따질 때 매 우 중요한 선사 취락 중 하나다. 서남아시아에서 지명 앞에 '텔Tell'이란 단어가 들어가면 고대에 반복적으로 인간이 거주하던 언덕 형태의 유적지를 의미한다. '텔'은 터키와 이란의 경우 '테페Tepe'와 동일한 단어다(남영우, 2018).

웬크와 올스제우(Wenke and Olszewski, 2006)에 의하면, 오늘날 시리아의 알-라카Ar-Raqqah에 해당하는 텔 무레이비트에서는 야생 보리, 렌즈콩, 피스 타치오, 완두 등의 식물 유체와 더불어, 탄화된 야생 밀과 야생 보리의 종자가 검출되었다. 사실 야생 밀과 야생 보리는 이 지역에서 자라지 않고 서북쪽으로 100~150킬로미터 가량 떨어진 아나톨리아고원 지대에 자연 서식처가 분포한 다. 따라서 유프라테스 강변의 텔 무레이비트는 서남아시아에서 초창기 농업 취락 중의 하나였을 듯하며, 이곳과 인접한 지역에서 집약적 채집인들이 처음 으로 종자를 자신의 밭에 심어보고 재배하고 수확하려고 시도했을 것이다.

촘촘해진 사회·경제적 관계망은 한정된 장소에 더 많은 사람들이 집단적으 로 거주할 수 있는 가능성을 열어주었다. 규모의 경제scale economy가 작용해 주민들이 더 많은 잉여 식량을 생산하게 되자, 그들은 잉여분을 다른 산물과 교 환할 수 있었고 또 그것을 관리하는 계급이 형성되었다. 즉 지배 계급, 상인 계 급, 농민 계급과 같은 사회 계층의 분화가 진행된 것이다.

규모의 경제란 그림 4-15에서 보는 것처럼 곡물의 생산량이 늘어남에 따라 평균 비용이 줄어들고 생산량이 늘어나는 현상을 가리킨다. 이 그림으로 알 수 있는 것처럼 가령 100명이 200섬을 수확하면 1,000명이 경작한 농경지에서는

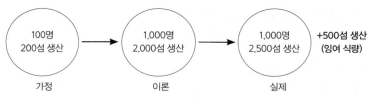

그림 4-15. 잉여 식량의 산출 원리

이론적으로 2,000섬이 생산되어야 하지만, 실제로는 2,500섬이 수확되어 이론보다 500섬이 더 생산된 것이다. 우리는 이 500섬을 잉여 식량이라 부른다. 이에 따라 생산지와 취락 간 또는 타 취락 간의 교통로가 만들어지고 각 사회 계층의 주거 지역과 창고 시설, 왕궁, 신전, 성곽, 상점 등의 시설이 건설되면서 도시가 형성되기에 이르렀다.

이러한 일련의 변화는 신석기 혁명이라고 불리며, 이 혁명은 결국 농업 혁명으로 발전했고 또 도시 혁명으로 이어지게 되었다. 인류 최초의 고대 도시는 기원전 6000년 내지 기원전 5000년 사이에 등장했지만, 이 시기에 출현한 도시가 과연 도시다운 면모를 갖춘 도시였을까? 이런 의문은 고대 도시를 정의함으로써 명확해진다.

고대 도시란 수천 명 이상의 주민이 집단적으로 거주하는 비교적 큰 규모의 취락이며 주로 비농업적 기능, 즉 상업·공업·정치·종교·군사적 기능을 보유하거나 부분적으로는 농업 중심지로서의 기능도 보유한 취락을 가리킨다. 일반적으로는 취락에 대다수의 주민이 비농업적 직업에 종사하고 일련의 통합된 건축물들이 존재하며, 단일 정부에 의해 통치되고 그 영향력이나 지배력이 주변지역까지 확대될 경우, 그 취락의 규모와 상관없이 고대 도시로 확대 해석한다. 그러나 사회학자 쇼버그(Sjoberg, 1973)는 고고학자 차일드(Childe, 1947)와 마찬가지로, 이완되지 않고 고도로 조직된 사회에서만 도시가 형성되므로 문자 사용이 전제되어야 한다고 강조한 바 있다. 그러므로 아직 문자 사용의 흔적을 찾아내지 못한 아나톨리아고원의 차탈회위크와 잉카의 도시들은 도시라 불릴 수 있는 조건을 갖추지 못했다고 봐야 한다. 그러나 앞서 설명한 바와 같이 로버츠는 문자 사용이 필요조건이 아님을 지적한 바 있다(Roberts, 1998).

건축, 도시 계획, 미술, 비석, 도장 등에 새겨진 신에 공양하는 그림은 그것만으로 우루크 시대에 메소포타미아 전역에 걸쳐 이루어진 도시 생활의 복잡한 구성을 증명하기에 충분하다. 따라서 문자로 기록하는 기술의 발명이 바로 이 시대였다고 해도 놀랄 일이 아니다.

기원전 4000~3500년경에 해당하는 우바이드Ubaid 시대에는 사회생활 속에 주요 역할을 하는 생물과 무생물을 표현한 그림으로 의미가 전달되었지만, 점차 그림 문자로 축약되기 시작했다. 그림 문자로 표현되는 개념은 제한된 범위에 머물렀으나, 곧 더 복잡한 뜻을 표현할 필요성을 느껴 그에 대한 방법이 강구되었다. 즉 그림 문자가 추상적 개념의 기호로 발전한 것이다. 우루크 시대에 들어와서 원초 문자가 생겨난 것이다. 우루크 시대는 우바이드 시대와 왕조 시대 사이의 약 600년간을 가리킨다. 원래 우바이드 문화는 선사 시대인 신석기 시대~청동기 시대에 걸쳐 기원전 3500년까지 메소포타미아 남부의 우바이드와 에리두 및 우르에 존재했다. 그 뒤를 이어 우루크와 우르를 중심으로 우루크 시대가 지속되었다.

메소포타미아는 두 하천의 침식과 운반 작용으로 매우 두터운 충적층으로 쌓여 있기 때문에, 우르 제3왕조부터 우바이드 시대까지 약 20미터를 넘을 만큼 땅을 파야 그 면모를 알 수 있다. 바로 그것이 발굴 작업이 어려운 이유다. 그림 4-16은 영국의 고고학자 울리 경Sir Woolley(1880~1960년)이 우르를 발굴할 때의 모습인데(Woolley, 1955; 1965), 독자들은 수메르 일대의 유프라테스강과 티그리스강이 켜켜이 쌓아올린 충적층의 두께로 역사의 무게와 문명사의 연륜을 가늠할 수 있을 것이다.

그림 4-17은 메소포타미아의 주요 유적의 고고학적 단계의 시대 관계를 나타낸 것이다. 이 책에서 설명하는 시대 구분은 이 연표에 근거한 것으로 학자에

그림 4-16. 메소포타미아의 시대 구분을 보여 주는 수메르 유적지의 충적층(1922년)

따라 차이가 있으나, 가장 유력한 말로완(Mallowan, 1965)의 것에 기초해 작성한 것이다. 여기서는 사르곤 왕의 즉위 연도를 기원전 2370년으로, 또한 왕조 시대를 기원전 2900년으로 비정했다.

이에 대하여 일본의 마쓰모토는 상기한 말로완과 다른 연표를 제시한 바 있다(松本, 2000). 그림 4-18에는 우루크 시대 이전의 우바이드 시대를 중심으로 한 연표를 보여 주고 있는데, 그는 우바이드 시대와 우루크 시대의 경계를 기원전 3500년이 아니라 기원전 4000년으로 비정했다는 점이 주목된다. 양자는 우

BOX 3.3

도시 문명의 열 가지 주요 특징

① 도시의 규모와 밀도 - 조직된 인구의 사회적 통합의 중요성

② 전업 노동의 전문화 - 생산의 전문화가 분배와 교환 체계로 일상화

③ 잉여산물의 집중 - 농부와 장인이 산출한 잉여생산물의 도시 집중

④ 사회의 구조화된 계층 - 지배 계급과 피지배 계급의 계층 분화

⑤ 국가 조직 - 구조화된 정치 기구의 등장

<부차적 특징>

⑥ 기념비적 공공 사업 - 신전, 왕궁, 창고, 관개 시설 등의 건설

⑦ 원거리 무역 - 외부 세계와의 교역

⑧ 기념비적 예술 작품 - 예술적 형태의 상징물

⑨ 문자 - 사회 조직의 과정과 경영

⑩ 수학, 기하학, 천문학 - 발달된 과학

출처: Childe(1947)

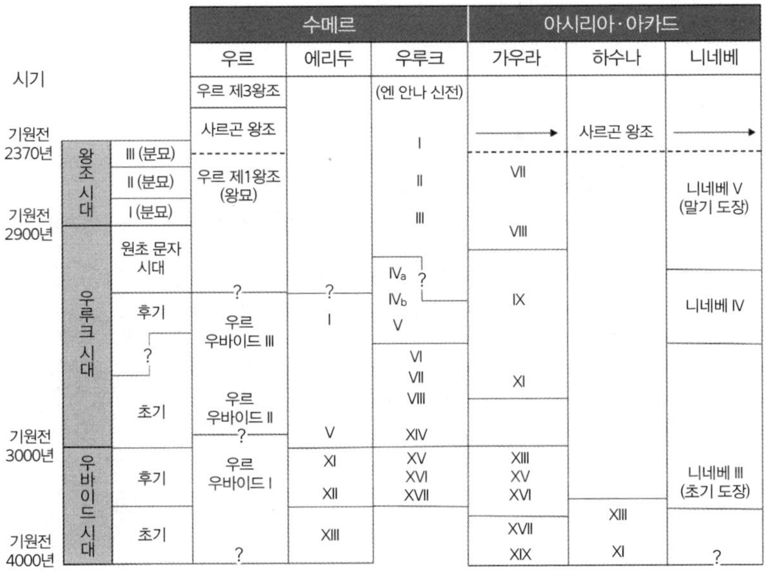

시기	시대		우르	에리두	우루크	가우라	하수나	니네베
	왕조 시대	III (분묘)	우르 제3왕조		(엔 안나 신전)			
기원전 2370년			사르곤 왕조 --------		I		→ 사르곤 왕조	→
		II (분묘)	우르 제1왕조 (왕묘)		II	VII		니네베 V (말기 도장)
기원전 2900년		I (분묘)			III	VIII		
	우루크 시대	원초 문자 시대			IVa ?			
		후기	---?	?	IVb	IX		니네베 IV
			우르 우바이드 III	I	V			
		?			VI	XI		
					VII			
		초기	우르 우바이드 II		VIII			
기원전 3000년			---?	V	XIV			
	우바이드 시대	후기	우르 우바이드 I	XI	XV	XIII		니네베 III (초기 도장)
				XII	XVI	XV		
					XVII	XVI	XIII	
		초기		XIII		XVII		
기원전 4000년			?			XIX	XI	?

그림 4-17. 메소포타미아의 시대 구분 연표

루크 시대 이후의 왕조 시대부터는 대략 일치하고 있다.

그리고 북메소포타미아의 우바이드 시대 이전을 할라프 시대, 하수나 시대 등으로 소급할 수 있음을 보여 주고 있다(松本健, 1993). 텔 할라프Tell Halaf는 기원전 51~44세기에 걸쳐 융성했던 신석기 시대의 취락이었음이 독일의 발굴단에 의해 밝혀졌다. 하수나-사마라 시대는 기원전 54세기 이전에 형성된 비교적 규모가 큰 취락이 형성되었던 시기에 해당한다. 이 시대에 만들어진 토기는 퍼타일 크레슨트에서 널리 분포하는 것으로 보아 광역적 교역이 행해지고 있었음을 알려주는 유물이다. 이들은 모두 수메르 문명이 잉태되기 전의 유적이므로 문명의 여명기로서 선사 시대의 문화 수준을 알려주는 지표가 된다.

우바이드 시대는 에리두 유적의 층서層序를 중심으로 우바이드 1~4기로 세분되는데, 1976년부터 프랑스 발굴단은 우바이드 1기보다 더 오랜 0기가 있었다는 사실을 밝혀냈다. 그러므로 기원전 5500년 전까지 소급될 수 있는 것으로 보아 남메소포타미아에 인류가 거주하기 시작한 시기는 더 소급될 수 있다는 사실을 보여 주고 있다.

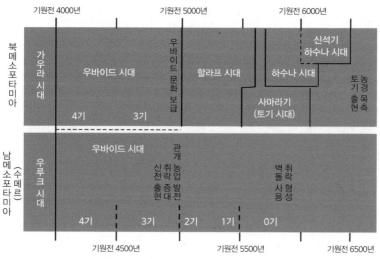

그림 4-18. 메소포타미아의 우바이드 시대 이전 연표

일본의 마쓰모토(松本健, 1993)는 토기의 장식 기법을 근거로 우바이드 4기가 끝난 시기를 기원전 3500년경으로 추정한 바 있다. 종래에는 그림 4-18에서 보는 것처럼 우바이드 시대는 수메르의 경우 기원전 5500년에 시작되어 기원전 4000년에 종료된 것으로 밝혀진 바 있다(Ehrich, 1992). 그러나 북메소포타미아는 사마라기와 하수나 시대 이전부터 토기가 출현한 것으로 보아 초기 농경 시대가 기원전 6500년경부터 이미 시작되었다.

제5장

메소포타미아의 땅

메소포타미아는 작열하는 태양과 건조한 대지에 풍족한 곡식으로 가장 먼저 문명이 탄생한 땅이다. 그러므로 메소포타미아의 땅은 인류 문명의 자궁에 해당한다고 볼 수 있다. 유프라테강과 티그리스강 유역은 건조한 지역임에도 연중 물이 흘렀고 비옥한 충적층 토양에서 농경 생활을 할 수 있었다. 여기서는 관개 시설을 만들기 위한 메소포타미아인의 노력과 문명을 탄생시킨 수메르인, 바빌로니아와 아시리아 등의 고대 도시와 설형 문자로 기록된 《길가메시 서사시》에 대해 설명할 것이다. 그리고 헬레니즘 시대와 그 후에 등장한 이슬람 문명에 관한 설명이 뒤를 따를 것이다.

키워드   유프라테스강, 티그리스강, 수메르 문명, 바빌론, 노아의 방주, 길가메시 서사시, 설형 문자, 히타이트 제국, 아시리아 제국, 헬레니즘 시대, 이슬람 제국.

유프라테스강과 티그리스강이 흐르는 땅

문명이 꽃핀 지역들 중 가장 축복받은 땅은 나일강이 흐르는 이집트였다. 그러나 나일강만큼은 아니더라도 메소포타미아의 유프라테스강과 티그리스강은 인도의 인더스강이나 갠지스강, 또는 중국의 황허와 양쯔강에 비해 문명이 창출되기엔 양호한 편이었다. 나일강처럼 매년 반복되는 홍수에 의해 하천이 범람했기 때문이다.

인류 최초의 문명은 메소포타미아 남부의 유프라테스강과 티그리스강 유역에서 탄생했다. 퍼타일 크레슨트 동쪽 끝에 약 2,000킬로미터에 걸쳐 전개된 땅에는 신석기 시대부터 수많은 마을이 분포하고 있었다. 가장 초기의 마을은 메소포타미아의 남쪽에 위치한 하구 부근에 형성되었다.

메소포타미아Mesopotamia란 고대 그리스어로 '두 강 사이의 땅'을 뜻하는 단어로 이 지명은 이 땅에 문명이 발생되고 훨씬 많은 시간이 흐른 뒤 알렉산더 대왕이 동방 원정을 나섰을 때 붙여진 이름이다. 메소포타미아는 그 말 그대로 유프라테스강과 티그리스강 사이에 둘러싸인 충적층으로 이뤄진 땅을 가리킨다.

두 하천 유역에는 오랜 기간에 걸쳐 홍수가 발생해 영양분이 풍부한 퇴적물을 운반했다. 그 결과 하구 부근에는 매우 비옥한 토양이 만들어졌다. 게다가 그 토지에는 농경에 필수불가결한 물이 흐르고 있었다. 건조한 지역이니만큼 강수량은 대단히 적었지만 덕분에 관개가 비교적 수월했다. 기원전 2500년경 메소포타미아 남부에 분포하던 농경지의 곡물 생산량은 오늘날 캐나다의 밀 생산량에 필적했다. 덕분에 일찍부터 주민의 소비량을 뛰어넘는 잉여 식량을 확보할 수 있었다. 또한 페르시아만에 인접한 수메르의 주민들은 활발한 어로 활동을 했다. 그때는 그야말로 '물 반, 고기 반'이었다.

메소포타미아의 공간적 범위는 원래 남쪽의 수메르 지방에 국한되어 있었지만 이동 수단이 발달하면서부터 두 하천의 하류, 중류, 상류 간의 교류로 이어졌다. 수상 교통은 범선의 발명에 의해 가능해졌고, 육상 교통은 낙타와 말의 가축화와 바퀴의 발명으로 발전해 갔다. 당나귀와 얼룩말 등을 포함한 여덟 종의 '에쿠스Equus'라 불리던 말은 약 400만 년 전에 지구상에 등장했지만, 쌍봉낙타는 기원전 2000년경, 단봉낙타는 기원전 1000년경에 가축화된 것으로 알려져 있다. 원래 낙타와 말은 북아메리카에서 진화한 뒤, 베링해를 건너 유라시아로 넘어왔는데, 오히려 고향에 살던 낙타와 말은 모두 죽고 유라시아와 아프리카로 이동한 것들은 진화한 것이다. 이에 비해 말이 가축화되기 시작한 것은 그보다 빠른 기원전 6000~5000년경 유라시아 대륙의 중앙아시아 스텝 지역에서 시작된 것으로 추정되며, 본격적으로 가축화된 시기는 기원전 2500년경이었다.

메포타미아의 북부와 남부 간의 교류는 육로보다 수로에 의존하는 바가 컸으며, 티그리스강보다 유프라테스강에서 더 원활히 이뤄졌다. 이런 사실은 유프라테스강 상류에 위치한 텔 브라크와 하류의 우루크가 무려 1,289킬로미터나 떨어져 있음에도 불구하고 예술과 건축 분야에서 놀랄 정도의 유사성을 보인 것으로 확인할 수 있다.

두 강을 이용한 수운에는 갈대로 엮은 둥근 배나 나무와 염소 가죽을 엮어 만

BOX 5.1

메소포타미아의 고대 도시 답사를 위한 이라크 입국

나는 메소포타미아의 고대 도시를 답사하기 위해 1990년 이라크로 향했다. 당시 연합군은 이라크를 비행 금지 구역으로 설정해 모든 공항이 폐쇄되었기 때문에 요르단의 수도 암만으로부터, 차 바닥이 뚫려 땅이 훤히 보이는 낡은 벤츠 자동차로, 사막을 가로질러 밤새워 바그다드에 도착할 수 있었다. 요르단 국경으로부터 이라크의 수도 바그다드에 이르는 600킬로미터의 도로는 국제적으로도 악명 높은 '죽음의 도로'였다. 이곳을 달리다 죽은 사람이 매우 많았다는 뜻이리라. 입국을 위해서는 에이즈 검사를 위해 장시간 기다려야만 했다.

이라크 에이즈 검사필증 입국 심사서

든 뗏목이 이용되었다. 강을 따라 하류로 내려온 배는 강한 바람이 불지 않는 한 하천을 거슬러 올라갈 수 없기 때문에 힘들게 육상으로 끌고 올라가야 했다. 규모가 큰 선박은 최대 14톤의 화물을 실을 수 있었다. 선박에는 항상 한 마리 이

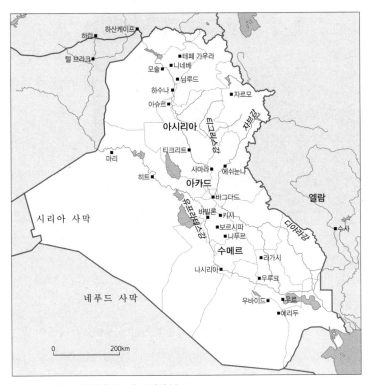

그림 5-1. 메소포타미아의 고대 도시의 분포

상의 당나귀가 실려 있었다. 그들은 도착지에 화물을 내린 다음, 선박의 골격인 나무를 모두 경매로 처분하고 가죽은 당나귀 등에 실어 출발지로 되돌아갔다. 그들이 배를 목재가 아닌 가죽을 사용해서 만든 이유는 그 때문이었다(Layard, 1853).

그림 속의 벽화는 후술할 니네베의 쿠윤지크Quyunjiq라 불리는 성문 근처에서 발견된 것으로, 우리는 이를 통해 당시의 선박 형태를 알 수 있다. 이 벽화는 기원전 7~10세기경에 센나케리브Sennacherib 왕이 해양 민족인 페니키아인들에 명해 건조한 기원전 1000년대의 군함을 묘사한 것이다. 군인들이 노를 젓는 모습과 함께 군함의 상단부에 적의 활 공격을 막기 위한 방패가 있는 것을 확인

그림 5-2. 니네베에서 발견된 페니키아인들이 건조한 군함의 벽화

할 수 있다. 선박의 선미와 후미가 뾰족한 것은 물살을 가르고 적의 함대를 치받기 위해 고안된 것으로 추정된다.

유프라테스강 상류에서 당시의 재분배 경제를 시사하는 중요한 유물이 발견되었다. 즉 이 강 상류에 위치한 텔 브라크를 비롯한 니네베, 하류의 우루크, 에리두, 우르 등지에서 빗각테두리의 토기가 발견된 것이다. 빗각테두리 토기는 곡물을 담아 분량을 측정하는 오늘날의 됫박에 해당하는 그릇으로 재분배 경제를 상징하는 계량 도구다. 이것이 대량으로 출토된 것으로 보아 이 도시의 노동자들은 일단 생산한 곡물을 모두 지도자에게 바친 후에 자신의 할당량을 배급받았을 것으로 추정된다. 이른바 '집중 재분배'라는 시스템을 채용했던 것이다.

현재 시리아에 속하는 유프라테스강 중상류의 텔 무레이비트Tell Mureybit 역시 농업의 기원을 따질 때 매우 중요한 선사 취락 중 하나다. 서남아시아에서 지명 앞에 '텔Tell' 혹은 '테페Tepe'란 단어가 들어가면 고대에 반복적으로 인간이 거주하던 언덕 형태의 유적지를 의미한다. 앞에서 언급한 텔 브라크도 그 예 중 하나다. 이란 남부의 테페 야야Tepe Yahya는 메소포타미아 문명과 인더스 문명을 연결해 주었던 교역의 거점에 해당되는 매우 중요한 곳이었다.

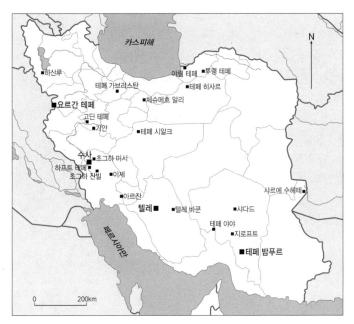

그림 5-3. 이란의 텔Tell과 테페Tepe 지명의 분포

　특히 페르시아의 땅이었던 이란에는 오늘날에도 '테페'란 지명이 곳곳에 분포하고 있는데, 그림 5-3에서 보는 바와 같이 이런 지명은 과거에는 더 많았을 것으로 추정된다. 인간은 예나 지금이나 사람이 살기에 적당한 땅을 찾아 한 장소에 반복적으로 거주하게 된다. 그리고 차탈회위크의 사례에서 본 바 있듯이, 오랜 시간이 흘러 건물이 노후화하면 동일한 장소에 재차 주택을 건설하다 보면 언덕이 생기기 마련인 것이다.

　인류는 말류 1종, 나귀류 4종, 얼룩말류 3종 가운데 단지 말과 아프리카 당나귀를 길들이는 데에만 성공했다. 게다가 말이 본격적으로 문명 발달에 기여하게 된 것은 바퀴가 발명된 이후였다. 수메르인들은 바퀴를 만들어 운송 수단의 혁신을 가져왔으며, 기원전 3000년대 중반에는 나귀가 끄는 바퀴 달린 전차를 전쟁에 사용했다. 수메르에서 바퀴살이 달린 마차가 등장한 것은 기원전 2000

BOX 5.2

《구약 성서》에 등장하는 낙타 이야기

여기서 잠시 낙타에 관해 사족을 붙이려 한다. 낙타는 오래전부터 각 대륙에 서식해 왔으나 가축화된 것은 수메르 문명이 탄생한 이후의 일이다. 《구약 성서》를 보면, 기원전 2000년경에 갈데아(수메르)의 우르에 살았던 아브라함과 같은 유태인의 조상들이 낙타를 가축화한 것으로 기록되어 있다.

《구약 성서》 창세기 제24장에 아브라함의 하인이 낙타를 타고 이삭의 부인을 찾으러 가는 대목이 나오는데, 이는 시대착오적인 내용이다. 당시에는 낙타가 아직 가축화되기 전이었으므로 《구약 성서》가 훗날 쓰였거나 편집되었다는 증거일 것이다. 당시에는 그 땅에 낙타와 말이 가축화되지 않았음에도 불구하고 여러 유럽학자들은 《구약 성서》의 영향을 받아 가축화된 시기를 비정하고 있다.

년의 일이다.

유프라테스강과 티그리스강은 남쪽으로 흐르면서 오늘날 이라크의 수도 바그다드 근처에서 가장 가까워졌다가 더 남쪽으로 흘러 바스라 북쪽에서 합류해 페르시아만으로 흘러들어 간다. 두 하천의 발원지는 터키 아나톨리아고원과 그 동쪽에 위치한 아르메니아고원 일대인데, 이곳의 큰 호수인 반Van호와 우르미에Urmih호도 발원지 중 하나다.

현재 터키의 영토인 반호는 원래 아르메니아 왕국의 영역이었다가 오스만 제국에게 빼앗긴 이후 세반Sevan호라는 다른 이름으로 불리게 되었다. 오스만 제국에게 빼앗긴 한과 함께 검은 물빛을 강조하고자 접두어로 '세Se'를 붙여 세반호라 명명한 것이다. 오늘날 아르메니아는 반호뿐만 아니라 그들의 성산聖山인 아라라트산 역시 비록 터키에게 빼앗겨버렸지만, 아르메니아의 국장國章 속에는 여전히 남아 있다.

아라라트산이 아르메니아의 성산으로 숭배되는 이유는 《구약 성서》에서 '노아의 방주'라 알려진 설화 속의 도착지로 전해지고 있기 때문이다. 이것은 마치 한 민족이 백두산을 성산으로 인식하는 것과 비슷하다. 노아의 방주 시기는 대

그림 5-4. 아라라트산(좌측의 소아라라트산과 우측의 대아라라트산)

략 기원전 2900년경으로 추정된다. 아르메니아 왕국은 기원전 9~6세기에 소아시아(현 터키)의 반호를 중심으로 메소포타미아 북부로부터 캅카스산맥의 남부에 걸쳐 위치했다. 때문에 아라라트에서 유래한 것으로 추정되는 우라르투 Urartu 왕국을 반 왕국이라고도 불렀다.

메소포타미아의 지형은 고도차가 미미하므로 육상 교통과 수상 교통 모두 유리했지만, 범선을 이용한 수상 교통이 육상 교통에 비해 무려 75배 정도 편리했다. 하천을 이용한 수상 교통에는 '커다란 하천'이라는 뜻을 가진 유프라테스강이 더 많이 이용되었다. 상류와 하류 간의 교역에 이용된 유프라테스 강은 메소포타미아의 생명줄인 동시에 젖줄이었다. 원래 이 강의 옛 지명이 구리를 뜻하는 '우르도우Ufrātu강'이라 불렸던 것은 아나톨리아고원이 구리의 원산지였음에 기인한 것이다(Negev and Gibson, 2001). 이는 초기 수메르의 기술자들이 구리를 가공해 상품화했다는 것을 의미한다.

이와는 달리 '급류'라는 뜻을 가진 티그리스강은 상대적으로 유량이 풍부했지만 산지가 인접해 있어 경사가 있는 탓에 물살이 화살같이 빠르고 거칠며 고르지 않았다. 때문에 티그리스강은 유프라테스강만큼 수상 교통에 유리하지 못했고, 그 결과 티그리스강 유역의 경우 상류 쪽 취락은 하류의 그것과는 사뭇 달랐다. 그렇지만 전체적으로 보았을 때에는 티그리스강 역시 메소포타미아 평원의 획일화에 영향을 미쳤다고 보아야 한다. 그 이유는 두 하천이 서로 50킬로미터도 떨어져 있지 않고 동일한 방향으로 흐르고 있으며 어느 한쪽 하안河岸이 다른 쪽 하안과 복잡하게 교차하는 지점이 있기 때문이다. 그러므로 두 하천이 메소포타미아를 통합하는 기능과 분할하는 기능에 모두 복합적으로 연관되었다고 볼 수 있는데, 전체적으로는 통합 기능이 우세했다.

위에서 설명한 내용으로 이들 두 하천 중 교역 기능과 메소포타미아의 문명 발달에 더 큰 영향을 미친 것은 유프라테스강이었음을 알 수 있을 것이다. 유프라테스강은 터키 동쪽의 북쪽 지류인 '검고 혼탁하다'는 뜻의 카라Kara강과 동쪽 지류인 '맑다'란 의미를 갖는 무라트Murat강으로부터 시작한다. 두 지류는 아르메니아고원의 좁고 깊은 협곡들이 이어진 계곡을 흐르다가 엘라 남서쪽에서 합류한다. 이곳에서부터 유프라테스강이 되어 터키 남부의 토로스산맥의 험준한 골짜기 사이로 흘러 터키의 시리아고원에 있는 삼사트Samsat 마을에 다다르면 그 낙차가 커진다. 중류에 이르러서는 고원의 가파른 계곡을 흐르며 하천 양쪽에 3~6킬로미터의 범람원을 형성한다. 범람원이 있다는 것은 농경지를 만들 수 있는 땅이 있음을 의미하는 것이다. 알카부르Al-Khabur강을 비롯한 유프라테스강의 주요 지류는 대부분 이곳 중류에서 합류한다. 이런 하천들은 웬만한 지도에는 나오지도 않는 소하천들이지만, 중요한 것은 이곳에서 지중해성 기후로부터 열대 사막 기후로 바뀐다는 점이다. 즉 이런 하천부터 올리브나무가 대추야자나무로 대체되기 시작한다.

하류는 시리아고원의 침식계곡에서 시작되어 이라크의 평원으로 흘러들며 그곳에서 유량과 속도가 감소한다. 그 이유는 이 평원의 고도차가 거의 없고 기후가 건조해 지표수가 상당 부분 증발해 버리거나 늪지대로 스며들어 농업용수로 이용되기 때문이다. 유프라테스강은 최종적으로 티그리스강과 합류해 아라비아강이란 이름으로 페르시아만에 유입된다.

하이암스는 초기에 포도와 밀, 보리를 재배하던 농민들과 유목민들이 삼림을 벌채하면서 그들이 살고 있던 땅의 물 순환을 교란시켰다고 지적했다(Hyams, 1952). 유프라테스강과 티그리스강의 홍수는 삼림이 벌채되기 전보다 더 심각해졌을 것으로 짐작된다. 메소포타미아에 도시가 건설되면서 목재 수요가 폭증하고, 남부의 수메르부터 중부의 아카드, 더 나아가 북부의 아시리아까지 확대된 농경지는 삼림을 초토화시켰다.

수메르에 건설된 도시들은 레바논의 콰디샤 계곡에 자생하는 삼나무를 수입해 목재 수요를 해결했다. 이집트는 페니키아의 삼나무와 파피루스를 물물 교환했다. 인구가 증가하고 도시가 건설되면서 가치가 높은 삼나무의 수요는 폭증할 수밖에 없었다. 결과적으로 인류의 문명은 아이러니하게도 처음부터 자연환경의 파괴로부터 시작된 셈이다. 레바논 삼나무는 독특한 살균 항충 성분을 가지고 있어서 부패하지 않으므로 선박 건조와 건축재는 물론 파라오의 관재와 최고급 가구를 만드는 데 사용되었다. 현재 대영박물관에 소장된 파라오의 관은 레바논 삼나무로 만든 것이다.

오늘날에도 삼나무는 레바논의 상징으로 알려져 있지만, 페니키아가 목재를 지나치게 수출한 탓에 삼나무 숲은 오늘날까지 훼손된 상태에 놓여 있다. 수메르는 또 기원전 5000년경부터 공예품으로 인기가 높았던 청금석을 아프가니스탄으로부터 수입했다. 동부 아프가니스탄에 위치한 바다흐샨주Badakshan는 오늘날에도 최고급 청금석 산지로 유명하다. 콰디샤 계곡과 바다흐샨이 수메르로부터 얼마나 먼 거리에 있는지를 생각하면 대단한 일이 아닐 수 없다.

유프라테스강과 티그리스강은 선사 시대는 물론 역사 시대에 들어와서도 유로가 여러 차례 변경되었다. 특히 하류에 가까울수록 유로가 자주 바뀌었다. 도

그림 5-5. 레바논의 삼나무 자생지 콰디샤 계곡

시의 입지는 하천과 밀접한 관계가 있음에도 불구하고 고대 도시의 유적지가 하천을 한참 벗어난 지점에서 발견되는 경우가 있다. 그런 경우는 강줄기가 바뀐 것으로 이해하면 된다. 가장 유명한 메소포타미아의 고대 도시 중 하나인 우르 유적지도 마찬가지다. 내가 그곳에 갔을 때, 높은 지구라트 위에 올라 주변을 바라봤지만 하천을 찾을 수 없었다.

유프라테스강은 시리아 북쪽에 위치한 알레포Aleppo를 지나 중류에 다다르면 시리아 사막을 통과해야 한다. 그러나 당시에는 사막이 아니었다. 왜냐하면 이곳에서 후기 구석기 시대의 주민들이 사용하던 도구가 발굴된 적이 있기 때문이다. 오늘날 이곳은 생쥐 한 마리도 서식할 수 없는 땅이 되어버렸지만, 당시에는 식량 채집자와 수렵인들이 정착해 번성했던 땅이었다.

메소포타미아의 문명 발달을 살펴보기 위해서는 유프라테스강 외에 티그리스강에도 주목할 필요가 있다. 유프라테스강 동쪽을 남북으로 흐르는 티그리스

BOX 5.3

레바논의 삼나무에 대하여

레바논은 과거 레반트의 영역에 속했으므로 다음 장에서 설명해야겠지만, 삼나무가 수메르와 관련된 내용이므로 앞당겨 말해두고자 한다.

2005년 레바논의 민주화를 '삼나무 혁명'이라고 부르고 국기에도 그려넣을 정도로 삼나무는 레바논의 상징이자 보물이다. 삼나무는 레바논의 산맥 기슭 1,000~2,000미터의 고산 지대에서 자생하는 소나무과의 침엽수다. 높이 35~40미터, 직경 2.5~3미터까지 곧게 자라 가공하기 쉬우며 잘 썩지도 않고 해충에도 강하며 은은한 향기가 오랫동안 유지된다. 오늘날에는 레바논 최고의 경관이라고 일컬어지는 그림 5-5의 콰디샤 계곡 근처에서 삼나무 숲을 볼 수 있다.

고대에 레바논의 삼나무는 신전이나 왕궁 건축에 적합한 최고의 목재였다. 아시리아 제국의 사라곤 왕은 삼나무로 신전의 천정 대들보를 만들었고, 이집트의 파라오들은 저세상으로 타고 갈 배를 만들었으며, 이스라엘의 솔로몬왕은 성전과 자신의 왕궁을 지었다. 바빌론, 페니키아, 아시리아, 페르시아, 그리스와 로마의 제왕들도 삼나무로 신전을 짓고 배를 만들었다. 그들은 이 거대한 목재를 운반하기 위해 산을 뚫어 도로를 건설하고 지중해에 항만을 만들었다. 레바논의 삼나무는 곧 권력의 크기에 비례할 정도였으며, 특히 지중해의 해상 권력을 가늠하는 척도였다(남영우 외, 2019). 삼나무의 상징성은 레바논의 국기만 보아도 알 수 있을 것이다.

오스만 제국 점령기 　　　　프랑스 위임통치기 　　　　　현재 국기

강은 여러 지류가 본류에 합류되면서 수량을 늘려 나아간다. 그 대표적인 지류가 대자브강, 소자브강, 디야라강 등이다. 이들 지류는 티그리스강과 동일한 방향으로 뻗어 내린 자그로스산맥에서 발원한 하천들이다.

　오랜 세월에 걸친 침식으로 자그로스산맥과 티그리스강 사이에는 산록 완사면이 형성되어 있다. 비록 건조한 초원 지대였지만 고대 인류는 하천 유역에 암설이 충적된 곳을 피해 실트silt 토양이 충적된 곳을 골라 농사를 짓기 시작했다.

토양은 구성 입자의 크기에 따라 자갈＞모래＞실트＞점토로 구분되는데, 실트는 농업에 적당한 토양이다. 대자브강 협곡의 동굴에서는 5만 년 전까지 소급될 수 있는 구석기 시대의 유적이 발견된 바 있다. 이는 이곳에 수메르인들이 이주하기 전부터 인류가 거주했었음을 의미하는 것이다.

이 일대에서 이뤄진 농사는 개울 옆에서 소규모로 시작된 것이어서 관개 시설은 따로 필요하지 않았다. 강수에 의존하는 천수답인 탓에 원시적인 농기구로도 충분히 경작이 가능했다. 때문에 농사는 여자들의 노동력만으로 이뤄졌고, 남자들은 여전히 수렵을 고집했다. 이때부터 밀과 보리 등의 야생 식물이 재배되기 시작했다. 초기 농경지는 메소포타미아 남쪽 평원이 아니라 중부와 북부의 구릉 지대에서 시작된 것이었다.

채집과 수렵에 익숙하던 인간이 생계 수단을 농사로 바꾸는 것은 그리 쉬운 일이 아니었다. 신석기인들은 채집으로 얻은 식물 자원과 수렵으로 얻은 동물 자원을 식량으로 삼아왔기 때문에 이를 더 선호하는 이들도 많았다. 제법 여러 사람을 먹여 살릴 수 있을 만큼 농경에 대한 노하우가 쌓이기까지 수많은 저항과 시행착오가 뒤따라야 했다.

신석기 시대 메소포타미아의 충적층을 처음으로 경작하기 시작한 것은 여자였지만, 식구가 늘어 농경지가 부족해지자 여자의 노동력만으로는 한계가 뒤따랐다. 심경深耕을 위한 농기구의 발달과 관개공사가 시작되면서 농사에 필요로 하는 인력은 더욱 늘어났다. 초기 농사에서 경작된 밀과 보리만으로는 부족했기 때문에 이들은 주변 삼림에서 채취한 피스타치오 등과 같은 나무 열매로 보충해야 했다. 이는 기원전 9000년 이전의 이야기다.

그들은 식량을 늘리기 위해 더 큰 하천으로 진출했다. 하천 본류의 주변 땅은 지류인 개울에 비해 수량도 풍부하고 땅도 넓어 더 많은 사람을 부양할 수 있었다. 그러나 개울 연변에서 축적한 농경 노하우를 큰 하천 주변에 적용하기에는 문제가 있었다. 하천 물을 농경지로 옮기는 문제, 즉 관개 기술이 필요했던 것이

그림 5-6. 자그로스산맥 산록 완사면의 경작지

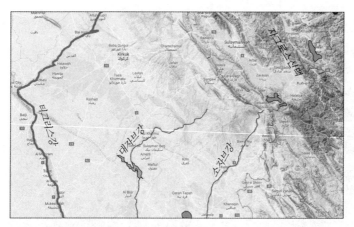

그림 5-7. 티그리스강 지류 대자브강과 소자브강

다. 이는 가족 노동력으로는 해결할 수 없는 일이었다. 강에서 농경지에 물을 대는 수로 공사에는 많은 노동력을 동원해야 했고, 관개 수로를 만드는 큰 공사는 엄청나게 고된 작업이었다. 앞에서 언급한 《길가메시 서사시》에 인용된 아트라-하시스Atra-Hasis에 의하면 처음에는 신神들이 관개 수로를 파는 장면이 나온다.

이 전설에 따르면 고된 삽질에 진저리가 난 신들은 이 문제를 해결하기 위해 만든 것이 인간이다. 그러므로 인간이 탄생한 이유는 신들의 노고를 대신하기 위해서였다는 것이다. 물론 이 내용은 《구약 성서》와 다르다. 우리는 위의 서사시를 통해 메소포타미아인들이 관개 수로를 만들면서 얼마나 큰 고통을 겪었는지 알 수 있다. 농경지가 넓어지며 청동기의 농기구가 발명되고 관개 공사가 뒤따르게 되면서 농사일을 담당하는 것은 여자에서 남자로 바뀌었다.

메소포타미아의 두 강이 범람한 이유는 나일강처럼 남서 계절풍에 의한 것이 아니라 발원지인 아르메니아 산지의 눈이 봄철에 녹으면서 발생한 것이다. 따라서 메소포타미아에서는 이집트에서처럼 가을철에 편하게 씨를 뿌리는 것이 불가능했다. 이집트인들은 나일강이 만들어준 토양에서 자생하는 파피루스를 베어낸 후 씨를 뿌리고 밟아주면 그걸로 끝이었는데, 밟아주는 것마저 인간이 아닌 양이 대신했다. 반면 신석기 시대의 메소포타미아인들은 파피루스 이외에도 여러 자생 잡초를 제거해야만 했다. 그들은 문명 단계에 이르기 전에 물이 고여 있는 도랑물을 빼주는 작업을 했는데, 건기가 되면 도랑을 관개 수로로 이용했다. 이런 작업이 반복되면서 관개 시설을 만드는 노하우를 쌓을 수 있었을 것이다.

인류 문명사의 중심 무대가 되었던 메소포타미아의 충적 지대는 관개 시설 없이는 농사가 불가능했으므로 농경 문화가 다른 곳에서 전파되었다고 하더라도 거기에는 커다란 조건의 차이가 있다. 메소포타미아는 건기에 접어들면 메마른 토양이 단단하게 굳어져 파종을 할 수 없으므로 동일한 농법을 적용할 수가 없었다.

그렇다면 어떻게 그와 같은 조건적 차이를 극복해 도시가 형성될 수 있을 만

그림 5-8. 고대 수메르와 유사한 오늘날의 메소포타미아 관개 시설

큼 잉여 식량을 산출할 수 있었을까? 일본의 지리학자 무라야마(村山, 1990)는 그의 저서 《성지聖地의 지리》에서 구약 성서 시대에는 현재보다 사계절의 구분이 뚜렷해 폭우도 내리고 공기 중에는 습기도 많았으며 나뭇잎에 이슬이 맺혔고, 가을이 되면 서리가 내릴 정도였다고 주장했다. 영국의 고고학자 페트리의 주장에 따르면 나일강 유역에서도 곳에 따라 관개 시설을 이용하는 경우도 있었지만(Petrie, 1923), 대체로 이집트의 나일강은 강물이 곧장 농경지로 유입되었다. 이에 비해 메소포타미아의 유프라테스강과 티그리스강은 관개 시설을 필요로 했다는 차이가 있다.

수로를 파는 내용의 《길가메시 서사시》에서 알 수 있는 것처럼, 관개공사가 힘든 일이긴 했지만, 배수로와 관개 시설을 만드는 작업은 메소포타미아인들이 땅에 기생하는 존재가 아니라 땅의 창조자였음을 뜻하는 행동이었다. 문명 단계에서 평가한다면, 메소포타미아인들은 땅의 창조자였으며 이집트인들은 땅의 기생자인 셈이었다.

문명의 시초 수메르

수메르는 메소포타미아 남부 지방을 일컫는 지명이다. 당시의 해안선은 현재보다 15킬로미터 정도 내륙에 있었으나 해수면이 하강하면서 지금의 해안선으로 바뀐 것으로 알려져 있었지만, 사실은 예나 지금이나 그대로였던 것으로 밝혀진 바 있다.

수메르인이 메소포타미아 남부로 이동해 정착한 시기는 불분명하지만, 기원전 4000년경에는 이미 그 땅에 정주한 것으로 추정된다. 그러나 문명화한 후의 수메르 도시들은 다양한 민족들이 함께 어울려 살았고, 지역의 전통과 외래의 전통이 융합됨에 따라 수메르인이 처음 등장한 시기를 정확히 따질 필요가 없게 된 듯하다.

'수메르'란 호칭은 원래 후대의 아카드인들이 남부 메소포타미아의 고대 거주민들을 일컫는 이름이었다. 수메르인은 스스로를 '검은 머리의 사람들'이라는 뜻의 '웅 상-기가ùg saĝ gíg-ga'로 부르고, 자신들의 땅은 신(또는 사람)의 땅이란 뜻인 '키 엔 기르ki'enĝir'라 칭했다. 수메르어 웅(검은), 상(머리의), 기가(사람들)에서 상saĝ은 '머리'를 뜻하는 사sa와 소유격 앙이 합쳐져, 즉 sa-aĝ=saĝ(사+ㅇ=상)이 되었다(Hallo and Simpson, 1971). 이는 수메르어가 교착어膠着語였음을 시사하는 것이다.

교착어란 언어의 유형론적 분류의 하나인 형태론적 관점에서의 분류에 따른 언어의 한 유형이다. 교착어는 고립어와 굴절어屈折語의 중간적 성격을 띠는 것으로 어근과 접사에 의해 단어의 기능이 결정되는 언어의 형태이며, 위에서 본 '머리의'처럼 단어의 중심이 되는 어근에 접두사와 접미사를 비롯한 다른 형태소들이 덧붙어 단어가 구성되는 특징이 있다.

키 엔 기르의 경우도 키엔, 즉 ki+en=kien은 소유격을 나타내기 위한 것으로 보인다. 일종의 모음 조화 현상인데, 어순이 알타이어와 동일하다(김정민, 2018). 그러므로 수메르족의 본향이 중앙아시아 또는 스키타이일 것으로 비정할 수도 있는 대목이다. '시나르'에 해당하는 단어로 《구약 성서》에 등장하는 Shinar, 이집트의 Sngr, 히타이트의 Šanhar(a) 등은 바로 이 수메르의 별칭이다. 이런 사실은 기원전 3500년경 기후 변화로 인해 우바이드 문명이 쇠퇴하면서 유입된 수메르인의 정체를 가늠해 볼 수 있는 내용이다(van der Toorn and van der Horst, 2011). '웅 상-기가'와 '키 엔 기르'에서 유추하면, 기그gíg와 키ki는 수메르어로 사람 혹은 신을 뜻하는 단어임을 알 수 있다.

메소포타미아 남부에 살던 주민은 서양학자들이 주장하는 것과 달리 중앙아시아를 본향으로 하는 알타이 어족이었을 것으로 생각된다. 수메르인의 언어와 용모에 대한 기록을 보고 한중일 3국에서는 수메르인이 자민족이라 주장하는 웃지 못 할 해프닝이 벌어지고 있다. 중앙아시아의 언어 중 말馬을 가리키는 단어 말Maл은 한국어의 '말'과 중국어의 '마,' 일본어의 '우마'와 같은데, 중앙아시아에서는 말뿐 아니라 가축의 의미로도 사용된다. 이는 기마 문화의 전파에 따른 영향일 것으로 추론된다. 카자흐스탄 동부 알마티주와 키르기스스탄에 걸친 이식쿨호Issyk lake 인근의 이식 쿠르간Issyk-Qorghan에서 고대 스키타이 언어를 알 수 있는 유물이 발견되는데, 그 언어가 알타이어임이 밝혀졌다(Blažek, 1989).

수메르 남서쪽에는 셈 어족이, 그리고 북쪽에는 티그리스강 건너편의 엘람인이 정착해 있었다. 그들은 서로 교류하면서 수메르어를 사용하게 되었지만 결국 소멸하고 말았다. 그러나 그들은 수메르 왕국이 멸망할 때까지 수메르인이라 부르게 되었다.

수메르인들이 도시를 건설할 때, 성곽을 둘러치고 하천을 이용해 해자와 운하를 만들었다는 증거는 니푸르Nippur의 점토 지도에서 확인할 수 있다. 점토판에 새겨진 도시 지도는 놀라울 정도의 정확도를 보여 주는데, 이 지도는 아카드 시대인 기원전 1300년경 수메르의 종교·문화 중심지였던 니푸르를 구체적으로 묘사한 것이다.

당시만 하더라도 점토판에 도시 지도가 새겨진 것 자체가 전례 없는 일이었다. 1899년 미국 펜실베이니아 대학 조사단은 니푸르 시가지가 이 지도와 거의 동일한 것을 보고 모두 경탄을 금치 못했다. 이는 정확한 측량의 결과였다. 고대 메소포타미아인들은 삼각 측량 기술을 이미 숙지하고 있었던 것이다. 대개 점토판은 햇볕에 말렸지만, 이 지도는 불에 구워 내구성을 높여 보관했기 때문에 오랜 세월이 흘러도 그 원형이 보존될 수 있었다.

니푸르에서는 우르남무Ur-Nammu 법전이 발견된 바 있다. 우르남무 법전은 현존하는 가장 오래된 법전을 담은 점토판이며, 후술하는 함무라비 법전보다 약 3세기 빠른 인류 최초의 성문법이다. 그것은 기원전 2100~2050년 사이에 만들어진 것으로 수메르어로 기록되었다. 그 내용은 대체로 함무라비 법전과 유사한 점이 많지만, 함무라비 법전의 처벌 조항이 보복적인 데 비해 우르남

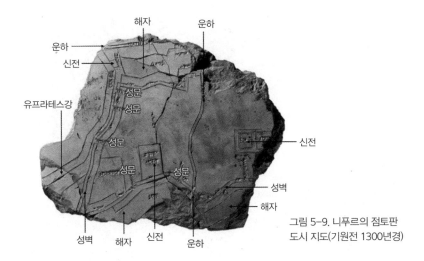

그림 5-9. 니푸르의 점토판
도시 지도(기원전 1300년경)

무 법전은 벌금형에 처한다는 차이점이 있다. 니푸르에서 발견된 이 법전의 첫
사본은 몇 개의 돌 조각에 새겨져 있었는데, 1952년 미국의 고고학자 크레이머
(Kramer, 1959; 1988)에 의해 번역되었다. 혹자는 모세가 기록한 히브리 법전
을 최초의 것으로 꼽는 경우가 있으나, 그것은 실존하지 않을 뿐더러 제작 시기
가 우르남무 법전보다 늦으므로 수긍하기 곤란하다.

수메르인은 비옥한 토지로부터 많은 혜택을 받았다. 그러나 유프라테스강과
티그리스강이 매년 범람하는 탓에 하구 일대의 저습 지대에서는 범람에 대비해
제방을 쌓거나 터 돋움을 하고 배수용 운하를 건설해야만 했다. 인공 관개를 위
한 운하는 지역 전체가 관리하지 않으면 제 기능을 하지 못하기 때문에 일찍부
터 주민들 사이에 사회 조직이 생겨났다.

저습 지대를 경작지로 바꾸는 일은 전례 없던 시도였다. 이 시도를 통해 사람
들의 협동심과 촌락의 존재가 더욱 부각되었다. 각 촌락들은 다른 촌락 주민들
과의 전투와 협력 둘 중 하나를 선택해야 했다. 그러면서 촌락 내의 조직화가 한
층 진전되고 여러 사람들이 힘을 합쳐야 한다는 생각이 강해졌다. 각지에서 촌
락이 습지를 개척하면서 이윽고 서로 다른 촌락 주민과도 관계를 맺으며 교류

이라크(수메르) 니네베 　　　　　이란(페르시아) 페르세폴리스

그림 5-10. 이라크와 이란의 라마수 비교

하는 단계에 접어들었다.

　이와 같은 배경에서 치수治水와 방어의 이유로 촌락은 더 큰 공동체인 도시를 만들게 되었다. 흙을 쌓아 터 돋움을 한 곳에 외적의 침입을 막기 위한 흙벽을 둘러쳤다. 도시는 대부분 신전을 중심으로 만들어졌다. 공동체의 권위는 신들로 상징되었다. 신을 대신해 신관들이 도시를 지배하게 되었고, 그들은 다른 도시와 경쟁하거나 교류하게 되었다. 이런 양상은 신석기 시대의 메소포타미아와 소아시아, 아시리아, 페르시아 간에는 토기와 신전 등이 서로 교류했음을 보여주는 증거 중 하나다.

　수메르 문명은 선사 시대부터 오랜 역사와 전통 속에서 탄생되었다. 그러므로 촌락 주민의 생활은 물론 유물과 유적이 거의 모든 오리엔트에서 차이를 찾아보기 힘들다. 가령 라마수의 경우 이라크의 메소포타미아(수메르) 유물과 이란(페르시아)의 페르세폴리스 유물이 거의 흡사함을 알 수 있다. 라마수Lamassu는 아시리아의 보호신을 가리키는데, 흔히 인간의 머리, 황소나 사자의 몸, 새의 날개를 가지고 있는 것으로 묘사된다.

신앙의 중심지 중 하나인 에리두Eridu는 기원전 5000년경 탄생한 취락인데, 역사 시대를 맞이한 기원전 4000년대 중엽에는 신전도 건설되었다. 오늘날까지 흔적이 현존하는 이 신전은 메소포타미아에서 건립된 기념 건조물의 원형일 것으로 추정된다. 이 취락은 도시라기보다는 인근 주민들이 신앙을 위해 만든 성지였다고 볼 수 있다.

이와 같은 성지에는 거주하는 주민이 별로 많지 않았지만, 후에는 그 주변에 정착민이 많아져 도시로 성정할 수 있었다. 고대 메소포타미아의 정치가 항상 종교와 밀접한 관계를 가졌던 것은 위에서 설명한 것처럼 도시 탄생의 경위와 관련이 있었기 때문이다. 기원전 4000년대 후반에는 신앙의 중심지가 된 몇몇 도시에 커다란 신전이 건설되었다.

선사 시대의 메소포타미아와 역사 시대의 메소포타미아 간의 관련성을 생각할 때 중요한 실마리를 제공해 주는 것이 바로 토기다. 당시의 토기를 보면 석기 시대의 문화와는 질적으로 달라지기 시작했음을 알 수 있다. 가령 우루크의 토기는 이전 토기보다 완성도가 떨어지는 것이 많이 출토된 바 있는데, 그것은 물레를 사용해서 토기를 대량 생산했기 때문에 벌어진 일이다. 즉 토기가 생산될 무렵에는 이미 토기 전문가인 도공陶工이 존재하고 있었다는 것이다. 농경 이외의 직업에 종사하는 기술자가 출현했다는 것은 이미 농작물의 충분한 잉여 식량이 확보되었음을 의미한다. 농경 사회가 새로운 단계로 접어들게 된 것이다.

수메르어로 후세에 전해진 문화 가운데 가장 중요한 것은 바로 종교다. 우르와 우루크 등의 도시에서 생겨난 사상은 기원전 2000년대부터 1,000년에 걸쳐 오리엔트의 여러 곳에서 생겨난 다른 종교와 합쳐진 후, 4,000년이 지난 오늘날에 이르기까지 형태를 바꿔가며 온 세계에 영향을 미쳤다. 가령 후술하는《길가메시 서사시》에는 아직 문명화되지 않은 남자가 등장한다. 그는 이상주의적 인간이었지만, 여자의 유혹에 빠지고 만다. 그 결과 그는 문명화된 인간이 되었지만, 그와 자연계와의 행복 연결고리가 끊어지고 말았다. 이 이야기는 두말할 필요 없이 아담과 이브(에바)가 에덴동산에서 쫓겨나는 에피소드를 연상시킨다. 이 사례에서 알 수 있는 것처럼 문자의 탄생 이후, 우리들은 문자를 통해 한 사회의 신화가 다른 사회의 신화에 어떤 영향을 미치는가를 간파할 수 있다.

종교는 또한 유적에서 발견된 각종 유물과 신전의 유구 등에 숨겨진 의미를 우리들에게 알려 준다. 수메르에서는 일찍이 매우 복잡한 종교 의식이 존재했다. 도시 중심부에 위치한 신전은 점차 대형화되고 화려해졌다. 신전에서는 풍작을 기원하기 위해 제물이 바쳐졌고, 제사 의례는 시간이 흐름에 따라 복잡해졌다. 티그리스강 상류 480킬로미터에 위치한 아슈르까지 더욱 호화로운 신전이 건설되었다.

수메르만큼 종교가 중시된 사회는 동 시대 다른 곳에서는 찾아볼 수 없다. 메소포타미아의 예측할 수 없는 기후는 수메르인을 자연에 대한 두려움과 공포 속으로 몰아넣었다. 이러한 공포심으로 인해 자연에 대한 숭배 사상이 유행하고 종교를 중시하게 되었고, 인간의 감정은 신에 의존하는 바가 커졌다. 그러나 메소포타미아 남부는 저습 지대와 하천 밖에 없는 평탄하고 단조로운 땅이었으

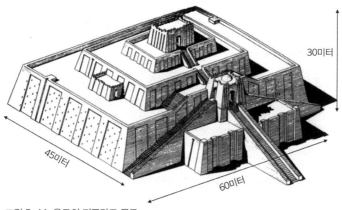

30미터

45미터

60미터

그림 5-11. 우르의 지구라트 규모

므로 이런 곳에 신들이 머물 만한 산이 없고, 여름철의 뜨거운 태양과 공포의 대상인 홍수뿐이었다.

수메르의 신들은 가혹한 자연환경과 평원을 지배할 높은 장소를 필요로 했다. 그것이 바로 지구라트라 불리는 계단상의 신전이었다. 《구약 성서》에 등장하는 바벨탑도 아마 지구라트를 모델로 한 것이었다고 생각된다. 지구라트는 우르의 경우 바닥 크기가 60×45미터이며 높이가 30미터에 이른다. 이와 같은 거대한 신전을 건설한 수메르인은 자신들을 신에게 봉사하기 위해 태어난 민족이라 생각했다.

우르의 주택은 햇볕에 말린 흙벽돌을 사용했지만, 지구라트는 구운 벽돌로 쌓아올려 의외로 견고하다. 시멘트가 없던 당시에 점성이 강한 역청(천연 아스팔트)을 벽돌과 벽돌 사이에 발라 단단히 고정해 쌓아올렸으므로 방수 효과도 있었다. 역청 산지는 메소포타미아 지방에서 흔히 볼 수 있지만, 당시로서는 우르로부터 꽤 멀리 떨어진 북부의 히트Hit에 있었다.

히트로부터 유프라테스강 하류 쪽으로는 선박이 통행할 수 있다. 오늘날에도 그곳에서는 이 지방 주민들이 선박을 건조할 때 방수 처리를 위해 검은 색의 끈적끈적한 역청을 사용하고 있는 것을 목격할 수 있다. 메소포타미아에는 목재와 돌이 없고 이렇다 할 지하자원도 없지만 역청은 풍부했다. 니네베 남쪽에 위치한 하수나Hassuna의 구릉지에서는 주거지의 유적이 발굴된 바 있는데, 초기

그림 5-12. 메소포타미아의 용출하는 역청

에는 갈대, 그 후에는 진흙으로 만든 주택이었다. 이곳에서 발견된 곡괭이와 절구 등의 농기구는 석재에 손잡이로 사용된 목재를 역청으로 연결했음이 밝혀졌다. 이 역청 역시 히트로부터 가져온 것이었다.

수메르의 주요 신들은 기원전 2250년경까지 자연계에 존재하는 사물과 현상이 의인화된 모습이었다. 이들 신은 수메르 문명이 붕괴된 후에도 메소포타미아의 종교로 계승되었다. 신의 의인화 전통은 이집트를 비롯해 고대 그리스·로마 문명에도 이어졌다.

수메르의 도시는 처음에는 각각 독자적인 신을 숭배하고 있었지만, 도시 간의 역학 관계가 변화하면서 점차 계층화되었다. 이 계층은 당시 인간들의 사회에 대한 생각을 반영한 산물인 동시에 그와 같은 생각을 정당화한 것이기도 했다. 그리하여 신들은 이윽고 인간의 모습으로 묘사되어 각기 특별한 역할이 부여되었다. 즉 공기의 신, 물의 신, 농사의 신 등이 바로 그것이다.

수메르의 종교는 정치와 깊은 관계를 맺고 있었다. 모든 땅은 궁극적으로 신의 것이며, 왕은 신의 대리인에 지나지 않았다. 원래 왕은 군사 지도자인 동시에 신관이었다. 그러므로 '신의 대리인'이란 개념은 신관 계급의 우두머리를 가리키는 것이다. 왕은 중요한 직무와 경제적 특권이 부여되어 특수한 기능과 지식의 습득에 열중할 수 있었다. 교육 제도가 처음 탄생한 것도 수메르였다. 신관들이 설형 문자로 기록된 텍스트를 암기하고 복제하던 것이 교육의 출발이었다.

수메르인은 과학 기술에도 뛰어난 재능을 발휘했다. 그 성과는 시간이 경과되면서 여러 민족에게 전파되었다. 그들의 업적 중 간과해서는 안 될 것 중 하나가 수학의 기초를 확립한 것이다. 수를 기호로 나타내는 방법, 원을 6등분하는 방법 등은 수메르인에 의해 고안된 것이다. 그들은 십진법도 이해한 것 같지만 그것을 사용하지는 않았다. 점토판에 기록된 수학적 내용의 경우, $(4 \times 60^2) + (23 \times 60) + 36 = 15,816$ 또는 $(4 \times 60^2) + (23 \times 60^2) + (36 \times 60) + 948,960 = 99,360$ 등과 같은 수식이 기록되어 있는 것으로 보아 그들의 수준이 높았음을 알 수 있다.

현대인들이 과연 계산기 없이 이런 계산을 쉽게 할 수 있을까? 그들은 비록 0의 개념은 발명하지 못했지만 제곱근을 알고 있을 정도의 수준이었다(Kramer, 1963). 이와 같은 수학적 지식은 이집트에 영향을 미쳤다.

수메르의 도시는 서서히 규모가 커져 갔다. 하나의 도시에 약 36,000명의 남자가 거주했던 것으로 추정된다. 이 정도가 되면 큰 규모의 기념 건축물 등과 같은 각종 건설 사업을 위한 고도의 건축 기술이 필요해진다. 수메르에는 석재가 없으므로 초기에는 햇볕에 건조시킨 벽돌이 사용되었다. 흙벽돌을 사용한 건축 기술은 수메르 문명의 말기까지 눈부신 발전을 이룩해 기둥과 계단으로 만든 대규모 건축물이 만들어졌다. 그 건축물 가운데 가장 큰 규모의 건축물이 전술한 지구라트였다. 이 지구라트는 신전의 기능도 있었지만, 홍수가 발생해 도시가 침수될 때에는 사람과 가축이 피신하는 피수대避水臺 역할도 했던 것으로 여겨진다.

토기를 제작할 때 사용하는 물레 역시 수메르에서 처음 발견되었다. 이는 토기의 대량 생산을 위해 회전 운동을 이용한 도구였다. 물레의 발명으로 토기를 만드는 작업은 남자의 몫이 되었다. 또한 물레의 발명에 이어 기원전 3000년경에는 운반을 위한 바퀴를 사용하기 시작했고, 유리를 발명했으며, 구리를 주조하는 능력도 갖추게 되었다.

수메르에는 어떤 광물도 산출되지 않았던 것을 생각하면 그들이 다양한 생산 활동에 사용한 원재료는 어떻게 입수했는지 궁금해진다. 석기 시대에도 농기구 제작에 필요한 돌과 흑요석은 아나톨리아의 차탈회위크에서 산출된 것을 사용했다. 그들은 멀리 떨어진 지중해 연안으로부터 페르시아만 연안의 이란과 바레인, 아프가니스탄에 걸친 광역적 교역망을 보유하고 있었다. 기원전 2000년경에는 더 멀리 떨어진 인더스강 유역으로부터 필요한 물자를 수입해야만 했다. 이는 그 무렵 국제적 교역망이 탄생하기 시작해 지역 간 상호 의존이 깊어지기 시작했음을 의미하는 것이다.

수메르의 역사

지금으로부터 약 6,000년 전, 우르 북쪽의 알우바이드al-Ubaid에 도기와 구리, 그리고 각종 신들을 섬기는 신전들이 만들어졌다. 이 우바이드 시대의 문화는 기원전 3500년경 기후 변화로 인해 쇠퇴했다. 그 이후 확실한 위치는 불분명해졌지만 메소포타미아 바깥에 살던 수메르인들이 이곳으로 들어와 대략 12개의 도시 국가를 건설했다는 것이 밝혀졌다.

수메르의 역사는 크게 세 단계로 대별된다. 제1단계는 기원전 3500~2900년경에 이르는 우루크 시대로, 도시 국가 간의 항쟁이 시작되는 시대였다. 성곽을 둘러친 도시와 원시적 이륜 전차 등으로부터 당시의 사회상을 엿볼 수 있다. 초기 수메르 사회에는 일종의 대표제가 있어 민주주의적 장치가 싹트기 시작했고, 이 무렵부터 인류 사회의 골격이 만들어졌다.

인구가 증가하고 사회가 발전하면서 농부, 어부, 목동, 제빵사, 의사, 음악가, 교사, 군인, 성직자, 목수, 금속 기술자, 서기 등과 같은 다양한 전문 직업이 등장했다. 이들 중 특히 존중받은 직업은 문자로 기록을 남기는 서기였다. 서기는 가난한 평민들이 출세할 수 있는 몇 안 되는 선망의 대상이 되는 직업이었다. 그것은 힘든 육체적 노동을 하지 않고도 높은 임금을 받을 수 있고 사회 상류층들에게도 존중을 받는다는 이유 때문이었다.

이 시기에는 종래의 제정일치祭政一致의 지배자가 아닌 새로운 형태의 왕이 등장했다. 군대의 사령관이 평시에 권력을 장악한 왕이 된 것이다. 900년간에 걸친 제1단계의 중엽, 각지에 왕조가 성립하고 그들이 서로 전쟁을 벌였다. 위대한 인물이 등장함과 동시에 수메르의 역사는 기원전 3500년경부터 우루크 시대라 불리는 새로운 시대로 접어들게 되었다.

수메르 북쪽에 위치한 셈 어족의 도시 아카드Akkad에 사르곤이란 왕이 있었다. 사르곤은 기원전 2400~2350년에 걸쳐 수메르 도시를 하나씩 정복하여 메소포타미아 전역을 지배하에 두었다. 그는 단순한 도시 국가의 왕이 아니라 모든 도시 국가를 정복해 통일 제국을 완성한 인물이었다.

아카드 제국의 탄생으로 수메르 문명이 멸망한 것은 아니었다. 이때부터 수메르 역사의 제2단계가 시작되었다. 사회가 새로운 단계에 진입했다는 의미에서는 매우 중요한 시대이기도 했다. 진정한 의미에서 국가가 탄생한 것이 바로 제2단계였던 것이다. 기원전 2900년부터의 단계를 왕조 시대라 부른다. 수메르인들이 민주정을 버리고 왕정을 채택한 이유는 정확히 알 수 없지만 제정 로마처럼 절대 권력이 필요했던 것으로 추정된다. 수메르 점토판에 나타난 최초의 왕은 엔메르카르Enmerkar였다.

주민들의 일상생활은 세속적 권력과 종교적 권력이 분리된 제1단계와 마찬가지로 종교의 영향이 강했지만, 신관과 국왕의 권위는 각기 독립적으로 바뀌어 있었다. 그 증거로 수메르 각 도시의 신전 옆에 별개의 왕궁이 조성된 사실을 들 수 있다. 신들의 권위는 신관들만 아니라 왕궁에 거처하는 왕족들에게도 부여되었다.

도시의 유력자가 왕이 된 배경에는 군대의 발달과 관련이 있다. 그것은 우르에서 발견된 '우르의 깃발'을 보면 알 수 있다. 우르의 스탠다드Standard of Ur라 불리는 이 유물은 우르의 왕궁을 발굴하던 중 영국의 고고학자 울리 경이 발굴한 악기 울림판의 일종으로(Woolley, Sir, 1955), 전시의 상황을 묘사한 그림의 상단에 왕의 모습과 하단에 훈련을 받은 보병들이 창과 방패를 들고 대열을 이뤄 행진하는 모습이 그려져 있다. 그림의 상단 중앙부에 그려진 왕은 천정을 뚫고 나올 듯이 존재감을 부각시켜 묘사했다.

수메르 군대의 주력 부대는 보병이었는데, 수메르인이 활동했던 시기는 갑옷이 발명되기 전이어서 보병들은 갑옷을 착용하지 않고 양털 옷을 망토처럼 둘렀다. 무기로는 나무나 구리로 만든 투구와 방패를 착용하고, 오른손에 구리 촉으로 만든 창을 쥔 채로 동료 병사들과 밀집 대형을 이루는 거대한 방패벽 전술을 구사했다. 그리스와 마케도니아와 로마군대가 구사한 밀집 대형은 수메르의

그림 5-13. 우르의 스탠다드

전술에서 비롯된 것이다. 청동기 시대였던 수메르 시대에는 도시를 직접 공격하는 공성전이 별로 효율적이지 못했으므로 대부분의 공성전은 도시를 포위한 상태에서 식량과 물자의 공급을 차단하고, 적이 굶주림에 지쳐 항복하기를 기다리는 전술을 채택했다.

아카드 시대의 군대는 하나의 정점에 자리했다. 사르곤은 왕궁에서 5,400명의 병사들에게 식사를 제공했는데, 이 시점에서 수메르의 전쟁과 정복의 역사에 종지부를 찍었다. 적대시하는 도시들을 정복한 것이야말로 5,400명 군대를 유지하는 군수 물자의 비축이 있었음을 뜻하는 것이다. 이런 사실은 메소포타미아의 자연환경을 염두에 두고 이해해야 한다. 즉 인구가 증가하면서 지배자들은 대규모 치수와 관개를 위해 노동력을 동원할 필요가 있었다. 이 경험이 병사의 동원과 관리에도 이어졌던 것이다. 또한 발달한 무기가 등장하고 그 가격이 비싸짐에 따라 직업군인이 생겨났다. 아카드인이 성공을 거둔 배경에는 활과 같은 새로운 무기를 사용했기 때문인 것으로 알려져 있다.

아카드 제국은 오래 지속되지 못했다. 제국이 탄생한 후 약 200년이 지난 시점에 그보다 더 북쪽에 군림하던 산악 민족에 의해 멸망했다. 이때부터 학자들이 신수메르 시대라 부르는 수메르 역사의 마지막 단계가 시작된다. 기원전

2000년이 되기까지 약 200년간 메소포타미아의 지배권을 수메르인이 다시 장악한 것이다. 이 시대 수메르의 정치·경제적 중심 도시는 우르였다.

신수메르 시대의 예술품에는 왕의 권위를 드러내는 작품이 많고, 우루크 시대에 성행한 인물 조각상은 거의 자취를 감추게 되었다. 신전 건축은 재차 성행하게 되었고 더 큰 건축물이 건설되었다. 왕들은 스스로 위대함을 드러내기 위해 지구라트를 만들었다. 허허벌판의 평지에서는 우뚝 솟은 지구라트가 신전으로서는 제격이었다. 당시의 왕들이 왕권을 확대하려고 한 것 역시 셈 어족의 전통에 따른 것이었다. 그 결과로 우르 왕조 후기 왕들의 지배하에 티그리스강 하류의 동쪽에서 발생한 엘람 왕국의 수도 수사로부터 레바논이 위치한 레반트의 도시 비블로스에 이르기까지 광범위한 지역으로부터 공물이 전달되었다.

세계 최고의 문명을 탄생시킨 수메르인에게도 역사의 뒤안길로 자취를 감추는 시기가 찾아왔다. 물론 수메르인 자체가 자취를 감춘 것은 아니었다. 그들은 빛나는 유산을 남기고 커다란 역사의 흐름 속에 흡수되었지만, 일부는 어디론가 떠나 버렸다. 지금까지 수메르 문명의 무대가 된 비교적 작은 지역에 주목해 왔지만, 이제부터는 보다 넓은 세계로 눈을 돌려보자.

원래 수메르 주변에는 호시탐탐 그들을 노리는 민족이 많았다. 그중에서도 셈 어족의 엘람인이 기원전 2000년경 드디어 우르를 함락시켰다. 수메르인과 엘람인 사이에는 약 1,000년간 간헐적으로 전쟁이 반복되고 있었는데, 육로와 수로로 연결되는 동서 교통로를 둘러싼 전쟁이었을 것으로 추정된다. 그 교통로를 장악해야 자그로스 산악 지대의 광물 자원과 임산 자원을 수중에 넣을 수 있기 때문이었다. 기원전 1175년 전쟁에서 승리한 엘람은 함무라비 법전을 수사로 가져왔고, 1901년에 발굴되면서 세상을 놀라게 했다. '이란Iran'이라는 명칭은 그리스어로 '고귀한' 또는 '자유로운'이란 뜻을 지닌 아리아나Aryana에서 유래되었다. 이란으로 국명이 개칭된 것은 1935년의 일이다.

우르 제3 왕조에 재위했던 왕들의 거대한 무덤과 그들이 세운 신전은 아모리족Amorite과 엘람족에 의해 약탈당하거나 파괴되고 말았다. 비록 지구라트는 제3 왕조에 뒤이은 왕들에 의해 복구되었지만, 영원할 것 같았던 우르는 무참히 파괴되었다. 문명의 가장 가치 있는 발명품인 도시는 출발부터 끊임없는 파괴와 절멸을 지향하게 된 것이다. 《구약 성서》에 기록된 "그가 도시를 취하여 그 안에 살던 사람들을 모두 죽이고 도성을 때려 부수고 거기에 소금을 뿌렸다"라는 내용에서는 마치 〈일리아드〉 속 인간의 마지막 장면에서 느껴지는 것과 같은 비정함과 공허한 절망감이 전해진다.

참으로 나의 새들과
날개 달린 것들은 모두 날아가 버렸고…
오! 나의 도시여
내 딸들과 아들들은 모두 끌려갔고…
오! 나의 백성들이여
내 도시는 더 이상 존재하지 않고
아무런 이유 없이 공격당했으며
아, 내 도시는 공격당해 무너져 버렸구나!

우르 왕조의 멸망으로 수메르의 빛나는 전통은 자취를 감추고, 다양한 문명이 뒤섞이는 격동의 세계로 흡수되었다. 수메르인이 메소포타미아 남부에서 문명을 발달시키고 있던 사이, 퍼타일 크레슨트 전역에서 여러 민족이 왕국을 탄생시키고 있었다. 그 대부분의 왕국은 우르 왕조의 자극을 받은 나라였다. 문명화의 물결은 급속히 퍼져 나아갔다.

기원전 2000~1700년 기간에 수메르 왕국의 쇠퇴와 멸망으로 수메르 백성들은 전술한 것처럼 어디론가 자취를 감추었다. 《구약 성서》의 아브라함이 우르를 떠난 것은 수메르 왕국의 멸망에 따른 난민적 성격의 민족 대이동이었을 것이다. 이것이 사실이라면 이집트로 향했을 것이라는 결론이 나온다.

바빌로니아의 역사

바빌론의 고고학적 발굴 조사는 1899년부터 1917년에 이르기까지 거의 20년 간, 독일의 콜더비Koldewey 교수에 의해 진행되었다. 그는 독일 동방 학회 사업의 일환으로 바빌론 성곽 도시를 발굴했다(Koldewey, 1914). 이사야Isaiah의 예언대로 발굴 작업이 시작되기 전의 바빌론은 폐허로 남아 있었다. 예언자 이사야는 구약 시대의 손꼽히는 대예언자였다. 그는 기원전 740년경 야훼의 부름을 받고 701년경까지 남유다 왕국에서 예루살렘을 중심으로 활동했다. 그는 임금과 같은 권력자들 가까이 있을 수 있는 신분이었다. 그의 예언은 다음과 같다.

> 오직 들짐승이 거기 엎드리고
> 부르짖는 짐승이 그 가옥에 충만하며,
> 타조가 거기 깃들며, 들양이 거기서 뛸 것이며,
> 그 궁성에는 승냥이와 이리가 부르짖을 것이요,
> 화려한 집에는 들개가 울 것이라!

이와 같은 바빌론의 비참한 미래를 예언한 그는《이사야 예언서Book of Isaiah》의 저자이며 왕들의 행적을 기록한 것으로도 알려져 있다. 그가 활동하던 시기에 북이스라엘은 거의 붕괴된 상태였다. 남유대 왕국도 당시 강대국인 아시리아 제국과 그에 맞서 싸운 이집트, 시리아 등의 다른 국가들 사이에서 어려움을 겪고 있었다.

이러한 혼란 속에 등장한 것이 후세까지 이름을 떨친 바빌로니아 왕국이다. 원래 이 왕국의 수도인 바빌론은 별로 중요한 곳이 아니었다. 그러나 후에 수메르 문명과 아카드 문명을 끌어들여 바빌로니아 왕국을 건설해 메소포타미아 전역을 그 세력하에 두었다. 이것을 기원전 612년에 재건국되는 신新바빌로니아 왕국과 구별하기 위해 흔히 고古바빌로니아 왕국이라 부른다.

바빌로니아 왕국의 이름을 듣고 대부분의 사람은 함무라비 왕을 떠올릴 것이

그림 5-14. 콜더비 발굴단의 바빌론 발굴 모습(20세기 초)

다. 함무라비 왕은 메소포타미아 전역을 통일한 인물이다. 함무라비 왕국은 비록 단명에 그쳤지만, 중심 도시 바빌론은 그 후 메소포타미아 남부에 거주하던 셈 어족의 중심지가 되었다. 수메르인과 아카드인들로 구성된 고바빌로니아 왕국은 우르가 함락된 후의 혼돈기에 셈 어족인 아모리인의 한 부족이 서로 적대시하던 민족들을 압도하고 발흥한 것이다. 아라비아반도에서 팔레스타인으로 이주한 아모리인은 난폭하기로 유명했다. 함무라비 왕의 치세는 기원전 1792년에 시작해 기원전 1600년경까지 존속했지만, 그 후 히타이트인에 의해 바빌론이 파괴된 것을 계기로 여러 민족에 의해 분할되었다.

번영을 구가했던 바빌로니아 제1 왕조는 남쪽으로는 페르시아만으로부터 북쪽으로는 메소포타미아 상류의 아시리아에 걸친 광활한 지역을 지배하고 있었다. 함무라비 왕의 지배는 티그리스강 연변의 니네베와 님루드, 유프라테스강 상류의 마리Mari, 조금 더 북상해 알레포Aleppo 부근까지 이르는 범위였다. 바빌로니아 왕국은 당시로서는 오리엔트에서 탄생한 왕국 중 가장 큰 제국이었다.

고바빌로니아 왕국에는 고도로 발달한 행정 조직과 유명한 함무라비 법전이

그림 5-15. 돌기둥에 새겨진 함무라비 법전(좌)과 상단부 정의의 신(우)

있었다. 함무라비 법전은 그 내용을 약 2.5미터의 현무암에 새겨 누구라도 읽을
수 있도록 신전의 중정中庭에 설치했다. 이 법전의 특이성은 총 282개 조항에
달하는 길이와 훌륭한 구성에서 찾아볼 수 있다. 함무라비 법전은 임금, 이혼,
의료비 등과 같은 실로 다양한 문제를 망라하고 있다. 다만 독자들이 오해하지
않도록 말해두자면, 이 법전은 새로운 법률을 제정한 것이 아니라 기존의 수메
르 법률을 편찬해 공표한 것이다.

함무라비법이 가장 상세하게 다루는 것은 가족, 토지, 상업의 세 가지 테마였
다. 그 내용을 보면, 당시의 사회가 이미 친족 관계와 공동체가 통제할 수 없는
단계에 이르렀음을 알 수 있다. 함무라비 왕의 시대에는 사법이 신전을 떠나 신
관은 재판에 관여하지 않는 것이 관례가 되어 있었다. 그 대신에 마을의 유력자
들이 재판을 맡았다. 결코 납득할 수 없는 경우에는 바빌론 법정과 국왕에 상소
할 수 있었다.

함무라비 법전에 새겨진 돌기둥에는, 법전을 공표하는 것은 정의 실현을 목
적으로 한다고 명시되어 있다. 법 조항은 수메르의 전통을 계승했고, 형벌은 수

메르 시대에 비해 더 엄격해졌다. 재산에 관한 이 법전에는 민법과 상법, 소송법이 포함되어 있는데, 이 조항 중 가장 눈에 띄는 것은 노예에 관한 법률이 포함되어 있다는 점이다. 모든 고대 문명이 그러했던 것처럼 고바빌로니아 왕국 역시 노예 제도가 있었다. 노예 제도는 타 민족을 정복하는 과정에서 자연스럽게 발생한 제도였다. 전쟁에서 패한 자는 처와 자식과 함께 노예가 되는 운명에 처했다.

바빌로니아 제1 왕조가 탄생할 즈음에 이미 노예 시장이 존재했으며, 노예 가격이 안정되어 있었다는 기록을 보면 매매가 매우 빈번하게 이뤄졌던 것으로 여겨진다. 당시의 노예는 상업에 종사하는 등의 일정 부분 자유가 허락된 경우도 있었지만 함무라비 법전 속에도 사회적 계급은 존재하고 있었다. 귀족과 사제를 비롯한 서기와 전사들은 상류층에 속했으며, 노예는 하류층을 이루었다. 나머지 상인, 기술자, 농민들은 중간 계급에 속해 있었다. 이와 같은 사회적 계층은 우르의 스탠다드 중 평화 시의 패널에서도 확인할 수 있다(그림 5-16).

함무라비 법전에서 특히 눈에 띄는 것은 "눈에는 눈, 이에는 이"라는 조항이다. 이러한 보복의 법칙을 탈리오 법칙lex talionis이라 부른다. 인도의 간디는 "눈에는 눈으로 처벌하면 세계가 모두 장님이 된다"라고 하며 이에 반대했을 정도

그림 5-16. 우르의 스탠다드(평화 패널)

로 어찌 보면 매우 원시적인 법 조항이
긴 하지만, 함무라비 왕은 법질서를 중시
하고 싶었던 모양이다. 구체적인 예로 제
196조의 "평민이 귀족의 눈을 빠지게 했
다면 그의 눈을 뽑는다", 제200조의 "귀
족이 같은 계급의 치아를 상하게 했다면
그의 치아를 뽑는다", 그리고 제229조의
"건축가가 타인의 주택을 부실하게 지어

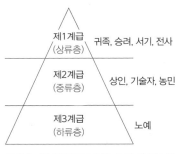

그림 5-17. 함무라비 법전 속의 사회적 계
층구분

무너져 집주인이 죽으면 그 건축업자를 죽인다"와 같은 조항에서 법이 만인 앞
에 평등하다는 메시지와 책임을 엄하게 추궁하는 사회 질서를 세우려 한 함무
라비 왕의 의도를 엿볼 수 있다.

더욱 감탄할 대목은 이 법전의 마지막 부분에 법률의 사명이 사회 안정과 깨
끗한 정치를 보장하는 것인 동시에 강자가 약자를 능멸하지 못하게 하고, 정의
의 이름으로 사건을 심판하여 피해를 입은 이들이 공정함과 평온함을 얻을 수
있도록 해야 한다고 명시된 부분이다. 오늘날의 현대적 법의 정신과 별 차이가
없어 보인다. 고대 사회에서도 사회 비리와 권력 남용은 큰 문제였고, 경제 질서
의 확립과 반목과 부정을 방지하는 것이 메소포타미아 통치자들의 염원이었다.

그러나 함무라비 법전에 담겨 있는 탈리오 법칙이 무차별적으로 적용된 것은
아니었다. 보복의 법칙이 적용된 대상은 가해자와 피해자 모두 아빌리움awilum
이라 불리는 제1계급의 상류층에 한정되어 있었다. 이렇게 1,000년 전 유럽의
상황보다 4,000년 전의 고바빌로니아 왕국의 실상을 더욱 잘 알 수 있게 된 것
은 바빌로니아 제1 왕조의 유적에서 상세한 내용이 새겨진 점토판이 다량 출토
되었기 때문이다.

제국은 함무라비 왕이 사망한 후 점차 쇠퇴하기 시작했다. 메소포타미아 북부
에서는 고바빌로니아 왕국이 건국되기 전부터 이미 강력한 민족이 등장해 있었

다. 함무라비 왕 치세에는 우르 왕조 말기에 아시리아에 출현한 아모리인의 왕국을 멸망시킨 적도 있었지만, 그것도 일시적 승리에 불과했다. 그 후, 약 1,000년에 걸쳐 아시리아는 여러 민족 간의 전쟁터가 되었고, 그 가운데 이윽고 큰 세력이 나타나 기원전 7세기에는 이집트를 포함한 오리엔트를 통일하게 되었다. 메소포타미아 문명의 중심은 남부의 수메르로부터 북부로 옮아간 것이다.

그 큰 세력이란 바로 히타이트인이었다. 그들은 기원전 3000년대 아나톨리아고원으로부터 서쪽으로 이동해 소아시아에 정착했다. 그 후 수세기에 걸쳐 서서히 메소포타미아로 침입해 들어오면서 인도·유럽 어족인 자신들의 언어에 설형 문자를 도입하고 여러 문명을 흡수했다. 또한 히타이트인은 기원전 1700년까지 시리아로부터 흑해에 이르는 지역을 지배하에 둔 후, 더 남하해 이미 과거 아카드의 영토로 후퇴해 있던 바빌로니아 땅으로 침입했다.

그들이 바빌론을 함락하면서 함무라비 왕이 건설한 왕조는 막을 내리게 되었다. 그리고 히타이트인들이 퇴각한 후에는 4세기 동안 다른 민족들이 메소포타미아에서 패권을 다투게 되었다. 이 시기의 사정은 정확히 알려져 있지 않지만, 이 무렵 메소포타미아의 땅이 아시리아와 바빌로니아로 분열된 것은 사실이다. 이 분열은 다음의 1,000년에 매우 중요한 의미를 갖게 된다.

기원전 1162년, 바빌론에 있던 마르두크 신전에서 달의 신인 신Sin 조각상이 재차 탈취당했다. 마르두크는 태양의 아들을 뜻하는 바빌론의 최고 수호신이다. 이때 신상을 탈취한 것은 엘람인들이었다. 이 시기의 메소포타미아는 한창 혼란에 빠진 상태였으며, 문명의 중심은 이미 다른 땅으로 옮겨간 후였다. 아시리아 제국의 등장은 기원전 7세기 이후의 일이었지만, 제국 탄생의 배경이 된 민족 이동은 기원전 14~13세기에 걸쳐 일어났다. 이때의 이동에는 수메르 문명의 후계자보다도 다른 민족들이 더 깊은 연관성이 있는 것 같다.

그럼에도 불구하고 수메르 문명의 계승자, 즉 수메르를 정복하여 수메르를 이은 민족은 수메르가 쌓아올린 토대를 계승했다. 오리엔트는 기원전 1000년까지 세계 정치의 파고에 휘말려 버렸지만, 기술, 법률, 종교, 지적 활동 등의 모든 면에서 수메르의 전통은 살아남았다. 그 후, 수메르 문명의 유산은 기묘하게 모양을 바꿔가면서도 더욱 다양한 문명으로 명맥을 유지해 나간 것이다.

노아의 방주: 홍수 이야기

아시리아 학자 스미스Smith는 1872년 아슈르바니팔 도서관 유적지에서 출토된 점토판을 정리하면서 홍수 이야기가 적힌 문서를 발견했다. 홍수 그 자체는 자연 현상이지만, 홍수에 관한 설화는 인문 현상의 하나다. 홍수가 발생했을 때 인류가 어떻게 대처하고 또 어떤 이야기를 남겼는지는 당시 상황을 가늠케 하는 일종의 스토리텔링인 것이다.

홍수 설화는《구약 성서》창세기의 제6장~제9장에 걸쳐 기록되었을 뿐 아니라 그보다 이른 시기인 수메르의 에리두Eridu 창세기를 비롯해 바빌론의《길가메시 서사시》, 구전되고 있는 카자흐스탄의 설화 등에서 발견할 수 있다. 이들 설화는 지구의 온난기 또는 많은 강수량으로 하천이 범람하기 쉬운 상황에서 홍수 피해가 과장되어 생겨난 트라우마에서 비롯된 것으로 생각된다.

《길가메시 서사시》에 나오는 홍수 이야기는《구약 성서》의 노아의 홍수에 나오는 내용과 매우 흡사하다. 그러나 사실 그 이야기는《길가메시 서사시》에는 없던 내용이었는데, 오리엔트 각지에서 전해 내려오던 홍수 이야기가 어느 시점에선가 전술한 바 있는 아트라-하시스의 전설 속에 삽입된 것이다. 맥콜에 따르면(McCall, 1990), 아카드어로 '현명하다'란 뜻의 아트라-하시스Atra-hasis는 함무라비 왕의 증손자였던 암미-짜두가Ammi-Zaduga에 기록된 수메르의 대홍수 속에서 살아남아 인류와 동식물을 보존한 존재였다. 그리고 길가메시 Gilgamesh는 우루크의 전설적 왕으로 실존 인물이며, 신화와 서사시에 등장하는 수메르의 영웅이다. 길가메시의 서사시는 우루크의 왕이었던 길가메시의 무훈담을 기록한 내용으로 기원전 2000년대의 점토판에 기록되어 있다.

이렇게 볼 때, 나는 지우수드라Ziusudra의 홍수 설화가 수메르의 에리두 창세기에서 처음 시작되어 바빌로니아의 아트라-하시스의 설화와 《길가메시 서사시》의 설화로 이어져 《구약 성서》의 노아의 홍수를 비롯해 카자흐스탄 등지로 전파되었을 가능성을 믿고 싶다. 그 근거로 이들 설화가 각각 방주의 도착 지점과 선지자, 육지가 가까이 있음을 알려준 새의 종류가 비둘기, 제비, 까마귀 등과 같이 상이함에도 불구하고 홍수 기간과 최종 생존 인원에서 공통점이 있기 때문이다. 즉 모든 설화에서 홍수 기간은 7일이며, 생존 인원은 8명이다.

8명이 한 배를 타고 표류하다가 육지에 닿아 구사일생으로 살아남았다는 설화는 한자의 배를 뜻하는 '船'에서 유추할 수 있는데, 船을 풀어쓰면 舟+八+口로 구성된 문자임을 알 수 있다. 이는 배에 탄 8명의 인간을 뜻한다. 그러므로 船이란 한자 속에 홍수 설화가 담겨져 있음을 알 수 있으며, 한자가 만들어지기 전에 홍수 설화가 각지에 회자되었음을 증거하는 것이리라. 또한 영어의 land는 표류 끝에 땅에 도달했으므로 '닿다' 혹은 '상륙하다'란 뜻을 갖는다.

《구약 성서》 모세 5경의 창세기에 노아의 홍수에 대한 기록은 다음과 같다. 기독교 신자가 아니더라도 누구나 한번쯤은 읽어 보았을 내용이다.

> 노아의 역사는 이러하다. 노아는 당대에 의롭고 흠 없는 사람이었다. 노아는 하느님과 함께 살아갔다. 그리고 노아는 아들 셋, 곧 셈과 함과 야벳을 낳았다. 그때 세상은 폭력으로 가득 차 있었고 하느님께서 내려다보시니 세상은 타락해 있었다.
> …하느님께서 노아에게 말씀하셨다. 나는 모든 살덩어리들을 멸망시키기로 결정했다. 그들로 말미암아 세상이 폭력으로 가득찼다. 나 이제 그들을 없애 버리겠다. 너는 전나무로 방주 한 척을 만들어라. 그 방주에 작은 방들을 만들고, 안과 밖을 역청으로 칠해라. 너는 그것을 이렇게 만들어라.
> …그 방주에 지붕을 만들고 문은 방주 옆쪽에 내어라. 그리고 방주를 아래층과 둘째 층과 셋째 층으로 만들어라. 이제 내가 홍수를 일으켜, 하늘 아래 살

아 숨 쉬는 모든 살덩어리들을 없애 버리겠다. 땅 위에 있는 모든 것이 숨지고 말 것이다. 그러나 내가 너와는 내 계약을 세우겠다. 너는 아들들과 며느리들과 함께 방주로 들어가라. 그리고 온갖 생물 가운데에서, 온갖 살덩어리 가운데에서 한 쌍씩 방주에 데리고 들어가, 너와 함께 살아남게 하여라. 그것들은 수컷과 암컷이어야 한다. 새도 제 종류대로, 짐승도 제 종류대로, 땅바닥을 기어 다니는 것들도 제 종류대로, 한 쌍씩 너에게로 와서 살아남게 하여라.

이와 같은 야훼의 명령에 따라 노아는 그대로 실행에 옮겼다. 40일 동안 비를 뿌리겠다던 야훼는 150일 동안 비를 내려, 물이 불어나 바다를 이루게 했다. 방주에 실은 생물체 이외에는 모두 전멸했음은 물론이다. 비가 멈추고 물이 땅에서 계속 빠져나가 수위가 낮아졌고, 방주는 아라라트산 위에 표착하여 비둘기를 날려 보내 물이 빠졌음을 확인했다. 그 이후의 내용은 다음과 같다.

노아가 600살이 되던 해, 첫째 달 초하루 날에 땅의 물이 말랐다. 노아가 방주 뚜껑을 열고 내다보니 과연 땅이 말라 있었다. 둘째 달 스무이레 날에 땅이 다 말랐다. …내가 다시는 사람 때문에 땅을 저주하지 않으리라. 이번에 한 것처럼 다시는 어떤 생물도 파멸시키지 않으리라. 땅이 있는 한 씨뿌리기와 거두기, 추위와 더위, 여름과 겨울, 낮과 밤이 그치지 않으리라. … 하느님께서 노아와 그의 아들들에게 복을 내리시며 말씀하셨다. 자식을 많이 낳고 번성하여 땅을 가득 채워라. 땅의 모든 짐승과 하늘의 새와 땅바닥을 기어 다니는 모든 것과 바다의 모든 물고기가 너희를 두려워하고 무서워할 것이다. 살아 움직이는 모든 것이 너희의 양식이 될 것이다. … 노아는 홍수가 있은 뒤에 351년을 살았다. 노아는 모두 950년을 살고 죽었다.

이탈리아 피렌체에 있는 산타 마리아 성당의 벽화는 대홍수를 묘사한 작품들인데, 그중 노아가 방주를 만드는 장면과 짐승들을 태우는 장면이 함께 들어 있

그림 5-18. 방주 제작을 묘사한 모자이크 그림(1180년대 제작)

다. 중세의 화가들은 방주에 관심을 가졌던 모양이다. 1180년대에 제작된 이 모
자이크 그림에는 야훼의 계시에 따라 방주를 집의 형태로 지붕과 출입문을 설
치해 이 배가 단순한 선박이라기보다는 집으로 사용할 수 있는 방주였음을 분
명히 밝히고 있다.

　방주에서 살아남은 노아와 세 아들 부부는 모두 인류의 조상이 되었으며, 그
중 셈은 가나안 땅의 조상이 되었다. 우리는 여기서 《구약 성서》의 내용에 담긴
뜻을 음미해 볼 필요를 느낀다. 수메르의 우르에 살던 아브라함도 예부터 전해
내려오던 홍수 이야기를 들어 알고 있었을 것이다. 추론컨대 홍수 이야기가, 수
메르의 빈번한 홍수로 관개 시설이 피해를 입는 등 홍수에 대한 불안과 공포로
만들어진 설화가 《구약 성서》에 포함되었을 것이다. 또한 바빌론에 포로로 끌
려갔던 이스라엘 백성들이 그곳에서 구전되던 서사시 내용을 들었을 것이다.

　고고학자 울리 경은 우르의 발굴 현장에서 홍수의 흔적이 남아 있는 기원전
3500년의 유적층을 발견했는데, 그는 이것이 성서에 나오는 노아의 홍수가 실
제로 있었다는 증거라고 흥분하며 주장했다(Mallowan, 1966). 그러나 수메르
기록에 의하면 홍수는 기원전 2900년경에 발생했으므로, 그의 주장은 신빙성

그림 5-19. 니네베에서 발견된 점토판

이 없어 보인다. 만약 홍수 이야기가 사실이라면, 우르에서뿐만 아니라 메소포타미아 전역에서 그 당시의 퇴적층이 발견되어야 한다. 홍수는 어떤 장애물이 있더라도 두꺼운 퇴적층을 남기기 마련인데, 그 흔적은 이 유적지 이외에서는 발견되지 않았다.

1872년 대영 박물관 이집트·아시리아 담당자인 스미스는 1852년 고고학자 레이야드가 니네베에서 발굴한 한 점토판을 읽다가 뜻밖의 문장을 발견하고 깜짝 놀랐다. 이 점토판은 아슈르바니팔Ashurbanipal 왕이 세운 도서관 유적에서 발견된 것인데 "배가 니시르산에 도착한 다음에 날려 보낸 비둘기가 다시 배로 돌아왔다"라고 기록되어 있었다. 《구약 성서》에 기록된 노아의 홍수 이야기 끝 부분과 너무나 흡사했던 것이다(Layard, 1853). 이 점토판의 발견은 메소포타미아의 역사에 대한 이해는 물론 성서의 해석에도 큰 영향을 끼쳤다.

아르메니아 왕국의 땅은 이전부터 삼림 지대로 강수량이 포도와 목면을 재배할 만큼 충분했을 것이다. 인류 최초로 와인이 만들어진 곳이 바로 아르메니아였다(McGovern et al., 2017). 맥주의 시초가 메소포타미아 남부 수메르 지방의 우르였다면, 와인의 시초는 아르메니아였다. 이후, 와인과 맥주는 동지중해의 페니키아를 거쳐 나일강 유역으로 전해졌고, 에게해를 건너 크레타섬을 경유해 펠로폰네소스반도의 그리스로도 확산되어 플라톤 역시 맥주 맛을 볼 수 있게 되었다. 와인은 기독교가 탄생하면서 의식용으로 소비되기 시작했고, 맥주는 신전과 왕궁은 물론 여러 사람들에게 애용되기 시작했다.

《길가메시 서사시》에도 "인생의 기쁨, 그 이름은 맥주!"라며 우르의 주민들은 술통에 빨대를 꽂아 걸쭉한 맥주를 빨아마셨다. 기원전 3세기 고대 그리스의 아테네에 살던 플라톤은 "맥주를 발명한 사람은 현자다!"라고 칭송했다. 오늘날 그들의 후손이라 할 수 있는 이라크 국민들은 무슬림이 되어 술을 마시지 않는다. 16종이 넘는 각종 맥주를 처음 만든 이들이 그들의 조상이었다니 아이러니한 이야기가 아닐 수 없다.

메소포타미아의 포도는 기원전 2400년경 수메르의 라가시Lagash에서 경작되었지만, 최소한 기원전 1000년까지는 그리스에 전파되지 않았다. 포도 재배는 아르메니아로부터 아나톨리아의 리디아로, 또 레반트의 티레를 거쳐 페니키아인에게 전파되었다. '술'이란 단어는 셈 어족의 외래어에 속하는 히브리어와 아랍어로 yain 혹은 wain인데, 그리스어로는 owas라 쓴다.

그리스와 인접한 리디아Lydia는 최초로 금화와 은화를 만들었지만 그보다 당시 포도 산지로 유명했다. 이는 포도가 그리스로 유입된 경로를 말해 주는 것이

그림 5-20. 빨대로 맥주를
마시는 우르 주민의 상상도

다(Hyams, 1952). 또 다른 경로는 페니키아인들이 크레타섬으로 옮겨간 것이 그리스의 미케네를 거쳐 아티카반도의 아테네 등과 같은 도시 국가로 전파되는 루트였다. 헤로도토스는 후자의 전파 경로를 지목했다.

이에 비해 와인의 본고장이라 할 수 있는 아르메니아는 양조의 전통을 이어받아 세계 주류 경연 대회의 코냑 부문에서 금메달을 획득하면서 여전히 세계 최고의 양조 국가임을 자부하고 있다. 영국의 처칠이 아르메니아의 코냑을 즐겨 마셨다는 일화는 유명하다.

설형 문자로 기록된 《길가메시 서사시》

문자의 발명은 후세의 역사가들에게는 더할 나위 없이 반가운 일이었다. 당시의 정치와 경제에 관한 연구는 물론 기록된 문학 작품을 통해 고대인들의 정신 세계를 파악할 수 있게 되었기 때문이다. 앞에서도 잠깐 설명한 바 있듯이 그 가운데에서도 가장 오래된 문학 작품으로 알려진 메소포타미아의 《길가메시 서사시》는 대단한 발견이었다. 오늘날 알려진 서사시는 기원전 7세기에 완성된 작품인데, 그 내용은 수메르 시대에 탄생해 기원전 2000년경부터 벌어진 단편적 이야기가 기록되어 있다.

주인공인 길가메시는 우루크의 5대 왕으로 세계에서 처음으로 문학에 등장한 실존 인물이었다. 우리들이 살펴보려는 긴 역사 속에서도 그는 개인 이름으로 등장한 최초의 인물이다. 이 《길가메시 서사시》 속에서 현대인의 관심을 끄는 부분은 아마 앞에서 설명한 대홍수 에피소드일 것이다. 《구약 성서》에서는 노아의 홍수로 인류가 멸망했으며, 한 가족만 방주를 만들어 살아남을 수 있었다. 서사시 속의 지우수드라가 바로 노아에 해당하는 인물이었다. 홍수가 잦아든 후, 그 가족으로부터 새로운 인류가 탄생해 세계로 퍼져 나아갔다.

이 에피소드는 당초 《길가메시 서사시》에는 포함되지 않았었다. 오리엔트 각지에 떠돌던 홍수 이야기가 어느 시점에선가 서사시에 포함된 사실은 메소포타미아 남부가 끊임없이 홍수에 시달리고 있었던 것을 생각하면 충분히 이해가 가능하다. 홍수가 일어날 때마다 인간의 삶을 지탱해 준 관개 시설이 큰 피해를 입었을 것이다. 수메르인들은 홍수에 대한 불안과 공포 속에서 비관적 운명론에 빠질 수밖에 없었다. 이런 사실은 수메르의 종교를 이해하는 열쇠가 된다.

《길가메시 서사시》의 에피소드 역시 그와 같은 암울한 사회를 묘사하게 되었다. 길가메시는 신들의 계시에 따라 죽을 수밖에 없었던 운명에 저항해 영원한 생명을 찾으려 했다. 그러나 결국에는 죽음을 피할 수 없음을 깨닫고 그 운명을 받아들인다. 그 이야기를 소개하면 다음과 같다.

신들은 죽음에 저항하는 길가메시를 보고 최종 결정을 내렸다. "길가메시보다 더 강하고 용감한 인간을 만들어 길가메시의 오만한 버릇을 고치도록 합시다." 신들은 점토로 엔키두Enkidu라는 인간을 만들어 야수들이 사는 숲에 보내어 자라게 했다. 엔키두는 야수들과 함께 생활하면서 강하고 용감하게 성장했다.

한편 엔키두의 소식을 들은 길가메시는 한 가지 꾀를 내었다.

"엔키두는 야수들과 같이 자랐으니 여자와 사랑을 나누는 게 얼마나 좋은지 아직 모를 것이다. 그놈이 여자에 일단 빠지고 나면 제가 할 일이 무엇인지를 잊고 말테지."

이렇게 생각한 길가메시는 절세의 미녀를 엔키두가 사는 숲 근처로 보냈다. 그 미녀는 며칠을 기다렸다가 엔키두를 만났다.

"엔키두님! 제가 예쁘지 않으세요? 제가 마음에 드시면 저를 사랑해 주세요." 짐승이나 다름없는 엔키두는 난생 처음 보는 예쁜 여자의 유혹에 그만 넘어가고 말았다. 그리하여 엔키두는 몇 달 동안 그 미녀와 사랑을 나누며 꿈 같은 세월을 보냈다. 그러자 천상의 신들은 이 사실을 알고 엔키두가 제정신을 차리도록 했다. 정신을 차린 엔키두는 미녀를 떨치고 일어나 길가메시를 혼내주기 위해 우루크로 향했다.

엔키두가 우루크시에 도착했을 때 그곳에서는 축제가 열리고 있었다. 시가지는 많은 사람들로 몹시 시끄러웠다. 그때 징소리와 피리소리가 울리면서 장엄한 행렬이 나타났다. 그것은 신전에 제사를 올리러 가는 길가메시의 행렬이었다. 제사 행렬은 시가지를 지나 신전 앞에 당도했다. 길가메시는 걸어나와 신전 안으로 들어가려고 했다. 그때 갑자기 군중들 속에서 엔키두가 튀어나와 왕의 앞을 가로막았다.

"길가메시여! 그대는 백성을 지나치게 괴롭혔소. 내가 신들을 대신하여 그대를 벌할 것이니, 나의 도전을 피하지 마시오."

그러자 길가메시는 도전을 쾌히 승락하고 엔키두와 대결을 벌였다. 두 사람의 대결은 막상막하였다. 엎치락뒤치락 한참 동안 결투를 계속했지만 결판이 나질 않았다. 그런 와중에 길가메시는 점차 엔키두에게 호감을 가지게 되었다. 마침내 길가메시는 결투를 멈추고 말했다.

"여보게 엔키두! 우리가 이렇게 싸울 필요가 어디에 있나. 나는 자네가 마음에 들었네. 내가 마음을 고쳐먹을 테니 우리 싸움은 그만 두고 서로 친구가 되세."

엔키두도 사실 길가메시와 대결을 하면서 같은 생각을 하고 있었다.

"좋아! 나도 사실은 자네가 마음에 들었다네."

그 후로 두 영웅은 서로 힘을 합해 갖가지 모험을 했다. 그들의 모험은 점점 더 과감해져서 나중에는 신들의 노여움을 사게 되었다. 특히 여신 이슈탈의 황소를 죽인 사건은 신들의 노여움을 사게 되어 엔키두가 죽음을 당하고 말았다.

이와 같은 독특한 내용 이외에도 《길가메시 서사시》에는 고대 메소포타미아의 신들에 관한 정보가 많이 수록되어 있다. 그러나 이 에피소드로부터 역사를 읽어내긴 어렵다. 물론 실제로 길가메시가 서사시의 내용처럼 인생을 보낸 것은 아니다. 당시 홍수가 빈번하게 발생한 사실을 보여 주는 증거는 많지만, 점토판에 기록된 대홍수를 고고학적으로 특정지려는 시도는 지금까지 실패로 끝났다. 길가메시의 길가gilga는 늙은이 또는 조상, 메시mesh는 젊은이 또는 영웅이

그림 5-21. 길가메시(우측)와 엔키두(좌측)가 싸우는 장면의 상상도

그림 5-22. 사자와 싸우는 길가메시의 부조와 서사시가 기록된 점토판

라는 뜻이다. 늙은이가 젊어지지 못하고 젊은이가 늙은이가 되는 운명임을 뜻
하는 이름이다. 영생불멸을 바랐던 길가메시는 엔키두의 죽음을 보고 죽음의
존재를 깨닫게 되었다.

《길가메시 서사시》 속에는 "물속에서 이윽고 대지가 나타났다"라는 구절이 있다. 홍수 에피소드는 아마 세계의 탄생, 즉 천지 창조를 묘사한 신화일 것이다. 《구약 성서》에도 바닷속으로부터 대지가 나타난 것으로 기록되어 있다. 이런 생각은 그 후 1,000년에 걸쳐 유럽의 지식인들 간에 사실로 받아들여졌다.

수메르인은 그 옛날 일찍이 메소포타미아의 저습지대를 경작지로 만들었다. 그때의 수메르 민족의 기억을 신화로 재현한 것이 아마 《길가메시 서사시》일 것이다. 오늘날 유럽 문명권의 중심을 이루는 나라는 대부분 기독교 국가다. 그들 기독교 사회가 현재 친숙하게 여기는 생각과 문화의 뿌리는 수메르 문명과 깊은 관련이 있을 것이라 생각한다. 이런 추론은 《길가메시 서사시》와 《구약 성서》에 등장하는 노아의 방주 에피소드와 너무 닮아 있다는 점에 근거한다.

유럽의 지식인들 사이에서는 오랫동안 그리스의 고전이 중요한 교양으로 여겨졌다. 라틴어가 고대 로마 제국의 붕괴 후에도 학술용 언어로서 살아남은 것처럼 수메르어 역시 일상용어로서 신전과 서기 양성 학교에서 그 명맥을 유지했다. 비록 수메르어는 소멸되었어도 라틴어와 함께 역사적 무게를 가진 언어였다고 볼 수 있다. 오리엔트 문명의 중심이 메소포타미아 북부로 옮겨진 후, 수메르의 사상은 다양한 언어로 번역되어 세계 각지로 퍼져 나아갔다.

제철 기술과 전차의 위력을 보여 준 히타이트 제국

아나톨리아 고원의 산악 지대에 그림 5-23에서 볼 수 있는 히타이트가 있었다. 메소포타미아의 문명을 설명할 때에는 우선 기원전 2000년 이전의 수메르 왕국과 아카드 제국에 대해 논한 후에 바빌로니아 왕국, 아시리아 제국, 그리고 신바빌로니아 왕국의 약 1,500년간 지속된 세 왕국에 대한 문명을 설명해야 한다. 세 왕국과 더불어 메소포타미아 북쪽에 융성했던 히타이트 제국이 꽃피운 문명도 빠뜨리면 안 된다.

히타이트 제국은 기원전 18세기경 아나톨리아 중북부의 하투사Hattusa를 중

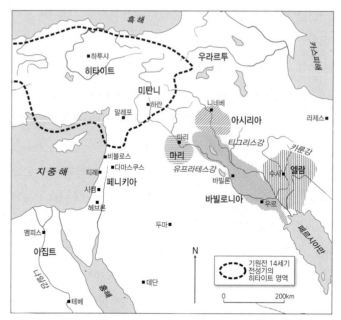

그림 5-23. 초기 히타이트 제국의 영토와 주변국(기원전 15~9세기)

심으로 형성된 왕국인데, 헝가리의 언어학자 블라디슬라브(Vladislav, 1974)에 따르면 그들이 사용한 언어는 인도·유럽 어족에 속하는 히타이트어였다. 이 제 국의 문명적 특징은 주변의 여러 문명을 융합해 복합 문명을 재창조했다는 점 에 있었다. 히타이트 제국은 기원전 14세기경에 최고 절정기에 달했다.

초기의 영토는 당시에 아나톨리아의 대부분을 포함해 페니키아와 미탄니 왕 국, 동쪽으로는 우라르투와 국경을 마주했지만, 전성기에는 지금의 레바논 영 토까지, 동쪽으로는 메소포타미아 북부까지 장악했다. 히타이트의 군대는 전 쟁 시에 전차를 효과적으로 사용했던 것으로 유명하다. 바빌로니아를 무너뜨린 '히타이트'라는 말은 《구약 성서》의 '헤드 후손들'에서 유래했다. 헤드Heth는 히 타이트의 조상이다.

19세기에 아나톨리아에서 히타이트를 발굴한 독일의 고고학자들은 처음에 성서에 등장하는 이들을 히타이트와 동일시했다. 현재는 《구약 성서》에 등장하는 히타이트인이 하투샤를 수도로 한 기원전 18~12세기경의 히타이트 제국의 히타이트인을 가리키는 것인지, 아니면 그 이후인 기원전 12~8세기경의 신新 히타이트 도시 국가들의 히타이트인을 가리키는 것인지에 대한 식별 문제가 제기된다. 여기서 말하는 것은 전자다. 하투샤는 해발 1,000미터의 산지 사면 중 두 하천이 흐르는 곳에 건설되었다. 이 도시는 히타이트 제국의 수도로 제철 기술을 바탕으로 기원전 14세기에 번영을 누리며 그림 5-24에서 볼 수 있는 것처럼 저지대에 이어 고지대에 도시를 증설했으나, 현재는 거의 파괴되어 본래의 모습을 가늠하기 어렵다.

산톤(Santon, 2007)의 연구에서 밝혀진 것처럼 히타이트의 군대는 전쟁 시에

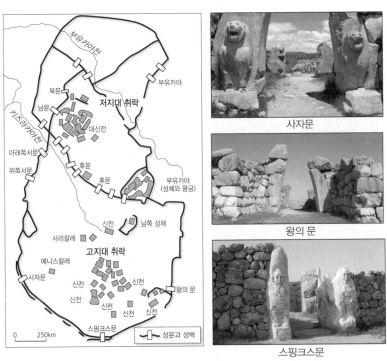

그림 5-24. 기원전 14세기 히타이트 제국의 수도 하투샤의 도시 구조와 주요 성문

이집트와 히타이트의 군사력 비교

구분	이집트 군대	히타이트 군대
보병	16,000명	15,000~40,000명
전차병	2,000명	2,500~3,700명
기타	4,000명	11,000명
계	22,000명	38,500~54,700명

평원에서 전차를 이용해 밀집한 적을 격파한 것으로 유명하다. 캅카스 산지의 고대 토착 민족들 중 하나로 후르리인Hurrians에게 말 기르는 법을 습득한 히타이트인은 말이 끄는 6개의 바퀴살을 장착한 전차를 이용해 이집트군과 싸웠다. 히타이트 제국과 이집트는 팔레스타인을 놓고 서로 국경을 마주하여 세력을 다퉜다. 전쟁의 주된 목적은 약소국들이 이집트 편에 서는 것을 견제하고 노예로 삼기 위해 포로를 획득하는 것이었다.

이집트의 파라오는 기원전 1274년 카데시 전투에 직접 출정해 히타이트와 전투를 벌였다. 이집트는 이 전투에서 거짓 정보에 속아 주력 군단이 괴멸당할 정도의 고전을 면치 못했다고 하니 히타이트의 군사력이 막강했던 모양이다. 이후 28년간에 걸친 전투의 결과에 대해서는 양측의 기록이 달라 아직까지 논란의 대상이지만, 이집트는 히타이트 세력을 팔레스타인에서 완전히 몰아내지는 못했다. 양측 군사력을 비교해 보면 히타이트군대가 더 많았음을 알 수 있다.

양쪽은 서로 상대를 물리치지 못하고 기원전 1258년 평화 조약을 체결했다. 이때 람세스 2세는 히타이트 왕녀를 왕비로 맞이하게 되었는데, 이 조약은 세계사에서 최초로 체결된 평화 조약이라 평가할 수 있을 것이다. 1906년에는 히타이트 제국의 수도 하투샤였던 현재 터키의 보가즈쾨이Bogazköy에서 발굴된 히타이트 보존본 평화 조약의 내용이 담긴 비석이 발견된 바 있으며, 이집트 보존본 조약문은 카르나크 신전의 벽면에 새겨져 있다. 상호 불가침 원칙과 기존의 양국 국경선을 인정하는 원칙에서 이 조약은 문명인의 방식으로 평화를 이룩했다는 데에 의의가 있다.

카데시 전투가 가지는 의미는 남방 세력과 북방 세력 간의 세력 균형을 맞췄다는 데 있다. 이집트는 식량의 보고 역할을 하는 나일 삼각주를 지키기 위해 레반트까지 전진기지를 확보해야 했고, 자원이 필요한 히타이트는 아나톨리아의 척박함을 벗어나 남진해야만 했기 때문이다. 하타이트인들은 절대로 죽지 않을 것처럼 이 세상을 위해 살고, 내일 죽을 것처럼 저 세상을 위해 사는 민족이었다.

기원전 1180년 이후에 히타이트 제국은 분열되어 여러 독립된 도시 국가로 분할되었으며, 기원전 8세기까지 존속했다. 이 도시 국가들을 신新히타이트 Neo-Hittite 도시 국가라고 부른다. 히타이트 제국은 다른 민족이 청동기밖에 만들지 못했던 시기에 고도로 발달한 제철 기술을 바탕으로 이집트와 대등한 국력으로 맞섰고, 후에 메소포타미아를 정복했던 강대국이었다. 이에 대한 반론도 있지만(Waldbaum, 1978), 그들은 철광산을 보유하여 철기로 만든 무기를 독점할 수 있었다.

제철 기술은 구리와 주석을 녹이는 방법에서 힌트를 얻은 부산물이었을 것이다. 그러나 구리를 사용한 청동기 시대와 철기 시대 간에는 상당한 시간적 차이가 있었으며, 철 생산이 구리 만드는 기술을 모르던 집단에 의해 독립적으로 개발되었다고 보기 어렵다. 미국의 고고학자 워타임과 물리(Wertime and Muhly, 1980) 역시 《철기 시대의 도래》에서 철 생산은 메소포타미아 북부에서 시작되었다고 보았다.

철은 무기뿐 아니라 농기구가 되어 단단한 토양을 경작할 수 있게 되었다. 당시의 제철 기술은 초보적 수준이었지만, 발전된 철기의 보급을 계기로 지구상의 경작 면적은 비약적으로 증가할 수 있었다. 철로 만든 농기구로 땅을 깊이 파는 심경이 가능해졌기 때문이다. 오리엔트는 기원전 1000년을 기점으로 청동기 시대와 철기 시대로 구분될 수 있다. 철기 문화는 곧 키프로스를 거쳐 에게해로 전파되었다. 이 제국의 유적지는 아나톨리아고원의 중앙부에 속하는 보아즈칼레Boğazkale에서 발굴 작업이 진행되고 있으니 머지않아 그들의 실체가 밝혀질 것이다.

히타이트인들의 신은 왕의 이름에서 유래한 풍요의 신이었던 텔레피누Telipinu였는데, 그가 땅 위에 나타나면 모든 식물이 활기를 얻어 번성하지만, 그가 사라지면 식물이 시들며 황폐해진다고 믿었다. 이는 곧 수메르의 이난나와 두무지에서 보았던 계절의 변화에 대한 신화적 설명이라고 할 수 있다. 이 텔레피누신은 수메르의 두무지, 이집트의 오시리스신과 유사하며, 그 밖의 히타이트신은 후르리인의 신화 속에 등장하는 신들을 공유했다.

신바빌로니아는 기원전 626~539년 기간에 메소포타미아 문명을 이어받은 왕국이었다. 신바빌로니아가 기원전 609년 아시리아로부터 독립을 되찾은 후, 신바빌로니아 통치자들은 왕국의 과거 역사를 깊이 의식하고 고대 수메르-아카드 문명을 상당 부분 되살리면서 전통주의 정책을 추구했다. 그 영토는 레반트를 포함했으며, 북쪽으로는 리디아, 실리시아Cilicia, 메디아와 접했으며, 동쪽으로는 신엘람, 페르시아, 서남쪽으로는 이집트와 아라비아와 마주했다(그림 5-25).

엑타바나Ecbatana(현재의 하마단)에 수도를 둔 메디아는 아시리아가 멸망한 후 기원전 11세기 전반 무렵 메디아족이 건국했으며, 기원전 6세기에는 이상적인 군주이자 자비로운 왕으로 존경을 받은 키루스 대왕에 의해 페르시아 제국(아케메네스 제국)과 병합되기 전까지 이란의 첫 번째 국가를 형성했다. 그리고 리디아는 기원전 7세기 중반~6세기 중반까지 소아시아를 지배하는 동안 서쪽에 인접한 그리스인들에게 커다란 영향을 미쳤다.

지금까지 설명한 메소포타미아에서 발흥한 왕국들의 변천사를 요약하면 그림 5-26과 같다. 여기서는 청동기 시대의 수메르 왕국부터 철기 시대의 신바빌로니아 왕국에 이르는 역사가 요약되어 있다. 그리고 독자들은 더 범위를 넓혀

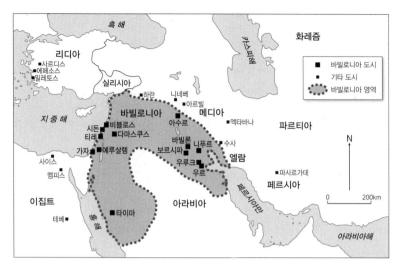

그림 5-25. 신바빌로니아 왕국과 주변국(기원전 626~539년)

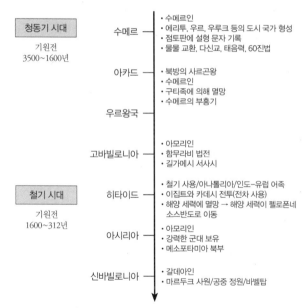

그림 5-26. 청동기 시대와 철기 시대의 메소포타미아 왕국들

퍼타일 크레슨트 일대에서 분열과 통일을 반복한 왕국 및 제국들의 변천사를 염두에 두고 당시의 시대적 상황을 살펴가면서 이해해 주기 바란다.

철기 시대가 뿌리를 내리고 메디아 왕국이 멸망한 후 등장한 초기 페르시아 왕조의 아케메네스는 뛰어난 행정 조직과 대규모 건축 사업을 벌인 왕으로 유명하다. 수많은 반란을 진압한 끝에 행정 조직을 정비하고 페르시아 제국을 강화시킬 수 있었던 그는 각 지방의 원활한 교류를 위해 '왕의 길the King's High-way'을 비롯한 교통로를 열었다. 독자들에게는 후술할 예정인 이집트로부터 가나안으로 향하는 '왕의 대로'와 혼동하지 말 것을 부탁한다. 그림 5-27의 페르시아 제국이 건설한 '왕의 길'은 페르세폴리스로부터 제2의 수도 수사와 아시리아의 니네베를 거쳐 소아시아 서쪽의 사르데스에 이르는 길이었으며, 이때 만들어진 역전제驛傳制는 평상시에는 교역로로, 전시에는 전차가 달릴 수 있기 때문에 수송로로 이용되었다. 이는 동아시아의 역참제驛站制와 유사한 제도였다. 이처럼 왕의 길을 건설하는 목적은 왕의 명령을 빨리 전달하고 세금과 공물을 효율적으로 운반하는 데 있었다.

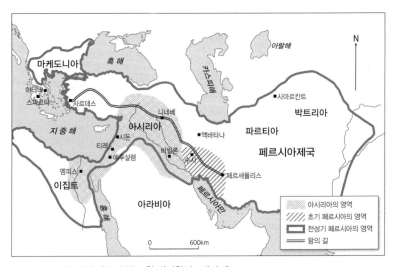

그림 5-27. 페르시아 제국의 영토 확장(기원전 6세기경)

이와 같은 교통로는 엘람 문명, 메소포타미아 문명, 그리스 문명을 아우르는 문명 교류의 루트가 되었다. 그로부터 약 100년 후 알렉산더 대왕의 동방 원정으로 창출된 헬레니즘 문명 역시 서로 다른 문명이 융합된 결과물이었다. 이후 아케메네스는 그리스에 침공해 전쟁을 일으켰고, 기원전 490년 마라톤에서 아테네군에게 패한 후 추가 원정을 준비하다 기원전 486년에 32세의 나이로 요절했다.

아시리아의 중심 아슈르와 니네베

여기서 다시 아시리아의 설명으로 되돌아가 보자. 아시리아 제국의 중심은 아슈르, 님루드, 코르사바드, 니네베에 있었다. 기원전 9세기에 이르자 혼란 속에서 아시리아는 새로운 세력으로 대두되었다. 《구약 성서》에 의하면 아시리아 군대가 재차 시리아와 유대 왕국에 공격을 가했다. 처음에는 격퇴되었지만, 아시리아군은 반복적으로 공격을 가해 결국 그 땅을 차지했다. 이를 계기로 오리엔트의 역사는 새로운 단계에 접어들었다.

아슈르에 많은 인구가 정착을 시작한 시기는 수메르 왕국이 쇠퇴하기 시작한 기원전 3000년 중엽부터였다는 것이 고고학적 발굴로 밝혀졌다. 가장 오랜 유적은 이슈타르 신전에서 발견되었고 구舊궁전의 발굴로도 확인되었다. 점토판에 설형 문자로 기록된 문서에서 '아슈르Ashur'란 지명이 언급된 것은 기원전 2450년경까지 소급된다. 문명의 중심이 조금씩 북상하기 시작한 것이다.

기원전 23세기의 아카드 왕조 시대에는 이미 아슈르 도시 국가로 불릴 수 있는 정치 체제가 확립되어 있었지만 자세한 역사는 불분명하다. 이 도시 국가는 메소포타미아에서 패권을 장악한 아카드 왕조와 기원전 21세기경에 성립한 우르 제3 왕조의 지배를 받은 것으로 보이며, 그 무렵 우르 왕이던 신과 아마르를 위해 이슈타르 신전이 건립되었다.

아슈르의 도시 재건에 관한 기록은 수세기가 경과한 후에 나타나는데, 기원전 1500년경 아슈르시가 재건되면서 도시 남부에 신도시가 건설된 것으로 보인다. 이 무렵 메소포타미아 북부와 아나톨리아 동남부에서 발흥한 미탄니Mi-tanni 왕국이 세력을 뻗쳐 아슈르는 그 점령지가 되었다. 샬만에세르Shalmane-ser 1세가 13세기 수도를 아슈르로부터 투쿨티니눌타Tukulti-Ninurta를 거쳐 님루드로 천도할 때 아슈르의 이슈타르 신전이 개축되었다.

아슈르 성곽 도시의 남쪽에 신도시를 건설한 것은 기존의 성곽 도시가 협소한 때문이라는 견해도 있지만 사실이 아닌 것 같다. 투쿨티니눌타 1세는 바빌로니아를 정복하고 전리품으로 다수의 점토판을 그의 이름을 딴 도시 투쿨티니눌타가 아닌 아슈르로 가져왔다. 이 도시는 파르티아 시대 중 기원전 150~기원후 270년에 걸쳐 부활할 수 있었다. 독자들은 그림 5-28(a)보다 그림 5-28(b)의 상상도를 보는 것이 더 실감이 갈 것이다.

거듭 태어난 아시리아 제국은 기원전 8세기를 통해 빠른 속도로 진격해 티그리스강 상류의 니네베를 수도로 삼았다. 이 제국은 당시 메소포타미아 유일의 군사 대국이었다. 새로운 제국의 수도가 된 니네베는 과거 바빌로니아를 연상케 하는 메소포타미아의 중심지가 된 것이다. 이리하여 메소포타미아 세력의 중심은 북쪽으로 옮아가게 되었다.

아시리아 제국은 다른 대제국과 다른 방법으로 영토를 통일해 나아갔다. 이전의 제국은 각지의 왕국들을 속국으로 삼아 복종시킨 데 비해, 아시리아 제국은 각지의 지배자를 폐위시키고 아시리아인을 총독으로 파견해 다스리도록 했다. 그들은 지배자뿐 아니라 주민들도 추방해 버렸는데 그때 사용한 방법이 강제적 집단 이주였다. 이스라엘 왕국의 백성들이 아시리아에 의해 강제 이주 당한 사건은 매우 유명한 일화로 남아 있다. 히브리 민족, 즉 이스라엘 민족이 바빌론에 포로로 끌려간 것을 '바빌론 유수幽囚'라 하는데, 그것이 끝날 때까지 그들은 이스라엘인이라 불렸으나, 팔레스타인으로 귀환 후에는 유대 민족을 중심으로 단결해 유태인이라 불렸다. 그들은 히브리어를 사용하므로 히브리 민족이

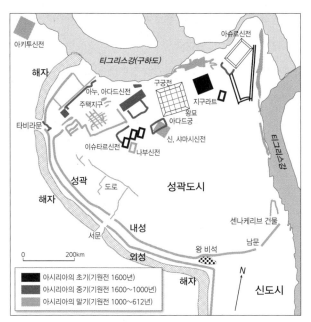

그림 5-28(a). 아슈르의 도시성장과 도시 구조(기원전 1600~612년)

그림 5-28(b). 아슈르의 상상도

라 부르지만, 우리는 흔히 유대인이라고도 부르며 한자로 猶太人이라 표기하므로 이 책에서는 유태인이라 부르고 있다.

아시리아는 각지에서 압도적인 군사력을 내세워 영토를 확장해 나갔다. 특히 아시리아의 전차 부대는 퍼타일 크레슨트의 모든 곳에서 신출귀몰해 주변 민족을 공포에 떨게 했다. 아시리아는 기원전 729년에 바빌론을 점령한 후, 이스라엘 왕국을 멸망시키고 이집트까지 진군해 나일 삼각주 일대를 병합했다.

키프로스는 이미 항복했고 시리아 역시 정복되었다. 그리고 기원전 646년 아시리아는 결국 마지막 남아 있던 엘람 왕국의 일부를 정복했다. 아시리아군의 잔혹함과 악랄함은 엘람 문명을 설명하는 대목에서 재차 설명할 기회가 있지만, 사실 아시리아군은 로마 제국의 군대에 비해 결코 잔인하지 않았다(Von Soden, 1994). 이 또한 유럽학자들의 오리엔트에 대한 편견에서 비롯된 것이리라 생각된다.

군사 대국이었던 아시리아는 교역이 아닌 무력으로 부를 거머쥘 수 있었다.

그림 5-29. 바빌론으로 끌려오는 이스라엘인들의 상상도

아시리아 영토의 땅은 강수량이 적어 식량 생산이 신통치 않았다. 그럼에도 불구하고 잉여 식량을 확보할 수 있었던 것은 하천을 통한 관개 시설 덕분이었다. 아시리아 제국의 번영을 오리엔트 문명사에서 중요 사건으로 삼는 이유는 이로 인해 오리엔트 전역이 동일한 통치 체제와 법 체계를 갖추게 되었기 때문이다.

아시리아의 군사력이 퍼타일 크레슨트를 석권할 수 있었던 이유는 종래의 강국이던 히타이트와 이집트가 해양 민족에 의해 몰락했기 때문이라는 학설과 기병의 체계적인 육성과 병참 부대를 만들었기 때문이라는 학설로 갈리는데, 모두 그 이유가 될 것이다. 아시리아 군대는 전투 부대와는 별도로 군수품 지원 부대인 병참 부대 창설의 효시였다.

피정복민이 다른 땅으로 강제 이주당하거나 징병된 병사가 각지로 파견된 것도 지역의 독자성과 고유성을 상실케 함으로써 제국 내부를 획일화하는 효과가 있었다. 이리하여 아시리아 제국의 군국주의에 의해 오리엔트 전체의 국제화가 이루어졌다. 이에 따라 메소포타미아에서 생산되지 않는 자원 취득을 위한 원거리 무역이 더욱 활발해지게 되었다.

아시리아 제국의 새로운 수도 니네베Nineveh는 북부 메소포타미아를 흐르는 티그리스강 동쪽 모술 건너편에 위치해 있다. 이곳은 먼 옛날부터 쿠르디스탄 산기슭에서 시작되는 길이 이어지는 지점이었고 티그리스강 지류인 호사르강Khoser이 흘러들어 기름진 농토와 목초지로서도 가치가 높았다. 이 유적지는 1820년부터 여러 고고학자들에 의해 발굴되었다. 아시리아의 역대 왕들은 당시 바빌로니아를 지배했기 때문에 바빌론 왕을 겸했으므로 수도를 니네베와 혼동하는 경우가 있었다. 아시리아 제국의 수도는 아슈르→투쿨타-닌우르타→님루드→바빌론→코르사바드→니네베의 순으로 천도되었다.

아시리아인들은 도시를 건설할 경우 반드시라고 표현해도 무방할 정도로 전망이 양호한 작은 언덕을 선호했다. 특히 전설적 여왕이었던 세미라미스Semira-mis가 그러했다. 전술한 아슈르에는 언덕이 없었다. 현재는 폐허로 변해 있지만, 니네베의 입지 역시 그러했다. 니네베를 웅장한 도시로 만든 주역은 기원전 700년경의 센나케리브왕이었다.

반(Bahn, 2001)의 저서 《고고학 탐사》에 따르면, 센나케리브는 니네베에 훌륭한 거리와 광장을 설계하고 어디에 견주어도 손색이 없는 최고의 웅장하고 화려한 궁전을 티그리스강과 조화를 이루도록 건설했다. 이 고대 도시는 거의 복원되었는데, 왕궁은 전체면적이 가로 180미터, 세로 189미터의 규모였다. 이곳에는 방이 적어도 80개쯤 있으며, 대부분의 많은 방 안에는 조각품이 늘어서 있다. 이곳에서는 센나케리브왕이 위엄 있게 바빌론 원정을 떠나는 장면의 벽화가 발견되기도 했다.

BOX 5.4

바빌론의 유수를 노래한 보니 엠

기원전 500년대 전반에 이스라엘 백성들이 포로(유수)가 되어 바빌론으로 끌려간 사건을 유명한 보컬 그룹인 보니 엠Boney M이 1970년대에 〈바빌론 강가에서Rivers of Babylon〉란 제목으로 망국의 한을 다음과 같이 노래했다. 독자들도 꼭 한번 들어보기 바란다. 우리는 바빌론 강가에서 앉아 있었죠. / 그래요, 우리는 울었어요. 시온을 생각하면서. / 사악한 사람들이 우리를 붙잡아 왔어요. / 우리에게 노래를 하래요. / 지금 우리가 이국 땅에서 어찌 찬송가를 부를 수 있겠나요. / 그냥 입에서 흘러나오는 말과 우리들의 마음만을 / 오늘밤 여기 당신 앞에 바칩니다. / 그냥 입에서 흘러나오는 말과 우리들의 마음만을 / 오늘밤 여기 당신 앞에 바칩니다.

보니 엠

유적지를 살펴볼 때 이 거대한 도시는 성벽의 둘레가 약 12킬로미터에 달하는 규모였던 것으로 짐작된다. 해자로 방어되어 있는 이 성곽은 거대한 바깥 성벽이 완성되지 않은 채 남아 있으며, 도시 중심부를 관통해서 흐르는 호사르강은 도시 중심부의 서쪽에서 티그리스강과 합류한다. 해자와 운하의 흔적은 아직 곳곳에 남아 있으나, 오늘날 호사르강 이남은 도시화되어 있어 유적지를 제대로 보기 어렵다.

쿠윤지크Quyunjiq라 불리는 아크로폴리스 성벽 곳곳에 있는 거대한 성문은 진흙 벽돌이나 돌로 만들어져 있다. 길이가 5킬로미터 정도 되는 동쪽 성벽에는 문이 6개 있으며, 길이가 800미터인 남쪽 성벽에는 '아슈르'라 부르는 성문이 하나 있다. 4킬로미터 정도 되는 서쪽 성벽에는 5개, 그리고 1.9킬로미터 가량 되는 북쪽 성벽에는 아다드, 네르갈, 신이라고 불리는 3개의 성문이 있다. 주요 출입구 몇 군데에는 측면에 사람 머리를 한 사자 혹은 황소의 조각상들이 나란히 세워져 있다.

그들은 고도의 기술 수준을 보여 주는 18개의 수로망을 통해 구릉 지대에서

그림 5-30. 니네베 왕궁에서 발견된 센나케리브의 바빌론 원정 벽화

물을 끌어다 썼다. 이곳에서 발굴된 커다란 금속 꽃병은 이 시기에 바빌로니아 남부에서도 만들어지고 있었다. 티그리스강 유역은 같은 시기에 속하는 유프라테스강 하류에 있는 도시들과 많은 공통점을 보여 준다. 이러한 유사성은 기원전 3000년 이전의 어느 시기에 경제적 번영으로 남쪽과 북쪽의 교역이 활발하게 이뤄지고 있었음을 보여 준다는 점에서 특히 흥미롭다고 할 수 있다.

성문들 가운데 몇 개의 성문 앞에는 위에서 언급한 거대한 석상(라마수)이 우뚝 서 있었다. 북쪽의 네르갈 성문에는 센나케리브Sennacherib가 세웠다고 하는

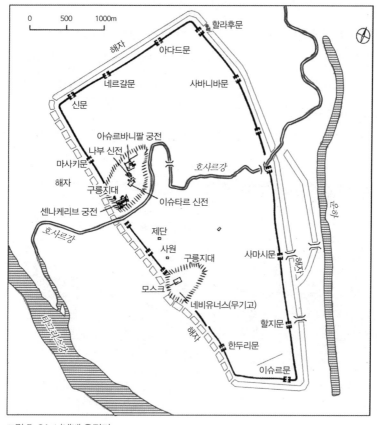

그림 5-31. 니네베 유적지

날개 달린 석조 사자 두 마리가 지키고 있었다. 네르갈 성문 가까이에는 이라크 전통문화재 관리국에 의해 유적지 박물관이 건설되었다. 그 옆에 있는 아다드 성문에서는 문자가 새겨진 타일 종류가 발견되었다. 이것으로부터 좌측의 신 성문에는 아치형의 문을 통해 경사로나 계단으로 이어지는 통로가 있었던 것으로 추정되고 있다.

가장 눈길을 끄는 곳은 이라크 전통문화재 관리국에 의해 완전히 발굴된 샤마시Shamash 성문이다. 성곽의 동남쪽에 위치한 이 성문에는 자연산 집괴암으로 만든 여러 개의 교량과 해자 두 군데와 수로 한 군데를 가로지르는 통로가 있다는 것이 밝혀졌다. 대리석 담으로 둘러싸인 성벽 바깥쪽에는 외벽이 설치되어 있으며 그 뒤로는 방어용 둑길이 나 있다. 이 구조물은 센나케리브왕의 도장이 찍힌 구운 벽돌과 진흙으로 만들어졌다. 길게 튀어나온 모양을 한 요새의 중심부에는 너비가 4.5미터인 출입구가 있으며, 이것은 6개의 망루에 의해 철저하게 감시되고 있었다. 이를 통해 동쪽의 수비에 신경을 썼다는 사실을 알 수 있다.

《구약 성서》의 창세기 제10장 12절에 등장하는 이곳은 홍수 이후 노아의 둘째 아들인 함의 손자 님로드Nimrod가 셈 어족의 후손들이 건설한 도시를 정복한 후, 아수르 성의 북쪽에 새로운 도성 니네베를 건설하고 아수르 백성들을 강제로 이주시킨 땅이다. 이곳을 제국의 수도로 천도한 왕은 기원전 705~681년 기간 동안 아슈르를 통치한 센나케리브왕이다.

영국의 고고학자이면서 미술 평론가였던 레이어드(Layard, 1849a; 1849b; 1853a; 1853b)의 발굴 모험담을 정리한 블랙먼(Blackman, 1981)의 저서 《니네베 발굴기》에 따르면, 니네베는 아시리아 제국의 새로운 수도가 되면서 마치 바빌론을 연상시킬 만큼의 웅장한 도시의 면모를 갖췄다. 여기가 요나의 전설이 나온 곳이다. 기독교인이라면 《구약 성서》에 등장하는 예언자 요나Jonah를 기억하고 있을 것이다.

왕위를 계승한 그의 아들 에사르하돈Esarhaddon과 아슈르바니팔Ashurbanipal

요나서Book of Jonah에 대하여

이 책은 예언자 요나가 전한 야훼의 말을 모아놓은 것이 아니라 요나에 대한 이야기를 기록한 것이다. 요나는 니네베라는 도시의 사악함에 대해 예언하라는 야훼의 부름을 피해 도망치는 고집 센 예언자로 묘사된다. 요나는 야훼로부터 니네베로 가서 그 도시가 죄악으로 가득 차 징벌을 받을 것임을 예언하라는 명령을 받는다. 그러나 예언을 하면 니네베는 회개하고 구원받을 것이기 때문에 요나는 예언하기를 원치 않는다. 그는 니네베와 반대 방향으로 가는 배를 탔는데, 거센 태풍이 배를 강타한다. 요나는 태풍이 몰아친 것은 배에 자신이 탔기 때문이라고 고백했고, 그를 바다에 집어던지자 태풍이 가라앉았다. 야훼의 명령으로 큰 물고기가 요나를 삼켰고 그는 3일 낮밤을 물고기 뱃속에 있었다. 그가 기도를 올리자 물고기는 그를 땅으로 뱉어 냈다. 다시 야훼의 명령을 들은 요나는 니네베로 가서 예언을 해 니네베 왕과 모든 사람들을 회개하게 했다.

은 이곳에 화려한 궁전들을 건설함으로써 니네베를 더욱 장엄하게 만들었다. 당시 니네베를 방문하는 이방인들은 도시의 웅장함에 압도되었을 것이다. 성문 안쪽에 있는 석판에는 불타는 탑의 모양이 거칠게 새겨져 있는데, 이것은 니네베의 몰락을 나타내는 것으로 아시리아 시대 이후의 유물인 것으로 생각된다.

아시리아 제국의 번영은 오리엔트 전역을 하나의 통치 체제로 전환하게 되었다는 점에서 중요한 의미를 갖는다. 아시리아 제국은 기원전 612년 만나이Mannai 연합이 만든 메디아 왕국이 니네베를 점령함으로써 멸망했고, 반농반목半農半牧을 하던 메디아인들은 말 다루는 기술이 뛰어났으나 페르시아 제국에 복속되었다. 메디아는 기원전 152년에 파르티아에 점령당해 사산 왕조의 페르시아로 흡수됨으로써 그들의 정체성은 완전히 소멸되고 말았다. 결국 이 지역은 히타이트 제국→아시리아 제국→만나이 왕국→메디아 왕국→파르티아 제국으로 이어진 것이다.

비록 니네베가 역사적으로 불분명한 점이 있기는 하지만, 기원전 7000년 전부터 인류가 거주하기 시작해 성장한 아시리아의 중요한 도시임은 분명하다.

2014년 6월 9일 IS에 의해 이 도시의 성벽과 유물이 폭파되었다는 소식은 모든 인류에게 충격을 안겨줬다. 인류의 문화유산이 야만적 세력에 의해 파괴된 것이다. 온전한 유적지를 이제는 다시 볼 수 없게 된 것이 너무 안타깝다.

바그다드로부터 모술 방향으로 북상하다 보면 사마라Samara를 지나게 된다. 티그리스강변에 위치한 이 도시는 기원전 5000년 전 선사 시대부터 사람이 살기 시작했지만, 3~7세기에 도시로 성장한 작은 도시였다. 836년 튀르크 군대와 바그다드의 시민 사이에 일어난 충돌로 바그다드에서 밀려나면서 새로운 수도로 천도해 당시의 제8대 아바스 왕조의 칼리프Caliph였던 알무타심al-Mutasim은 궁전을 세우고 정원들을 조성했다. 그의 후계자들은 꾸준히 세력을 넓혀 티그리스강을 따라 도시 영역을 확장했다. 칼리프란 이슬람 국가의 지도자이며 최고 종교 권위자를 가리키는 말이다. 이 도시는 892년 칼리프 알무타미드가 수도를 바그다드로 다시 옮기면서 차츰 쇠퇴했고 1300년에 이르러서는 도시 대부분이 폐허가 되었다.

이곳에서는 2007년에 유네스코가 세계 유산으로 지정한 사마라의 모스크가

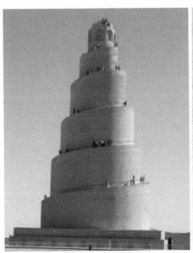

그림 5-32. 사마라의 미나레트와 바벨탑 상상도(16세기)

눈에 들어온다. 그것은 시아파 이슬람교도의 순례 중심지로서 시아파가 신성하게 여기는 돔형 구리 지붕의 모스크였다. 몇 천 명이 동시에 예배드릴 수 있도록 설계된 대大금요일 사원Great Friday Mosque은 이 도시가 아바스 왕국의 중심지였던 9세기에 세워진 것으로, 그곳에는 52미터에 달하는 거대한 뾰족탑인 나선형의 미나레트minaret가 있다.

나는 세계의 여러 이슬람 사원들을 보았지만 이렇게 특이하게 생긴 미나레트를 일찍이 본 적이 없다. 하지만, 북유럽을 여행할 때 어느 도시에선가 사마라의 미나레트를 흉내 낸 조형물을 본 기억이 난다. 허허벌판에 우뚝 솟은 마나레트는 군사용 전망대로도 사용되었을 것이다. 아마 추정컨대 바벨탑이 이 미나레트와 유사한 형태가 아니었을까? 독자들은 그림 5-32를 보고 유추해 보기 바란다.

화려한 도시 님루드

사마라에서 북쪽으로 조금 북상하면 티크리트Tikrit를 지나게 된다. 티그리스강의 이름을 딴 티크리트는 사담 후세인 전 이라크 대통령이 태어난 곳으로 권력의 지지 기반이 되었던 도시이며, 이곳에도 그의 궁전이 있었다. 또한 이 도시는 1187년 이집트 군대와 함께 십자군을 격파하고 예루살렘을 탈환한 살라딘Saladin이 태어난 곳이기도 하다. 티크리트와 아슈르를 지나 모술과 가까운 곳에 님루드Nimroud 혹은 텔 님루드Tell Nimroud란 고대 도시가 있다. 기원전 3000년부터 발달하기 시작한 님루드는 티그리스 강변의 동쪽에 위치하며 전성기에는 10만 명을 수용한 거대 도시였다.

도시의 유적은 1845년부터 수차례에 걸쳐 영국의 고고학자들에 의해 발굴되어 주요한 유물은 영국 박물관으로 옮겨졌는데, 전술한 바 있듯이 1949~1957년에 발굴한 말로완(Mallowan, 1966)과 오티스 부부(Oates, J. and Oates, D., 2001)의 업적이 주목할 만하다. 현재 이라크의 모술에서 동남쪽 30킬로미터 지

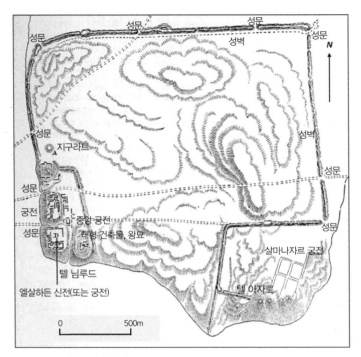

그림 5-33. 님루드의 유적지

점에 위치해 있다.

고대에 님루드는《구약 성서》에서 칼라Calah 또는 카르프Kalhu라 불렸고, 아랍에서는 전설적인 사냥 영웅의 이름을 따서 님로드Nimrod라 불렀다. 이 도시는 아시리아 왕이 네 번째의 도읍지로 만들었으며, 기원전 13세기의 아시리아 수도로 약 150년간 기능했다. 이 도시가 번영의 전성기였던 때는 기원전 9세기경으로 추정되는데, 당시의 아시리아 영토는 메소포타미아 전역과 레반트 일대를 지배했다.

성곽의 서쪽에는 지구라트가 있고, 성문 기둥에서는 날개를 가진 인간의 얼굴과 동물의 몸으로 조각된 라마수라 불리는 신의 조각상이 발견되었다. 라마수 조각상을 보면 우르의 것과 매우 흡사함을 알 수 있다. 이것은 메소포타미아 북부의 아시리아와 남부의 수메르 문명 간에 큰 차이가 없었음을 의미하는 것이다.

폐허가 된 지구라트 정상에 오르면 서쪽으로 멀리 티그리스강 주변의 경작지가 펼쳐져 있는 것을 볼 수 있다. 영국 런던의 대영 박물관을 방문할 기회가 있다면 님루드의 수많은 유물을 만나볼 수 있을 것이다. 메소포타미아의 유물들이 왜 여기에 있어야만 하는지 회의적인 기분이 들었지만, 2014년 이슬람 국가를 표방하는 IS 무장 세력이 세계 인류의 문화유산(북서쪽 궁전)을 파괴하는 것을 보고는 오히려 다행이라고 여기게 되었다.

님루드는 지형을 최대한 이용하여 티그리스강 동안에 입지한 전형적인 고대도시였다. 이 유적지를 보면 전술한 니네베와의 유사성을 떠올리게 된다. 규모의 차이는 있어도 지형지물을 고려한 성안의 시설물 배치와 하천 간의 관계에서 닮은 점을 발견할 수 있었다. 그런 점에서 보면 니푸르를 포함한 여러 고대도시들은 공통적 요소들을 포함하고 있다.

영국 발굴단이 철수한 후에는 이라크 전통문화재 관리국이 구릉지 위에서 궁

BOX 5.6

님루드에서 있었던 일

나는 이 지역을 답사하던 중 이라크의 어린이들과 조우했다. 순식간에 동네 아이들이 우르르 몰려들었다. 그들은 동양인이 카메라를 들고 나타나니 신기했던 모양이다. 사진을 찍어 달라며 동네 아이들이 앞다퉈 우르르 내게 달려들었다. 그런데 그 어린이들이 입고 있던 옷에 일본 글자가 새겨진 명찰이 달려 있었다. 일본 정부가 이라크에 원조한 초등학생의 교복을 그대로 입고 있었던 것이다.

이라크 전쟁이 끝날 것에 대비해 석유 자원을 염두에 둔 일본 정부의 외교 전략일지도 모르겠지만, 유적지에서 메소포타미아 문명을 연구하는 일본인 학자들이 많다는 것을 알고 그들이 한국 학자들보다 학문적으로 더 진취적임에 감탄을 금치 못했다. 나는 메소포타미아 답사에서 영국, 미국, 독일, 일본 등의 학자들이 남긴 흔적을 볼 수 있었다. 한국 정부와 한국 학자들의 분발이 요구되는 대목이다.

그림 5-34. 님루드의 상상도

전 유적과 왕묘를 발굴했는데, 이곳 아시리아 여왕의 묘에서 황금으로 만든 다
수의 부장품이 발견되어 학계의 이목이 집중되었다. 이곳에서 발굴된 유물 중
라마수 등의 거상이 1847~1927년에 걸쳐 영국, 프랑스, 미국으로 옮겨졌다.

　이 유적지에서는 아슈르바니팔과 에사르하돈의 재위 시절인 기원전 7세기의
것으로 생각되는 호화찬란한 유물들이 대거 발견되었다. 그중에서 가장 괄목할
만한 것은 아슈르바니팔 2세가 기원전 869~865년에 완성된 것으로 추정되는
서쪽의 궁전이다. 그리고 동남쪽의 살마나자르Salmanazar 궁전에서는 전술한
고고학자 말로완이 여성의 상아 조각상을 발견했다.

　이 궁전의 준공식이 거행되던 때의 기록에 따르면, 각지로부터 7만여 명에 달
하는 군중이 몰려들었다. 그들이 소비한 음식은 오리 1,000마리, 거위 500마리,
가젤 500마리, 비둘기 10,000마리, 포도주와 맥주가 10,000포대였다고 하니 그
규모를 짐작할 수 있다. 그리고 여기서 발견된 설형 문자의 점토판에는 아시리
아 제국의 행정 조직과 경제 구조에 관한 내용이 기록되어 있었다.

수메르 문명과 인접한 엘람 문명

엘람Elam은 페르시아어의 '산악 지대'란 말에서 유래된 명칭으로 수메르와 더불어 기록이 남아 있는 가장 오랜 문명국 중 하나다. 엘람은 기원전 3200년경부터 이란고원에 소재했던 여러 왕국들의 연방 국가 체제로 이루어져 있었으며, 그 중심지는 고대 도시 안산Anshan이었다. 그 후 기원전 1500년경부터는 자그로스산맥 끝자락에 위치한 저지대의 수사Susa로 중심지가 바뀌었다. 서양의 고전 문헌에서 엘람은 종종 '수시아나Susiana'라고 언급되는데, 이 명칭은 후대 엘람의 수도인 수사에서 유래한 것이다. 독자들은 엘람 왕국의 시대 구분을 보면서 읽으면 이해하는 데 도움이 될 것이다.

엘람 문명은 페르시아 제국의 성립에 결정적인 역할을 했는데, 특히 엘람 제국을 정복한 아케메네스 제국에 큰 영향을 미쳤으며, 엘람어는 아케메네스 제국의 공용어들 중 하나였다. 엘람은 오늘날 이란 서쪽 끝의 일람주와 남서쪽 끝의 후제스탄주 저지대 그리고 오늘날 이란 남서부를 중심으로 한 왕국으로, 수메르인과는 다른 민족이었다. 엘람 제국 시대 이전에는 원시 엘람Proto-Elamite 시대가 있었는데, 이 시대는 기원전 3200년경에 이란고원의 문화가 서쪽으로 전파되어 수사에 영향을 주기 시작하면서 비롯되었다.

원시 엘람 문명은 유프라테스강과 티그리스강이 만들어 낸 충적 평야의 동부에서 발생했다. 이 문명이 꽃핀 땅은 평야의 저지대와 이 저지대에 인접한 북쪽과 동쪽의 산악 및 고원 지역으로 이루어져 있어, 한마디로 평야 문명과 고원 문

엘람 왕국의 시대 구분

기원전 3200~2700년	원시 엘람 시대	안샨, 아완, 케르만(수사)
기원전 2700~1600년	고 엘람 제국 시대	안샨
기원전 1500~1100년	중 엘람 제국 시대	안샨
기원전 1100~539년	신 엘람 제국 시대	안샨, 수사
기원전 539년	아케메네스 제국에 멸망	

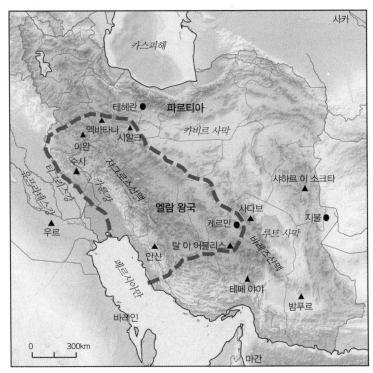

그림 5-35. 엘람 왕국의 영역과 페르시아 초기의 도시 분포

명이 결합된 지절의 문명이었다. 이 문명은 최소한 안샨과 그 북쪽에 위치한 아완Awan, 그리고 동쪽의 케르만Kerman의 3개 원시 엘람 국가가 결합된 엘람 제국이 창출한 것이다. 수사와 안샨이 위치한 엘람은 페르시아의 발흥지였다.

이와 같이 3개의 원시 엘람 국가가 결합되어 형성된 중심 세력에 수사가 합병되었다가 떨어져 나가는 일이 지속적으로 반복되었다. 카터 등(Carter *et al*, 1984; 2006)의 연구에 의하면, 원래 고원 지대의 제국이었던 엘람은 후대에서는 점차 저지대에 위치한 수사로 중심지가 바뀌었다. 그 결과, 프톨레마이오스 이후의 지리학자들은 전술한 것처럼 엘람을 '수시아나'라고 불렀다.

수사 남쪽에서는 유네스코 세계 유산으로 등재된 '초가잔빌Chogha Zanbil'이라 불리는 지구라트와 페르세폴리스 지구라트가 발굴된 바 있는데, 이것은 기원전 1250년경에 건설한 현존하는 최대의 지구라트로 엘람의 보호신을 숭배하기 위한 것이었다. 그 형태는 메소포타미아의 지구라트와 형태가 약간 다르긴 하지만, 두 지역이 서로 교류했음을 뜻하는 증거물이라 할 수 있다.

이렇게 볼 때 엘람 문명은 수메르 문명의 동반자였지만, 아시리아는 좀 달랐던 것 같다. 아시리아는 히타이트를 물리치고 건립된 나라였다. 초기에 '아시리아Assyria'라는 지명은 전술한 바와 같이 티그리스강 상류 지역을 일컫는 말이었으며, 수도였던 아수르에서 유래한 명칭이다. 원래 아시리아인의 고향은 티그리스강에서 아르메니아에 이르는 산악 지방이며 '아슈르Ashur의 산'이라고 불리기도 한다. 선행 연구에서는 문명의 중심이 수메르로부터 북쪽으로 이동하게 된 요인을 메소포타미아 남부 평원의 염분화에 있을 것으로 추론한 바 있다.

원시 엘람 제국의 도시인 수사는 기원전 4000년경에 카룬Karun강 유역에서 성립되었다. 티그리스강과 유프라테스강은 하류에서 샤트알아랍강으로 합류해 흐르다가 다시 카룬강이 합류해 페르시아만으로 유입된다. 카룬강은 자그로스산맥의 협곡을 따라 횡단하거나 종단해 흐르는 하천으로 이 일대의 지절률을 더욱 높여주어 수메르 문명과 엘람 문명이 교류하는 매개 역할을 했다. 오늘날에도 이란과 이라크는 이 강을 두고 1980년에 전쟁을 벌인 바 있다. 두 나라 사람들은 얼굴도 비슷하고 모두 이슬람권 국가인 탓에 동일 민족으로 착각하기 쉽지만, 페르시아 후예인 이란인들은 아랍 어족에 속하는 이라크와 구별해 줄 것을 강력히 희망한다. 이란이 1945년에 창설된 아랍 연맹에 가입하지 않았음은 물론이다.

헤로도토스에 의하면, 오래전부터 그리스인은 페르시아인을 케페네스족이라 불렀다. 그러나 페르시아인은 자신들을 아르타이오인이라 칭하고, 그 인접국 사람들도 그렇게 부르고 있었다. 제우스와 다나에 사이에서 태어난 페르세우스Perseus가 안드로메다를 아내로 맞이해 태어난 아들을 페르세스Perses

라 이름 지었다. 페르시아인이란 호칭은 바로 이 페르세스에서 유래한 것이다 (Herodotos, 기원전 440). 하지만 이 전설은 페르세스라 불린 페르시아인과 그리스의 영웅 페르세우스란 이름이 비슷한 데서 그리스인이 임의로 창작한 이야기인 듯하여 신뢰하기가 어렵다.

카룬강 상류에 위치한 수사는 비옥한 농경지를 바탕으로 원시 엘람 문명이 형성된 땅으로 여겨지고 있는데, 수사의 초기 역사 기간 동안에는 지배자가 메소포타미아인과 엘람인으로 번갈아 바뀌곤 했다. 오늘날 수사가 위치한 후제스탄Khuzestan이라는 지명은 페르시아어로 '수사 사람'을 뜻한다. 번성하던 수사는 아시리아의 마지막 왕이었던 아슈르바니팔Ashurbanipal에 의해 무참히 파괴되었다. 1854년에 발굴한 점토판에서는 아슈르바니팔 자신이 수사를 파괴한 것을 자랑스러워하는 다음의 글이 판독되었다.

> 나는 엘람인들의 신들이 사는 곳이며 엘람인들의 신비의 중심지인 위대한 신성한 도시 수사를 정복했다. 나는 수사의 궁궐로 들어가서 금은보화가 가득한 그들의 보물창고를 열었다. …중략… 나는 수사의 지구라트를 허물어뜨렸다. 나는 수사의 빛나는 구리 뿔들을 부수었다. 나는 엘람의 신전들을 더 이상 존재하지 못하도록 무無로 만들었다. 나는 엘람인들의 남신들과 여신들을 바람에 날려 버렸다. 나는 엘람인들의 옛 왕들과 최근의 왕들의 무덤을 철저히 파괴하여 햇빛이 들게 만들었다. 그리고 나는 그들의 뼈를 꺼내 아슈르의 땅으로 옮겨 버렸다. 나는 엘람의 영토를 완전히 파괴했으며 그 무엇도 자랄 수 없도록 그들의 땅에 소금을 뿌렸다.

소금을 뿌리는 행위의 근원이 한민족의 무속 신앙에서 비롯된 것인 줄 알고 있었으나 사실이 아닌 듯하다. 아슈르바니팔은 기원전 669년 선왕으로부터 아시리아 왕을 승계했다. 그는 뛰어난 지략과 능력을 발휘하고 사제들의 지식에 능통했으며 수메르와 아카드의 어려운 문자를 해독할 수 있었고 사냥, 궁술, 승

이란   아제르바이잔

그림 5-36. 조로아스터교 유적

마에도 뛰어났다. 선왕이었던 에사르하돈Esarhaddon왕은 기원전 667년 나일강 상류의 쿠시Kush 왕국이 반란을 일으키자 아시리아 군대를 보내어 멤피스에서 곧 진압했음은 물론 반란을 도왔던 이집트의 신하들까지도 모두 아시리아의 니네베로 붙잡아 올 만큼 철저한 왕이었다. 그 후, 페르시아는 아테네와의 전쟁에서 많은 국력을 소진했고 스파르타와 연대해 세력을 회복하려고 시도했으나 내란이 일어나 쇠퇴하기 시작했다. 기원전 4세기는 페르시아의 속주로부터 하나둘씩 이탈하는 식민지들이 늘어나기 시작하던 시기였다. 페르시아는 간신히 반란을 진압했지만 그 지배력은 더욱 약화될 뿐이었다.

도시 국가 간 경쟁으로 발생한 무력 충돌은 제국의 등장을 촉발했고, 서아시아에서는 아시리아가 대 제국을 건설했으나 곧 멸망했다. 아케메네스 왕조인 페르시아가 부활해 대 제국을 수립했으며, 수사를 수도로 중앙 집권 정책을 시행했다. 페르시아는 각지의 다양한 문화를 받아들여 멸망하기 전까지 글로벌한 문명을 창출했다. 이 시기에 왕의 권위를 뒷받침해 주는 조로아스터교가 크게 성장했다. 기원후에 부활한 사산 왕조 페르시아에서는 조로아스터교를 국교로 정해 금화金貨에도 이 종교의 상징인 불을 새겨 넣기도 했다.

그러나 7세기에 이르러 페르시아인의 지배가 시작됨에 따라 이곳의 종교는 다시 이슬람으로 바뀌었으며, 일부는 인도로 밀려나 파시교를 만들었다. 그리

조로아스터교
- 천사와 악마
- 최후의 심판
- 천국과 지옥
- 영생의 교리

| 유대교 | 기독교 | 이슬람교 | 파시교 |

그림 5-37. 조로아스터교가 타종교에 미친 영향

스인은 자신들의 언어로 페르시아 독음인 '자라투스트라Zarathushtra'를 '조로아스터'로 발음했다. 그래서 영어로는 Zoroaster로 표기하며, 배화교拜火敎를 조로아스터교라 부르기도 한다. 예언자 조로아스터는 기원전 6세기경에 서아시아의 고대 신앙을 종합해 새로운 종교를 만들었다. 천사와 악마, 최후의 심판, 천국과 지옥, 영생의 교리가 포함되어 있는 이 종교는 유대교를 비롯해 기독교와 이슬람교 등에 많은 영향을 끼쳤다.

조로아스터교의 유적지는 아제르바이잔의 바쿠 근교에 있는 아타샤하Atashgah사원과 이란 야즈드에 있는 저메Jameh모스크에 남아 있다. 조로아스터교 역시 건조 지대에서 생겨난 오아시스 종교의 범주를 크게 벗어나지 못한다. 1880년대 독일의 철학자 니체(Nietzsche, 1883)는 자라투스트라를 소재로 한 산문시《자라투스트라는 이렇게 말했다》에서 "신은 죽었다!"라고 선언한 바 있다. 그는 신을 인간에 의해 창조된 허상이라고 믿었고, 죽음 이후의 세계는 존재하지 않으며, 신과 기독교의 윤리를 없앰으로써 인간은 자유로울 수 있다고 생각했다. 이 작품에는 니체의 중심 사상인 힘에 대한 의지, 초인, 영겁 회귀 등이 비유와 상징 및 시적인 문장으로 전개되어 있다.

엘람 문명 이전에도 지금의 이란 북서부 지방에 있었던 만나이Mannai 왕국이 발전시킨 문명을 위시해서 엘람 왕국 동쪽의 자볼Zabol 북쪽에 있었던 '불타버린 도시'를 뜻하는 샤르-이 소크타Shahr-i Sokhta 문명이 이란고원에 존재했다. 그럼에도 불구하고 나는 그것들보다는 위에서 지적한 바와 같이 엘람 문명

헤로도토스가 기록한 페르시아의 풍속

페르시아인은 우상을 비롯해 신전이나 제단을 세우는 풍습이 없고 오히려 그렇게 하는 사람들이 어리석다고 말한다. 그 이유는 페르시아인들이 그리스인들처럼 신이 인간과 같은 성질을 갖고 있지 않다고 생각하기 때문이다. 그들은 하늘 전체를 제우스(페르시아의 주신 아후라 마즈다)라 했고, 높은 산에 올라 제우스에게 제물을 바치고 제사를 지냈다.

페르시아인들은 술을 좋아하며, 다른 사람 앞에서 토하거나 방뇨하는 것을 허용하지 않았다. 그들은 중요한 일이 생기면 술을 마시며 의논하는 습관이 있다. 또한 자기 자신 다음으로 가장 가까운 이웃 민족을 존중하며, 다음에는 두 번째로 가까운 민족을 존중한다. 이런 식으로 거리에 따라 친근감을 표시한다. 그것은 페르시아인이 세상에서 특별히 뛰어난 민족이란 자부심을 갖고 있기 때문이다.

세계에서 페르시아인 만큼 외국 풍습을 거부감 없이 받아들이는 민족은 없다. 가령 메디아의 의상이 아름답다고 생각하면 그 옷을 입고, 전투 시에는 이집트 갑옷을 착용한다. 그리고 온갖 향락을 배워 그것에 빠지는 경우가 많은데, 그리스인으로부터 배운 동성애를 하며, 누구나 여러 명의 아내를 거느리거나 다수의 첩을 둔다.

페르시아에서는 전장에서 용감함 다음으로 많은 자녀를 거느리는 것을 남자의 미덕으로 삼는다. 자녀수가 많다는 것은 정력이 강하다는 것을 의미하기 때문이다. 아이들에게는 5~20세까지 승마, 궁술, 정직을 가르친다. 아이는 5세가 될 때까지 아버지를 떠나 여인들 슬하에서 양육된다. 그 이유는 아이가 자라는 중 죽게 되면 아버지가 슬퍼지기 때문이란다.

페르시아인은 강에 소변을 누거나 침을 뱉는 일이 없고 강에서 손도 씻지 않으며, 또한 다른 사람이 그렇게 하는 행동을 가만히 두고 보지 않는다. 그들이 강이나 오아시스를 존경하는 마음은 대단하다. 그리고 사람이 죽으면 오염을 방지하기 위해 시신을 매장하기 전에 새나 개로 하여금 뜯어먹게 하며, 시신에 밀랍을 발라 땅 속에 매장한다.

이 이란 역사의 출발점이라고 생각한다. 원래 엘람 왕국이 위치했던 지역은 지절률이 높은 땅이지만, 페르시아 전성기의 영토였던 오늘날 파키스탄까지 이르는 동쪽 지방은 그렇지 못했다. 따라서 우리는 페르시아 서남부의 지절률이 높은 땅에서 창출된 문명의 힘이 동쪽으로 지배 공간을 확장했던 것으로 이해해야 한다.

영욕의 도시 바빌론

고고학자 콜더비가 1899년 처음 발굴을 시작했을 때만 해도 유프라테스강이 범람해 땅속에 묻혀 있던 바빌론은 황량한 평원에 불과했다. 그의 발굴 작업 덕분에 지구라트와 이슈타르문, 마르두크 신전, 공중 정원 등이 모습을 드러냈다.

아카드어로 '신神의 문'이란 뜻의 바빌론은 여러 차례에 걸친 침입자들로부터 도시가 파괴되었지만, 종교적 중심지로서의 중요성 때문에 수차례 수복되었다. 발굴된 부분은 신바빌로니아 시대(제4~10 왕조)의 유적지였다. 복원된 성벽의 벽돌에는 당시의 이라크 대통령이었던 사담 후세인에 의해 "위대한 지도자 사담 후세인이 1982년 바빌론 고성을 복원한 것에 감사드린다"라는 문장이 아랍어로 새겨지고 말았다. 유적은 복원할 것이 있고, 그대로 보존해야 할 것이 따로 있다. 이라크 고고국考古局은 1978년부터 신바빌로니아 왕국 시대의 바빌론을 복원하기 시작했다.

가장 먼저 눈에 띄는 것은 이슈타르문이다. 바빌로니아의 여신인 이슈타르 Ishitar는 전쟁과 섹스의 여신이다. 바빌론의 정문에 해당하는 이 대문은 아치형의 테두리에 황금색 문양이 장식되어 있고, 대문 전체는 푸른색 벽돌에 동물들

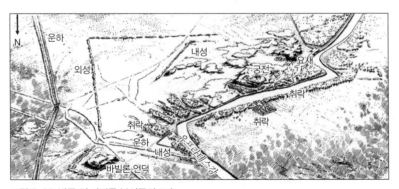

그림 5-38. 발굴 전 바빌론 북서쪽의 모습

이 모자이크 되어 있어 화려하기 그지없다. 메소포타미아 신화에 나오는 아시리아의 여신이이기도 한 이슈타르는 수메르인들에게는 그들의 언어로 '하늘의 여왕'이란 뜻의 이난나Inanna라 불리기도 하며, 풍요와 다산, 전쟁을 상징한다. 페니키아의 셈 어족에게는 메소포타미아와 달리 아스타르테Astarte로 통했다. 이슈타르는 훗날 고대 그리스의 아프로디테(혹은 비너스), 로마의 베누스로 이어졌다.

영국 케임브리지 대학의 고고학자 오티스(Oates, 2008)는 그녀의 저서 《바빌

BOX 5.8

이슈타르문

이 대문은 기원전 600년에 만들어진 것이라고는 믿을 수 없을 만큼 눈부시게 아름답다. 그러나 이슈타르문에 대한 나의 감탄은 2010년 독일 베를린 박물관의 페르가몬 미술관에 가서 실망으로 바뀌었다. 바빌론에 복원된 것은 복제품이며, 이라크 국립 박물관에도 일부 보관 중이지만 진본의 대부분은 베를린에 있다는 설명을 들었기 때문이었다. 이는 1899년 독일 동양학회가 바빌론 발굴 조사를 했을 때 일어난 사건이었다. 이처럼 바빌로니아 왕국의 유물은 거의 모두 외국이 강탈해 갔다. 강대국의 문화재 약탈은 비록 이곳만이 아니다.

이슈타르문

론》에서 네부카드네자르Nebuchadnezzar 대왕은 이스라엘을 정복하고 예루살렘에 있던 유태인들의 성전을 파괴했음을 소상히 설명한 바 있다.《구약 성서》에서는 유태인들이 처음에는 우상을 만들어 섬기는 행동을 보이다가 말년에는 7년간의 광기어린 생활을 보내게 되고, 그 이후 비로소 신의 존재를 깨닫게 된 후 하느님을 찬양하고 섬기라는 말에 따르게 되었다는 전설이 전해내려 온다. 오펜하임(Oppenheim, 1964) 등의 역사가들은 네부카드네자르가 기원전 605~562년에 재위했고 대규모 건축 사업을 벌인 것으로 보고 있다.

가장 유명한 건축물은 후술하는 바벨탑이 아니라 세계 7대 불가사의의 하나로 꼽히는 바빌론의 공중 정원이다. 이라크의 독재자 후세인은 바빌로니아의 전설적인 대왕 네부카드네자르의 후계자가 되어 이라크의 옛 영광을 재현하겠다고 장담한 바 있다. 하지만 네부카드네자르는 엘람 왕국을 비롯한 다른 민족을 정복하고 억압했으며, 이스라엘의 성전을 약탈하고 불태웠다. 유태인들은 지금까지도 그 일을 결코 잊지 않고 있다고 한다.

바빌론의 유프라테스강 동안에는 마르두크를 추모하는 신전이 있었다. '마르두크'는 전술한 것처럼 고대 메소포타미아의 신으로 위대한 도시 바빌론의 수호신이기도 하다. 기원전 18세기 함무라비 왕 때부터 바빌로니아의 여러 신 가운데 주신主神의 역할을 했고, 나중에 수메르의 신이던 벨과 합쳐져 '벨 마르두크'로 숭배되었다. 벨Bell은 '벨로스'라고도 부르며, 이는 바빌론의 종교에서 최고의 신인 벨이 그리스화된 명칭으로, 제우스와 동일시된다. 그들은 마르두크 신을 이집트의 나일신, 가나안 족속의 바알신, 헬라인들의 제우스신처럼 숭배하고 있었다.

마르두크 신전 북쪽에 인접한 곳에 지구라트가 있었는데, 후세 사람들은 이것을 바벨탑이었던 것으로 추정하고 있다(Seely, 2001). 바빌론을 건설할 때 필요한 석재는 '돌의 나라'라고 불리는 아르메니아로부터 수입되었다. 이때 세워진 오벨리스크는 아르메니아에서 가져온 돌로 만들었다. 예로부터 캅카스3국

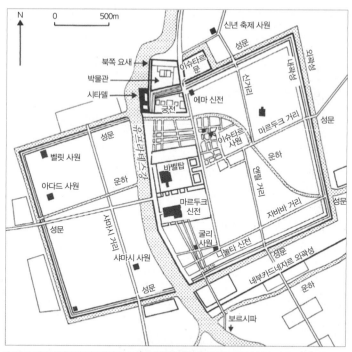

그림 5-39. 바빌론의 도시 구조(상)와 상상도(하)

은 풍부한 자원에 따라 아제르바이잔을 '불의 나라,' 조지아는 '물의 나라,' 아르메니아는 '돌의 나라'라 인식해 왔다.

　헤로도토스(Herodotos, 기원전 440)의 기록에 따르면, 마르두크 신전 옆에

그림 5-40. 바빌론 이슈타르문 주변의 상상도

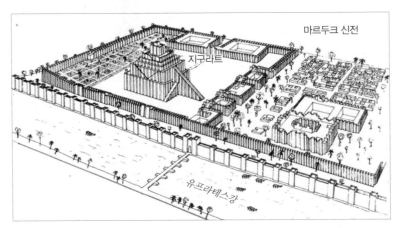

그림 5-41. 마르두크 신전과 바벨탑 복원도

위치한 성역은 각 변이 약 335미터이고, 성역 가운데에는 가로 세로가 177,6미터에 달하는 지구라트가 세워져 있다. 이것이 바벨탑으로 비정되는 것이다. 지구라트의 상단부에는 커다란 신전이 있고, 그 안에 아름다운 침상 의자가 있으며 그 옆에 황금 탁자가 놓여 있지만, 신상神像 같은 것은 없다. 밤이 되면 사제를 담당하는 여자만 남는다. 헤로도토스가 바빌론을 방문했을 당시만 하더라도 마르두크 신전과 바벨탑이 존재했었던 모양이다.

성서학자인 실리의 주장에 따르면, 우바이드기가 끝나고 우루크기가 시작되던 기원전 3500년경 이전의 메소포타미아의 도시에는 기념비적 건축물이 없었으므로, 바벨탑과 같은 지구라트는 기원전 3500년 이후에 건설된 것으로 추정된다. 당시 구운 벽돌은 햇볕에 말린 벽돌에 비해 고가품에 속했고 역청 또한 마찬가지였다. 비벨탑은 물론 왕궁과 신전은 구운 벽돌과 역청으로 축조되었으므로 기원전 3500~3000년 사이에는 건설되지 않았을 것이 분명하다(Seely, 2001).

이 책에서 자주 인용되는 그리스의 헤로도토스는 BOX 5.9에서 설명한 것처럼 당대의 뛰어난 지리학자였다. 그는 고대 로마의 최고 지식인이라 간주되는 키케로Cicero로부터 '역사의 아버지'라 불린 인물이다. 그의 저서의 제목이기도 한 《역사historia》란 단어는 헤로도토스 이전부터 있어 왔지만, '탐구' 또는 '조사'

BOX 5.9

헤로도토스Herodotos에 대하여

기원전 5세기에 활약한 헤로도토스는 '역사학의 아버지'라 불리지만, 사실은 지리학자로 간주된다. 그는 자신의 저서 《역사》에서 자신의 집안이나 생애에 대한 기록을 거의 남기지 않았다. 그는 여담을 비롯해 온갖 사건들을 기록했지만 정작 자신의 모습은 밝히지 않아 그의 생애는 제대로 알려져 있지 않다. 심지어 헤로도토스의 출생지조차 파악하기 힘들다. 다만 그의 저서에서 "다음은 할리카르나소스 사람인 헤로도토스가 연구한 내용이다"란 기록이 있는 것으로 보아 소아시아의 할리카르나소스 출신이었을 것으로 추정된다. 기원을 전후한 시대의 지리학자였던 스트라본 역시 헤로도토스가 할리카르나소스 출신이라 기록했다.

영원한 고전으로 평가받는 그의 저서에는 페르시아 제국과 초기 그리스의 역사에 관한 풍부한 정보 외에도 다양한 답사지에서 수집한 설명이 들어 있다. 헤로도토스는 기원전 484년에 태어나 일생의 대부분을 여행하는 데 바쳤다. 아테네에서도 수년간 거주한 경험이 있으나, 그는 이탈리아 남부에 새롭게 건설된 식민 도시로 이주해 그곳에서 저서를 집필했다.

란 뜻으로 사용되었다. 그런데 헤로도토스가 이 단어에 "실제로 일어난 사건을 조사(탐구)해 기술한다"는 새로운 의미를 더한 것이다. 그 이후부터 historia는 영어로 역사란 뜻의 history로 바뀌었다.

그는 각지를 폭넓게 답사하며 그곳에서 수집한 다양한 지지地誌, 풍속, 역사 이야기를 페르시아 전쟁이라는 거대한 스토리 속에 끼워 넣어 유럽의 언어로 기록된 현존하는 가장 오래된 저서 《역사》를 집필했다. 그것은 그리스가 페르시아 전쟁으로 국난을 맞아 대비하기 위한 답사 노트인 동시에 산문 작품이었다. 헤로도토스는 그리스 민족의 장래를 염려해 지리적 지식을 정치와 전쟁에 적용하려는 발상에서 저서를 남겼다.

한편, 투키디데스Thucydides는 헤로도토스보다 더 엄밀하게 사실을 기술하고 객관적 관점에서 세상을 바라본 역사가였다. 그의 저서 《전사戰史》는 《역사》보다 더 학술적인 저서라 평가할 수 있지만, 작품의 매력에서는 헤로도토스보다 다소 떨어진다고 여겨진다. 그는 사실의 기술에 머무르지 않고 분석적 설명을 시도했다. 헤로도토스가 '역사의 아버지'라면, 투키디데스는 '역사학의 아버지'라고 불러야 한다. 그가 아테네인의 입장에서 한발 물러나 객관적 입장에서, 아테네의 세력 확대와 스파르타의 불안이 양자를 싸우게 만든 원인이었다고 분석한 것은 오늘날의 역사가들이 본받아야 할 점이다.

헤로도토스는 약 30세를 전후해 그리스 세계뿐 아니라 이집트, 메소포타미아, 페니키아, 스키타이(현재 흑해 북쪽의 우크라이나 지방)를 두루 답사한 걸출한 여행가이며 지리학자였다. 그의 위대한 저서는 바로 그와 같은 폭넓은 경험을 토대로 편찬된 것이었다. 헤로도토스의 세계관을 엿볼 수 있는 아래의 그림 5-42는 1895년에 수정된 세계 지도인데, 원래 1872년 생 마르탱Saint-matin이 그린 것이다.

네부카드네자르가 다스린 제국은 곧 무너져 페르시아에게 정복되었다. 그러나 최근의 연구결과에서는 바빌로니아 왕국의 '공중 정원'이 바빌론이 아닌 인

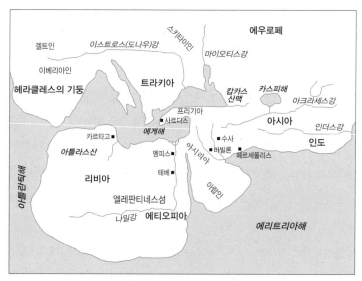

그림 5-42. 헤로도토스의 세계관을 보여 주는 지도

접국 아시리아에 건설되었다는 주장이 제기되었다. 영국 옥스퍼드 대학 오리엔탈 연구소의 스테파니(Stephanie, 2013)는 20년에 걸친 연구 결과 공중 정원의 실제 위치는 바빌론이 아닌 이웃한 아시리아의 니네베 일대이며 네부카드네자르 2세가 만든 것도 아니고 라이벌이었던 아시리아의 센나케리브Sennacherib 왕이 건설한 것이라고 주장했다.

그러나 유감스럽게도 니네베 유적지를 답사해도 그 증거를 찾아볼 수 없었다. 공중 정원 유적의 정확한 위치는 불분명하지만 분명 바빌론 성곽 내에 있었다. 그것을 공중 정원이라 부른 것은 지상보다 높은 계단식 발코니 위에 만든 정원이었기 때문인데, 페루의 험준한 산 위에 건설한 마추픽추를 '공중 도시'라 부르는 것과 일맥상통한다.

바빌론에 공중 정원이 건설된 이유는 네부카드네자르 2세가 메디아 왕국 출신의 공주를 아내로 맞아들인 것에 연유한다. 인도·유럽 어족에 속하는 그녀는 자그로스산맥에 위치한 산악 지대 출신이었던 까닭에 초록빛의 꽃과 초목이 우

그림 5-43.
공중 정원의 상상도

거진 산이 그리워 향수병에 걸리고 말았다. 그것을 안타깝게 여긴 네부카드네자르 2세가 산을 볼 수 없는 평지의 바빌론에 공중 정원을 건설한 것이다. 이는 마치 17세기 인도의 무굴 제국 황제인 샤자한Shah Jahan이 아내를 위해 타지마할을 건설했던 것에 비유할 수 있을 것이다.

메디아Media는 데이오케스Deiokes가 통일한 왕국으로 엑바타나(현재의 하마단)가 수도였다. 데이오케스는 주권을 장악하자 메디아인들에게 하나의 도시만을 만들게 하여 엑바타나Ecbatana에 견고한 성곽을 쌓았다. 이 성곽은 구릉 위에 조성되었으므로 일곱 겹의 환상環狀 성곽을 축성했는데, 가장 안쪽 성벽에 왕궁과 보물 창고를 만들고 백성은 성곽 바깥쪽에 살게 했다. 헤로도토스(Herodotos, 기원전 440)의 기록에 따르면, 데이오케스는 페르시아로 출병해 그 나라를 메디아의 속국으로 삼았다. 그 후에는 강력한 두 민족이 그 일대를 차례로 정복해 마지막으로 아시리아를 공격했다.

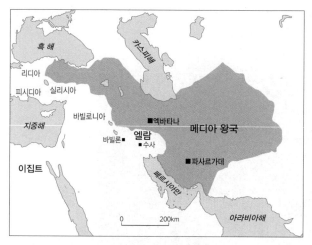

그림 5-44. 메디아 왕국의 영역과 인접 국가(기원전 6세기)

메소포타미아뿐만 아니라 페르시아의 도시에서도 발견된 바 있는 공중 정원이 주목받는 이유는 이것이 만들어지기 위해서 동원된 고도의 과학 기술의 단면을 엿볼 수 있기 때문이다. 오늘날 영토 없이 떠도는 쿠르드족은 메디아 왕국의 후예들이다. 그들은 페르시아어에 가까운 언어를 사용하는 민족으로 한때는 아시리아 제국과 라이벌이었을 만큼 영화를 누렸던 민족이었다.

공중 정원은 바벨탑을 제치고 세계 7대불가사의 중 하나로 꼽힌다. 바빌론의 기술자들은 계단상의 정원에 물을 주기 위한 방법으로 아르키메데스 원리를 고안해냈다. 아르키메데스는 기원전 3세기 그리스 영토였던 시칠리섬의 시라쿠사에 살던 학자였으므로, 기원전 6세기의 공중 정원이 건설된 시기는 그보다 약 300년 빠르다.

아르키메데스Archimedes의 원리란 어떤 물체를 유체(기체와 액체) 속에 넣었을 때 받는 부력의 크기가 유체에 잠긴 물체가 부피만큼의 유체에 작용하는 중력의 크기와 같다는 부력浮力의 원리를 말한다. 아르키메데스는 어떤 물질의 체적과 질량의 비율, 즉 비중을 이용한 것이다. 이것을 깨닫게 된 아르키메데스는

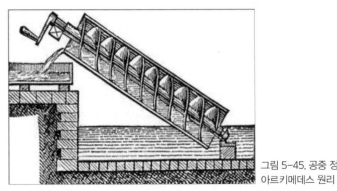

그림 5-45. 공중 정원에 적용된
아르키메데스 원리

너무 기쁜 나머지 옷을 입는 것도 잊은 채 목욕탕에서 뛰어나왔다고 전해진다. 아무튼 바빌론의 기술자들은 아르키메데스보다 훨씬 빠른 시기에 그 원리를 알아냈던 것이다. 이것으로 당시 바빌로니아의 학문 수준을 가늠해 볼 수 있다.

바빌론은 유프라테스강을 끼고 서쪽과 동쪽의 양안에 건설되었다. 서쪽이 먼저 건설되었지만 성곽의 정문인 이슈타르문은 동쪽 성곽에 설치했다. 이 문을 통과하면 왼쪽에 진흙으로 인간을 만드는 여신 닌마Ninmah 신전이 있으며, 네부카드네자르의 왕궁은 깊숙한 곳에 위치해 있다. 전해지는 전설에 따르면 바로 이곳에서 알렉산더 대왕이 사망했다고 한다. 내가 이곳을 조사할 때 유적지의 안내원은 어느 큰 방을 가리키면서 여기서 기원전 323년 알렉산더 대왕이 병사한 곳이라고 일러주었다. 이것은 사실 여부를 떠나 알렉산더가 바빌론에서 사망한 것만큼은 기록된 사실이므로 중요한 문제는 아닐 것이다. 그는 트로이 전쟁을 승리로 이끈 아킬레스를 뛰어넘는 영웅이었다.

바빌로니아인의 세계관은 남겨진 바빌론의 점토판으로 엿볼 수 있다. 바빌론에서는 파피루스 대신 점토판이 사용된 까닭에 파피루스처럼 부식되지 않았다. 때문에 점토판에 그려진 지도가 오늘날에도 상당히 많이 발견되고 있다. 이 지도는 두 겹의 원안에 지도가 그려져 있고 일곱 개 뿔과 아카드 사르곤 왕의 전설적인 원정 기록이 적혀 있다. 이 기록은 일곱 문장으로 되어 있던 것으로 추정되

BOX 5.10

아르키메데스에 대하여

아르키메데스(기원전 287~212년)는 시칠리아섬의 시라쿠사에서 태어났다. 그는 유클리드, 아폴로니우스와 더불어 고대 그리스의 위대한 수학자로 불린다. 그는 기하학을 연구해 구분 구적법을 창안했는데, 이는 위대한 수학자이자 물리학자인 뉴턴의 미적분학보다 무려 2000여 년 앞선 것이었다. 그는 반지름의 길이가 r인 구의 겉넓이가 반지름의 길이가 r인 원의 넓이의 4배임을 증명해 구의 겉넓이가 $4\pi r^2$이라는 것을 알아냈다.

당시 왕이었던 히에로Hiero 2세는 왕관을 만드는 금세공사에게 순금으로 금관을 만들게 했다. 금관이 완성되자 왕은 금관에 은이 섞였을지 모른다는 의심이 들었다. 하지만 확인할 방법이 없어 아르키메데스에게 금관의 순도를 알아내도록 의뢰했다. 금관의 순도를 알아내는 것은 결코 쉬운 일이 아니었다. 아르키메데스는 며칠 동안 고민하다가 목욕탕에서 그 방법을 깨닫게 되었다. 그는 너무 기뻐서 옷을 입는 것도 잊은 채 목욕탕에서 뛰어나와 "유레카Eureka!"라고 외쳤다고 한다. 이러한 부력의 원리를 '아르키메데스의 원리'라 부른다.

아르키메데스는 로마군이 침입하자 거대한 반사경으로 태양 광선을 반사해 로마 군함을 불태웠다. 또한 무거운 돌을 날리는 투석기를 만들어 로마군을 공격했다. 그러나 워낙 강력한 로마군에 그의 조국 시라쿠사는 함락되고 말았다. 로마군이 쳐들어왔을 때, 그는 모래 위에 원을 그리며 연구를 하고 있었다. 로마 병사가 그에게 다가가자 호통을 치며 "이봐! 내 원을 밟지 마라!"라고 소리쳤다. 이에 화가 난 로마 병사는 그를 단칼에 죽여 버렸고, 이 사실을 알게 된 로마군의 대장 마르켈루스는 아르키메데스의 죽음을 슬퍼하여 그의 소원대로 묘비에 원뿔, 구, 원기둥이 꼭 맞게 들어 있는 그림을 새겨 주었다. 아르키메데스는 비록 이렇게 세상을 떠났지만 그가 남긴 수학적 업적은 로마보다 더 오랫동안 역사에 남아 있다. 그는 뉴턴, 가우스 등과 함께 역사상 위대한 3대 과학자로 불린다.

며 현재 다섯 문장이 남아 있다.

1. 세 번째 섬, "나르는 새가 비행을 마치지 못하고…(이하 소실)

2. 네 번째 섬, "석양이나 별보다 밝은 빛이 있다. 그것은 북서를 향해 있으며 여름 일몰 후에는 거의 존재감이 없다."

3. 다섯 번째 섬, "북쪽에 완벽한 어둠이 있으며 땅에서 아무것도 볼 수 없고

태양도 볼 수 없다."

4. 여섯 번째 섬, "뿔 황소는 낯선 사람들을 공격한다."

5. 일곱 번째 섬은 동쪽에 있어 여명이 밝아올 곳.

우리들이 바빌론 세계 지도로 알 수 있는 것은 지리적 정보가 불충분하던 당시 사람들에게 세상의 중심은 바빌론에 있으며, 그곳을 둘러싼 바다 건너편은 모두 신화 속의 땅으로 인식되었다는 점이다. 제6장에서 설명할 T-O지도와 흡사하다. 다만 세상의 중심이 바빌론인가, 예루살렘인가의 차이만 있을 뿐이다. 또한 바빌론의 지도 속에는 노아의 방주가 표류한 아라라트산을 위시해 티레, 예루살렘, 니네베, 수사, 카르케미시 등이 표시되어 있다. 카르케미시Carchemish는 도시 국가로 시리아, 메소포타미아, 아나톨리아의 무역에 종사하는 카라반들이 유프라테스강을 건너가는 전략상 중요한 곳에 위치해 있다. 《구약 성서》에 등장하는 아라라트산과 예루살렘이 바빌론의 점토 지도에 표기된 것은

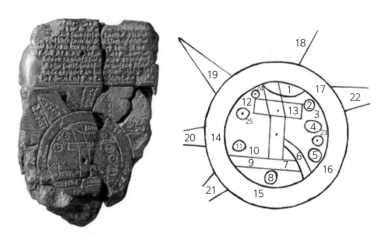

1. 아르메니아 산지, 2. 니네베, 3. 아라라트산, 4. 아시리아 5. 수사, 6. 페르시아만, 7. 늪지, 8. 엘람, 9. 운하, 10. 예루살렘, 11. 비트야긴(갈대아의 부족), 12. 카르케미시 13. 바빌론, 14-17. 바다, 18-22. 신화 속의 미지의 땅, 23. 미디아, 24. 유럽, 25. 티레

그림 5-46. 바빌론의 점토판 세계 지도

양자의 제작 시기가 비슷하기 때문일지도 모르겠다.

바빌로니아와 바빌론의 국력이 얼마나 강대했는지 헤로도토스는 그의 저서 《역사》에서 다음과 같이 회고한 바 있다(Herodotos, 기원전 440).

> 페르시아 대왕과 그 휘하의 군대를 위해 일반 공세貢稅 외에 페르시아 지배가 미치는 전역이 분담 지구로 분할되어 있었다. 1년의 12개월 중 4개월분은 바빌로니아가 단독으로 왕이 필요로 하는 물자를 마련하고, 나머지 8개월분은 모든 지역이 맡았다. 모든 페르시아 제국의 총독부 중에서 바빌로니아 총독은 엄청난 양의 은 수입이 있었으며, 전차용 말 이외에 총독 개인의 말이 종마 800필, 암말 19,000필이나 보유하고 있었다. 또한 사냥개의 수가 엄청나서 평야 안의 큰 마을 네 곳에 다른 세금이 면제되는 대신 개 사료의 공출이 부과되고 있을 정도였다. 바빌로니아의 지배자 소득은 이처럼 막대한 것이었다.

바빌로니아의 농작물 산출량은 메소포타미아에서 가장 많았다. 헤로도토스의 답사 결과, 이 땅에는 곡물이 풍부했으므로 무화과나무를 비롯해 포도, 올리브 등의 과수 재배는 시도조차 하지 않았다. 곡물 생산에 최적지라고 하는 이유는 수확량이 평균 파종량의 200배에 이르고, 최대 풍작을 이루었을 때에는 300배에 달할 정도였기 때문이다. 밀이나 보리 잎의 폭이 7.4센티미터에 이를 정도로 매우 컸다. 평야 지대 곳곳에는 대추야자가 자라고 있어, 그 열매로 음식이나 술과 꿀을 만들었다. 화려함의 극치를 보였던 바빌론은 신바빌로니아의 수도가 엘람 왕국의 수사인 셀레우키아로 이전됨에 따라 쇠퇴하고 말았다.

그리스와 페르시아에 낀 이오니아

이오니아Ionia는 에게해에 면한 아나톨리아반도 남서부에 존재했던 고대의 지방을 가리킨다. 이곳에는 포카이야, 이즈미르(스미르나), 밀레토스 등의 고대 도시가 분포했다. 이오니아 동맹의 도시 국가였던 이들 도시는 고대 그리스인으로 구성된 이오니아인에게 식민 통치를 당했다. '이오니아'란 지명은 그들의 선조인 이오니아인에서 유래했다. 이오니아인은 그리스 본토와 아나톨리아반도 사이에 에게해의 섬들로 구성된 도서 지방에 살다가 아테네와 아나톨리아 지방 양쪽으로 이주해 식민지를 건설했다. 후세의 연대학자들은 이것을 '이오니아인의 이동'이라 부른다.

그들이 이동한 시기는 트로이 전쟁 140년 이후거나 헤라클레스의 아들들이 펠로폰네소스반도로 귀환한 60년 후로 간주하고 있다. 후세의 역사가들은 정확한 시기는 알 수 없지만, 이오니아 지방이 비교적 뒤늦게 그리스화했다고 여긴다. 이 시기는 도리아인의 침입 이후 또는 초기 에게 시대 이후로 간주된다.

이오니아 지방은 키오스섬, 사모스섬을 포함해 북쪽으로는 아이오리스, 동쪽은 리디아, 남쪽은 도리아(또는 카리아)로 둘러싸여 있다. 이 지방의 도시들은 그리스 제국과 페르시아 제국 간의 충돌로 중요한 역할을 가지고 있었다. 기원전 7세기, 유럽 땅에 최초로 모습을 보인 유목 기마 민족의 킴메르인Cimmerians이 메디아를 위시해 아나톨리아반도의 도시 대부분을 공략했다. 그들이 바로 제4장에서 설명한 켄타우로스가 아니었을까? 그렇다면 그들은 스키타이족의 일파였을 가능성이 있다.

기원전 700년경, 리디아가 스미르나와 밀레토스를 침략해 이 일대를 수중에 넣었다. 오랫동안 복종의 시대가 지속되었다. 기원전 547년에 리디아가 멸망하자 아케메네스 왕조의 페르시아가 그리스인의 도시는 물론 이오니아를 지배했다. 그러나 페르시아 제국의 속령이 된 도시들은 페르시아 수도로부터 멀리 떨어져 있던 탓에 어느 정도의 자치는 허용되었다. 기원전 500년경, 이오니아의 도시들은 아테네의 지원을 받아 페르시아에 대해 반란을 일으켰으나 실패해 재차 페르시아에 정복되고 말았다. 이 사건을 계기로 페르시아 전쟁이 발발했다. 그리스군의 승리로 이오니아는 자유를 얻을 수 있게 되었고, 이오니아는 그리스의 동맹국으로 한동안 평화를 누렸으나, 다시 페르시아의 지배하에 들어갔다.

이오니아의 도시들은 명목상으로
는 식민지였지만 상당한 자유를 누
릴 수 있었다. 그러나 그것도 알렉
산더 대왕의 동방 원정이 있기까지
였다. 이오니아의 대부분 도시들은
마케도니아의 알렉산더에 정복되
었다. 밀레토스는 홀로 버텼지만 마
케도니아의 포위 공격을 견디지 못
하고 기원전 334년 함락되고 말았
다. 이오니아는 마케도니아 왕국의
영토가 되었지만, 그 후 밀레토스를
제외한 나머지 도시들은 로마 제국
의 지배하에서도 번영을 지속했다.

그림 5-47. 이오니아 지방과 주변 지역

밀레토스Miletus는 에게해에 면한 항구 도시로 건설되었으며 이오니아 지방
의 상업적 중심지였을 뿐만 아니라 미앤더Maeander강(혹은 멘데레스강) 하구
에 위치해 기름진 충적 평야가 전개되어 있어 농업 활동도 왕성한 땅이다. 지리
학에서 곡류 하천을 '미앤더'라고 부르는 것은 바로 여기서 유래되었다. 오늘날
에는 간척 사업이 이루어져 지형이 크게 달라졌지만, 터키 이즈미르에서 더 남
쪽으로 가면 이 역사적 유적지를 볼 수 있다.

이 도시에서 탈레스, 아낙시만드로스, 아낙시메네스 등과 같은 걸출한 철학
자들이 배출되었다. 그들 중 에게해에 산재하는 섬들이 보이는 해안가에 살았
던 탈레스는 만물의 근원을 물이라고 주장했다. 만약 그가 건조한 내륙 지방 사
람이었다면 과연 그런 주장을 펼칠 수 있었을지 의문이다. 탈레스 이후의 철학
자들은 나중에서야 만물의 근원을 공기, 흙, 불 등이라고 주장했다. 이들의 활약
시기는 소크라테스와 플라톤보다 백 년 이상 앞선다.

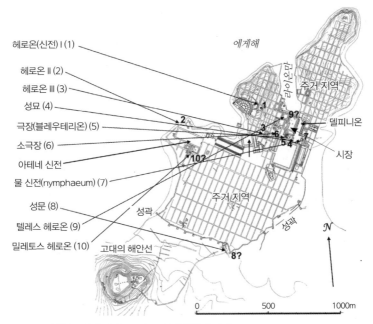

헤로온(신전) I (1)
헤로온 II (2)
헤로온 III (3)
성묘 (4)
극장(블레우테리온) (5)
소극장 (6)
아테네 신전
물 신전(nymphaeum) (7)
성문 (8)
텔레스 헤로온 (9)
밀레토스 헤로온 (10)

에게해
이오니아만
주거 지역
델피니온
시장
성곽
주거 지역
성곽
고대의 해안선
N
0   500   1000m

그림 5-48. 기원전 5세기 밀레토스의 도시 계획(현재 터키)

밀레토스는 그리스 고전기(기원전 5~4세기) 이전의 아르카익기(기원전 8~6세기)의 도시 가운데 가장 번영을 구가했던 도시 중 하나로 오리엔트의 바빌론과 문화적 교류를 하고 있었고, 기원전 7세기 말까지는 더 남쪽의 나일강 삼각주와도 교류한 이오니아 학파의 본거지였다. 밀레토스의 발굴 작업은 1873년 프랑스 고고학자에 의해 처음 시작되었고, 뒤이어 1899~1931년에 걸쳐 독일의 고고학자들에 의해 시도되었지만 전쟁으로 중단되었다가 1955~1957년에 본격적으로 발굴되었다. 그 후에도 터키와 독일의 대학 등에서 발굴 작업이 계속되고 있지만, 지금까지의 발굴 결과로 밀레토스가 기원전 5세기경의 그리스 도시 계획이 히포다무스Hippodamus에 의한 계획 도시임이 밝혀졌다. 그는 페르시아 전쟁이 끝난 이후 파괴된 자신의 고향을 재건하는 일에 솜씨를 발휘한 바 있다.

도시는 성곽을 북쪽 구역과 남쪽 구역으로 구분하여 모두 격자형 가로망으로 설계되었다. 북쪽 시가지는 블록의 규모가 작고, 남쪽은 북쪽 시가지에 비해 약간 큰 편이다. 이는 초기의 협소한 공간에 적용한 도시 계획과, 페르시아의 침공 후 도시 재건을 위해 남쪽의 넓은 공간으로 도시를 확장한 후의 도시 계획에 변화가 있었음을 의미하는 것이다. 북쪽 구역과 남쪽 구역의 중간에는 아고라를 비롯해 극장, 공중 목욕탕, 아테네 신전 등의 공공시설이 배치되어 있었다.

아리스토텔레스는 히포다무스가 격자형으로 도시를 분할하는 방법을 발견했다고 찬양했지만, 사실 격자형 도시는 일찍이 수메르와 이집트의 도시에서도 적용된 바 있다. 건축 역사학자 코스토프(Kostof, 1991)에 의하면, 히포다무스는 도시를 먼저 성직자, 다음으로 공공용지, 농부들의 주거지로 분할하는 방식으로 설계했다. 당시 격자형 도시 계획은 인기가 절정에 달했다. 격자형 도시는 알렉산더의 정복과 함께 헬레니즘 세계에 확산되었다.

이와 같이 그리스인들이 도시 계획에 솜씨를 발휘하게 된 것은 전쟁으로 파괴된 도시를 재건하고 항구를 확장하거나 또는 새로운 식민 도시를 건설할 때였다. 오늘날에는 간척 사업으로 지형이 변했지만, 지도에 묘사된 해안선은 당시의 것이다. 비록 철저하게 무너진 도시지만, 그리스의 전형적 고대 도시를 보고 싶은 사람들에게 밀레토스 여행을 권하고 싶다. 발굴된 유적지는 대부분 기원전 3세기의 헬레니즘 시대나 프톨레마이오스 왕조, 셀레코우스 왕조 때에 건설된 것들이다. 그리스가 지금으로부터 2,500여 년 전에 이와 같이 훌륭한 도시 계획을 했다는 것이 놀라울 따름이다. 이 유적지에는 원형 경기장과 목욕탕 등과 같이 드넓은 유적지가 남아 있으며 4개소에 항만 시설이 있었음이 밝혀졌다.

당시 밀레토스는 그리스 동쪽의 이오니아 지방에서 에페소스Ephesos와 더불어 가장 큰 도시였으며, 후에 리디아 지방의 도시들과 경쟁했고, 기원전 502년 이오니아 반란이 일어났을 때 반란의 중심 도시가 되기도 했다. 페르시아가 무자비하게 반란을 진압하자 그리스인들은 모두 밀레토스의 함락을 슬퍼한 것으로 전해지고 있다.

2012년 터키 문화관광부는 밀레토스 동쪽에 위치한 라오디게아Laodicea에서 2,000년 전의 해시계를 발견했다고 발표한 바 있다. 이것은 한국의 해시계보다 600년이나 빠른 시기의 것으로 계절별로 시간을 측정하는 것이었다.

알렉산더와 헬레니즘 시대의 도래

마케도니아는 기원전 400년 후반에 아케메네스 왕조의 페르시아 영토와 그리스 세계를 병합해 역사상 유례없는 대제국을 건설하게 되었다. 거대 제국의 세력하에 있었던 광대한 지역은 얼마 후 분할되지만, 그곳에서 펼쳐진 문명은 기원전 1세기 후반에 로마가 들어오기 전까지 약 300년에 걸쳐 세계사의 주역이 되었다. 바로 이 시대를 헬레니즘 시대Hellenistic Greece라 부르는 것은 그것이 헬레네스Hellenes의 문명과 언어적으로 통일성을 부여받은 시대였기 때문이다. 헬레네스는 고대 그리스인이 자기 민족을 부르던 이름이다. 이는 전설적인 영웅이며 고대 그리스인의 시조였던 '헬렌Hellen'에서 유래한 말로, 그들은 스스로를 헬렌의 자손이라고 생각했다.

마케도니아가 퍼타일 크레슨트를 정복할 수 있었던 것은 막강한 군사력이 있었기 때문인데, 그 군사력의 한가운데에 보병 전술이 있었다. 팔랑크스Phalanx라 불리는 밀집 장창 대형長槍隊形의 보병들은 왼손에 약 15킬로그램에 달하는 방패를 잡고, 오른손에 스파르타 보병보다 훨씬 긴 도리dory라 불리는 길이 6미터의 창을 들고 전투에 임했다. 앞 열은 대체로 젊은 신병이 선두에 서고 뒤 열은 전투 경험이 많은 고참병들을 배열했다(그림 5-49).

스파르타의 중보병을 능가하는 팔랑크스의 장점은 무엇보다 특유의 뛰어난 저지력에 있었는데, 기존의 그리스 군대 진형보다 기동성이 뛰어나고 빽빽이 늘어선 장창의 대오는 앞에서 설명한 스파르타 군대보다 강했다. 그러므로 방진을 갖추지 못한 적의 보병은 물론 기병들까지 격퇴할 수 있었다. 이러한 새로

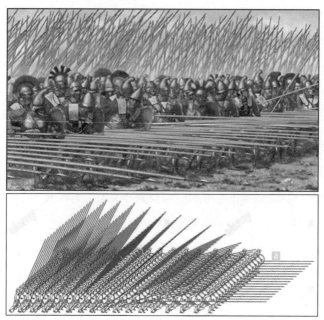

그림 5-49. 마케도니아 보병의 팔랑크스 장창대형

운 전술은 마케도니아 군대의 공격력을 비약적으로 증대시켰다. 사실상 이 전술은 앞에서 설명한 수메르의 밀집 대형과 동일한 전술이었다.

마케도니아 군대가 뛰어난 또 하나의 강점은 공성술攻城術을 활용하고 있었다는 점이다. 다른 그리스 군대는 성곽을 공격하기 위한 효과적인 무기를 갖고 있지 못했다. 펠로폰네소스 전쟁에서 보았던 것처럼 적이 성 안에 숨어 있을 경우 이를 격퇴할 뾰족한 방법이 없었다. 그러나 마케도니아 군대는 투석기와 공성탑과 같은 신형 공성 병기를 보유하고 있었다. 마케도니아 이전에 이러한 무기를 보유했던 나라는 아시리아와 그 전통을 이은 오리엔트의 육군뿐이었다.

하루 평균 24킬로미터를 일사분란하게 행군한 알렉산더의 동방 원정과 정복지의 통합은 그를 가히 천재라 부를 수 있는 업적이었다. 그의 위업을 두고 단순히 행운이었다든가, 역사적 조건이 유리하게 작용한 결과라든가 라는 이유로 폄하해서는 안 될 것 같다. 인류 역사에 이렇게 위대한 인물이 몇이나 있었던 가? 그는 천재이면서도 창조적 정신을 소유한 왕이었다.

알렉산더 대왕은 광대한 제국을 다스리기 위해 새 수도를 바빌론에 정했다. 페르시아 여왕과 결혼한 그는 인더스강 유역에서 페르시아의 수사로 돌아와 마케도니아의 귀족 80여 명과 부하 장병 1만 여 명을 페르시아 여자와 결혼시켰다. 이것이 유명한 '동서東西의 결혼'으로, 융합 정책의 일부였다. 그 결과 그들의 인종적 형질에 많은 변화가 생겼다.

지리적 지식이 풍부한 알렉산더는 오리엔트의 풍습을 좋아하는 경향이 있었다. 그는 공식 행사에서 마케도니아인들에게까지 페르시아 의복을 입혀 신하들의 반감을 사기도 했다. 그는 페르시아 여왕과 결혼했음에도 또 다리우스Darius 3세의 딸과 결혼했다. 그는 페르시아 풍속을 받아들이고, 전제 국가를 세우려 했다. 그리고 한편으로는 새로 건설한 도시에 그리스인을 이주시킴으로써 그리스 문화를 퍼타일 크레슨트에 보급시키려 했는데, 이것은 하나의 세계를 만들려는 대왕의 원대한 꿈에서 나온 것이었다. 그는 인종과 문화까지도 하나로 만들려고 했지만 부하들의 생각은 달랐다. 마케도니아 병사들은 전쟁에 지쳐 있었고 고향이 그리웠을 것이다. 알렉산더는 원정이 끝난 이듬해 인도의 인더스강 유역으로부터 바빌론으로 귀환했으나 열병에 걸려 쓰러졌고, 32세의 젊은 나이에 곧 사망했다. "신이 사랑하는 인간은 일찍 세상을 떠난다"라는 말은 고대 그리스인들이 믿었던 사생관이다. 나이가 들면서 닥칠 질병과 추한 세상으로부터 구제하기 위해 신이 일찍 저세상으로 데려간다는 의미일 것이다.

오이디푸스 콤플렉스를 가진 것으로 소문난 알렉산더는 고르디온의 매듭을 풀만큼 탁월한 두뇌의 소유자였지만, 자기도취적이고 충동적이며 영광을 쫓는 일에 집착하는 몽상가적인 면모를 지니고 있었다. 지성과 함께 무모하리만큼의 용기를 겸비한 알렉산더는 그리스 신화에 나오는 영웅을 모방하려고 분투했으며, 새로운 영토의 획득뿐만 아니라 자신의 능력을 세계에 증명해 보이려고 시

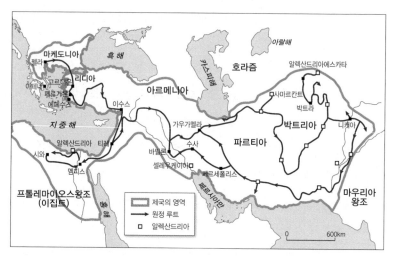

그림 5-50. 알렉산더 대왕의 동방 원정 루트와 알렉산드리아의 분포

도한 야심가였다. 또한 페르시아와의 전쟁을 그리스의 성전聖戰이라고 생각한 것은 그의 스승이었던 아리스토텔레스의 가르침을 받은 탓이었고, 페르시아 문명에 경의를 품었던 알렉산더로서는 자신의 동방 원정을 시도할 만한 가치가 있다고 여겼다. 아리스토텔레스는 알렉산더에게 아시아인들을 동물처럼 취급하라고 충고했지만, 천재적 두뇌를 가진 그는 여러 민족을 다스려야 한다는 생각에서 스승의 가르침을 따르지 않고 포용 정책을 고수했다.

알렉산더가 죽자 아테네는 다시 반反마케도니아 동맹을 결성하려 시도했으나 그 결과는 비참했다. 기원전 322년 아테네는 핀도스산맥 동쪽의 비옥한 평야를 차지하고 있던 테사리아Thessalia와 연합군을 조직해 알렉산더가 원정 중인 틈을 타 반란을 일으켰으나 충신이었던 안티파트로스에게 참패했다. 그리하여 사실상 약 200년에 걸쳐 지속된 아테네의 민주 정치는 종언을 고하게 되었고, 펠로폰네소스반도는 마케도니아의 지방 장관이 통치하게 되었다.

알렉산더의 생애는 너무 짧았으며, 거대한 제국의 기초를 공고하게 만들지 못했다. 만약 그가 오래 살았다고 하더라도 과연 장기간에 걸쳐 대제국을 유지할 수 있었을지는 의문이다. 그렇지만, 그의 짧은 생애에 남긴 많은 발자취는 엄청난 것이었음은 의심할 여지가 없다. 그는 짧은 생애에 25개에 달하는 도시를 건설했는데, 이들 도시는 그 후 아시아의 중요한 육로의 거점이 되어 문명 확산에 크게 기여했다. 그가 시도했던 '동서 융합'이란 대사업은 대단히 지난할 수 있는 시도였음에도 불구하고 10년이란 단기간에 큰 성과를 거두었다. 역으로 말한다면, 당시의 상황에서 그 이외의 방법이 없었던 것이다.

거대한 제국을 정복하고 통치하기 위해서는 그리스인과 마케도니아인만으로는 중과부적인 까닭에 처음부터 정복한 땅을 페르시아 관료를 통해 위임 통치하는 체제를 만들었다. 또 죽기 직전에는 군대의 재편에 착수해 마케도니아 병사와 페르시아 병사를 합친 혼성 부대를 조직했다. 만약 알렉산더가 인더스강을 건넜다면 어떤 역사가 펼쳐졌을까? 이에 대해 전술한 바 있는 프랑스의 역사학자 장바티스트(Jean-Baptiste, 1964)는 알렉산더가 동방을 정복한 후 진격 방향을 서방으로 돌렸다 하더라도 지리학으로부터 어떤 정치 철학도 세우지 못했을 것이라고 회고했다.

알렉산더의 동방 원정은 문명사를 오리엔트로부터 유럽으로 바꾸는 전환점이 되었고, 서진의 문명을 거슬렀다는 점에서 역사적 의의를 찾을 수 있다. 역사에서 '만약'이란 가정은 통하지 않지만, 우리는 알렉산더에 대한 장바티스트의 말에 공감하는 바가 크다. 그리스 신화에 등장하는 '헬레스폰토스Hellespontos'는 그리스어로 '헬레의 바다'를 의미한다. 아테네가 위치한 아티카반도 북쪽의 테살리아의 왕이 헬레Helle라 불리는 공주를 낳고 살았는데, 새 왕비의 계략으로 황금 양을 타고 하늘을 날아 탈출하다가 해협 위를 날아가던 순간 밑을 보게 된 헬레는 그만 아래로 떨어지게 되었다. 후세 사람들은 헬레가 떨어져 죽은 해협을 '헬레스폰토스'라고 부르게 되었다.

전술한 것처럼 알렉산더가 페르시아의 지배령이었던 티레 전투를 제외하고는 트로이 동쪽의 그라니코스강 전투를 비롯해 이수스 전투와 가우가멜라 전투

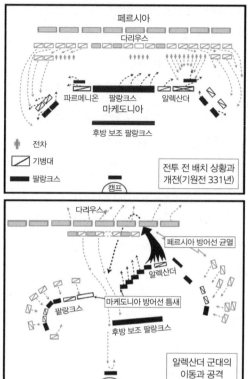

그림 5-51. 가우가멜라 전투의
전개 과정

의 단 세 번에 걸친 전투에서 4만~5만 명의 군사로 그 두 배가 넘는 페르시아의 모험심이 강한 다리우스 3세 군대를 물리칠 수 있었던 것은 그의 명석한 두뇌와 리더십, 전술·전략은 물론 정복지에 대한 포용 정책 덕분이었다. 훗날 카르타고의 영웅 한니발 장군이 100여 년 전에 알렉산더가 구사했던 전술·전략을 모방해 로마를 침략한 스토리는 이 책의 주제를 벗어나므로 생략하겠다.

알렉산더가 벌인 50여 회에 걸친 크고 작은 전투 중에서는 이수스 전투도 중요하지만 여기서는 페르시아 제국을 무너뜨린 가장 중요했던 가우가멜라Gaugamela 전투(또는 아르벨라 전투)에 관한 것만 설명하기로 하겠다. 전투가 벌어진 곳은 티그리스강 상류로 오늘날 이라크의 모술 근처의 가우가멜라 평원인

가우가멜라 전투의 그리스 동맹군과 페르시아 제국의 군사력 비교

그리스 동맹군(알렉산더)	병력	페르시아 제국군(다리우스 3세)
없음	전차	200대
9,000명	경보병	62,000명
31,000명	중장보병	2,000명
7,000명	기병	35,000~40,000명
40,000~47,000명	합계	99,000~100,000명
500~4,000명	사상자	40,000~90,000명

데, 다리우스 3세는 상대적으로 병력이 열세인 마케도니아군을 맞아 자신의 대군을 지휘하며 효과적으로 진을 펼칠 수 있도록 넓고 평탄한 평지를 전투 장소로 정해 미리 기다리고 있었다.

양쪽 군대의 규모에 대해서는 고대의 기록과 현대의 연구자들의 추정치가 서로 다르지만 유럽 학자들의 역사 왜곡을 감안하더라도 그리스 동맹군이 숫자적으로 열세였던 것은 사실이다. 독자들은 가우가멜라 전투가 벌어진 평원과 전투 상상도를 보면서 당시의 전투 상황을 상상하면 실감이 갈 것이다.

양쪽 군대가 평원에 맞서 진을 펼치고 맞선 전투 전날 밤, 페르시아군은 진지에서 밤새 무장한 채로 대기하고 있었다. 그러나 최초로 척후병 제도를 도입한 알렉산더군은 충분한 휴식을 취하고 포상금과 식량을 여유 있게 지급했다. 다리우스는 동방과 동맹 스키타이 부족들 중에서 우수한 기병을 모으고 전차 200대와 인도의 전투 코끼리 15마리도 포진시켰는데, 사실 전차와 전투 코끼리는 기원전 1100년 철기 시대가 도래한 이후부터는 그 어떤 전투에서도 별다른 전과를 올리지 못했다. 그럼에도 불구하고 다리우스는 전차의 원활한 기동을 위해 평원에서의 전투를 택해 잡목과 풀들을 모두 베어버리라고 명령했다. 다리우스 자신은 최정예 보병대와 전통적으로 페르시아 군주들과 함께 좌우로 기병과 그리스 용병의 호위를 받으며 중앙에 포진했다.

유리한 고지를 점한 알렉산더의 마케도니아군은 중앙에 팔랑크스, 즉 중장보

병을 중심으로 두고 좌우익에 기병을 배치했다. 우측에는 알렉산더 자신이 직접 최정예 기병대와 그리스 트라키아의 파이오니아Paeonia와 마케도니아 경기병을 지휘하고, 좌측 날개에는 테살리아와 그리스 용병 등의 기병대를 배치했다. 중앙의 팔랑크스는 이중으로 배치했는데, 이는 수적으로 우세한 적에 대항해 좌우익의 균열이 생길 경우를 대비한 것이었다. 알렉산더는 이 전투에서 유례없던 이른바 '망치와 모루 전법Hammer and Anvil Tactic'이란 놀라운 창의적 전술을 구사했다. 이 전법은 아무리 강한 쇠도 모루에 대고 망치로 두들기면 꺾인

그림 5-52. 가우가멜라 전투가 벌어진 평원과 전투 상상도

다는 진리에서 착안한 포위 전술이었다.

　다리우스는 전차를 돌격시켰지만, 마케도니아군은 전차의 단점에 대해 모두 파악한 상태였으므로 전차를 배치하지 않았다. 이어서 전차에 대한 대비를 충분히 한 상태였기 때문에 맹렬하게 돌진하는 전차에 맞서 제1열이 비스듬히 물러나 틈새를 열고, 제2열이 전차를 에워싸는 전술을 구사했다. 결국 전차는 선회를 못하고 공격도 하지 못한 채 마케도니아군 사이를 빠른 속도로 통과해 버렸다. 결국 얼마 못 가 마케도니아 창병에게 포위되고, 마케도니아군은 손쉽게 기수만 찔러 죽일 수 있었다. 특히 마케도니아의 밀집 보병 방진인 팔랑크스가 전차를 모두 격퇴시켰다.

　갑자기 전선을 돌파당한 페르시아군은 당황하고 말았다. 마케도니아 진영 깊숙이 들어왔던 페르시아의 좌익 기병대는 급히 군사를 뒤로 후퇴시키려고 했다. 알렉산더는 다리우스를 보호하던 근위대와 그리스 용병을 치고 들어갔다. 다리우스는 목숨이 위험해지자 말머리를 돌려 도주했으며 이를 본 페르시아군이 그 뒤를 따라 퇴각했다. 알렉산더가 본격적으로 다리우스를 추격해 들어가려는 찰나, 마케도니아의 팔랑크스는 둘로 갈라져 심각한 타격을 입었다. 알렉산더는 자신의 부대를 지키느냐 다리우스를 잡느냐의 선택을 해야 했고, 결국 추격을 포기하고 위험에 처한 파르메니온Parmenion 장군을 돕기 위해 돌아섰다.

　페르시아의 마자에우스 장군은 다리우스가 도망쳤다는 소식을 듣고 퇴각 명령을 내리려 했지만 페르시아군은 이미 혼비백산해 달아나기 시작했다. 알렉산더가 도착하기도 전에 파르메니온은 전세를 회복해 일시 역전되었지만, 알렉산더는 즉각 다리우스에 대한 총 공격을 명령했고 해가 질 때까지 쉬지도 않고 다리우스를 추격했다. 다리우스는 심각한 타격을 입고 동쪽으로 밀려나 다시 군대를 규합해 알렉산더에 대한 반격을 준비하려 했으나, 결국 다리우스는 옥서스강(현재의 아무다리야강) 유역의 박트리아까지 쫓기다가 부하 총독에게 죽임을 당했고, 아케메네스 왕조와 페르시아 제국은 멸망하고 말았다.

부하들의 반대에도 불구하고 알렉산더가 집요하게 다리우스를 추격한 이유
는 공식적인 항복을 받아내 페르시아의 전통성을 지닌 지배자가 되고 싶었기
때문이었다. 죽어가는 다리우스에게 물 한 모금을 먹여준 알렉산더는 그가 죽
자 예우를 다해 장례식을 치러주었다. '메소포타미아'란 지명이 생긴 것은 이 무
렵이었다.

알렉산더는 페르시아를 헬레니즘화하기 위해서는 피를 흘려야 함을 각오했
지만 피해를 최소화하기 위해 페르시아의 심장부인 페르세폴리스Persepolis를
골라 완전한 초토화 작전을 전개했다. 알렉산더가 페르시아에 대해 유화 정책
만을 고집했다면 그리스 본토의 여론이 악화될 것이 자명했다. 일각에서는 알
렉산더가 술에 만취해 페르세폴리스에 불을 질렀다는 주장도 있지만 근거가 박
약하다.

감탄이 절로 나오게 하는 페르세폴리스는 기원전 522~486년 기간에 페르시
아를 통치했던 다리우스 1세에 의해 새로운 땅에 세워진 계획 도시로 미국의 워

그림 5-53. 알렉산더의 초토화 작전으로 파괴된 페르세폴리스

싱턴DC나 브라질의 브라질리아를 연상시키는 도시였다. 그리스의 계획 도시였던 밀레토스보다 반세기 빠른 시기에 건설되었다. 이 도시는 여타의 고대 도시와 달리 노예가 아니라 임금 노동자들이 건설한 것으로, 당시의 점토판에는 노동자들에게 지급된 임금이 기록되어 있다.

페르세폴리스의 초토화는 150년 전 페르시아 전쟁 때 아테네의 아크로폴리스가 잿더미로 무너진 것에 대한 치밀한 복수였다. 이는 그리스 강경파들을 달래기에 충분했으며 범헬레니즘의 고대세계를 탄생시키기 위해 치러야 할 대가였던 것이다. 그로부터 약 2500년이 지난 후, 고고학자 브레스테드는 알렉산더 대왕이 페르시아에 대한 복수를 함에 있어서 철저하지 못한 것에 대해 오히려 감사했다(Breasted, 1909). 그 덕분에 페르시아의 유적이 많이 남아 있게 되었기 때문이다.

알렉산더 제국이 문화 융합이 아닌 문화적 상호 작용에 얼마만큼 역할을 했는지에 대한 평가를 내릴 때가 되었다. 그리스인이 새로운 땅으로 널리 퍼지게된 것은 사실이지만, 그 결과로서 헬레니즘 세계의 문화가 출현한 것은 알렉산더가 죽고 그의 제국이 붕괴한 이후의 일이다. 그가 사망한 기원전 323년 당시 주민들의 생활이 10년 전 페르시아의 생활보다 크게 달라진 점이 과연 얼마나 있었을까? 인류가 만들어가는 문명의 수레바퀴가 서진하고 있을 때, 그는 거꾸로 동진하여 역사를 역류했다. 또한 알렉산더는 지절률이 높은 땅에서 그것이 낮은 땅으로 향하는 우를 범했다. 이 점이 가우가멜라 전투의 중요성을 대변하는 것이다.

그러나 시각을 달리하면, 결과적으로 알렉산더가 동쪽의 페르시아를 정복한 것은 안심하고 서진할 수 있는 상황을 마련하기 위한 동진이었다고 해석할 수도 있다. 이보 전진을 위한 일보 후퇴라고나 할까? 결과적으로 그는 헬레니즘이라는 새로운 문명을 창출함에 있어서 해양-내륙, 저지대-고원 지대를 아우르는 지절 효과를 극대화하는 데 공헌을 한 셈이다. 아무튼 그의 치세에 해당하는 기원전 4세기 후반의 지중해 세계에서 최대의 관심사는 그리스와 카르타고 간의 분쟁이었는데, 그는 그 분쟁에 관여하지 못했다.

알렉산더가 무혈 입성한 이집트 정복으로 그치지 않고 시와의 아몬Amon 신전에서의 신탁神託에 고무되어 동방 원정을 계속한 것은 무엇보다 그리스의 서쪽 땅에는 알렉산더의 관심을 끌 만한 라이벌이 없었기 때문이라고 볼 수 있다. 그는 유럽 쪽에는 적수가 없다고 생각했지만, 동방 원정을 끝낸 이후 서방 원정을 꿈꾸고 있었다.

알렉산더가 후계자를 정해 놓지 못하고 죽은 탓에 유력한 장군들이 권력다툼을 벌인 것은 당연한 일이었다. 그의 후계자는 아직 그의 부인의 뱃속에 있었다. 40여 년에 걸친 후계자 전쟁을 거친 결과 알렉산더 제국은 여러 국가로 분열되고 말았다. 그래도 후세 사람들은 그를 몽골 제국의 칭기즈 칸과 훈 제국의 왕 아틸라와 더불어 세계 3대 정복자로 손꼽고 있다(남영우, 2018). 알렉산더는 칭기즈 칸처럼 권력욕에 사로잡힌 인물은 아니었던 것 같다. 그의 이름은 전설이 되었고, 그의 인생은 역사가 되었다. 이로써 퍼타일 크레슨트 문명은 다음에 설명하는 파르티아 제국을 끝으로 종지부를 찍게 되었다.

봉건 귀족의 왕국 파르티아

번영을 구가하던 헬레니즘 세계의 정치 체제는 헬레니즘 국가들의 세력이 미치지 않는 땅에서 일어났다. 제일 먼저 변화하기 시작한 것은 페르시아 동북쪽의 파르티아였다.

기원전 3세기 중엽에 셀레우코스 왕국은 인구와 부가 서쪽에 치우쳐 있다는 약점이 있었으므로 여타 헬레니즘 국가들과 관계가 소원해졌다. 페르시아의 동북쪽의 변경 지방은 이전부터 유목민이 살고 있었고, 이집트의 프톨레마이오스 왕조와의 전쟁에 몰두했던 셀레우코스 왕국은 파르티아의 위협을 간과했다. 따라서 그들은 독립에 대한 유혹을 떨칠 수 없었다.

파르티아인은 인도·유럽 어족에 속한 파르니Parny라 불리는 유목민으로 중앙아시아에서 출현했다. 그들은 페르시아와 메소포타미아의 산악 지대에 국가를 수립했다. 도주하면서 뒤를 향해 활을 쏘는 파르티아 기병의 독특한 전법으로부터 '파르티아의 화살'이라는 관용어가 오늘날에도 사용되고 있다. 이는 바둑에서 사석捨石작전에 해당하는 의미를 갖는다.

파르티아가 500년 가깝게 독립국으로 존속할 수 있었던 데에는 그와 같은 전법과 군사력 덕분만 있던 것은 아니었다. 그것은 알렉산더가 도입해 셀레우코스 왕국이 전수받은 행정 제도를 그대로 도입한 덕분이었다. 실제로 파르티아인은 여러 면에서 창시자가 아니라 계승자였다. 그들은 공식 문서에 그리스어를 사용했으며 독자적인 법률을 사용하지도 않았다. 그들은 바빌로니아의 것이든 페르시아의 것이든 헬레니즘 국가의 것이든 가리지 않고 기존의 습관을 그대로 받아들였다(Roberts, 1998).

파르티아의 역사는 불분명한 점이 많지만 기원전 3세기에는 이미 왕국이 건립되어 있었다. 셀레우코스 왕국이 파르티아에 대해 강력한 자세를 취한 적이

그림 5-54. 파르티아 제국의 영토(기원전 5세기)

그림 5-55. 미트라다테스 2세가
그려진 파르티아 동전

없었다. 기원전 2세기에 들어오면서 셀레우코스 왕국은 오직 서쪽의 프톨레마이오스 왕조와의 전쟁에만 국력을 집중했다. 바로 이 틈을 타서 파르티아는 대국으로 발전할 수 있었던 것이다. 파르티아는 이로부터 분열한 동쪽의 박트리아와 서쪽의 바빌로니아와도 국경을 마주하게 되었다. 따라서 셀레우코스 왕국의 영토는 줄어들어 현재의 시리아만 남게 되었다.

파르티아는 영토를 확장해 메소포타미아의 유프라테스강 연안까지 넓어진 제국을 이루었다. 미트라다테스Mithradates 2세의 동전에는 국명으로 '아케메네스 왕국 페르시아'란 호칭을 사용했다. 중국에서는 이를 음역해 안식安息이라 불렀다. 미트라다테스 2세가 이 호칭을 사용한 것은 창시자인 아르사케스 1세가 이룩한 위대한 왕국과 결부시키기 위함이었다. 파르티아 왕국은 페르시아와 비교해 훨씬 느슨한 국가 체제였다. 관료제 국가라기보다는 봉건 귀족의 집합체라 보는 것이 타당할 것이다(Roberts, 1998).

파르티아 제국의 첫 수도는 시리아 남쪽에 위치한 다라Daraa로 추정되지만 불확실하다. 다라는 훗날 로마 제국과 페르시아 간에 치열한 전투가 벌어졌던 곳이다. 파르티아인은 창의적인 민족은 아니었지만 아시아와 그리스·로마 간의 무역 통로를 장악함으로써 부를 축적했고, 이를 방대한 건축 활동에 사용했다. 그 후 224년 남부 이란의 지방 통치자 아르다시르Ardashir가 반란을 일으켜 사산 왕조를 건국함으로써 파르티아 제국은 멸망했다. 문명의 중심은 오리엔트로부터 그리스·로마로 이동하게 된 것이다.

마호메트의 등장과 이슬람 제국의 출현

여기서는 이슬람 제국의 문명사를 설명하기 위해 잠시 중세로 넘어가 이슬람교와 그들이 이룩한 제국의 변천, 그리고 몽골군의 침략과 티무르의 원정에 관해 설명하기로 한다. 엄밀하게 말하자면 퍼타일 크레슨트에서 발흥한 고대 문명을 중심으로 설명해야 하지만, 울림이 있으면 되돌아오는 메아리까지 들어야 하듯이, 문명사란 것이 두부모 자르듯 단절되지 않으므로 이슬람 문명을 설명하기 위해 중세 문명까지 연장한 것이다.

570년경에 태어난 마호메트Muhammad는 이슬람의 예언자로 역사상 위대하고 영속적인 영향을 끼친 인물이다. 그는 610년경 히라Hira산 동굴에서 짓눌리는 듯한 영적 체험을 통해 신의 계시를 받았다. 그 후 사람들에게 가르쳐 전해야 할 사명이 주어졌다고 확신하고 613년경부터 전도를 시작했다. 이슬람은 알라Allah 이외에 다른 신은 없다고 믿는 유일신 종교다.

'이슬람Islam'이란 아랍어로 '순종'과 '평화'에서 유래된 것이다. 이슬람의 성전인 코란에서는 순종과 평화의 뜻을 유지하기 위해 '이슬람'이라 부를 것을 규정해놓았다. 그러므로 이슬람을 마호메트(무하마드)교 혹은 회교回敎라 부르는 것은 오류다. 알라는 샘의 화신이며, 천국은 항상 청결한 물이 흐르고 과일나무가 자라는 세계다. 영어나 한국어로 번역된 코란이 있기는 하지만 종교적 의도로는 사용할 수 없다. 이는 성스러운 언어를 소리의 울림과 운율적 리듬으로 전달할 수 있는 아랍어의 특성 때문에 코란을 타 언어로 번역할 경우 의미가 왜곡되어 해석상의 논란을 방지하기 위한 조처에서 비롯되었을 것이다.

이슬람 교리는 매우 단순하게 여겨질 만큼 명료하게 정립되어 있다. 이슬람 교리는 여섯 가지 종교적 신앙인 이만man과 다섯 가지 종교적 의무를 가리키는 '이슬람의 다섯 기둥'을 기본으로 하며, 6신信 5행行이라 부르기도 한다. '이만(6신)'이란 알라, 천사들, 경전들, 예언자들, 마지막 심판, 운명론에 대한 여섯 믿음을 가리킨다.

이슬람의 다섯 기둥 이들 가운데 제1기둥 '샤하다(신앙 고백)'는 알라 이외에 다른 신은 없으며 무함마드는 알라의 예언자라는 선언이고, 제2의 기둥 '살라트(기도)'는 하루에 다섯 번 알라에 기도해야 하므로 여행을 하다 일정한 시간이 되면 장소를 가리지 않고 예배를 드려야 한다는 것이며, 제3기둥은 '자가트(기부)'고, 제4의 기둥 '사움(단식)'은 무슬림력曆으로 9월의 라마단 기간 중에는 일출부터 일몰까지 음식 및 음료의 섭취와 어떠한 성행위도 허용되지 않는다는 것을 의미한다. 그리고 제5기둥은 '하즈(메카 순례)'로 경제적, 신체적으로 능력이 있는 무슬림이라면 모두가 일생에 한 번은 행해야 한다. 마호메트가 메디나로 이주한 것은 메카 귀족층의 탄압 때문이었다. 그는 메디나에서 세력을 키워 아라비아반도 대부분을 장악했다.

무슬림은 수니파Sunni와 시아파Shia로 대별되는데, 수니파는 무슬림의 최대 종파로 전체 무슬림의 80~90%가 속해 있다. 수니파는 무슬림 공동체의 관행

BOX 5.11

사우디아라비아의 국기

1973년에 제정된 사우디아라비아의 국기는 초록색 바탕에 흰색으로 아랍어 문구와 칼이 그려져 있다. 국기에 사용된 아랍어는 이슬람교의 신앙 고백인 샤하다shahadah가 쓰여 있는데, "라 일라하 일 알라 무함마둔 라술 알라(알라 이외에 다른 신은 없으며 무함마드는 알라의 사도다"라는 아랍어다.

샤하다가 쓰인 국기는 앞면과 뒷면이 바뀌어 보이는 것을 방지하기 위해서 두 장의 천을 맞붙여 만드는 규칙이 있다. 또한 이슬람교의 신성한 구절인 샤하다가 쓰여 있기 때문에 국기를 조기로 게양하는 행동, 국기를 상품에 사용하는 행동이 금지되어 있다.

사우디아라비아 국기(좌)와 아랍어의 신앙 고백(우)

을 뜻하는 순나sunnah를 추종하는 사람들이라는 뜻이다. 시아파는 무슬림에서 수니파 다음으로 두 번째로 큰 종파로 전체 무슬림의 10~20%가 속해 있다. 시아파는 빼앗긴 종교 지도자 칼리파khilāfah 자리를 살해당한 알리 가문에 되돌려 주려는 운동으로 시작되었다. '시아'는 '알리를 따르는 사람들'에서 유래된 명칭이다. 오늘날에는 사우디아라비아가 수니파, 이란이 시아파의 종주국으로 남아 있다. 기독교는 예수의 후계자가 필요 없었고 제자들이 나중에 교황 세력을 만들었지만, 이슬람은 종교이자 국가였기 때문에 후계자가 필요했다.

샘물과 미나레트의 첨탑과 더불어 둥근 지붕은 이슬람의 3대 요소를 이룬다. 분수가 사막민의 물에 대한 동경을 직접적으로 표현하는 것이라면, 첨탑은 사막의 등대를, 둥근 지붕은 사막민의 텐트를 간접적으로 표현하는 것이다. '미나레트minaret'라 불리는 첨탑은 기도 용어인 '아잔adhan'을 외치는 곳이기도 하다. 아잔은 아랍어로 신은 위대하니 기도하러 오라는 외침을 각각 정해진 문구와 횟수로 알리는 것이다. 과거에는 동네에서 선발된 무아잔mu'adhdhin이 미나레트에 올라 육성으로 알렸지만 현재는 미나레트에 확성기가 달려 있어서 방송으로 알린다.

그림 5-56.
바다와 같은 사막

사막은 본질적으로 그림 5-56에서 보는 것처럼 바다와 같다는 사실을 잊어서는 안 된다. 그러므로 사막민은 뛰어난 항해 민족이 될 소질을 갖고 있는 셈이다. 건조 지역 출신이었던 페니키아인의 해상 활동을 포함해 《천일야화(아라비안나이트)》와 《신드바드의 모험》의 이야기를 공유하는 나라들이 강력한 해군력을 보유했던 것이 좋은 사례일 것이다. 광활한 사막을 힘들게 이동하는 사막민들에게 첨탑은 바다의 등대와 똑같은 역할을 했을 것이다(남영우, 2018).

이슬람 제국은 세계사에서 가장 거대했던 제국 중의 하나였으며, 세계사에 많은 영향을 끼쳤다. 단순히 이슬람 제국이라고 하면 이슬람을 국교로 삼는 모든 제국들을 가리키는 말이 되겠지만, 일반적으로 역사에서 이슬람 제국이라 하면 이슬람 초기에 통일된 위세를 자랑하던 제국들, 즉 아바스 왕조 이후 사분오열되기 이전의 118년간의 제국을 가리킨다. 아랍 제국이나 사라센Saracen 제국이라는 말도 널리 쓰인다. 사라센이란 사실 유럽인들만의 표현인데, 고대 로마 제국 말기에 시나이반도에 사는 유목민들을 가리키는 말에서 유래했다.

이슬람 제국은 처음 아라비아반도에서 시작해 정통 칼리프 시대에 그 영역을

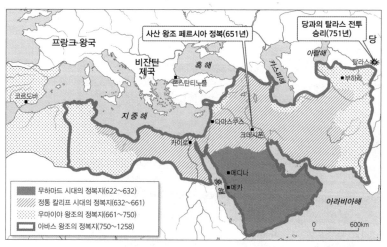

그림 5-57. 이슬람 제국의 영역 변화(622~1258년)

퍼타일 크레슨트 전역으로 확대해 나갔다. 이슬람은 건조한 사막 지대에서 탄생한 종교였던 탓에 '오아시스 종교'라고도 불리는데, 우마이야 왕조에 이르러서는 아프리카 북부의 마그레브Maghreb와 현재 중국의 신장 웨이우얼 자치구 일부 지역, 인도의 구자라트, 파키스탄과 프랑스 남부 지역과 이베리아반도 대부분이 포함되었다. 이슬람 세력은 아바스 왕조에 들어와 영역이 약간 줄어들었지만 여전히 기독교 영역을 압박했다.

셀주크Seljuk 튀르크는 1040~1157년 기간 중 중앙아시아, 이란, 이라크, 시리아를 지배한 제국이다. 셀주크족은 583년 돌궐突厥이 동서로 분열된 후 몽골고원과 알타이산맥으로부터 서쪽으로 이동해 온 민족이었다. 똑같은 튀르크계의 가즈니 왕조가 그들의 이동을 가로막았다. 마흐무드(998~1030년 재위)는 기동력이 풍부하게 단련된 기병대 덕택으로 가즈나Ghazni 왕조를 현재의 아프가니스탄을 중심으로 카스피해 근처에서 펀자브 지방에 이르는 광대한 왕국으로 성장시키는 데 성공했다. 그러나 마흐무드가 죽은 뒤, 1040년 셀주크 왕조의 공격

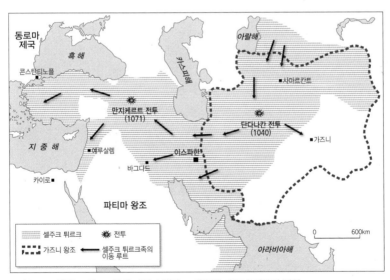

그림 5-58. 셀주크 튀르크족의 이동과 셀주크 제국 및 가즈나 제국의 영역

을 받아 단다나칸Dandanaqan 전투에서 패해 가즈나 왕조는 멸망했다.

셀주크 시대에는 사회·종교·문화적으로 수많은 변화가 일어났다. 셀주크 제국하에서 튀르크계 인구는 처음으로 중앙아시아로부터 서아시아로 이주해, 오늘날 알타이어족에 속하는 터키의 토대를 이루었다. 1071년에 벌어진 만지케르트Manzikert 전투에서는 동로마인 비잔틴 제국에 결정적 패배를 안겨주었다. 또한 현재 이란, 이라크, 캅카스에 존재하는 튀르크 소수 민족들 역시 셀주크 시대에 형성되었다. 이슬람은 교육 기관인 마드라사madrasah를 통해 더욱 체계화되었고, 일종의 신비주의 운동인 수피즘Sufism이 출연해 이슬람은 더욱 대중화의 길을 걸었다.

이슬람 제국은 이후 오랫동안 분열된 상태에 놓였다가 오스만 제국 때가 되어서야 다시 동시대 유럽 국가들을 압도하는 통일된 세력으로 재등장한다. 오

BOX 5.12

무슬림이 돼지고기를 먹지 않는 이유에 대하여

무슬림이 돼지를 불결하게 여기는 습관은 아라비아반도를 중심으로 그 주변 지역에 퍼져 나아갔다. 오늘날에도 에티오피아의 기독교도들은 돼지고기를 먹지 않는다. 이는 기독교보다 뒤에 생긴 이슬람과 교류하며 자연스럽게 형성된 식습관이다. 그와 같은 습관은 코란에 명확히 규정됨에 따라 무슬림의 생활 체계와 상관없이 기계적으로 돼지를 금기시하게 되었다. 일부 중국인들이 이슬람을 믿게 되자, 그들 역시 코란에 따라 돼지고기의 섭취를 포기해야만 했다. "중국계의 무슬림은 두 사람이 여행하면 살이 빠지지만, 혼자서 여행하면 살이 찐다"라는 말이 있는데, 그들은 코란의 규정을 철저히 따르지 않았던 모양이다.

16억 명에 이르는 무슬림들은 할랄Halal 식품만 섭취하는데, 할랄이란 '허용된 것'이라는 뜻의 아랍어다. 이것은 무슬림들이 먹고 사용할 수 있도록 허용된 식품뿐 아니라 화장품과 의약품 등에 붙이는 인증이다. 소, 양, 닭고기도 단칼에 정맥을 끊는 방식으로 도축된 것만 할랄 식품으로 인정된다. 이슬람에서는 죽은 동물의 피를 먹는 것을 금지하고 있으므로 피가 다 빠질 때까지 그대로 동물을 내버려둔다. 도축 전에 동물을 기절시키지 않고 도축 방법이 잔인해 보이는 측면이 있어 동물 학대라는 지적도 있다.

스만 제국은 비잔틴 제국의 세력을 약화시킨 셀주크 튀르크의 후예로 1453년 비잔틴 제국을 완전히 함락시켰다. 이슬람 세계로서는 1000년쯤 지난 후의 시대로, 오스만은 15~16세기 중엽까지 번창했으나 16세기 말, 그리고 17세기에 이르러 점차 쇠퇴했다. 그리고 오스만이 제1차 세계대전에서 패망한 후, 수니파 칼리프 직위도 폐지되었다. 이런 방법으로 계산하면 이슬람 제국은 무려 1291년간 존재한 셈이다.

이슬람 문명은 눈부신 바가 있었다. 7세기부터 급성장한 이슬람 문화는 곧 의학의 중심이 되었다. 이슬람의 의학은 유럽에서 의학 연구가 침체되는 시기에 고대 그리스와 로마의 의학을 계승하고 발전시켰다. 그 시대의 의학 문헌들은 이슬람의 전통에 따라 보전되었으며, 훗날 유럽에서 근대 의학이 태동하는 시기에 고대 의학 지식을 전달하는 중요한 가교 역할을 했다.

의학뿐만 아니라 이슬람 문명은 학문과 예술 등의 모든 영역에 걸쳐 찬란하게 꽃피웠고, 유럽에서 르네상스가 일어나는 지적 토양을 제공했다. 이슬람 문명은 이슬람교를 바탕으로 한 복합 문명체였다고 볼 수 있다. 이슬람 문명은 아시아와 유럽 사이에서 문명 교류의 가교 역할을 담당하기도 했다. 페르시아의 문명은 메소포타미아 문명을 이어받았다. 페르세폴리스의 궁전이 아시리아적인 거대한 계단이 있는 기단위에 세워진 것은 바로 그것을 상징하는 것이리라.

몽골과 티무르의 침략

892년 아바스 왕조 3대 칼리프였던 알무타미드al-Mutamid가 수도를 사마라에서 바그다드로 다시 옮겼다고 설명한 바 있다. 이에 앞서 762년 사라센 제국 아바스 왕조의 제2대 칼리프 알만수르al-Mansur가 바그다드에 새로운 수도를 건설하면서부터 이 지역의 발전이 시작되었다. 그는 티그리스강 서안의 두 하천을 잇는 몇 줄기의 운하가 있는 평야에, 만수르의 원형 도시 또는 '평화의 도시'란 뜻을 가진 마디나트 아스살람Madinatas-Salam이라 부르는 수도를 건설했다

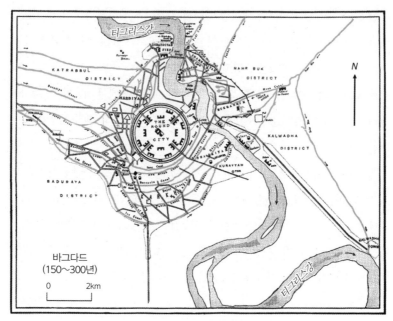

그림 5-59. 원형 도시 바그다드와 수로망 복원도

(그림 5-59).

왕성은 주위 약 6.4킬로미터, 성벽은 정원형의 삼중 성벽, 그 바깥쪽에 너비 20미터의 해자를 둘러차고 거미줄 같은 수로망이 만들어졌다. 성벽에 4개의 성문이 등거리로 배치되고, 그곳으로부터 방사상으로 뻗은 가로를 따라 상점가가 발달했다. 성내에는 높이 약 36미터의 녹색 돔으로 덮인 왕궁과 사원을 짓고 주위에 관청을 배치했다. 일반 시민은 왕성 바깥에 살았으나 점차 많은 바자르(시장)를 가진 번화한 시가지로 발전했다. 군대의 절반을 강의 동안에 주둔시켰기 때문에 그 쪽에도 많은 인구가 모여 시가지가 발달하게 되고, 두 시가지는 3개의 주교舟橋와 다수의 나룻배에 의해 연결되었다.

바그다드는 8세기 말~9세기경에는 당나라의 장안성과 동로마의 콘스탄티노플에 버금가는 인구 200만의 당대 세계 최대급의 대도시가 되었을 것으로 추정

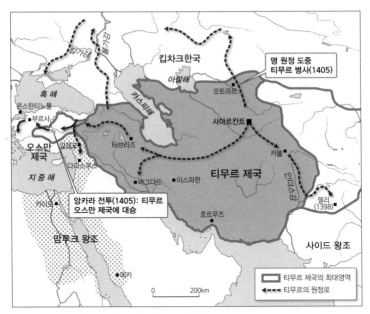

그림 5-60. 티무르 제국의 영역과 티무르의 원정로

된다. 해륙의 통상로가 그곳에 집중되고 아프리카, 아시아, 유럽 등지에서 유입되는 물자의 집산지가 되어 막대한 부가 축적되었다. 또 이슬람 문화의 중심지가 되어 학문과 예술이 꽃피고, 세계 최고급의 학원, 병원 등도 이곳에 세워졌다. 뒤에 왕궁은 그림 5-61에서 보는 것처럼 티그리스강 동안으로 옮겨짐에 따라 오늘날까지 도시의 중심도 이곳에 위치해 있다.

그러나 바그다드는 1258년 몽골군의 침략과 1401년 티무르군의 침략을 받았다. 티무르(1336~1405)는 공포의 대상이었다. 영어권에서는 타메를란Tamerlane이라 불리는 그는 몽골과 튀르크, 페르시아계의 혼혈로 평소 체스로 작전을 구사하고, "이제부터 내 말발굽이 닿는 곳은 우리 땅이다. 다른 사람이 남긴 흔적을 철저히 부숴라! 아무 것도 남기지 말라!"라고 명령했다.

몽골군은 그림 5-60에서 보는 것처럼 아나톨리아로부터 남하해 파죽지세로 시리아를 거쳐 바그다드로 진군했다. 티무르군은 4일 동안 시리아의 알레포

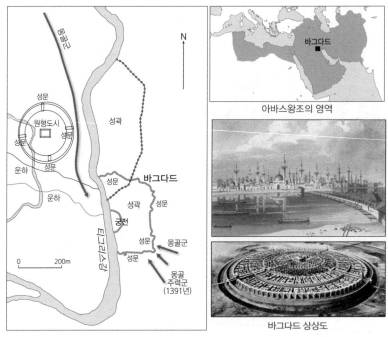

그림 5-61. 몽골군의 공격 루트와 바그다드 상상도

맵 레이블: 티그리스강 / 유프라테스강 / N / 성문 / 원형도시 / 성문 / 성문 / 운하 / 성문 / 성곽 / 바그다드 / 성문 / 성곽 / 성문 / 궁전 / 성문 / 몽골군 / 성문 / 몽골 주력군 (1391년) / 0 200m / 아바스왕조의 영역 / 바그다드 / 바그다드 상상도

티무르   할둔

그림 5-62. 티무르와 할둔의 동상

를 불태우고 약탈했으며, 알레포 시민을 학살하고 그 머리를 모아 피라미드 모양으로 쌓아 놓았다. 이를 본 시민들은 공포에 치를 떨었을 것이다. 몽골군이 다마스쿠스를 함락하려 한다는 소식을 듣고 할둔이 술탄과 함께 이곳에 도착했을 때에는 이미 갈릴리해 남쪽까지 진군해 있었다. 바로 이곳에서 143년 전 티무르 군대와 맘루크 군대 간에 유명한 1260년의 아인잘루트 전투가 벌어진 바 있다. 이에 대해서는 후술하도록 하겠다.

홀라그가 이끄는 티무르군은 바그다드를 함락한 후 2만 명을 학살하고 불태웠다고 한다. 바그다드 거리에는 몇 날 며칠에 걸쳐 약탈과 방화가 이어졌고 수만 명의 시체가 나뒹굴었다. 그 후, 1405년 티무르는 명나라 원정을 위해 동쪽

으로 향하다가 병사하고 말았지만, 이 원정 길에서 할둔의 명성을 익히 알고 있던 티무르가 그를 만나게 되는 역사적 한 장면이 연출되었다(김호동, 2003; 남영우, 2012).

중세 이슬람을 대표하는 이븐 할둔Ibn Khaldun은 그의 저서 《역사서설al-Muqaddimash》에서 문명의 본질을 설명한 석학이다. 그는 1300년대 후반 신학교에서 율법을 가르치는 교수로 임명되어 법학자로서 최고의 지위에 올랐다. 그러나 급속한 출세와 술탄의 신임을 시기하는 사람들의 모략과 비방, 처자식의 사망으로 시련에 빠졌다. 그 무렵 1390년대 후반, 이슬람권 동부를 석권한 몽골의 티무르가 시리아를 침공하자 술탄은 군대를 이끌고 다마스쿠스로 진군했으며 할둔도 그와 동행했다. 이슬람 세계는 십자군 전쟁으로 국력이 쇠진해 몽골군에 대항할 힘이 없었다(Lacoste, 1981).

여기서 우리는 이슬람의 석학 이븐 할둔의 행적 중 앞에서 언급한 역사의 한 장면을 떠올릴 필요를 느낀다. 술탄이 할둔과 함께 다마스쿠스로 달려갔지만, 술탄이 카이로를 비운 틈을 타서 본국에서 반란이 일어나자 이집트 원정군은 귀환하고 말았다. 다마스쿠스 시민들은 소수 민병대의 도움만으로 티무르의 강력한 군대와 맞설 수밖에 없었다. 결국 시민들의 생명을 보장받는 대신 막대한 공납을 바치기로 하고 사절단이 파견되었다. 바로 이때 티무르와 이슬람 석학인 할둔과의 역사적 만남이 이루어진 것으로 추정된다(남영우, 2012).

제6장

레반트의 땅

메소포타미아와 나일강 사이의 지중해 연안에 위치한 레반트는 가나안 혹은 팔레스타인을 포함하며, 이 땅에서 꽃핀 문명은 메소포타미아 문명과 이집트 문명 못지않게 중요하다. 오늘날 시리아·레바논·이스라엘 등이 자리한 이 땅은 수많은 우여곡절을 겪으면서도 인류 문명사에 영향을 미쳤다. 특히 페니키아인들은 지중해를 석권하며 페니키아 문명과 포에니(카르타고) 문명을 꽃피운 주역이었다. 여기서는 가나안과의 교역으로 관련성이 깊은 아라비아반도 남쪽의 아라비아 페릭스까지 지평을 넓혀 살펴보기로 한다.

키워드 레반트, 가나안, 팔레스타인, 12지파, 해양 민족, 페니키아 문명, 아라비아 페릭스, 유향, 몰약, 마사다, 예리코, 예루살렘, 페트라.

레반트, 가나안, 팔레스타인의 차이

결론부터 말하자면 가나안Canaan과 팔레스타인Palestine은 공간적으로 거의 동일한 범위의 땅을 가리킨다. 레반트는 역사적으로 서아시아 서부의 고대 가나안에 해당하는 팔레스타인의 이스라엘과 시리아, 요르단, 레바논 등이 있는 지역을 가리키는데, 베네치아 상인을 비롯한 무역상들이 십자군 원정 이후 티레, 시돈과 같은 도시들과 교역을 하게 되면서 그 지명이 널리 쓰이게 되었다. 올리브의 원산지 중 하나인 레반트Levant는 '해가 뜨다'라는 뜻의 프랑스어 *lever*에서 유래된 말이다.

레반트는 처음에는 협의적으로 아나톨리아의 소아시아와 시리아의 해안 지방만을 가리켰으나 후에는 광의적으로 그리스부터 이집트에 이르는 지역까지 포함하게 되었다. 또 아나톨리아 지방을 가리킬 때도 레반트라는 지명이 쓰였고, 중동 또는 근동과 같은 뜻으로 쓰이기도 했으며, 로마 제국이 지배하던 3세기에는 단명에 그친 팔미라Palmyra 왕국의 영토이기도 했다. 이 왕국의 수도인 팔미라는 시리아 중앙부에 위치해 있다. 16~17세기에는 고古레반트가 극동 지

그림 6-1. 레반트의 공간적 범위

방을 뜻했지만, 오늘날 유럽인들은 동아시아를 극동Far East이라 부른다. 광의
적 범위보다는 협의적 범위가 일반적으로 사용되는 경향이 있다.

가나안은 성지Holly Land 혹은 팔레스타인이라고도 불린다. 가나안이란 지명
은 팔레스타인의 고대명인 후르리어Hurrians의 자주색을 의미하는 말에서 유래
되었다는 학설과 이스라엘 민족이 점령하기 전의 지명에서 유래되었다는 학설
이 있다. 그리고 노아의 아들 이름에서 나왔다는 학설도 있다. 어느 것이 정설인
지 불분명하다.

역사학자 한센(Hansen, 2000)과 고고학자 킬리부루(Killebrew, 2005)는 팔
레스타인이 '펠레세트Peleset'란 단어에서 유래된 지명이라고 주장했다. 펠레세
트는 미케네 문명 당시 남부 그리스에서 이주했던 필리시테인Philistines을 가리
키던 명칭인데,《구약 성서》에 나오는 블레셋Pelesheth인이 바로 필리시테인들
이며, 삼손Samson이 사랑한 데릴라Deliah의 고향이란 설도 있다.

팔레스타인은 이스라엘 민족의 강력한 적으로《구약 성서》에 자주 등장하며,
이들을 가리키는 '필리스티아'란 말이 팔레스타인의 유래가 되었다. 그런 이유
로 이스라엘 민족은 팔레스타인이란 지명을 싫어하는 모양이다. 이스라엘 민
족에게 팔레스타인은 고려 시대와 조선 시대에 자주 한반도에 출몰했던 왜구

와 비슷한 느낌을 주는 것이리라. 골치 아픈 그들을 추방시켜 살게 한 곳이 가자Gaza 지구의 평원이었다. 가자 지구는 1994년 오슬로 협정에 따라 오늘날 팔레스타인 정부가 통치하는 땅이 되었다. 그러므로 오늘날의 팔레스타인 문제는 이미 3,000년 전부터 잉태되었다고 볼 수 있다.

'태양의 사람'이란 뜻의 삼손이 데릴라의 유혹에 빠진 것은 유목 민족이 농경 민족이 거주하는 도시에 현혹된 것이라고 해석할 수 있다. 삼손과 같은 구국의 영웅을 사사士師, judge라 부르는데, 사사는 무엇보다도 이스라엘을 위기에서 구하는 구원자로서의 성격이 강하다. 《구약 성서》에는 12명의 사사가 언급되어 있다. 왕국 시대에 돌입한 이스라엘은 초대 왕으로 사울Saul을 선정했는데, 필리스테의 압력에 대항하기 위해 느슨한 사사제士師制를 버리고 중앙 집권적인 왕제를 택한 것으로 볼 수 있다.

팔레스타인에도 메소포타미아처럼 야생 상태의 밀과 보리가 서식했으므로 일찍이 그것을 작물화한 탓에 신석기 시대에 진입할 수 있었다. 처음에는 씨를 뿌려 곡식을 거두는 방법을 몰랐던 미개인을 '심지 않은 데에서 거두고 뿌리지 않은 데에서 모으는 사람들'이라고 불렀다. 나물의 가치를 모르는 서양인들이 한민족의 고유한 '나물 문화'를 폄훼하는 것은 바로 《구약 성서》에서 비롯된 것이다. 그러나 곧 씨를 뿌려 그 결실을 수확하는 작물화 기술을 터득해 안정적이고 풍족한 식량 조달이 가능해졌다. 메소포타미아 문명이나 이집트 문명과 달리 큰 하천이 없는 팔레스타인 지방에 뿌리를 내린 유태인들에게 강江은 야훼가 있는 하늘이었다.

유대 민족은 바빌론을 설명할 때 언급한 것처럼 아시리아를 멸망시킨 신바빌로니아의 왕 네브카드네자르에 의해 바빌론으로 끌려간 유수, 즉 포로의 신분에서 벗어난 기원전 606~536년(혹자는 기원전 586~516년)까지 이스라엘인으로 불렸다. 따라서 엄밀히 말하자면 그들의 호칭은 이스라엘인→히브리인→유태인의 순으로 바뀐 셈이지만, 이와 상관없이 혼용해서 부르는 경향이

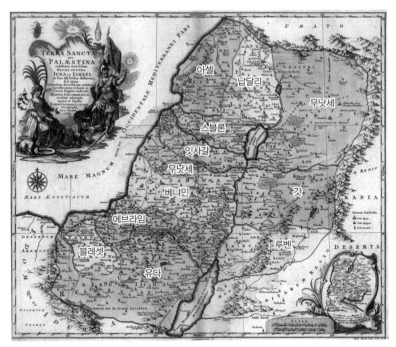

그림 6-2. 팔레스타인의 12지파를 묘사한 고지도(1759년 제작)

있다. 그러나 《구약 성서》를 보면 히브리Hebrew라는 말은 이스라엘인 스스로 칭한 것이 아니라 다른 민족들이 그들을 가리키는 경우에 자주 쓰는 것 같다.

팔레스타인은 12개의 지파支派, tribe로 분할되었다. '12지파'란 아담 이후부터 야곱의 12명 아들에 이르기까지 아담-셋-노아-아브라함-이삭-야곱으로 이어지는 종족만을 선민選民의 혈통에 들게 하여 가나안 땅을 배분한 데서 비롯된 명칭이다. 그리하여 '12'라는 숫자는 택해진 자, 즉 구원받은 자를 상징하는 숫자로 인식하게 되었다.

이상에서 설명한 지명들은 특정 지역의 땅을 명확히 구분하는 용어라기보다는 문화적·역사적 배경을 지닌 지역을 아우르는 용어로, 대략 그 범위는 북쪽으로 타우루스산맥, 서쪽으로 지중해, 남쪽으로 아라비아 사막, 동쪽으로 북서

이라크를 경계로 하는 지역을 포함한다. 이 지역을 또한 옛 시리아, 샴Sham, 역사적 시리아, 시리아 지방, 대大시리아라고도 부른다. '샴'이란 말은 단순하게 지중해 동부 연안 지방을 가리키거나 시리아의 수도 다마스쿠스를 가리킬 때도 있다. 제1차 세계대전 뒤 프랑스 위임 통치령이 된 시리아와 레바논의 국명이 레반트 국가Levant States였고, 1946년 독립한 이후에도 이 두 나라를 종종 '레반트 국가'라 불렀다.

해양 민족과 팔레스타인의 등장

기원전 12세기 인도·유럽 어족 이외에 활발한 이동을 한 또 다른 집단이 바로 해양 민족People of the Sea이었다. 바다 민족이라고도 불리는 이 집단은 철제 무기를 앞세워 레반트를 습격해 여러 도시를 약탈했다. 이 민족에 대한 기록이 불충분한 탓에 해양 민족의 기원에 관한 학설은 BOX 6.1에서 보는 것처럼 분분하다. 그들 일부는 미케네 문명이 붕괴됨에 따라 난민 신세가 된 집단이었던 것으로 추정된다. 그들은 에게해 남쪽에 위치한 키클라데스 제도 동쪽으로 진출해 키프로스섬에 도착했다. 그들로부터 파생된 펠리시테인Félicité이 기원전 1175년경 가나안 땅에 정착해 오늘날 팔레스타인의 조상이 된 것이다.

해양 민족의 침입으로 가장 큰 피해를 입은 것은 이집트였다. 해양으로부터 침입해 들어온 침략자들은 나일강 삼각주의 하이집트에 출몰했다. 이 시기의 이집트는 해양 민족뿐 아니라 리비아 함대의 습격을 받기도 했다. 남쪽의 누비아와의 국경은 평온했지만, 기원전 1000년경 수단이 독립 왕국을 건설해 점차 이집트를 압박했다. 이와 같이 쓰나미처럼 되풀이되는 이 민족의 습격으로 오리엔트의 오래된 체제는 조금씩 붕괴해 갔다.

위에서 설명한 바와 같이 이 시대의 역사에 관해서는 너무 복잡하고 역사적 자료가 적기 때문에 명쾌하게 설명하기가 쉽지 않다. 다만 확실한 것은 해양 민족의 침입이 세계사의 전환점이라 할 수 있는 하나의 사건이었다는 점이다. 히

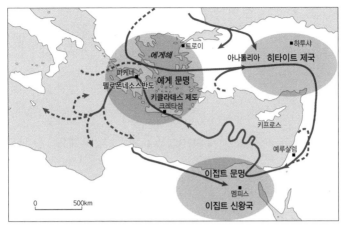

그림 6-3. 해양 민족의 침공 루트

브리인이라고 불린 사람들은 시나이반도로 향했다. 히브리인이라는 호칭은 이집트인들이 '유프라테스강을 건너온 사람들'이란 의미로 부르던 것이었는데, 후에 이스라엘인 혹은 유태인이라는 호칭으로 바뀌게 되었다.

유럽인에게 있어 기독교가 생겨나기 이전의 역사는 유태인의 역사와 이 민족 역사에 다름 아니다. 로마 제국이 기독교를 공인하고 유럽이 문명의 중심이 되면서 세계는 기독교를 중심으로 하게 되었다. 즉 《구약 성서》의 내용이 곧 역사를 의미하게 된 것이다.

유태인은 최초로 추상적 신이란 개념에 도달하고 우상 숭배를 처음으로 금지한 보수적인 민족이다. 별로 괄목할 만한 민족이 아니었던 이들이 이 정도로 후세에 커다란 영향을 미칠 줄은 아무도 몰랐을 것이다. 유태인의 기원은 여러 학자들이 연구를 거듭했음에도 불구하고 아직 모호한 점이 많이 남아 있다. 확실한 것은 유태인이 아라비아반도에서 유목 생활을 하던 셈 어족의 일파였다는 것이다. 셈 어족은 선사 시대부터 역사 시대에 걸쳐 여러 차례 퍼타일 크레슨트로 침입해 들어왔다. 이스라엘 민족의 사회는 족장 제도의 사회였는데, 이 전통은 《구약 성서》 속의 아브라함과 이삭 및 야곱에 관한 스토리로부터 추정할 수 있다. 이들 세 사람의 족장이 실존했다면 아마 기원전 1800년경일 것이며, 이 스토리는 우르가 쇠퇴하던 혼란기에 해당할 것이다.

《구약 성서》에 따르면 아브라함은 수메르의 우르로부터 현재의 팔레스타인에 해당하는 가나안으로 들어왔다. 그 후 400년간 아모리인을 위시한 여러 부족들은 각지에 흩어져 살았다. 그것이 바로 앞에서 설명한 12지파였다. 이들 중 히브리인이란 이름으로 알려진 그룹이 있었는데, 이 명칭은 '방랑하는 사람들' 또는 전술한 바와 같이 '유프라테스강을 건너온 사람들'이란 의미에서 비롯되었다. 그들이 역사에 등장한 것은 가나안 땅에 정착한 이후, 상당한 시간이 경과한 기원전 13세기경의 이집트 기록부터였다. 그들은 3대 족장인 야곱의 별칭에서 유래한 '이스라엘'이라 불리는 것을 선호했고, 후에는 '유태인Jew'이라 불리는 경우가 많아졌다. 그러므로 히브리인, 이스라엘인, 유태인이란 세 호칭은 거의 동일하다고 간주된다. 다신교를 믿었던 이스라엘인이 일신교를 완성한 것은 기원전 8세기 이후의 일이었다.

가나안은 젖과 꿀이 흐르는 땅인가?

《구약 성서》에서 아브라함의 자손이 처음 등장한 것이 가나안 땅이다. 유목민이었던 그들은 위에서 설명한 것처럼 부족별로 나뉘어 살았다. 그들은 물과 목초지를 둘러싸고 선주민과 잦은 분쟁을 일으켰고, 식량을 구하러 오리엔트 각지를 전전하는 떠돌이 생활을 면치 못했다.

이들 중 어느 그룹이 기원전 17세기 전반에 이집트로 이주했다. 《구약 성서》에는 야곱의 일족이라 기록되어 있다. 야곱의 아들 요셉이 이집트 파라오의 왕국에서 재상까지 올랐다는 이야기가 나오는데, 당시 이집트 왕국은 국가에 위험 요소가 없는 한 외국인도 관료가 될 수 있었다.

그림 6-4. 팔레스타인의 젖줄 요르단강

갈릴리해의 남쪽에는 요르단Jordan강이 남북 방향으로 흐르고 있다. 요르단 강은 역사적·종교적으로 성스러운 강으로 여겨지고 있으며, 성경에도 많이 언급된다. 《구약 성서》의 '출애굽기'에 따르면 현재의 이집트에 해당하는 애굽埃及에서 탈출한 히브리 민족이 가나안 땅에 들어가기 위해 이 강을 건넜다고 한다. 세례자 요한은 야훼의 분노를 피하기 위해 이 강에서 세례를 주었고, 예수도 여기서 세례를 받은 것으로 전해지고 있다. 요르단강은 히브리어의 나하르 하 야르단Nahar ha-Yarden과 아랍어의 나하르 알울둔Nahr al-Urdun에서 유래된 지명으로 '내려오는 강'이란 뜻을 가지고 있다. 이는 북쪽의 헬몬산에서 남쪽으로 흘러 내려오는 강이란 의미일 것이다.

이집트에서 노예 생활을 하던 이스라엘 민족은 그곳을 탈출하기에 이른다. 이것이 유명한 '출애굽出埃及'이다. 《구약 성서》에는 당시 이집트를 탈출한 이스라엘 집단에는 장정만 60만 명이 넘는다고 기록되어 있으나 그대로 믿기는 어렵다. 출애굽에서 거대한 집단이 이동했다면 많은 흔적을 남겨야 하는데, 아직 그런 증거가 발견되지 않고 있기 때문이다.

출애굽은 이스라엘 민족에게 있어 큰 사건이었지만, 이집트 역사에서는 주목할 만한 사건이 아니었던 모양인지 이스라엘 민족의 이동에 관한 기록은 이집트 역사에 남아 있지 않다. 민족의 리더였던 모세는 직행하면 10여 일이면 충분한 것을 40년간의 방황 끝에 느보Nebo산에 이르러 '약속의 땅'인 가나안 땅을 바라보게 되었다. 이에 관해서는 《구약 성서》 혹은 모세의 《민수기民數記》에 기록되어 있다.

야훼와 이스라엘인들과 달리 일반인의 눈에는 느보산에서 바라본 가나안 땅이 사람 살기에 좋은 땅으로 보이지 않았을지도 모른다. 그러나 지리적으로 평가한다면 요지임은 분명하다. 앞서 말한 것처럼 '가나안'이란 지명은 노아의 후손 '가이난'에서 유래되었다고 주장하는 설도 있지만, 후르리어의 자주색을 뜻하는 단어에서 유래되었다는 설도 있다. 자주색은 당시에는 고귀한 의미를 지닌 색깔이었다.

약속의 땅인 가나안과 관련된 여러 가지 표현 중 가장 대표적인 것은 '젖과 꿀이 흐르는 땅'이라는 표현이다. 이 표현은 성서 전체에서 20회 정도 사용이 되었다. '젖'과 '꿀'을 레반트 일대의 신화와 연결시켜 신의 특별한 선물이나 신의 기호 식품으로 해석하려는 하이아트(Hyatt, 1971)와 피셔(Fischer, 1989)와 같은 학자들도 있었다. 그러나 다른 주석가들은 그동안 일관되게 이 표현이 땅의 비옥도를 함축적으로 나타낸 것이며, 가나안을 생산성이 넘치는 땅으로 미화한 시적 표현이라고 해석했다. 이는 그곳에서 생산된 물품들을 매우 가치 있는 것으로 평가했기 때문에 내려진 판단일 것이다.

사막의 유목민이자 이집트의 노예로 살아온 굶주린 이스라엘 민족은 이 표현을 가나안에 먹을거리가 풍부하다는 묘사로 받아들였다. 《구약 성서》에서의 젖과 꿀은 대표적인 고단백질 음식으로 여겨졌다. '압살롬Absalom의 난'을 피해 광야에서 숨어 지내던 다윗과 그의 신하들에게 제공된 중요한 음식물 중에는 젖과 꿀로 만든 것이 포함되었을 정도다. 압살롬의 난은 이스라엘 다윗 왕의 아들 압살롬이 일으킨 반란으로 최초로 히브리 민족들이 자기들끼리 싸운 내전이

그림 6-5. 느보산의
모세 기념비

었다.

젖과 꿀은 고대 사회에서 중요하게 취급되었던 교역 물품들이었으며, 제사장과 레위인(야곱의 열두 아들 중 레위의 자손)들에게 봉헌되는 물건이었다. 꿀은 《구약 성서》의 창세기에서 양식을 구하기 위해 이집트로 내려가는 아들들에게 야곱이 함께 보내는 선물에 포함된 물품이기도 했다. 건조한 기후에 사는 인간들은 달콤한 것을 선호하게 되는데, 설탕이 없던 퍼타일 크레슨트에서는 꿀을 먹었다. 설탕을 결정화하는 방법은 기원전 350년경의 굽타 왕조 때 처음 발견되었다.

사탕수수는 원래 열대 남아시아와 동남아시아로부터 전해졌으나, 설탕은 인도인들이 사탕수수즙에서 저장과 수송이 용이한 형태의 사탕 결정체를 만들어 내는 방법을 알아내기 전까지는 별로 중요하지 않게 여겨지고 있었다. 알렉산더 대왕의 어느 부하 장교가 인더스강을 따라가다가 꿀벌의 도움 없이 꿀을 만들어 내는 풀, 즉 사탕수수를 발견한 것이라고 하지만, 이 이야기는 확실한 근거와 신빙성이 별로 없어 보인다.

아무튼 이와 같은 해석에도 불구하고 내 생각은 좀 다르다. '젖과 꿀'로 표현되는 가나안 땅은 19세기부터 농업 정착촌이 형성되기 전까지 요르단강 주변을 제외하고는 그다지 비옥한 땅을 발견할 수 없다. 그러므로 이는 유목민과 농경민을 가리키는 은유적 표현이라고 생각된다. 즉 '젖'은 목축을 하는 유목민, '꿀'은 농사를 짓는 농경민을 의미하는 것이 아닐까? 다시 말해서 유목 문화와 농경 문화의 교류가 한 차원 높은 새로운 문화를 창출해냈다는 은유적 표현이라고 생각한다. 만약 그런 의미가 아니라면 인간의 마음이 황폐해진 것을 개탄하면서 가나안 땅에 이상향을 건설하려는 이스라엘 민족에게 꿈과 희망을 주기 위한 목표였을지도 모르겠다.

고대 히브리인들은 농업 활동보다 목축 활동을 인간이 행하는 가장 정상적이며 선한 활동으로 간주했다. 그들의 초기 역사에서는 목축 중심의 생활 양식과 정착 농경 중심의 생활 양식 사이에서 어느 것이 좋은지 갈등하는 것을 발견할 수 있다. 《구약 성서》 창세기에서 야훼는 땅에서 산출된 생산물로 이뤄진 카인의 제물을 거부했고, 초원에서 사육한 양으로 이뤄진 아벨의 제물은 기꺼이 용납했다. 또한 잉여 농산물을 바탕으로 도시를 이루고 사는 문화와 목축업을 바탕으로 광야와 초원을 떠도는 문화 사이의 적대적 관계에 대해서도 묘사하고 있다. 유목민은 농경 민족을 비하하는 시각에서 바라봤다.

지중해 문명의 지평을 연 페니키아 문명

시리아를 지배했던 아람인Aram들이 낙타를 이용해 내륙 지방을 무대로 활약했던 상인 세력이라면, 페니키아인들은 선박을 이용해 해양을 무대로 활약했던 상인 세력이라 할 수 있다. 그들은 제5장의 그림 5-2에서 본 것과 같은 선박을 이용해 지중해 서부를 지배했다.

지중해를 따라 남북으로 뻗어 있는 해안 도로는 터키로부터 시리아를 거쳐 레바논의 남쪽까지 뻗어 있지만, 레바논과 이스라엘 간의 국경에 가로막혀 통과할 수 없다. 특히 양국 국경과 인접한 티레 남쪽의 도르(현재의 나쿼라)까지는 유명한 헤즈볼라의 거점이 되는 위험 지역이다. 티레에는 한국에서 유엔 평화 유지군으로 파병된 동명부대가 주둔해 있다. 작은 민병대로 출범한 헤즈볼라는 레바논에 기반을 둔 시아파 이슬람 무장조직으로 레바논 정부에 진출했으며, 이란과 시리아의 재정 지원과 여타 시아파 교도의 기부를 받고 있다. 그러나 평상시에는 그저 평범한 시민들로 보일 뿐이다.

티레를 말할 때는 알렉산더의 동방 원정과 티레에서 벌어진 공성전攻城戰에 대해 설명하지 않을 수 없다. 티레는 기원전 332년 알렉산더 대왕의 침략을 받아 처참하게 유린된 적이 있다. 아버지 필리포스 2세로부터 정치적 수완을 전수받은 알렉산더는 페르시아 제국에 대항하고 그리스 문명의 옹호자라는 아버지의 유지를 계승하기 위해 재차 페르시아에 눈을 돌려 기원전 334년에 그리스

연합군을 이끌고 동방 원정에 나섰다. 알렉산더가 거느린 군대는 마케도니아군과 그리스 여러 나라의 군대를 합친 4~5만 명의 병력이었던 것으로 전해지고 있다. 이 병력이 페르시아를 지나면서 4열 종대로 행군을 하면, 그 길이는 무려 20여 리에 걸친 긴 행렬이었다. 그는 부하 장병들과 동고동락하면서 끈끈한 유대 관계를 맺었으며 훌륭한 지도자로서 리더십을 발휘한 것으로 유명하다.

알렉산더는 기원전 333년 이수스 전투에서 다리우스 3세의 군대를 격파하고 시리아를 거쳐 남쪽으로 내려가면서 페르시아가 지배하던 기원전 332년 티레를 멸망시켰다. 티레의 저항은 역사적으로 유명하다. 페니키아의 식민 도시였던 티레는 섬 전체가 성벽으로 둘러싸여 있었다. 게다가 해군이 없던 마케도니아군에 비해 페르시아가 해상권을 장악하고 있었고, 티레인이 소유하고 있던 배가 많았기 때문에 해상 공격에 대한 방어가 유리했다. 섬과 본토 사이는 매우 좁은 해협으로 이루어져 있었는데 본토 쪽으로는 수심이 얕고 개펄로 되어 있었으나, 섬 쪽으로는 수심이 깊었다.

이에 알렉산더는 본토와 섬 사이에 제방을 쌓으려 했으나 섬 쪽으로 가까이 갈수록 날아오는 화살과 돌이 많았다. 때문에 알렉산더의 마케도니아군은 전투할 때보다 더 든든한 중무장을 했다. 티레인은 갤리선을 타고 방파제의 여러 부분을 공격하거나 공사를 방해했다. 이에 알렉산더는 급히 키프로스로부터 선박을 빌려와 대응하며 제방 위에 타워를 쌓고 그 위에 공성기를 얹어서 방어하거나, 천이나 가죽으로 공사 부분을 둘러싸면서 목재와 석재를 조달해 방파제와 같은 제방을 만들었다.

기원전 332년 알렉산더 대왕은 섬에 접근하기 위해 부유 포대浮遊砲臺를 사용하고 제방을 건설하면서 8개월 동안 포위 공격을 한 끝에 간신히 티레를 점령했다. 이윽고 티레를 점령한 알렉산더는 이집트까지 도달하는 데 성공했다. 티레가 점령된 후 1만 명의 주민이 처형되었으며, 3만 명이 노예로 팔려 갔다. 격전을 치른 알렉산더는 이집트의 멤피스와 시와로 향했다. 기원전 332년에 그가

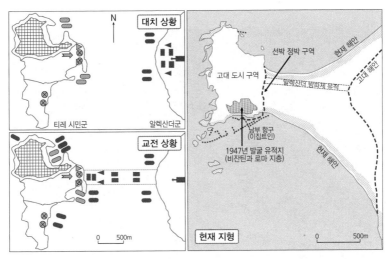

그림 6-6. 티레 공성전 상황과 현재의 지형

이집트의 나일강 삼각주 해변에 건설한, 당시 헬레니즘 세계의 최대 도시가 바로 그의 이름을 딴 알렉산드리아다.

우리들은 셈 어족이 건설한 포에니(카르타고) 문명을 소홀히 다루는 경우가 많다. 기원전 9세기 비르사 언덕에 신전이 건설된 이래 교역으로 번성한 카르타고는 698년 아랍인들에 의해 파괴되기 전까지 문명을 꽃피웠다. 비록 카르타고가 로마와의 포에니 전쟁으로 몰락했지만, 기원전 6세기부터 지중해 대부분을 장악하는 위대한 무역 제국으로 발달한 눈부신 문명의 본거지였다. 페니키아인의 활동력은 그들의 진취성 외에도 당시의 중요 자원이었던 주석을 장악한 것이 한 요인이었던 것으로 생각된다.

토인비(Toynbee, 1970)는 이제까지 문명을 창출한 도시 발달의 역사에서 인구 밀도가 절정에 달했던 것은 기원을 전후한 1,000년간이었는데, 그 중심에 부를 축적한 페니키아의 도시들이 있었음을 지적했다. 오늘날 미국 북동부 연안의 보스턴-뉴욕-워싱턴에 이르는 메갈로폴리스의 인구 밀도는 기원전 9세기의 시돈-사렙타-티레의 그것보다 낮다.

그림 6-7. 제방과 공성탑을 이용한 티레 공성전 상상도

트리폴리로 향하다 보면, 베이루트 근교에 위치한 페니키아인들의 발상지로 여겨지는 비블로스Byblos가 있는데, 이 지명은 그리스어의 파피루스papyrus에서 유래되었다. 영어의 종이를 뜻하는 'paper' 역시 마찬가지다. 비블로스는 장기간에 걸쳐 이집트 지배하에 있었다. 그래서 비블로스의 항구로부터 이집트로 삼나무가 수출되었고, 그 대가로 파피루스가 이 도시를 경유해 그리스 등지로 운반되었다. 그리스에는 파피루스의 원산지가 이집트가 아닌 수출항 비블로스로 알려지게 되었다. 그리하여 파피루스를 뜻하는 비블로스로부터 책book을 뜻하는 비블리오byblio라는 단어가 만들어졌고, 나아가 바이블Bible이 생겨난 것이다. 바이블의 어원이 되었다는 점에서도 비블로스가 지닌 중요성을 알 수 있을 것이다. 이 도시가 유네스코 세계 유산으로 등재되었음은 물론이다.

비블로스 유적지는 1921~1924년 프랑스 고고학자 피에르 몽테Pierre Montet

그림 6-8. 페니키아의 영역과 주요 도시의 분포(기원전 1200~539년)

가 처음으로 체계적인 발굴 작업을 시작하면서 주목을 받았다. 뒤이어 1925~
1926년에는 뒤낭(Dunand, 1940)이 발굴 작업을 했다. 뒤낭에 의해 이곳에는
늦어도 신석기 시대부터 사람이 살기 시작했고, 기원전 3000년부터는 페니키
아인들이 거주하기 시작해 넓은 주거지가 형성되어 있었다는 사실이 밝혀졌다.
페니키아인들은 레바논산맥에 자생하는 삼나무를 벌채해 선박을 만들고 그 나
무에서 기름을 채취해 이집트에 수출하면서 지중해 무역의 주역이 되었다. 이
곳의 목재는 수메르 도시 건설에도 이용되었다.

　페니키아 문명의 중심에는 문자가 있었다. 페니키아 문자는 기원전 10세기경
에 만들어진 것으로 원시 가나안 문자에서 비롯된 음소 문자다. 음소 문자는 음
절 문자와 함께 표음 문자의 한 종류로, 한글이나 알파벳처럼 더 이상 작게 나눌
수 없는 최소 단위의 말소리인 음소를 이용한 문자다. 셈 어족 계통의 해양 민족
이었던 그들은 고대 지중해 세계를 중심으로 활발한 상업 활동을 했기 때문에
기록이 대단히 중요했을 것이다.

그림 6-9. 비블로스의 페니키아 시대 유적

최초의 페니키아 문자는 비블로스 유적지에서 발견되었다. 이 유적지는 시대별로 페니키아, 아람, 이집트, 로마, 이슬람, 십자군의 흔적이 혼재되어 있는 탓에 매우 복잡한데, 폭우가 내릴 때 한 언덕이 허물어지면서 석관이 노출되었다. 고고학자들이 그 석관에 음각된 문자를 연구한 결과, 석관의 주인이 바로 비블로스의 아히람Ahiram 왕이며, 거기에 새겨진 문자가 최초의 페니키아 문자라는 것이 밝혀졌다. 그 석관은 현재 베이루트의 레바논 국립 박물관에 보존되어 있다.

페니키아 문명의 중심에는 문자가 있었다. 페니키아 문자는 페니키아 상인들에 의해 퍼져나가 알파벳은 물론 히브리 문자, 아랍 문자, 그리스 문자, 로마 문자, 키릴 문자의 조상이 되었다. 지금까지 남아 있는 최초의 페니키아 비문은 페니키아의 비블로스에 있던 기원전 11세기의 아히람 비문이며, 북셈 문자로 쓰여 있다. 북셈 문자는 이 시기에 이미 시리아에서 사용되었고, 직간접적으로 그 후에 발달한 모든 자모 문자의 기원이 된 듯하다. 고대 에티오피아 문자와 시바

BOX 6.2

종이의 발명에 대하여

우리는 여기서 고구려의 후예 고선지高仙芝 장군을 떠올릴 필요가 있다. 문명이 발달하기 위해서는 학문이 발달해야 하는데, 이를 위해서는 점토판, 파피루스, 양가죽 등만으로는 부족하다. 종이가 있어야 한다. 고선지가 탈라스 전투에서 대패하면서 포로로 끌려간 2만여 명 중에 제지공이 포함되어 있었다. 탈라스 전투는 751년 지금의 키르기스스탄에 있는 탈라스 평원에서 당시 세계의 두 강대국이던 이슬람의 아바스 제국과 중국의 당나라가 맞붙은 고대 최대 규모의 세계대전이다. 만약 이 전투에서 고선지가 패하지 않더라면 종이의 유럽 전파가 없었을 것이고, 종이가 없으면 르네상스도, 산업 혁명도 불가능하거나 지체되었을 것이다. 서구의 문명 발달에 종이가 없었다면 페니키아 문자나 알파벳이 무슨 도움이 되었겠는가?

사족에 불과한 설명이지만, 종이의 전파는 서진하는 문명사의 촉진제가 되었다. 이는 문명사와 전쟁사의 산물이었던 것이다. 이슬람 세계는 제지 기술의 발달과 종이의 대량 생산에 성공함으로써 새로운 문예 부흥기를 맞이했다. 종이 품질이 향상되고 가격 또한 내려가 누구나 쉽게 구입할 수 있어 학문과 문학이 크게 발전할 수 있었다. 학자는 물론 일반 서민들도 글을 배워 기록을 남기는 경향이 이슬람 세계 전역에 널리 퍼졌다. 아랍의 학문적 르네상스라 불러도 좋은 시기가 도래했다. 문자가 널리 보급되기 시작하면서 필경사 역할을 하던 서기는 더 이상 상류 계급이 아니었다. 종이는 페이퍼 로드paper road를 따라 북아프리카와 유럽으로 전파되었다.

문자와 같은 남셈 문자로 분류된 문자 체계들은 예외일 수도 있다. 가나안어와 시나이의 비문에 적혀 있는 가장 오래된 문자 체계와 확실히 관련이 있는 북셈 문자는 자모 체계를 갖춰 페니키아 문자와 아람 문자를 낳았고, 이 두 문자는 다시 유럽 문자, 셈 문자, 인도 문자로 발전했다. 페니키아 문자는 북셈 문자의 원형에서 점차 발달했고, 기원전 1세기경까지 페니키아 본토에서 사용되었다.

헤로도토스는 카드모스가 이끄는 페니키아인 일행이 그리스의 테베를 방문해 처음으로 그리스에 페니키아 문자가 전래되었다고 주장했다. 카드모스 Kadmos는 그리스 신화에 등장하는 인물이며, 테베를 건설한 인물로 알려져 있다. 신화 속에서 카드모스는 원래 페니키아의 왕자였던 것으로 묘사된다. 이들 페니키아인은 그리스어로 언어를 바꾸고 문자 모양도 약간 변형했는데, 그것을 그 당시 주변에 살고 있던 이오니아인이 배워 '페니키아 문자'라 부르며 사용했다(Herodotos, 기원전 440).

기원전 3000년대에 건설되어 1,000년 동안 번영을 누렸던 페니키아에서 가장 오래된 도시 가운데 하나는 시돈Sidon이다. 이 도시는 아시리아, 바빌로니아, 페르시아, 알렉산더 대왕, 이집트의 프톨레마이오스 왕조, 로마 제국 등의 지배를 차례로 받았으며 자주색 염료와 유리 제품으로 유명했다. 시돈은 페니키아어로 어장漁場을 뜻하며, 페니키아Phoenicia란 지명은 그들이 독점했던 자주색 염료의 이름에서 비롯된 것이다. 자주색은 우아하고 고상한 심리적 효과를 느끼게 할 뿐만 아니라 고대에는 구하기 어려운 색깔이었다. 그리하여 특권계급의 독점적 전유물이 된 자주색은 의복에도 도입되었다. 자주색은 당시 문명의 상징이 되었다.

시돈에 이어 기원전 2000년경부터 로마 시대에 이르기까지 페니키아의 주요 항구 도시였던 곳이 전술한 티레다. 섬과 근처의 육지에 걸쳐 위치한 티레는 원래 북쪽에 있는 시돈의 식민지였으나 모든 지중해 연안 지역과 교역 관계를 맺으면서 시돈을 누르고 교역의 중심지로 부상했다. 기원전 9세기에 이곳의 식민지 개척자들은 북아프리카로 진출해 카르타고를 건설했으며, 카르타고는 그 후

갤리선 상상도

페니키아의 솔로몬 선단

그림 6-10. 갤리선 상상도와 페니키아의 솔로몬 선단 벽화

서방에서 로마의 주요 경쟁 상대가 되었다.

페니키아 문명은 기원전 1200년경에서 900년경까지 지중해를 가로질러 퍼져나간 진취적인 해상 무역 문화를 포함하고 있었다. 고대의 국경이 바뀌긴 했지만, 페니키아 최남단 도시의 문화 중심은 티레로 여겨진다. 티레는 육지 쪽의 구시가지에 이어 건너편 섬에 신시가지를 건설했다. 전술한 것처럼 알렉산더가 어렵게 공성전을 벌인 곳이 바로 이곳이었다. 토인비는 페니키아가 바다를 이용하여 성립한 최초의 해양 문명이라고 지적하면서 크레타 문명과 그리스 문명의 모체라 설명했다.

페니키아는 최초로 갤리선을 사용한 문명으로, 이들은 레바논 삼나무로 만든 당시로서는 최첨단 선박을 이용한 독점 무역을 통해 번성했다. 갤리선은 고대 지중해를 중심으로 사용된 대형 범선 가운데 하나로, 바람보다는 주로 노를 이용해 많은 짐을 싣고 항해했다. 따라서 바람이 불지 않는 때에도 항해를 할 수 있었다. 노를 젓는 곳이 상하 2단으로 된 갤리선은 기원전 700년경 페니키아인

그림 6-11. 레바논 티레의 로마 유적지

이 처음 사용한 후, 당시 이집트와 크레타 등의 고대 여러 민족들이 전쟁과 상업용으로 이용하게 되었다.

페니키아 문명이 단일한 민족에 의한 것이었는지는 분명하지 않지만, 그들은 고대 그리스와 같이 도시 국가를 이루었으며, 각각의 도시 국가들은 정치적으로 독립되어 있었다. 이 문명은 동지중해에 치우쳤던 역사의 무대를 서지중해로 지평을 여는 데 기여했다. 페니키아의 도시 국가들은 서로 동맹을 맺고 협력하기도 했지만 도시 간에 갈등이 있는 경우도 있었다. 레반트 지역의 티레와 시돈은 페니키아의 가장 강력하고 융성한 도시였다.

레반트 동쪽의 베카Beqaa 계곡에서는 각종 곡물과 과일이 재배되고 있다. 이곳은 퍼타일 크레슨트 지대에서는 보기드문 와인 생산지이기도 한데, 종교적 이유가 큰 것으로 보인다. 고대사를 통해 문명의 회랑으로 알려진 베카 계곡은 시리아의 다마스쿠스를 거쳐 아카바만灣으로 연결해 아리비아반도를 잇는 주요 통상로의 교차점이다. 이 계곡의 동쪽에는 '왕의 대로King's Highway'가 남북 방향으로 향하고 있다. 레바논의 주요 도시들은 주로 수니파가 장악하고 있지만, 베카 계곡은 오늘날 시아파의 근거지로 시리아 정부를 지원하는 헤즈볼라가 시리아로 진입하기 위해 식량을 얻는 기착지로 이용하는 곳이다.

베카 계곡의 인상적인 고고학적 유적지들은 문명의 십자로에 위치하여 그에 걸맞은 역사적인 역할을 하고 있다. 많은 여행자들이 찾고 있는 베카 계곡에는 세계에서 가장 거대하고 잘 보존된 로마 유적지가 바알베크에 있다. 또 안자르Anjar에는 8세기경 이슬람교를 계승한 최초의 왕조라 할 수 있는 우마이야Umayyad 왕조의 칼리프 왈리드Walid가 안티레바논산맥에 세운 도시가 있다. 우마이야 왕조는 661년부터 750년까지 아랍 제국을 다스린 첫 번째 이슬람 칼리파 세습 왕조다. 우마이야 왕조는 안자르를 사냥 별장이자 여름 휴양지로 이용했다. 안자르란 지명은 아랍어로 '바위에서 샘솟는 물' 또는 '흐르는 강'이란 의미를 갖는 '아인알리잔Aynalizan'에서 유래되었다(그림 6-12).

안자르 유적지는 1953~1975년 사이에 레바논 고고학자와 건축학자들에 의해 발굴되었다. 안자르는 시리아의 홈스Homs로부터 이스라엘의 티베리아스 Tiberias, 그리고 레바논의 베이루트로부터 시리아의 다마스쿠스를 연결하는 대상로의 요충지로 중계 무역을 할 수 있는 입지 조건을 갖춘 도시였다. 발굴 결과, 이 도시는 비록 규모는 작지만 로마 제국 도시의 영향을 받은 고대의 궁전도시를 극명하게 잘 보여 주는 계획 도시임이 밝혀졌다.

이 도시에는 약 6,000여 개에 달하는 많은 상점들이 들어서면서 중요한 무역 중심지로 번창할 수 있었다. 우아한 아케이드를 형성했던 상점의 높은 기둥과 아름다운 아치가 늘어선 도로의 유적들이 지금도 남아 있다. 상점에는 로마 도시에서 흔히 볼 수 있는 것처럼 상점 출입구와 상품 진열대가 개방된 개구開口가 있었고, 이 유적지에서는 목욕탕, 주택, 궁전, 모스크, 수크(시장) 등은 물론 잘 포장된 도로의 유적도 발굴되었다. 특히 공중목욕탕은 폼페이 유적지에서

그림 6-12. 베카 계곡의 지형과 도시 분포

그림 6-13. 바알베크의 상징물 바커스 신전

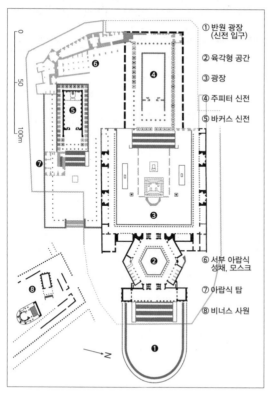

① 반원 광장
　 (신전 입구)

② 육각형 공간

③ 광장

④ 주피터 신전

⑤ 바커스 신전

⑥ 서부 아랍식
　 성채, 모스크

⑦ 아랍식 탑

⑧ 비너스 사원

그림 6-14. 바알베크 중심부
의 신전 배치 복원도

볼 수 있는 로마식 온탕, 냉탕, 열탕을 갖추고 있었다. 도시는 방어를 위해 강력한 요새 설비를 갖추고 있었으며, 아직도 웅장한 대문들과 탄탄하게 지어진 감시탑들을 볼 수 있다.

안자르는 시냇물 근처에 건설되었고, 물을 끌어오기 위해 수로와 파이프가 설치되었다. 안자르의 건축 양식은 우마이야 왕조의 토착 양식과 외부에서 들여온 양식이 혼합되어 있으며, 성벽의 석조 세공에서는 그리스와 로마 양식은 물론 초기 기독교 건물이 지닌 요소를 골고루 갖추고 있다. 이는 옛 건축물의 자재를 재활용했으며 전리품들을 건축에 활용했다는 사실을 시사해 준다.

1984년 유네스코 세계문화유산으로 등재된 바알베크Baalbek는 '베카고원의 주신主神'을 의미하며, 제섭(Jessup, 1881) 등의 연구에 의하면 페니키아의 신이었던 바알Baal을 풍요의 신으로 섬기는 것에서 유래한 것으로 전해지고 있다. 따라서 이 도시는 원래 가나안의 페니키아계 신들의 성지였던 곳으로 생각된다. 그러나 그 후 1세기경부터 3세기에 걸쳐 그림 6-14에서 보는 것처럼 그리스·로마계의 신들과 결합해 주피터, 비너스, 바커스의 신전이 들어서게 되어 로마 최대 성지 중 하나가 되었다. 바알베크의 유적은 주로 이들 세 신을 섬기는 3개 신전으로 구성되어 있다. 바알신은 자연신自然神으로 인격신人格神인 야훼와 대척점에 있는 신이었다.

이 유적지는 독일의 빌헬름 2세가 1898년 예루살렘으로 가던 중 폐허가 되어버린 로마 유적지를 보고 깊은 감명을 받은 것이 계기가 되어 독일 학자들에 의해 발굴 작업이 시작되었다(Cook, 1914). 1977년에는 프랑스 고고학자 아담(Adam, 1999)에 의해 바알베크 유적지가 로마 제국 건축의 진수임을 보여 주는 대대적인 발굴 작업이 단행되었다. 그러나 안타깝게도 레바논의 계속된 내전에 따른 혼란과 무질서를 틈타 무지한 인간들에 의해 문화유산의 해외 반출이 이어졌다. 이런 일은 비단 바알베크에서만 벌어진 것이 아니라 여러 유적지에서 볼 수 있는 일이다. 이는 과거 찬란한 문명을 자랑했던 고대 유적지들이 가난과

BOX 6.3

겨울철의 바알베크

내가 갔을 때는 겨울이라 그런지 관광객도 없고, 한적하고 스산한 분위기였다. 이러한 분위기는 마치 타임머신을 타고 로마 시대로 온 착각을 불러일으키게 했다. 인구 7만여 명인 이곳 주민들은 관광업보다는 고원 농업으로 생계를 꾸려나가고 있을 것이다. 유네스코는 바알베크 유적을 세계 유산으로 등재하면서 인류의 창조적 재능을 표현한 걸작이며, 인류 역사상 중요한 시대를 예증하는 건축 양식과 기술이 집적된 경관의 빼어난 사례라는 것을 이유로 들었다. 아래의 사진으로 과거와 현재를 비교할 수 있다.

1700년 그림으로 본 바알베크

현재의 바알베크

전쟁에 시달리는 나라에 위치한 탓일 것이다.

　로마의 콘스탄티누스 대제가 기독교를 국교로 삼으면서 신전의 파괴가 진행되었기 때문에 바알베크에 있는 신전들도 기독교 교회로 역할이 바뀌었을 것으로 짐작된다. 그럼에도 불구하고 이곳의 신전들은 이탈리아의 로마 유적지에 있는 신전보다 더 온전하게 남아 있다. 기독교 교회로 보이는 건물은 보이지 않고 로마의 신전과, 후에 세워졌거나 개조된 아랍식 성채와 모스크가 보인다. 이 유적지의 입구인 반원형의 광장을 지나면 건축물의 위용에 위압감을 느끼게 된다.

비극적인 마사다 전투와 디아스포라

요르단으로부터 이스라엘로 들어가는 국경은 예상대로 경비가 삼엄하지만, 주변 경관은 평화롭다. '하느님은 강하다' 혹은 '신과 경쟁하는 자'란 뜻의 '이스라엘Israel'이란 말은 계약을 통해 하느님의 백성이 된 사람들을 지칭하는 용어로 야곱Jacob에서 유래되었다. 만약 독자들이 이곳을 여행한다면 과거의 해안선을 뜻하는 구정선舊汀線을 눈여겨볼 것을 권한다. 사해의 규모가 우즈베키스탄의 아랄해처럼 점점 작아진다는 것을 금방 알 수 있다. 요르단강 물이 꾸준히 흘러드는 데도 사해가 작아지고 있는 이유는 관개 농업으로 유입되는 수량이 줄어들고 있기 때문이다.

　이스라엘은 일부를 제외하고는 메마른 사막과 황량한 광야로 이뤄진 국토임에도 불구하고, 그 땅에 사는 사람들은 전술한 것처럼 '젖과 꿀이 흐르는 가나안'이라고 받아들였다. 그들의 땅은 천연자원의 측면에서 볼 때도 퍼타일 크레슨트에서 가장 열악한 조건을 갖추고 있다. 그러나 이스라엘 국민들은 단기간에 농업 생산물의 가치를 무려 16배나 증대시킴으로써 진정한 젖과 꿀이 흐르는 국토를 만들었다. 그들이 이룩한 문명도 인류 문명 발전에 기여한 바가 컸을 것이다.

사해 남쪽에 위치한 마사다Masada는 기원후 70년에 예루살렘이 함락된 후 유태인들이 로마군에게 마지막으로 항전했던 곳으로 유명한 요새다. 유네스코 세계 유산으로 등재된 마사다는 히브리어로 요새란 뜻의 '멧사다metsada'에서 유래된 지명이다. 황무지 한가운데 위치한 이 요새는 사해 해면으로부터 434미터 높이의 암석으로 이루어진 고위 평탄면의 대지에 건설되었다. 정상부에 올라가면 편평한 평탄면이 펼쳐진다. 배처럼 생긴 이 요새는 정상의 면적이 7만 평방미터 가량 된다.

1955년부터 이스라엘 고고학자들이 이 유적지 전체를 조사했고, 1963년부터는 야딘(Yadin, 1965; 1966)이 세계 여러 지역에서 모여든 자원봉사자들의 도움에 힘입어 정상부 전 지역에 대한 발굴 작업을 벌였다. 학자들에 따르면 이곳에 사람이 살기 시작한 것은 기원전 900년부터라고 한다. 그러나 이곳이 유명해진 이유는 로마 제국의 지배를 받던 유대의 헤롯Herod 대왕의 궁전과 요새의 축성을 위시해 기원후 72~73년에 유태인들이 로마군의 공격에 맞서 저항한 사건 때문이다.

이 유적지에서는 헤롯 대왕이 사용하던 두 개의 궁전과 빗물을 저장했던 거대한 수조, 로마식 목욕탕과 유대 저항군의 막사, 창고, 시너고그 등이 발굴되어 복원되었다. 그리고 로마군이 요새를 둘러쌓았던 성채와 그 외곽에서 이 성채를 공격했던 로마군 막사의 유적도 발굴되었는데, 정상부에서 내려다보면 잘 보인다.

서기 70년 예루살렘이 함락되자 예루살렘에서 쫓겨난 다른 유태인들이 마사다로 피난해서 합류했으며 2년 동안 이곳을 근거지로 삼아 로마군을 공격했다. 유태인들은 진정한 메시아가 언젠가는 반드시 올 것이라고 확신하며 투쟁을 계속했다. 72년 로마 제10군단이 마사다로 진격해 여러 차례 요새를 공격했으나 성벽은 무너지지 않았고, 이에 로마군은 서쪽의 고원과 같은 높이의 거대한 성채를 쌓아올려 공성을 준비했다. 73년 드디어 공성을 위한 성채가 마련되자 로

그림 6-15. 이스라엘의 마사다 성채

그림 6-16. 마사다 유적의 복원도

1. 뱀 통로 문. 2. 저항군 주거지. 3. 비잔틴 시대 동굴. 4. 동쪽 물탱크. 5. 저항군 주거지. 6. 미크바(연못). 7. 남문. 8. 저항군 주거지. 9. 남쪽 물탱크. 10. 남쪽 요새. 11. 수영장. 12. 소궁전. 13. 납골탑. 14. 작업장. 15~16. 소궁전. 17. 공공 풀장. 18. 서비스 구역. 19. 주거 구역. 20. 창고. 21. 행정 구역. 22. 탑. 23. 비잔틴 서문. 24. 콜룸바리움 탑. 25. 시너고그. 26. 비잔틴 교회. 27. 주둔군 막사. 28. 저택. 29. 채석장. 30. 지휘 사령부. 31. 탑. 32. 행정 건물. 33. 문. 34. 창고. 35. 목욕탕. 36. 수문. 37~39. 헤롯 궁전. A. 도기 저장고. B. 헤롯왕 집무실. C. 채색 모자이크. D. 로마식 여장. E. 동전 발견 지점. F. 질그릇 파편 발견 지점. G. 세 구의 유골 발견 지점

마군은 성벽 일부를 깨뜨리고 요새로 진격해 들어갔다. 그러나 식량 창고를 제외한 요새 안의 모든 건물이 이미 방화로 불에 타 있었고 엄청난 수의 자살한 시체들만 즐비했다.

유태인 율법은 자살을 엄격히 금지하고 있었기에 유태인들은 제비를 뽑아 서로를 죽였으며 최후에 두 명이 남자 한 명을 죽이고 남은 한 명은 자살했다고 전해진다. 다른 건물을 모두 불에 태우면서도 식량 창고만 남긴 것은 최후까지 자신들이 노예가 되지 않으려고 자살한 것이지 식량이 없거나 죽을 수밖에 없어서 자살한 것이 아니라는 것을 보여 주기 위한 목적이었다. 마사다에서 살아남은 것은 여자 두 명과 다섯 명의 아이들뿐이었으며 로마군은 그 무서운 자살 광경에 겁을 먹고 그들을 죽이지 않았다고 한다.

로마군에 의한 마사다 함락이 유태인들의 전투적이고 메시아니즘적인 생활 양식을 종식시킨 것은 아니었다. 식민 통치와 빈곤으로 충돌이 끊임없이 일어나 마사다가 진압된 지 60년이 경과한 후에도 더 극적인 메시아 드라마가 전개된 것이다. 132년에는 코흐바Kochva가 20만 군대를 조직하여 유대 국가를 수립했는데, 3년 동안 지속되었다. 코흐바의 기적적인 승리를 목격한 예루살렘의 랍비들은 그를 메시아라고 찬양했다. 로마군은 1개 로마 군단이 완전히 궤멸되는 희생을 겪고 나서야 코흐바를 진압할 수 있었다. 로마군은 한니발 장군 이래 이처럼 무서운 적을 대적한 적이 없었다.

로마군은 1,000여 유태인 마을을 파괴하고 50만 명의 유태인을 무자비하게 학살했으며 수천 명 이상을 포로로 잡아갔다. 이 후유증은 몇 세대에 걸쳐 지속되었고, 그 쓰라린 고통을 당한 유태인들과 학자들은 코흐바를 원망하여 조국을 잃게 만든 '거짓의 아들son of lie'이라 불렀다. 로마군에게 패한 유태인들은 132년에도 반란을 일으켰다가 진압되면서 팔레스타인 지방에서 쫓겨나 1948년 이스라엘이 건국될 때까지 세계 각지를 전전하는 디아스포라Diaspora를 겪게 되었다.

이스라엘에서 전쟁의 영웅으로 추앙받는 국방 장관 모세 다이안은 이곳의 고대 신화를 이스라엘 군인의 상징으로 평가하고 신병 훈련을 마사다에서 끝마치게 했다. 그는 1967년에 발발한 '6일 전쟁'을 지휘한 장군이었다. 그로부터 이스라엘 신병들은 부대에서 이곳까지 명예스러운 행진을 하며 밤에 이곳을 올라 "다시는 마사다가 함락되게 하지 않는다!"라는 맹세를 하는 의식을 거친다. 또한 이스라엘 민족은 이집트의 노예 신분으로부터 벗어난 날을 영원히 잊지 말자는 의미에서 그날이 오면 딱딱한 빵을 먹는 관습이 있다. 이런 이야기 역시 우리처럼 나라를 빼앗긴 경험이 있는 국민들에게는 무척 감동스러운 일화다. 마사다 요새의 마지막 날, 죽음이 두려워 떨고 있는 그들을 향해 루벤 지파의 지휘관이었던 엘리에셀Eliezer은 다음과 같이 피를 토하는 듯 말했다.

나의 동지들이여! 이제 하룻밤이 남았습니다. 우리는 우리에게 닥친 이 운명으로 인해 절대로 비관하거나 절망하지 않습니다. 오히려 우리 자신이 저 로마인의 손에 의해 노예가 된다는 것을 상상이나 할 수 있겠습니까? 우리의 아내들이 치욕을 당하고 자녀들이 노예로 팔리는 것을 차마 볼 수 있겠습니까? 동지 여러분! 우리에게는 자유가 있습니다. 그리고 이 자유를 영원히 누릴 수 있도록 우리 손에는 칼이 주어졌습니다. 이제 우리의 영원한 자유를 쟁취합시다. 그리하여 우리의 적들로 하여금 승전가를 부르지 못하게 합시다.

독자들은 마사다 성채와 그 일대의 황량한 광야를 보면 자연환경 못지않게 지리적 위치가 중요한 요소임을 다시 한 번 확인할 수 있을 것이다. 성채에서 바라보이는 사해 남쪽 끝에는 《구약 성서》에 죄악으로 인해 불과 유황으로 절멸된 도시 소돔과 고모라의 유적지가 있을 것이다. 아마 불과 유황이 뜻하는 바는 지질학적 지각 변동인 지진을 암시하는 것이리라.

이스라엘 백성의 예리코 함락

마사다를 뒤로하고 예루살렘으로 향하면 요르단강 유역 서쪽에 위치한 예리코 Jericho 유적지를 만나게 된다. 예리코는 기원전 7000년경부터 형성되기 시작한 취락으로 추정되는, 세계에서 가장 오래된 도시 가운데 하나다. 먼 옛날에 중석기의 나투피안 문화를 가진 수렵인들이 이곳에 정착했으며, 그들의 후손이 오랜 기간에 걸쳐 살던 흔적들이 발견되었다. 이곳은 한 번도 마른 적이 없는 샘물이 있고, 예로부터 그 주변에는 커다란 오아시스가 있었다. 바로 이곳에 1만 년 전 옛날에도 사람들이 거주했으며, 선사 시대 후기에는 농경이 시작되었다. 오아시스 인구는 이탈리아 고고학자들의 발굴 결과 나투피안인들이 대략 2,000~3,000명에 달했고, 그들은 문명 단계에 접어든 것은 아니었지만 이미 관개 농업을 하고 있었던 것으로 밝혀졌다.

이는 지금으로부터 3,200년 전의 사건이므로 후기 청동기 시대로부터 철기 시대로 옮겨가는 시기였을 것이다. 《신약 성서》에 나타나는 로마 시대의 예리코는 《구약 성서》에 나오는 이곳 예리코에서 남쪽으로 약간 떨어진 지점에 위치하고 있다. 《구약 성서》의 예리코는 주변 평야 위에 약 21미터 높이로 솟은 작은 구릉 위에 있었던 것으로 확인되었다.

콜러웨이(Callaway, 1979)의 저서 《캐년에 대한 회고》에 의하면, 이 유적에 대해 여러 차례 중요한 고고학적 조사가 이루어졌는데, 그중에 1952~1958년 예루살렘 소재 영국 고고학 연구소의 캐년Kenyon이 이끈 발굴단의 탐사가 유명하다. 탐사의 주요 목적 가운데 하나는 이스라엘인들이 예리코를 파괴한 연대를 확정짓는 것이었다. 이것은 이스라엘인의 가나안 점령 연대기를 작성하는 데 중요한 자료가 되기 때문이다. 그러나 유적 주위를 둘러싼 석벽 전체를 비롯해서 그 무렵의 취락 대부분이 침식작용으로 사라졌으며, 그 시대에 둥근 구덩이가 설치된 환호취락環濠聚落이 있었다는 증거만이 남아 있을 뿐이었다. 석벽은 방어를 위한 것이 아니라 홍수를 막기 위한 제방이었던 것으로 추정되는데,

이 마을은 기원전 14세기 후반에 파괴되었을 가능성이 있지만 정확한 시기를 확인하기에는 증거가 부족하다.

지금으로부터 약 3,200년 전 모세의 후계자 여호수아가 이끌던 이스라엘 백성은 가나안의 예리코를 침략했다. 후기 청동기 시대로부터 철기 시대로 바뀌는 과정에 그 땅에는 이미 여러 종족들로 구성된 선주민들이 살고 있었으므로 침략으로 간주해야 한다. 이것은 사실상 이스라엘 민족이 첫 번째 치른 전쟁이었다. 견고했던 예리코 성벽은 이상하게도 일순간에 무너져 버렸다. 이는 사해 지구대 내에 지진이 발생한 것은 아닐까 하는 생각을 갖게 한다.

높이 8.5미터에 달하는 탑을 쌓은 목적은 불분명하지만, 구조상 최상부는 외적의 습격을 감시하는 초소였을 것으로 추정된다. 성곽 내부에는 약 2,000명이 거주했으며, 그들은 대부분 농경 생활을 하고 있었던 것으로 추정된다. 탑과 성벽의 축적에 사용된 돌은 30센티미터 정도의 원마도圓磨度가 높은 것들이었다. 원마도란 하천에 의해 이동된 돌멩이가 운반 과정 중 모서리가 둥글게 된 정도를 뜻한다. 이 돌들은 대개 인근의 하안 단구에 묻혀 있던 것인데, 견고성이 떨어졌으므로 위에서 설명한 것처럼 지진에 의해 파괴되었을 가능성이 높다.

예리코는 《구약 성서》에서 상술한 것처럼 요르단강을 건너 침략한 여호수아가 이끄는 이스라엘인들에게 처음으로 함락당한 곳으로 유명하다. 그들이 요르단강을 건널 수 있었던 것은 기적과 같은 일이었다. 왜냐하면 그들이 요르단강을 건넜던 4~5월은 우기가 아직 끝나지 않은 시기이며 이 강의 원류가 있는 헬몬산의 눈이 녹아 흘러내려 강물의 수위가 높을 때였기 때문이다. 가나안의 예리코 선주민들은 요르단강을 누구도 건널 수 없는 방어선이라 굳게 믿고 있었지만, 이스라엘인들은 위험을 무릅쓰고 도하 작전을 전개해 적군의 의표를 찌른 것이다. 이곳에서 바로 유명한 라합의 붉은 줄Scarlet Cord of Rahab 이야기가 전해 내려온다.

라합의 붉은 줄이란 라합이 목숨을 걸고 그녀의 집 창문에 붉은색 줄을 매어 예리코를 정탐하기 위해 파견된 이스라엘 첩자를 탈출시키고 자신도 생명을 보장받았다는 일화다. 그 후 이스라엘 민족에게 이 붉은 줄은 구원의 상징이 되었다. 여기에서도 홍해를 가른 모세의 기적이 재현된 덕분에 여호수아를 신뢰하는 이스라엘 군대는 그림 6-17에 묘사된 것처럼 요르단강을 건너 상대적으로 약한 예리코 군대를 물리칠 수 있었던 것이다.

기독교적 관점에서는 예리코를 문명의 발상지로 보고 있다. 지금으로부터 약 11,000년 전에 나투피안 문화와 야르뭇 문화가 만든 예리코 유적지에서는 신석기 혁명을 주도하며 정주성定住性을 가진 나투피안Natufians이 분업을 통해 계급 사회의 도시를 건설했다. 문명이란 것이 기능적 상호 관련을 통해 하나의 사회적 제도를 만드는 것이므로 예리코가 인류 최초의 도시라는 주장이다. 그러나 이 시기는 중석기 시대에 해당하므로 도시의 자격을 부여하기 곤란하다.

그렇다면 여기서 그들의 신이 과연 가나안의 침략을 허용했는지 궁금해진다.

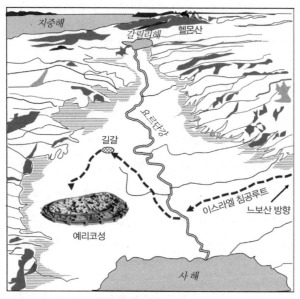

그림 6-17. 이스라엘 백성의 예리코 함락 과정

그림 6-18. 예리코 유적지에서 발굴된 고대 세계 최고最古의 탑

아무리 이스라엘 민족이 야훼가 선택한 민족이라 할지라도 선량한 선주민을 쫓아내거나 멸망시킬 권리는 없을 것이다. 그들에게 혹시 성전 사상聖戰思想이 있었던 것은 아니었을까? 이 사상은 기독교뿐 아니라 이슬람교도에게서도 찾아볼 수 있다. 과거 십자군 전쟁을 위시해 독일, 일본, 이라크, 이란, 미국 등도 정의를 위한 전쟁이라며 타국을 침략한 바 있다. 나는 이 궁금증을 풀기 위해《구약 성서》를 면밀히 탐독했다. 가나안에 거주하고 있던 선주민은 불륜과 부도덕

으로 오염되고 있었다는 사실을 알 수 있었다. 이런 사실은 비록 이스라엘 입장에서 기록된 것일지라도 그들의 가나안 침략을 정당화한 내용이라 할 수 있다. 나는 '역사의 심판'과 '정의'란 것이 강자의 논리라는 생각이 들었다.

예리코 유적지는 그 후 철기 시대가 도래할 때까지 방치되었다. 그러나 예리코가 성서 시대보다 훨씬 과거로 거슬러 올라가는 아주 오랜 역사를 가졌다는 사실이 발굴 작업의 결과로 밝혀졌는데, 이 유적이 중요성을 갖는 이유는 초기 정주 취락의 발전에 관한 증거와, 문명으로 이행하는 첫 단계의 증거도 제공하기 때문이다. 그렇지만 그들이 문명 창출에 어떤 기여를 했는지 확실하지 않아 알 길이 없다.

여기서 잠시《신약 성서》에 등장하는 사마리아인의 일화를 떠올려 보도록 하겠다. 어떤 사람이 예루살렘에서 예리코로 내려가다가 강도를 만나게 되었다. 상류 계급의 제사장이었던 레위인은 이 부상당한 유태인을 보고 그냥 지나쳤지만, 유태인들에게 멸시당하며 적대적 관계였던 사마리아인은 이를 보고 구조해 주었다. 사마리아인은 이스라엘 민족과 아시리아 민족의 혼혈인 것으로 추정된다. 레위인Levite은 야곱의 열두 아들 중 레위의 자손을 가리킨다. 이런 행위는 법적인 의무는 없지만 도덕적 차원에서 인간이 당연히 해야 할 의무임을 일러주는 것이다.

오스트레일리아의 의학자 굴람(Gulam, 2007)에 의하면, '착한 사마리안 법'

BOX 6.4

고대 이스라엘 민족의 인구 규모

《구약 성서》와 《민수기》에 당시의 이스라엘 집단이 장정만 60만 명이 넘는다고 기록되어 있으나 과장된 것 같아 믿기 어렵다. 이른바 《구약 성서》에 기록된 출애굽기와 노아의 방주에 관한 고고학적 발굴은 시도된 바 없기 때문에 그 증거가 될 만한 유물이 발굴된 바 없다. 아마 이런 전설은 고대로부터 구전되는 과정에서 과장되었거나 변질된 탓이라 여겨진다.

은 《신약 성서》에 등장하는 착한 사마리아인의 비유에서 유래한 일종의 응급 의료법인데, 한국에서는 2008년에 이 법이 개정된 바 있다. 이는 인간의 도덕적 의무에 대한 상징으로 널리 쓰이는 이야기로 유명하다.

3대 종교의 성지 예루살렘

지금부터는 말도 많고 탈도 많은 예루살렘Jerusalem에 대한 설명이다. 예루살렘이 지닌 의미는 '예루Jeru'는 도시, '살렘Salem'은 평화이므로, '평화의 도시'라는 뜻이지만 현실적으로는 결코 평화로운 도시가 아니다. 예루살렘은 국제법상 어느 나라에도 속해 있지 않는 도시이며 현재 이스라엘이 이 도시를 점령 중에 있다. 이스라엘 국회는 1980년 7월 30일 예루살렘 전체를 '분리될 수 없는 이스라엘의 영원한 수도'로 규정한 '이스라엘의 수도 예루살렘에 관한 기본법'을 통과시켰지만 대외적으로 인정받지 못하고 있다.

1993년 8월 이스라엘과 팔레스타인 해방 기구가 노르웨이 오슬로에서 팔레스타인 자치안에 합의한 것을 시작으로, 1993년 9월 13일 워싱턴에서 이스라엘의 라빈 총리와 팔레스타인 해방 기구의 아라파트 의장이 합의안에 서명했다. 이 협정으로 팔레스타인 해방 기구PLO와 이스라엘 정부가 서로 존재를 인정하고 팔레스타인 자치안에 합의했다. 특히 성곽이 둘러쳐진 구시가지를 포함한 동예루살렘은 제3차 중동 전쟁 이후 이스라엘이 실효적 지배를 하고 있지만 팔레스타인 정부가 잠정적 수도로 정한 곳이기도 하다.

한국 대사관을 비롯한 대부분의 외교 공관들이 예루살렘이 아닌 텔아비브에 소재하고 있다. 그럼에도 불구하고 유태인들에게 예루살렘은 가장 거룩한 기억의 장소이자 종교적인 경외심은 물론 민족의식의 원천이며, 기독교도들에게도 예루살렘은 구세주 예수 그리스도의 고통과 승리의 현장이다. 또한 이슬람교도들에게 예루살렘은 마호메트의 신비한 여행의 목적지이자 이슬람교 제3의 성지다. 예수는 왜 자신의 모국에서 메시아로 인정받을 수 없었을까?

BOX 6.5

오늘날 요르단강 서안의 상황

요르단강 서안West Bank은 가자 지구에 비해 일곱 배가 넘지만 대부분이 암석 지대라는 문제가 있으며, 북에서 남쪽으로 이어지는 능선이 뻗어 있다. 지정학적 시각으로 보면 그 능선의 서쪽 편에 있는 연안의 고지대와 동쪽의 요르단강 지구대를 지배하는 측에게 유리할 것이다. 이스라엘은 인구의 70%가 거주하는 연안의 평야 지대에 중화기가 발사될 가능성이 상존하는 한 반反이스라엘 세력에게 고지대의 지배권을 허락할 수 없는 입장이다. 지중해에 면한 평야 지대에는 가장 중요한 도로망뿐 아니라 최첨단 기업들과 국제 공항, 중공업의 대부분이 집중되어 있다. 이스라엘은 안정을 내세우면서 팔레스타인 자치 국가가 수립되더라도 중화기로 무장한 군대를 능선에 배치해선 안 되며 요르단과의 국경 통제권을 주장하는 이유도 바로 여기에 있다(Marshall, 2015).

그림 6-19. 오슬로 협정에 의거한 요르단 서안 지역의 정착지 분할

예루살렘에 처음 취락이 형성된 것은 기원전 3000년 초기경으로 알려졌다. 그러나 유태인들은 기원전 996년경에 이스라엘의 선조 다윗 왕이 구릉 위에 위치한 '시온의 성'이라 불리던 도시를 에브스족Jebusites으로부터 빼앗아 정복한 후 이곳을 '다윗의 성'이라 불렀다. 에브스족은 12지파 중 하나인 가나안의 후손들이다. 이후 예루살렘은 이스라엘 민족에게는 중요한 의미를 지니게 되었다. 다윗 왕의 통치하에 유대 왕국과 이스라엘 왕국이 합병된 후, 예루살렘은 통일 왕국의 수도가 되었다.

누구나 이스라엘에 가면 곳곳에서 펄럭이고 있는 이스라엘 국기를 보면서 다윗David 왕을 떠올릴 것이다. 이스라엘 국기의 중앙에 있는 별을 '다윗의 별'이라 부른다. 이스라엘 민족이 가장 존경하는 왕이 다윗이다. 필리시테인의 영웅이던 골리앗Goliath을 물리친 2대 왕 다윗은 초대 왕이던 사울Saul이 질투할 정도로 민족의 영웅이 된 것이다. 사울이 용감한 전술가였다면, 다윗은 유능한 전

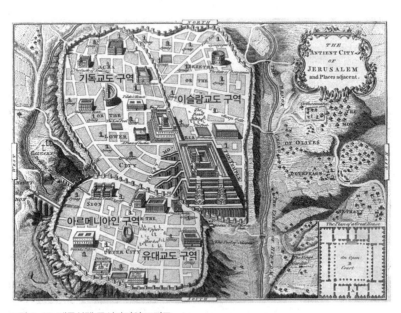

그림 6-20. 예루살렘 구시가지의 고지도

략가인 동시에 정략가로서의 소질을 지니
고 있었다.

다윗이란 이름은 '위대한 사령관'이란 의
미에서 유래했다. 비천한 신분 출신으로 태
어나 왕위에 오르기까지 그의 생애는 유태
인들의 이상이라 할 수 있을 정도로 전투적
이며 메시아적 생애를 보여 주었기 때문이

그림 6-21. 다윗의 별을 상징하는 이스
라엘 국기

다. 제사장들은 예수의 시대에 이르러서도 야훼와 다윗이 맺은 계약이 유효하
다고 주장했다. 다윗은 이스라엘 역사에서 전무후무한 황금시대를 이룩한 왕이
었기에 국기에 그의 별을 그려 넣은 것이다. 그들은 아직까지 "꿈이여 다시 한
번!"이란 염원을 갖고 다윗의 재래를 고대하고 있다.

다윗은 적으로부터 공격받기 쉬운 북쪽(현재 구시가지 남쪽에 해당)에 견고
한 성벽을 구축하고 방어에 주력했다. 그러나 다윗이 죽은 후 그의 아들 솔로몬
왕은 그 북쪽에 왕궁과 장방형의 신전 및 성채를 새롭게 건설하고 언약궤言約櫃
를 신전 안에 보관했다고 《구약 성서》에 기록되어 전하고 있다. 언약궤는 모세
의 십계명 석판을 보관했던 나무상자라고 전해지고 있지만, 그것을 직접 본 사
람은 아무도 없다. 처음에는 여호와를 숭배하는 일정한 장소가 없었지만, 솔로
몬왕에 이르러 신전이 예배의 중심지가 되었다. 그리하여 예루살렘은 모세와
아브라함의 신이 영원히 거주하는 장소로서 3,000년간 종교적 수도와 정신적
수도의 지위를 얻게 되었다. 그러나 초기의 이슬람교도들 역시 메카를 향해 기
도하기 전에 예루살렘을 향해 기도했다.

다윗이 사용한 모든 기물이 순금이었을 정도로 호화생활을 누렸고, 시바
Sheba의 여왕과도 교류했다는 전설이 있다. 시바 여왕의 이야기는 이슬람교의
경전인 《코란》과 페르시아 전설에도 나온다. 에티오피아 전설에 따르면 시바가
솔로몬과 결혼해 낳은 아들이 에티오피아의 정통 왕조를 세웠다고 한다. 아무

튼 이 이야기는 진위 여부를 떠나 고대 이스라엘과 아라비아 사이에 중요한 상업적 관계가 있었음을 보여 주는 증거일 것이다.

'솔로몬Solomon'이란 평화를 의미하는 히브리어의 샬롬shalom에서 유래되었다. 지혜의 왕이었던 솔로몬은 왜 《전도서》에서 "헛되고 헛되니 모든 것이 헛되도다!"라고 말했을까? "모든 것이 빛나는 것은 아니라네. 다만 빛나는 것들이 있을 뿐이지"라는 의미일까? 모든 것이 바람과 같은 허망한 존재일 뿐이라는 것일까?

솔로몬이 남긴 명언은 또 있다. 어느 날 큰 전쟁에서 승리한 다윗은 승리의 기쁨을 오랫동안 기억할 수 있도록 반지를 만들기로 하고 보석 세공인을 불러 이렇게 명했다. "반지를 만들되 거기에 내가 큰 승리를 거두어 기쁨을 억제하지 못할 때 그것을 조절할 수 있는 글귀를 새겨 넣어라. 동시에 내가 절망에 빠져 있을 때는 그 글귀를 보고 용기를 낼 수 있어야 하느니라." 보석 세공인은 왕의 명령대로 매우 아름다운 반지를 만들었지만, 반지에 넣을 적당한 글귀는 좀처럼 생각나지 않아 여러 날 고민하다가 솔로몬 왕자를 찾아가 자문을 구했다. 보석 세공업자의 설명을 들은 솔로몬은 "이 또한 곧 지나가리라"라는 글귀를 새겨 넣을 것을 권했다.

솔로몬왕이 사망하자 이스라엘은 남북조 시대로 접어들었고, 예루살렘은 유다 왕국의 수도가 되었다. 기원전 587년 신바빌로니아의 네부카드네자르 2세에게 정복되어 이스라엘 백성들은 포로가 되어 바빌론으로 끌려갔다. 바빌로니아는 페르시아에 정복당했고, 기원전 537년 페르시아의 위대한 왕 키루스 2세에게서 석방된 유태인들은 예루살렘으로 돌아와 성전을 재건할 수 있게 되었다. 독자들은 '바빌론의 유수'를 기억하고 있을 것이다. 이스라엘 지도자는 고국에 귀환해 페르시아 당국의 허가를 받아 그들의 성전을 솔로몬 신전이 있던 곳에 재건한 것이다.

성전이 개축된 시기는 기원전 63년 폼페이우스의 로마 공화정에 정복된 때였

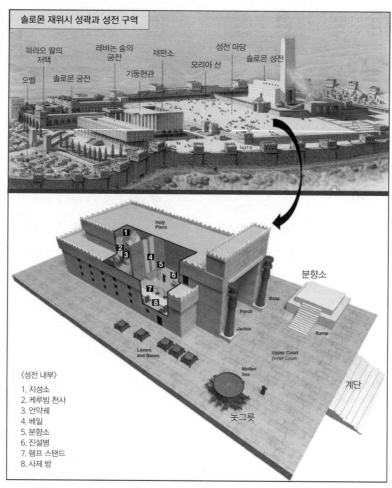

솔로몬 재위시 성곽과 성전 구역

파라오 딸의
저택

레바논 숲의
궁전

재판소

성전 마당

모리아 산

솔로몬 성전

오벨

솔로몬 궁전

기둥현관

Holy
Place

분향소

Boaz

Porch

Jachin

Ramp

Lavers
and Bases

Upper Court
(Inner Court)

Molten
Sea

계단

〈성전 내부〉

1. 지성소
2. 케루빔 천사
3. 언약궤
4. 베일
5. 분향소
6. 진설병
7. 램프 스탠드
8. 사제 방

놋그릇

그림 6-22. 예루살렘 성곽과 솔로몬 성전의 상상도

다. 페르시아 제국의 지배하에서 헤롯Herod 대왕에 의해 재건된 신전은 로마군
에 의해 다시 파괴되고 말았다. 로마는 헤롯 대왕이 사망하고 팔레스타인 전역
에서 70년과 135년의 두 차례 봉기가 있은 후 모든 유태인을 예루살렘에서 추
방하고 이 도시를 '이방인의 도시'라 불렀다. 현재는 이슬람교의 신전이 되었지
만, 이 신전의 잔재로 남아 있는 것이 바로 후술하는 '통곡의 벽'이다.

638년 아랍의 이슬람교도들이 예루살렘을 정복했지만 그들은 기독교의 성지를 존중하면서도 동시에 이슬람 사원을 솔로몬의 성전 터에 세웠다. 1099년 제1차 십자군이 예루살렘을 점령해 이슬람교도와 유태인을 무차별 학살하고 예루살렘 왕국을 세웠으나, 1187년 이집트의 술탄 살라딘이 예루살렘을 탈환했다. 1300년대 후반, 몽골군이 예루살렘 근방까지 육박해 맘루크Mamluk 왕조의 5대 술탄 바이바르스Baibars와 맞서게 되었다. 맘루크란 노예라는 뜻의 아랍어이며, 13~16세기 동안 이집트와 시리아를 지배하던 터키계 이슬람 왕조다.

금빛 찬란한 돔 형태의 지붕을 바라보면서 광장이 있는 쪽으로 걸어가면 유명한 '통곡의 벽'과 마주친다. 이것은 고대 유태인들이 거룩하게 여긴 곳으로 기원후 70년 로마군에 의해 파괴된 예루살렘 제2성전 가운데 유일하게 파괴를 면한 현존하는 유적지다. 기원전 2세기에 건축된 이 벽은 이슬람의 바위 사원과 알아크사 모스크를 둘러싸는 더욱 큰 벽의 일부를 이루고 있기 때문에 유태인들과 아랍인들은 관할권을 놓고 오랫동안 다퉈왔다. 유태인들이 이곳에서 예배를 드리기 시작한 것은 비잔틴 시대 초기부터이며, 이곳에서 행하는 예배는 '하느님의 임재는 통곡의 벽을 떠나지 않는다'라는 랍비들의 신앙을 재확인하는 것이다. 유태인들은 성전이 파괴된 것을 애도하고 다시 세울 수 있게 되기를 기도한다.

이스라엘은 예루살렘을 분할할 수 없는 영구적인 수도라고 주장하고 있지만, 성곽 내부의 구시가지는 기독교도 구역을 위시하여 이슬람교도 구역, 유대교도 구역, 아르메니아인 구역으로 나뉘어 있기 때문에 종교의 전시회장과 같아 보인다. 그러나 미국의 지리학자 브룬 등(Brunn *et al.*, 2008)의 저서 《세계의 도시》에 따르면, 실상은 구시가지 전체가 아랍인 구역이거나 또는 유태인 구역이며, 더욱이 구역의 경계는 더 이상 문화적 경계가 아니다. 예루살렘의 구시가지의 성벽은 오스만 제국 시기에 축성된 것인데, 이곳에는 이슬람과 유태인이 깊게 뿌리를 내리고 있으며 기독교인은 감소하고 있다. 아르메니아인들은 지난 1,500년 동안 해 왔던 것처럼 기독교 소수집단으로 남아 있다.

그럼에도 불구하고 예루살렘은 유태인들에게 가장 거룩한 기억의 보고寶庫이자 종교적인 경외심과 민족의식의 원천이며, 이슬람교도들에게는 마호메트의 신비한 야간 여행의 목적지이자 이슬람교 제3의 성지다. 또한 "이 민족이 교회를 부수고 십자가를 불사를지라도 그 칼에 살아남은 단 한명의 아르메니아인이라도 있다면 교회를 위해 첫 삽을 뜰 것이다"라는 신앙고백을 하는 아르메니아인들도 결코 물러서지 않을 것이다. 영국 구약 성서학의 권위자 로리(Rowley, 2011)의 지도를 보면 예수가 최후의 만찬을 행한 집도 이곳 아르메니아인 구역에 있었음을 확인할 수 있다. 그러나 기독교도들에게는 이곳이 예수 그리스도의 고통과 승리의 현장이다. 어느 종교도 양보할 수 없는 분쟁의 씨앗이 된 것은 불을 보듯 뻔하다.

예수의 등장으로 인해 유대교와 기독교가 갈라졌지만, 그들은 사실 이슬람교와 뿌리를 함께한다. 이들이 둘로 분파되었을 무렵에 동양에서는 중생구제를 강조하는 대승 불교가, 동남아시아에는 개인의 해탈을 강조하는 소승 불교가 성립되었다. 이스라엘 민족 간에 명확한 형태를 취한 유일신교는 유대교로부터 기독교가 분리되어 여러 민족에게 전파되었는데, 나는 이슬람교와 불교가 동진한 데 비해 기독교는 대부분 서진한 것에 주목했다. 즉 문명의 이동 방향과 일치한 기독교가 인류 역사의 흐름을 타고 중심이 된 것은 그 방향성에서 찾을 수 있다. 이들 종교의 전파 방향이 달랐던 이유는 자연환경과 관련이 있었다.

유대교와 기독교의 자연관은 동일한 것이었다. 왜냐하면 자연환경에 대한 기독교적 관점들은 직접적으로 유대교로부터 물려받은 것이기 때문이다. 기독교인들은 유대교의 경전들 중 상당 부분을 《구약 성서》라는 이름 아래 자신들의 경전으로 삼고 있을 뿐만 아니라 상당수의 주요 교리들을 공유하고 있다. 유태인들에게 예수는 수없이 나타났다가 사라지는 자칭 예언자들 가운데 한 사람일 뿐이다. 그러나 기독교인들은 예수를 신의 아들인 동시에 구세주로 인정한다. 초월자를 유일신으로 이해하는 것은 습윤한 삼림 지대보다 건조한 사막에서 더 쉽게 이해된다. 지리적 관점에서 기독교가 서진한 것은 이스라엘로부터 서쪽 방향에 지중해가 있었기 때문이었다.

역사학자 기번(Gibbon, 1776)은 저서 《로마 제국 쇠망사》에서 기독교 신앙이 알프스산맥을 넘어 삼림 지대로 전파되는 데에는 시간이 걸렸지만 광활한 지중해 연안 지역으로는 확산이 빨랐음을 지적한 바 있다. 삼림 지대는 다신교적 색채가 농후하므로 삼림적 전통을 갖는 지중해 북안의 경우 눈에 보이는 형체를 통해 유일신에 대한 이해가 필요했지만 건조 지대인 남안은 상황이 달랐다. 고대 기독교의 위대한 사상가인 아우구스티누스Augustinus는 건조 지대인 알제리에서 태어난 탓에 사막적 성격을 갖고 있었다. 그는 신에 의한 천지 창조로부터 종말에 이르는 역사는 신이 계획한 대로 흘러갈 것이라 믿었다.

예수가 보여 준 두드러진 특징 가운데 사람들이 잘 모르는 사실 중 하나는 자연을 사랑했다는 점이다. 그의 생활 자체가 시골의 마을과 팔레스타인의 광야에서 보낸 시간들이었다. 예수는 홀로 기도하기 위해 멀리 떨어진 산이나 사막으로 향했다. 《신약 성서》에서 이런 곳은 흔히 '광야'로 표현되는데, 그는 광야를 설교하기 위한 장소로도 이용했다. 약간 높은 언덕에 올라 바람을 등지고 군중들을 향해 "수고하고 무거운 짐 진 자들아! 다 내게로 오라! 내가 너희를 쉬게 하리라!"라고 설교를 하면 확성기 없이도 잘 들렸을 것이다. 그는 광야에서 유혹과 시험에 빠지기도 했으며, 자신의 사명을 완수할 용기를 얻기도 했다. 그러나 기독교인들은 "이 세상에 있는 모든 것들을 사랑하지 말라!"라는 권고를 조물주인 신을 섬겨야 할 뿐, 창조된 것들을 섬겨서는 안 된다고 곡해하여 자연을 폄하했다.

순례객들은 예수가 십자가에 못 박혀 죽었다는 골고다Golgotha 언덕을 오르면서 당시의 상황을 상상해 본다. 예수가 십자가를 짊어지는 고통을 받았던 길을 '비아 돌로로사Via Dolorosa'라 부르는데, 이는 '십자가의 길'이란 뜻이다. 이 길의 끝인 골고다 언덕에는 'Holy Sepulchre'라 불리는 성묘 교회가 세워져 있다. 지금은 기독교도들의 가장 중요한 성지 순례 중 하나이며 관광지가 되어 버렸지만, 2,000년 전에는 이와 많이 달랐을 것이다.

독자들은 예수가 십자가를 짊어지고 골고다 언덕을 힘겹게 오르는 할리우드 영화 〈벤허〉의 한 장면과 아르메니아 예레반에 소장된 로마 병사 '롱기누스(론지노)의 창'을 떠올리기 바란다. 《요한복음》에 기록된 십자가에 못 박힌 예수의 옆구리를 찌른 창은 현재 오스트리아의 호프부르크 박물관에도 소장되어 있는 것으로 알려져 있다.

사실 이스라엘 민족은 객관적으로 볼 때 유대교와 기독교란 종교 이외에는 문명사에 미친 영향이 미미하다고 볼 수 있다. 그러나 기독교가 서양 문명의 기본임을 생각할 때, 그들의 종교는 고대 오리엔트 문명의 유산 중에서 가장 위대했다고 인정해야 한다. 예수의 존재는 인류 역사와 문명에 커다란 영향을 미친 것은 분명하다. 이에 대해서는 독자들의 판단에 맡긴다. 순례객들은 예수가 그랬던 것처럼 '비아 돌로로사'를 오르면서 "만약 야훼와 대화를 나눈 모세나 십계명에서 후세에 나타날 메시아의 존재와 그 인물을 밝혀두었더라면 인류의 역사

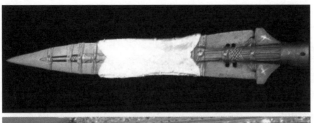

그림 6-23. 예수의 옆구리를 찌른 롱기누스의 창

BOX 6.7

예수 그리스도

예수 그리스도Jesus Christ의 이름 중 예수에게 따라 붙는 Christus란 말은 '기름을 부은'
이란 뜻의 고대 그리스어(크리스토스Krystos)를 라틴어로 표기한 것이다. 크리스토스는
흔히 메시아로 표기하는 히브리어(마쉬아흐)를 번역한 것이다. '기름 부음을 받은 사람'
이란 뜻은 유태인의 종교적 예법에 따르면 드높은 사람, 다시 말해 왕이나 예언자, 대사
제, 메시아에게 주어지는 것이므로 예수 그리스도라는 이름은 '메시아 예수'라고 해석할
수 있다. 《구약 성서》에 등장하는 것처럼 대사제와 같은 직무에 취임할 때 머리에 기름
을 붙는 의식에서 유래한 것이다. 이 경우 기름은 신의 영靈을 상징한다. 성스러운 직무
를 수행하기 위해 헌신한 자에게 영을 줌으로써 사명을 다할 수 있는 힘이 부여된다고
전해진다. 후대에 들어와서는 구세주를 의미하는 용어로 쓰였고, 히브리어로는 메시아
라 부른다.

는 어찌 흘러갔을까?"라는 생각을 해 볼 것이다.

브룬 등(Brunn *et al.*, 2008)의 지리학자들은 예루살렘이 매력적인 위치도 아
니며 전략적 입지도 아님을 지적한 바 있다. 지리적 관점에서 볼 때 예루살렘은

중심적 위치가 아니며 주요 경로도 아니고 그냥 통과하는 도시에 불과했다. 이 도시는 국가를 통치할 만한 위치가 아니었지만, 다윗 왕이 남과 북의 히브리 민족이 거주하던 중간적 위치라는 이유에서 수도로 정했던 것이다. 예루살렘은 유대교, 기독교, 이슬람교의 세 종교가 성지로 여기고 있으나 종교적 숭배와 갈등의 진원지일 뿐이다.

'왕의 대로'를 따라서

암만에서 북쪽으로 가까운 곳에 제라시Jerash가 위치해 있다. 이 유적지가 중요한 이유는 유적의 보존 상태가 양호하며 발굴 범위가 넓고 규모가 크기 때문이다. 이곳은 '중동의 폼페이'라고 부를 만큼 역사적 가치가 있는 고대 도시다. 게레사Gerasa로 불렸던 제라시는 청동기 시대였던 기원전 3200년 전부터 취락이 형성되어, 기원전 63년에 로마에 정복된 고대 그리스와 로마 시대에 세워진 '데카폴리스Decapolis'라 불리는 일종의 식민 도시 가운데 하나이며, 보석과 비단, 상아 등의 판매가 이루어지던 사막 대상隊商들의 경유지였다.

로마 제국의 멸망과 지진으로 인해 이 도시는 폐허가 되었으나 최근에 실시된 발굴 작업으로 원형이 거의 복구되어 고대 로마 시대의 도시 흔적을 거의 완벽하게 갖춘 도시로서 유명해졌다. 이 유적지를 보면 마치 요르단에 재현된 로마의 도시를 보는 듯한 착각을 불러일으킨다.

성서 시대 페니키아의 주요 교통로로는 남북 방향으로 해안 도로와 왕의 대로와 같은 종단로가 뻗어 있고, 갈릴리해와 사해 근처에 동서 방향의 횡단로가 이용되었다. 교역을 위해서는 해안 도로가 가장 중요했다. 이 지역의 특산물로는 레바논산맥의 삼나무가 있었는데, 오늘날에는 남벌로 대부분 소멸된 상태다. 시돈은 전술한 것처럼 문명의 상징으로 인식된 자주색 염료와 유리 제품이, 또 티레 부근의 남쪽에는 도기와 올리브유가 생산되었다. 그리고 예루살렘의 북쪽과 남쪽에는 각각 와인과 향료가 유명했다. 항구 도시는 입지 조건상 페니

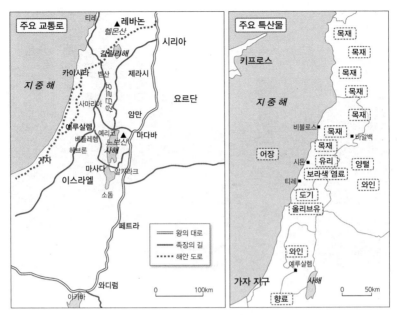

그림 6-24. 성서 시대 팔레스타인과 페니키아의 주요 교통로와 특산물의 분포

키아에 주로 건설되었고, 그 남쪽의 이스라엘 해안은 지절률이 낮아 항만 입지에 불리했다. 이러한 지리적 여건이 페니키아와 이스라엘의 지역성을 달리했으며 진취성과 보수성을 갖게 한 요인이 되었다.

350년부터 이 도시에는 기독교도의 공동체가 형성됨에 따라 400~600년간에 수많은 교회가 건축되었다. 교회 바닥은 화려한 모자이크로 장식되어 있는데, 잠시 뒤에 소개할 마다바처럼 도처에 건물 벽과 바닥이 모자이크로 장식된 것을 볼 수 있었다. 여기서 눈에 띄는 것은 시너고그라 불리는 유대교 사원이 기독교 교회의 바닥 밑에서 발굴되었는데, 여기에 '노아의 홍수'를 묘사한 모자이크 그림이 발견된 것이다. 그리고 불교의 심벌인 '卍'자 형태의 문양도 눈에 띄어 고개를 갸우뚱하는 사람도 있는데, 가톨릭 십자가 종류는 라틴식, 그리스식, 켈트식, 이콘식으로 구분되어 다양하다. 그중 그리스식 십자가는 이콘식과 결합하여 卍의 형태와 유사한 디자인을 낳게 되었다. 이것을 보고 유럽 백인의 원조인

그림 6-25. 요르단의 제라시 유적지

아리안족 최고의 상징이었던 하켄크로이츠hakenkreuz를 나치의 심벌로 사용했던 것을 떠올리는 경우도 있지만 형태가 약간 다르다.

'왕의 대로'를 따라 카라크로 향하다 보면 중간에 마다바Madaba를 지나게 된다. 마다바의 어느 교회 바닥에서 그림 6-26에서 보는 유명한 '마다바 모자이크 지도'가 발견되자 많은 지도학자들이 놀랐다. 이 지도의 지리학적 가치는 성서를 설명하기 위해 제작된 회화 컬렉션이 아니라 진정한 지리적 지형도라는 점에서 찾을 수 있다. 크기가 30평방미터에 달하는 이 지도는 지도학적으로 상당한 정도의 정확성을 띠고 있을 뿐 아니라 19세기 이전에 볼 수 없는 팔레스타인 지방에 관한 가장 오래되고 정확한 고지도라 평가받는다.

6세기 후반에 제작된 이 지도는 중세 암흑기로 대표되는 T-O지도류가 등장하기 직전의 지도로서 당시의 레반트 문명권의 범위를 알려주는 귀중한 지도라 할 수 있다. 'T-O지도'란 둥근 지구의 O 속에 유라시아 대륙과 아프리카를 T로 나타낸 지도를 뜻한다.

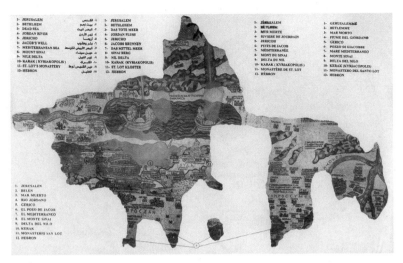

다음은 이미지 내 표 형태로 나열된 지명 목록이다.

1. JERUSALEM
2. BETHLEHEM
3. DEAD SEA
4. JORDAN RIVER
5. JERICHO
6. JACOB'S WELL
7. MEDITERRANEAN SEA
8. MOUNT SINAI
9. NILE DELTA
10. KARAK (KYRIAKOPOLIS)
11. ST. LOT'S MONASTERY
12. HEBRON

1. JERUSALEM
2. BETHLEHEM
3. DAS TOTE MEER
4. JORDAN FLUSS
5. JERICHO
6. JACOBS BRUNNEN
7. DAS MITTEL MEER
8. SINAI BERG
9. NIL DELTA
10. KARAK (KYRIAKOPOLIS)
11. ST. LOT KLOSTER
12. HEBRON

1. JERUSALEM
2. BETLEHEM
3. MER MORTE
4. RIVIÈRE DE JOURDAIN
5. JÉRICOH
6. PUITS DE JACOB
7. MEDITERRANÉE
8. MONT DU SINAI
9. DELTA DU NIL
10. KARAK (KYRIAKOPOLIS)
11. MONASTÈRE DE ST. LOT
12. HÉBRON

1. GÉRUSALEMME
2. BETLEMME
3. MAR MORTO
4. FIUME DEL GIORDANO
5. GERICO
6. POZZO DI GIACOBBE
7. MARE MEDITERRANEO
8. MONTE SINAI
9. DELTA DEL NILO
10. KERAK (KYRIACOPOLIS)
11. MONASTERO DEL SANTO LOT
12. HEBRON

1. JERUSALEN
2. BELEN
3. MAR MUERTO
4. RIO JORDANO
5. GERICO
6. EL POZO DE JACOB
7. EL MEDITERRANEO
8. EL MONTE SINAI
9. DELTA DEL NILO
10. KERAK
11. MONASTERIO SAN LOT
12. HEBRON

그림 6-26. 요르단의 마다바 모자이크 지도

그림 6-27의 T-O지도에서는 성서의 기술에 따라 세계의 중심에 예루살렘이 위치하는 것으로 인식되었다. 또한 세계의 가장 동쪽에는 지상 낙원인 유토피아가 위치하는 것으로 인식되어 7세기부터 등장한 T-O지도를 비롯해 13세기 영국에서 제작된 헤리퍼드Hereford 지도 등은 모두 북쪽이 아닌 동쪽이 지도의 상단에 위치하도록 방위를 잡았다. 이들 지도에 비하면 마다바 모자이크 지도는 기독교적 세계관에 기초하고 있다는 점에서 동일하지만 지도학적으로 더 사실에 가깝게 묘사되었다는 차이점에서 그 가치를 높게 평가할 수 있다.

알카라크Al-Karak 또는 카라크Karak는 마다바에서 '왕의 대로'를 따라 남쪽으로 가면 높은 곳의 가파른 절벽 위에 성벽으로 둘러싸여 있어 눈에 잘 띄는 도시다. 고대 그리스의 천문학자이며 지리학자인 프톨레마이오스Ptolemaeos가 이 요새를 인지하고 있었다고 하니 유명했던 모양이다. 이 도시는 고대 이스라엘 동쪽에 있었던 모아브Moab의 수도 가운데 하나로 《구약 성서》에 나오는 키르 헤레스Kir Heres 혹은 키르 하레 세드Qer Harreseth와 동일한 도시다. 이것은 히브리어로는 '질그릇 조각으로 이루어진 성벽', 고대 모아브Moab어로는 '질그릇

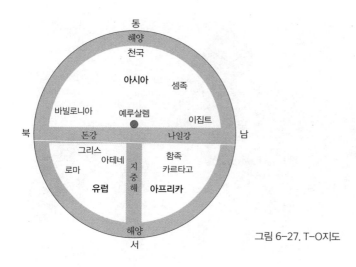

동
해양
천국
아시아
셈족
바빌로니아　　　예루살렘
이집트
북　　　돈강　　　　나일강　　　남
그리스
아테네 지　　함족
로마　　　중　카르타고
해
유럽　　아프리카
해양
서

그림 6-27. T-O지도

조각으로 이루어진 도시'라는 뜻이며, 지금의 아랍어 형태는《구약 성서》에 나오는 것처럼 히브리어 '키르kir'에 대응되는 울타리를 뜻하는 그리스어 '카락스 charax'에서 비롯된 것 같다. 이슬람 지리학자 야쿠비Yáqubi는 중세에는 알카라크가 맙Maāb이란 지명으로 불렸음을 밝혀낸 바 있다(Daly, 2005).

현재 인구 3만 명도 채 안 되는 작은 도시 알카라크 시내의 구불구불한 길을 따라 정상부에 올라가 유적지에 도착해 주변을 조망하면, 멀리 사해와 요르단 강 서안이 희미하게 시야에 들어오는 것을 보고 이곳의 지리적 중요성은 물론 전략적 가치를 알 수 있다. 이곳이 왜 십자군 전쟁 때 예루살렘 왕국의 주요 거점이 되었는지 수긍이 간다.

유적지 성곽 내에 있는 카라크 고고학 박물관에 전시된 하나의 비문이 보존되어 있다. 이 카라크 비문은 1958년에 이곳에서 발굴된 것으로, 모아브인들이 신봉했던 신에 관한 내용이 새겨져 있다. 따라서《구약 성서》에 나오는 모아브는 실재했던 왕국이었음을 알 수 있다. 그들은 현재 이스라엘 사해 동쪽 요르단 일대에 살던 서西셈족 계열의 민족으로 기독교적 시각에서 볼 때 구약 성서 시대부터 등장해 오랫동안 이스라엘을 괴롭힌 민족으로 알려져 있다.

현대 도시와 인접한 알카라크는 발굴 결과 천연의 요새로 성서 시대 이후에도 지속적으로 사람이 거주한 흔적이 남아 있지만, 지금의 성곽은 십자군이 축조한 것이다. 이 유적지의 건축물들은 로마와 비잔틴 양식은 물론 아랍의 건축 양식이 혼재하고 있어 역사의 흐름을 무언으로 말해 주고 있다. 물론 이 도시는 앞에서 소개한 마다바 모자이크 지도에도 성곽 도시로 묘사되어 있다.

알카라크에서 '왕의 대로'를 따라 남쪽으로 향하면 중간에 페트라가 있다. 2007년 유네스코 세계 유산으로 등재된 '페트라Petra'는 그리스어로 '바위'라는 뜻인데, 혹시 독일의 하인리히(Heinrich, 1827)가 주장한 것처럼 《구약 성서》의 시편에 나오는 히브리어의 셀라Selah 혹은 솔라Sollah가 이렇게 바뀐 것일지도 모르겠다. 유적지로 들어갈 때는 대개 동쪽 입구에서 3미터도 채 안 되는 좁은 '시크Siq'라 불리는 계곡을 따라간다. 그러한 협곡이 1킬로미터 이상 이어진다.

이 유적지는 1812년 스위스 육군 대령의 아들인 부르크하르트Burckhardt에 의해 발견되었다. 페트라에서는 구석기 시대와 신석기 시대 이후의 유적도 발굴되었다. 페트라는 이처럼 깊숙한 곳에 위치했던 협곡이었기 때문에 수세기 동안 사람들에게 발견되지 않았다. 페트라 안쪽으로 더 깊숙이 들어가면 '이집트 파라오의 보물창고'라는 뜻의 '알카즈네Al Khazneh'라 불리는 그리스풍의 건축물이 있다. 아니 건축물이라기보다는 조각품이라고 해야 더 정확할 것 같다.

역사학자 아레타스(Aretas, 2009)에 의하면, 알카즈네라는 이름은 베두인 Bedouin족들이 붙인 것이라고 한다. 베두인이란 아랍어로 '사막에 살고 있는 사람'이란 뜻이다. 베두인족은 모두 천막 생활을 하면서 떠돌아다니며 사는 종족이라 생각했는데, 이곳에는 정착해 살고 있는 베두인들도 있다. 그들은 조각상 뒤쪽에 보물이 숨겨져 있다고 믿었기 때문에 이러한 이름을 붙인 것이다. 이곳에서는 몇 해 전에 고고학자를 주인공으로 묘사한 할리우드 영화〈인디아나 존스〉가 촬영되기도 했는데, 그 영화에서 주인공 해리슨 포드와 숀 코네리가 성배

그림 6-28. 페트라의 보물창고 알카즈네

를 찾는 장면이 이곳에서 연출되었다.

메소포타미아 수메르의 우르를 발굴해 유명해진 영국의 고고학자 울리 (Wooley, 1934)는 페트라의 경관을 보고 "나바테아Nabatea의 건축가들은 고전적인 건축물을 세밀히 분해해 여러 조각을 낸 다음 처음 설계도와는 전혀 다르게 마음 내키는 대로 결합시켰다"라고 술회한 것으로 보아 처음부터 체계적인 도시 계획에 의거 건설된 것이 아닌 것 같다. 결국 페트라는 시간이 경과되면서 인구 증가로 점차 확대된 것으로 생각할 수 있다. 현재 페트라의 유적지 발굴은 겨우 10%도 진척이 되지 않은 상태이므로 확실한 해석은 유보해두어야 할 것 같다.

사해와 아카바만의 중간에 위치한 페트라는 기원전 400년경에 아라비아반도에 정착한 유목 민족 나바테아인의 종교적 중심지이자 수도였다. 그들은 기원전 168년에 나바테 왕국을 건국했다. 해발 950미터에 위치한 은닉처 페트라는 그 주위로 높고 가파른 암벽들이 어두운 골짜기를 형성하고 있어서 접근이 어려웠기 때문에 적의 침입으로부터 안전할 수 있었다.

이런 이유로 2세기 초 페트라의 로마 합병에 대해 테일러(Taylor, 2001)와 같은 학자들은 로마가 페트라를 정복한 게 아니라 페트라가 합병을 정략적으로 이용한 것이라고 추정했다. 그곳의 로마 유적지를 둘러보다 원형 경기장에서 대리석 자재를 볼 수 있었다. 페트라는 사암뿐이고 요르단에는 대리석이 없는데 어디서 구해 왔는지 궁금증을 자아내게 한다.

나바테아인들은 지중해 연안까지 여러 대상로를 장악했는데, 그중에는 모세와 이스라엘인들이 이집트 땅을 떠나 '약속의 땅'으로 향하면서 통과한 '왕의 대로'도 있다. 페트라를 건설한 나바테아인들은 이곳을 통과하는 대상들로부터 통행료도 거둬들였을 것이다. 그들은 고대 사회에서 수요가 컸던 알로에, 계피, 유향, 몰약 등을 아라비아 남부와 이집트, 가나안을 비롯한 지중해 연안을 포함해 저 멀리 인도까지 교역을 했고, 기원전 4세기부터 전설적인 유향로乳香路의 북부를 장악할 정도로 그 세력이 컸다. 척박한 지역이었지만 물이 있는 장소를 알고 사막의 모래바람을 피하는 요령을 터득하고 있었기에 가능했다.

신석기 시대로부터 비잔틴 제국 시대에 이르는 동안 삼림 파괴가 일어난 이유는 숲이 농경지로 개간되고 나무가 벌채되어 염소나 양의 먹이가 되었으며, 땔감이나 집을 짓기 위한 목재로 사용되었기 때문이다. 비잔틴 제국이 멸망한 후 경작지는 방치되고, 인구는 감소했지만, 남아 있는 주민이 의지할 것은 방목밖에 없었기 때문에 황폐화는 더욱 심해졌다. 포만감을 모르는 염소들은 덤불과 풀을 닥치는 대로 먹어치웠다. 페트라는 더 이상의 문명 창출이 불가능해졌다. 그리하여 알카즈네와 로마 경기장은 문명으로부터 철저히 소외되었다.

황폐해진 페트라의 모습은 서구 문명의 발상지에서 무슨 일이 일어났었는지를 암시하는 것이다. 오늘날 페트라와 이제부터 설명할 와디 럼은 페르시아 제국과 같은 초강대국의 수도를 먹여 살릴 만한 식량을 수확할 수 없게 된 것처럼, 한때 세계의 주요 무역로를 장악했던 도시를 유지시키기에는 역부족이었던 것이다.

페트라에서 '왕의 대로'를 따라 더 남쪽으로 이동하면 와디 럼Wadi Rum 사막 지대가 나온다. 붉은 사암과 화강암으로 이루어진 산과 사구가 어우러진 모래사막은 묘한 조화를 이룬다. '여기도 과연 지구인가?'라는 생각이 들 정도로 경관이 몽환적이다. 화성과 같은 별들이 이런 경관일지도 모르겠다. 그래서 이곳을 배경으로 〈아라비아 로렌스〉, 〈트랜스포머〉, 〈마션〉 등의 영화가 촬영된 모양이다.

당시 오스만 제국은 헤자즈 철도 건설에 필요한 목재를 얻기 위해 그나마 남아 있던 숲까지 모두 베어 버렸다. 홍해 연안의 아라비아고원에 위치한 헤자즈 지역은 전략적으로 중요한 기반 시설을 지니고 있었는데, 그중 하나가 오스만 세력을 강화하기 위한 헤자즈 철도였다. 영화 〈아라비아 로렌스〉를 본 독자들은 아라비아 로렌스가 아랍 게릴라를 이끌고 철도를 달려가는 모습에 열광했을

그림 6-29. 요르단의 와디 럼

것이다.

와디 럼은 2011년 유네스코 세계 문화복합유산으로 등재되었으며, 최근에는 사막 관광지로 각광을 받고 있다. 고대에도 많은 대상들이 이 길을 지나갔을 것이다. 지리학에서 와디Wadi란 사막에서 비가 내릴 때만 물이 흐르는 골짜기를 가리킨다. 습윤 지역에서는 물이 항상 흐르기 때문에 물길이 좁고 깊게 형성되지만, 사막에서는 물이 가끔 흐르기 때문에 물길이 얕고 넓게 퍼지며 윤곽 자체가 뚜렷하지 않은 것이 일반적이다. 그리고 럼Rum은 아랍어로 '고지대'란 의미다. 따라서 와디 럼은 '고원의 와디'란 뜻이 되는데, '달의 계곡'이라 불리는 경우도 있다. 그런 까닭에 이곳은 '왕의 대로'라 불려도 손색이 없을 만큼 대상들이 이동하기에 아주 훌륭한 교통로가 되었을 것이다.

《구약 성서》에 의하면, 이스라엘 백성을 이끌고 시나이반도를 지나가던 모세는 '왕의 대로'를 따라 가나안으로 가고 싶었지만 에돔왕이 길을 막아 우회해서 사해 동쪽의 모아브 땅으로 향했다. 알가잘리al-Ghazālī 계곡에서 선사 시대의 유목민들 또는 대상들이 새겨놓은 암각화를 볼 수 있는데, 사람과 낙타와 같은 동물들의 그림을 새겨놓은 것이었다. 오리엔트에서는 기원전 2000~1000년 동안 낙타와 나귀가 가축화되기 이전에는 소가 수레를 끌었다.

또 어떤 암각화는 그들의 이동 루트와 지리 정보를 새긴 지도와 같은 것도 있었지만, 해독이 불가능했다. 자세히 관찰해 보면, 이들 암각화가 동시에 새겨 놓은 것이 아니라 오랜 기간에 걸쳐 시차를 두고 여러 사람들이 새겨 놓은 벽화임을 알 수 있다. 그들은 다른 사람들에게 무슨 메시지를 남기려 했을까?

이런 암각화는 아제르바이잔 바쿠 남쪽의 고부스탄Qobustan에 있는 암각화와 한국 울산의 반구대 암각화를 떠올리면 쉽게 이해된다. 우리는 이 와디 럼의 계곡에 유목민들이 새겨놓은 암각화가 의미하는 바를 생각해 볼 필요가 있다. 영국의 저술가 하우드(Harwood, 2006)는 유목민들이 물을 구하면서 안전하게 사막을 횡단할 방법을 숙지하고 다른 사람들에게 알려주기 위해서 암벽에 지도를 새기는 경우가 많았음을 지적한 바 있다.

와디 럼을 따라 남쪽으로 가면 요르단에서 바다로 통하는 유일한 출구인 아카바Aqabah만에 도착하게 된다. 아카바는 근처에 수원지가 있기 때문에 기원전 4000년 전부터 수천 년 동안 사람들이 정착해서 살았으며, 솔로몬왕은 이곳을

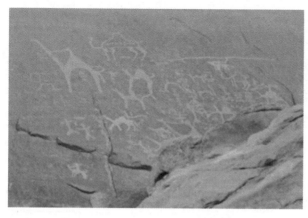

그림 6-30. 와디 럼 암벽의 암각화

교역의 거점으로 삼았다.

로마 제국 시대에는 로마 군단이 주둔하기도 했고, 비잔틴의 지배를 받던 4세기 초에는 주교 관할구의 중심지가 되었다. 아카바는 631년 마호메트에 점령되면서 이집트 이슬람교도들의 메카 성지 순례를 위한 중요한 경유지 역할을 하기도 했다. 12세기 십자군에게 점령되었으나, 1183년 다시 이슬람교도의 지배를 받게 되었다.

아카바 근처에 요르단 고고학자들이 발굴한 탈 알마가스Tall Al-Magass 유적지가 있다. 그곳에서 아카바의 구리 생산지와 교역의 거점이었다는 유적과 유물이 출토된 바 있다. 그리고 3세기에 교회 건물로 건축된 유적도 발견되었는데(그림 6-31), 이것이 세계 최초의 교회 건물로 1998년 기네스북에 등재되었다. 유물들은 아카바 고고학 박물관에 전시되어 있다. 지도를 놓고 보면, 아카바는 이집트, 아라비아, 레반트를 연결하는 요충지임을 확인할 수 있다. 여기서 '왕의 대로'를 따라간 설명은 일단 끝이 난다.

그림 6-31. 세계 최초의 아카바 교회 유적지

원거리 교역으로 형성된 아라비아 페릭스 문명

인류가 창출한 문명 중 특히 서남아시아에서 발흥한 문명 가운데 아라비아 페릭스Alabia Felix만큼 세상에 알려지지 않은 문명은 아마 없을 것이다. 아라비아 페릭스란 지리학자들에 의해 불렸던 아라비아반도의 남부를 가리키는 옛 지명이다. 기원전 1000년경부터 기원 원년에 걸쳐 번창한 이 문명이 알려지지 못한 이유는 서남아시아 문명 발달의 주류를 이룬 퍼타일 크레슨트로부터 멀리 떨어진 곳에 위치하며 풍토가 황량해 접근이 곤란할 뿐더러 외지인에 대한 현지인들의 경계심이 노골적이기 때문이다.

그런 까닭에 오늘날 예멘에 대한 서구인들의 지식은 최소한의 정보로 제한되기에 이르렀다. 고대 그리스의 지리학자 프톨레마이오스는 이 땅을 홍해와 인도양을 끼고 있어 전략적 요충지라 생각해 '축복받은 아라비아'라고 칭송했지만, 지금은 사우디아라비아, 이란, 알카에다 간의 대리전으로 내분이 격화되어 위기에 처해 있다.

아라비아 페릭스에 대한 고고학적 발굴조사는 300년 전 덴마크 탐험대가 비극적 참사를 당한 이래, 1927년 비즈만(Wiseman, 1964; 1968)이 예멘의 수도 사나 근처의 한 사원을 발굴했고, 그 후 톰슨(Thompson, 1948)이 농업용 건물을 발굴해 과거 이슬람식 관개 시스템을 연구한 사실이 있다. 그 후, 1950년에 미국 인류 연구 재단의 탐험대가 기원전 11~10세기경 인류의 주거지 유적지로 추정되는 언덕에서 약 20개에 달하는 연속적 유적층을 발굴하고, 예멘 내륙과 오만 남동부 해안에 있는 유적지를 찾아냈다.

본격적인 조사는 1961년부터 미국 스미스소니언 연구소 반 비크의 지휘하에 시작되었다. 반 비크(Van Beek, 1973)는 그의 논문 〈아라비아 페릭스의 흥망〉에서 남부 아라비아 고대 국가 간의 국경을 비롯하여 그들 간의 문화적 유사성과 상이성을 밝히면서 아라비아 페릭스 왕국들의 번창과 몰락 요인을 규명했다.

지금까지의 연구 결과에 아슐리안Acheulean 문화라 불리는 100만 년 전의 구석기가 나지란Najran산속에서 발견된 적이 있는데, 이 문화는 인류의 선사 시대인 전기 및 중기 구석기 시대의 고고학적인 석기 제작 기술을 포함하는 것으로 아프리카, 서아시아, 유럽 등지에 걸쳐 분포했었다(Thomas, 1932; Lawrence, 2016; Wilkinson, 2016). 이들 석기는 이전의 석기들에 비해 매우 진보한 도구였으므로 새로운 도구 제작 전통으로 간주될 수 있었고, 아슐리안 전통Acheulean tradition이라고 불리게 되었다. 신석기 시대에 사용되었던 도구들은 룹알할리 사막의 남부와 하드라마우트Hadhramaut에서 발견된 바 있다. 다시 말해서, 신석기 시대의 아라비아 펠릭스 사람들은 기원전 3000년경 작물화와 가축화를 수반하지 않고 채집과 수렵만으로 생활을 영위했던 것으로 짐작된다.

그렇다면 인류 문명의 중심지로부터 멀리 떨어진 이곳에 어떤 이유로 사람들이 들어와 살기 시작했을까? 전술한 반 비크의 연구에 따르면, 아라비아 펠릭스에 출현한 고도의 문화는 신석기 문화가 발전한 것이 아니라 외부에서 이주해 들어온 사람들이 가져온 것이었음이 밝혀졌다.

그들은 기원전 1300년경에 셈어 계통의 언어를 구사하는 사람들이었는데, 그들이 사용했던 도기는 메소포타미아 서부를 비롯한 시리아 북부와 팔레스타인 지방의 것이었다. 이주자들의 모국은 현재의 퍼타일 크레슨트 남부의 주변 도시, 특히 요르단 동부와 이라크 남부 지방이었던 것으로 추정된다. 참으로 먼 길을 달려 온 것이다. 그들을 먼 길을 마다않고 올 수 있게 한 것은 바로 유향과 몰약 때문이었다.

아라비아 펠릭스는 사막 기후 지역에 위치하지만, 아라비아반도에서는 산맥들이 여름철 계절풍으로 비를 충분히 머금을 수 있으므로 보기 드물게 식물이 많이 자생한다. 이 산맥들 사이에서 자라는 작은 관목에서 유향과 몰약을 추출할 수 있다. 이것들은 봄과 가을에 많이 수확되기 때문에 생장 주기가 해상 운송을 할 수 있는 계절풍 시기와 어긋난다. 바로 그런 까닭에 해상 운송보다 대부분을 낙타에 의존할 수밖에 없다(Dartnell, 2018).

감람나무과의 식물인 유향은 당시에는 신에게 바치는 진상품으로서 주로 방향제로 사용하거나 장례용품으로 사용되었다. 화장火葬이 행해지던 로마 시대에는 장례식 때 시신을 장작더미와 함께 유향을 넣어 태우는 것이 관례였다. 아마 시체가 타는 지독한 냄새를 없애기 위한 방편이었을지도 모르겠다. 65년 네로 황제의 두 번째 왕비가 죽었을 때에는 아라비아 유향의 1년 생산량이 모두 태워졌다는 기록이 전해 내려오고 있다.

몰약 역시 감람나무과에 속하는 식물로 당시에는 주로 화장품과 향료로 사용되었다. 이집트 제18 왕조의 하트셉수트Hatshepsut 여왕은 그녀의 몸에서 향긋한 냄새를 나게 하기 위해 다리에 몰약을 발랐다는 기록이 있다. 그뿐만 아니라 유향과 몰약은 한국의 《동의보감》에도 언급될 정도로 고전적 임상 의학에도 사용되었다. 여성의 월경 불순이나 수족 마비, 두통 등의 질병에 대한 처방으로 이용되었다. 원산지는 아라비아반도와 소말리아 일대가 원산지이지만 오늘날에는 한국에서도 한약재로 재배되고 있다.

이들 나무에서는 소나무에서 송진이 나오듯이 수액이 나오는데, 이것은 용도가 다양해 폭증하는 수요에 공급이 달릴 정도였던 모양이다. 그리하여 유향과 몰약은 가격이 상승해 성서 시대에는 기독교도들에게 가장 인기 있는 선물로 대접을 받았고 뇌물로도 이용되었다.

그림 6-32. 유향(좌)과 몰약(우) 나무

《구약 성서》에는 요셉이 이집트에 노예로 팔려갈 때에 그를 매입한 이스라엘 상인들이 취급했던 교역물품 중에 몰약이 있었다는 기록이 있다. 신약 시대에 들어와서도 유대 왕을 찾기 위해 먼 길을 여행해 온 동방 박사들이 아기 예수에게 바친 예물 중에 몰약이 있었다는 기록이 있어 귀중품이었음을 알 수 있다. 몰약을 사용하는 전통은 그 후로도 이어져 기독교의 분노를 사게 만들었다. 몰약의 사용은 퇴폐와 방탕의 동의어가 되었으며 2세기 성직자들은 기독교도의 개인적인 향료 사용을 격렬히 비난한 바 있다.

1세기 로마의 박물학자 플리니(Pliny, 77-79)는 저서 《박물지博物誌》에서 유향이 가공되던 이집트의 알렉산드리아에서는 노동자가 공장에서 일을 마치고 귀가할 때 몸수색을 위해 알몸이 되어야 했었다고 기록한 바 있다. 바로 이 유향과 몰약이 일확천금을 꿈꾸던 북부 셈 어족을 아라비아 페릭스로 오게 만든 원인이었던 것이다.

유향과 몰약 등의 향료는 고대의 성스러운 신전에서 사용되기 시작한 것이므로 제사장이나 사제와 관련되어 있었다. 헤로도토스(Herodotos, 기원전 440)의 기록에 따르면, 바빌론의 신전에서도 많은 양의 유향이 사용되었다. 특히 마르두크 사원에서는 해마다 치러지는 제례 때 26톤에 달하는 유향을 피워 온 성 안에 향기가 가득했다.

향료를 뜻하는 영어의 perfume은 라틴어의 per와 fume의 합성어로 '연기를 통해'란 의미를 갖고 있는데, 살아 있는 제물의 굽는 연기를 좋은 향기에 실어 신도들이 있는 곳까지 풍기게 했다. 당시에 신에게 바칠 수 있는 최고의 공양물은 사냥한 짐승이었으며, 짐승이 탈 때 풍기는 악취를 제거하기 위한 탈취제로 향료를 사용했다. 《구약 성서》에 홍수에서 살아남은 노아가 짐승을 제물로 굽자 "주님은 그윽한 향기를 맡으셨다"라고 기록되어 있는데, 그것은 짐승의 고기 굽는 냄새라기보다는 향료의 냄새였던 것이다.

아라비아 페릭스에서 자생하는 유향과 몰약은 가나안 지방까지 운반하기에는 거리가 너무 멀었다. 이것을 해결한 것은 낙타의 가축화였다. 교역의 확대는 낙타의 가축화와 일치하고 있다. 극심한 건조 지대의 사막을 한 달 넘게 물 한 모금 마시지 않고 이동할 수 있는 가축으로는 낙타가 제격이었다. 그러나 낙타에 무거운 짐을 싣고 이동하면 암석으로 이루어진 길에서는 다리가 빠져 산악 지대를 통과하기 어렵기 때문에 교역 루트는 그림 6-33에서 알 수 있는 것처럼 모래로 된 길이거나 비교적 평탄한 땅이어야 한다. 그래서 유향과 몰약을 운반하는 대상들은 험준한 산악 지대를 피해 아라비아반도 산악 지대의 동쪽 사면의 산자락을 택해 대지를 지나 골짜기를 통과하는 루트를 택했다.

아라비아 페릭스의 팀나Timna로부터 가나안의 가자 지구까지는 직선거리로 2,160킬로미터이므로 실제 대상들의 이동 경로는 그보다 더 길었을 것이다. 이 구간에는 65개의 숙소가 있었으므로 대상들은 아마 65일에 걸쳐 하루에 평균 100리를 이동해야 할 정도의 강행군이었다.

대상이 아라비아고원의 산악 지대 말단부를 따라 이동 루트를 선택한 이유는 낙타가 이동하기 적합한 페디먼트pediment의 하단이었기 때문이었다. 페디먼트란 건조 지역에서 흔히 볼 수 있는 산록 완사면과 유사한 지형을 가리킨다. 상단부는 급경사를 이루지만, 하단부로 갈수록 경사가 완만해진다. 이런 지형은 아라비아반도뿐 아니라 메소포타미아와 이란고원에서도 흔히 찾아볼 수 있다.

유향과 몰약은 육상뿐 아니라 홍해를 따라 해상으로도 운반되었다. 기원전 10세기~기원후 1년경에 아랍 선박들은 계절풍의 풍향이 바뀐 것을 이용해 도파르Dhofar에서 유향을 싣고 페르시아만의 반대쪽인 아덴만의 유대몬 아라비아에서 몰약을 실어 홍해를 거슬러 올라가 이집트까지 운반했다. 홍해를 이용한 운송은 육상에 비해 많지 않았다. 홍해 해안 일대에는 해저에 숨어 있는 모래톱이 많아 항해에는 항상 위험이 따랐고 뜨거운 열기는 혹독했으며, 양쪽으로 펼쳐진 광대한 사막과 함께 극단적으로 건조한 연안 지대에는 민물 공급원이 거의 없었다. 아랍 선원들은 홍해 입구의 유대몬 아라비아 일대를 '비탄의 문'이

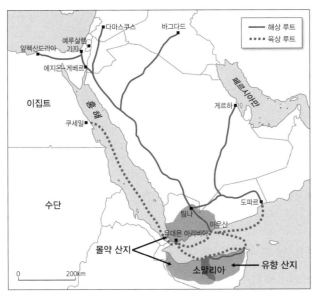

그림 6-33(a). 아라비아 펠릭스의 교역 루트

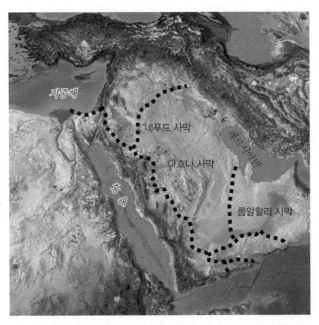

그림 6-33(b). 3D 기복도로 본 아라비아 펠릭스 낙타 대상의 육상 교역 루트

란 뜻의 바브-알-만다브 해협이라 불렀다. 오늘날에도 이 해협의 아덴 항구는 물을 공급받는 기항지로 발전했다.

이 시기에 솔로몬왕의 함대는 아라비아 페릭스와 소말리아로부터 홍해를 따라 페니키아 통치하에 있던 지금의 아카바에 해당하는 에지온-게베르Ezion-Geber까지 선박으로 운반한 후, 육로인 '왕의 대로'를 통해 퍼타일 크레슨트의 도시에 유향과 몰약을 공급했다. 그들은 이미 계절풍의 비밀을 알고 있었던 것이다. 기원 후 1세기부터는 그리스인들도 유향과 몰약 무역을 활발히 전개했다.

기원전 1000년부터 아라비아 페릭스에는 마리브에 수도를 둔 사바Saba 왕국을 비롯해 샤바에 수도를 둔 하드라마우트Hadramawt, 콰르나우에 수도를 둔 마인Ma'in 왕국, 아덴만 일대의 산악 지대에 위치한 아우산Ausan 왕국 등이 번창했다. 이들 왕국이 동일한 시기에 번창한 것은 아니었지만, 콰타반Quataban 과 마인 왕국은 비교적 오랜 기간에 걸쳐 융성했다. 그러나 이들 5개 고대 왕국에 관한 역사 자료가 없어 상세한 내용은 알 수 없다. 가장 일찍 등장한 왕국은 '사제-왕'이란 뜻의 무칼립Mukarib이란 칭호를 가진 지배자에 의해 통치되었다. 후에 무칼립은 왕만을 의미하는 호칭으로 바뀌었다.

제정일치의 시대 이후 이들 왕국들은 오랫동안 평화를 만끽했던 것으로 보인다. 왜냐하면 왕국 간의 전쟁 기록이 2~3건 밖에 발견되지 않았기 때문이다. 당시 군사적으로 대립했던 이집트, 이스라엘, 아시리아, 바빌로니아, 페르시아, 그리스 등의 국가로부터 멀리 떨어져 고립되어 있었으므로 전쟁에 휘말리지 않았다. 따라서 아라비아 페릭스의 도시들은 거의 요새화되지 않았다. 그들은 언어적으로 어휘와 문법의 차이가 다소 있었지만 셈어에 속하는 아랍어를 사용했으며, 도시의 형태와 양식이 레반트의 것과 동일했다.

도시 주거의 습관에 젖은 아라비아 페릭스인들은 지중해 연안과 퍼타일 크레슨트의 문명을 받아들였으므로 관개 농업의 기술을 갖고 있었고 알파벳 문자를 사용했다. 특히 석조 건물의 형태는 페니키아로부터 전수받은 것으로 보이며,

그들은 이미 기원전 1000년경부터 퍼타일 크레슨트로부터 청동 합금과 제철 기술을 받아들였다.

그러나 관개 기술은 메소포타미아나 이집트의 그것과 다른 것이었다. 즉 흐르는 하천을 이용한 것이 아니라 가끔 내리는 빗물을 이용한 것인데, 건조한 와디 하천에 댐을 만들어 비가 내려 하상을 채우게 되면 댐 양쪽에 수문을 만들어 수로를 통해 농경지에 공급하는 시스템이었다(그림 6-34). 그리고 산악 지대에 내린 빗물을 댐으로 저장해 농경지에 공급하기도 했다.

기원전 500년경부터 페르시아에서는 농경을 위해 카나트qanat가 고안되기도 했다. 카나트는 산록 완사면이나 선상지의 위쪽 선정에 고여 있는 산지의 지하 수원을 개발해 구릉 아래에 있는 수 킬로미터 길이의 지하 터널을 통해 물을 보내는 일종의 관개 시설을 가리킨다. 최근에는 이란 고고학연구센터ICAR의 발굴단이 티그리스강 지류인 카르케흐강 상류의 엘람 수도였던 수사 근처에서 기원전 3000년 전의 관개 시스템을 엿볼 수 있는 유적을 발견한 바 있다. 메소포타미아의 영향을 받은 것으로 짐작되는 이 카나트는 1미터의 토기로 연결한 송수관으로 물을 공급하는 전혀 새로운 형태임이 밝혀졌다. 이러한 기술은 그 후 동쪽으로 아프가니스탄까지, 서쪽으로 아라비아를 거쳐 이집트까지, 북쪽으로

그림 6-34. 마리브 댐의 유적과 관개 시스템

는 중국의 신장 웨이우얼 자치구까지 전파된 것으로 추정된다.

오늘날 수천 개의 카나트가 이란과 아프가니스탄에서는 주로 관개용으로 이용되고 있는데, 아프가니스탄과 파키스탄에서는 '카레즈'로 중국에서는 카레즈를 한자로 음역해, '칸얼칭坎爾井'이라고 발음한다. 요르단과 시리아 등의 레반트 지역에서는 '카나트 로마니'라고 하며, 모로코에서는 '케타라,' 아랍에미리트와 오만에서는 '팔라즈'라고 발음한다.

이러한 관개 시스템은 앞에서 설명한 카나트와는 다른 것으로 주목할 만한 가치가 있다. 이것은 아마 이런 시스템이 페르시아에서 고안된 카나트가 보급되기 전의 형태일 것으로 생각된다. 그리고 지하수층이 얕은 곳에 있는 골짜기에서는 우물을 파서 관개에 이용해 보완했다. 그들은 마리브 댐에서 보는 것과 같은 관개 시스템으로 잉여 식량을 산출할 수 있었다.

아라비아 페릭스 일대에 거주했던 사람들이 교역을 통해 고대 세계의 여러 지역과 접촉했다는 사실은 그들이 사들인 예술품을 비롯한 여러 수입품에서 엿볼 수 있다. 팀나에서 발견된 그리스의 청동 조각, 도파르의 콜 롤리에서 발견된 인도의 춤추는 여인상 이외에도 메소포타미아, 로마 등과 교역을 한 유물들은 그들의 교역 범위가 얼마나 광역적이었는지를 대변해 주는 것들이다. 기원후 4~7세기까지 지속된 아라비아 페릭스 문명은 서서히 쇠락의 길을 걷기 시작했다. 그 이유는 유향 시장의 붕괴에서 찾을 수 있다. 공화정 시대의 로마는 매장 풍습이 일반적이었지만, 아우구스투스 황제 시대에 화장으로 바뀌었다.

그러나 로마의 콘스탄티누스 대제가 323년 기독교를 국교로 공인하자, 로마의 전통적 장례 관습에 변화가 일어났다. 즉 화장 대신에 매장을 부활시킴에 따라 유향의 수요가 급격히 떨어진 것이다. 그 후에는 여전히 교회 의식용이나 의학용으로는 사용되었지만, 그 수요는 매우 적었다. 교역량이 대폭 감소함에 따라 부의 집중이 줄어들었다. 교역의 감소는 이 땅을 문명의 중심으로부터 고립화시키는 결과를 초래했고, 최신의 정보와 사상, 기술 등에 뒤처지게 했다.

콘스탄티누스가 기독교를 공인한 후 4년도 지나지 않아 홍해 건너편 에티오피아가 기독교로 개종했다. 이 땅은 4세기 후반까지 에티오피아인의 지배 시대가 지속되었다. 이와 동시에 사산 왕조의 페르시아인들이 대거 유입되었다. 그로 인해서 사산 왕조의 국가 종교인 조로아스터교가 이 지역으로 전래되었다.

아라비아 페릭스 사람들은 300년이라는 짧은 기간에 그들이 믿던 토착 종교 대신에 외래 종교가 들어와 토착 종교→기독교→조로아스터교→이슬람교 순으로 그들의 종교를 바꾼 것이다. 이에 따라 예로부터 전해 내려온 그들의 토착 신앙은 전혀 다른 종교적 이데올로기의 타격을 받아 정신적으로 구제불능 상태로 빠져들었다. 그들이 지녔던 가치 체계는 신뢰를 잃고 어떤 이념도 명확한 사상도 갖지 못하게 되었다. 그들은 그들만의 고유한 문명을 방치했고, 그에 따라 문화적 정체성이, 돌연히 나타난 새로운 이데올로기 속에 묻혀 버렸다. 그들은 기독교에 바탕을 둔 로마 문명에 직면했을 때처럼, 이슬람의 새로운 문명에 저항할 만한 고유의 문명을 이미 상실하고 있었던 것이다. 이런 것을 영혼 없는 문명이라 할 수 있을 것이다.

반 비크는 아라비아 페릭스의 쇠퇴 요인이 종교적 요인 이외에도 정치적·경제적·문화적 요인이 복합적으로 작용했을 것이라고 추정했지만(Van Beek, 1973), 종교적 가치 체계의 변화가 가장 큰 요인이었을 것임은 분명하다. 그리고 오늘날에는 아라비아반도를 놓고 볼 때 페르시아만 쪽은 수평지절률이 높아 담맘, 마나바, 도하, 아부다비, 두바이 등의 대도시가 발달되어 있지만, 홍해 쪽은 지다와 메카 외에는 이렇다 할만한 대도시가 없다. 이 일대는 산맥이 가로막아 해안평야가 좁고 염분을 포함한 토양, 말라리아 등의 병충해, 극심한 더위와 습도 등의 문제로 사람이 거주하기 곤란하며 해안은 산호초가 연속되어 있어 항만 건설이 어렵다.

아라비아 페릭스를 계승한 예멘Yemen은 아랍인의 독특한 기질과 문화적 전통을 가장 잘 이어가고 있는 나라로 손꼽히므로 내전으로 인한 치안 문제와 알카에다 혹은 IS의 테러 위험이 하루 빨리 해소되길 바란다. 예멘이란 이슬람 성지 메카를 향해 우측에 위치한 까닭에 '오른쪽 나라'란 뜻을 지니고 있다.

제7장

나일강 유역의 땅

고대 이집트는 고왕국을 시작으로 중왕국과 신왕국을 건설했다. 그리고 기원전 12세기경에 쇠퇴하기 시작해 페르시아의 아케메네스 왕조가 들어섰고, 그후 알렉산더 대왕이 페르시아를 몰아내고 프톨레마이오스 왕조가 세워졌다. 이 왕조도 기원전 30년에 로마 제국에 의해 멸망하고 말았다. 이집트는 이처럼 이집트인이 지배한 2,000년이 지나고부터는 다른 민족의 지배를 받았다. 다른 민족들이 이집트를 노린 이유는 비옥한 나일강 유역의 풍부한 밀 수확량에 있었다. 여기서는 역사적 맥락을 이해하기 위해 고대 이집트 문명부터 이슬람 시대에 이르는 중세 문명까지 설명할 것이다.

키워드 나일강, 이집트 문명, 헬레니즘 시대, 푸스타트, 파피루스, 카데시 전투, 헤로도토스, 투탕카멘, 알렉산드리아, 이슬람 제국, 아인 잘루트 전투, 맘루크 왕조.

나일강에서 비롯된 이집트 문명

고대 문명은 메소포타미아에서만 탄생한 것은 아니었다. 일찍이 이집트 나일강 유역에서는 메소포타미아에 필적할 만한 고도의 문명을 창출해 장기간 존속시키고 있었다. 고대 이집트 문명은 멸망한 후 2,000년 넘게 경과한 오늘날에도 웅장한 유적과 수많은 세련된 예술 작품을 남겨 사람들을 매료시키고 있다. 모든 고대 문명 중 오늘날까지 가장 많은 유적과 유물을 남긴 것이 바로 이집트 문명인 것이다.

교수들은 학생들에게 고대 도시 문명을 설명하면서 기회가 있을 때마다 '하천→취락→도시→문명'의 알고리즘과 같은 법칙을 강조한다. 이 법칙은 적어도 메소포타미아와 이집트 문명권에서는 유효하다. 헤로도토스는 하천의 관개 시설이 아닌 강수에 의존하는 이집트인들이 언젠가 큰 차질이 생겨 무서운 기근에 봉착할 것이라고 경고했다(Herodotos, 기원전 440). 그렇다고 해서 이집트에 관개 시설이 전혀 없었던 것은 아니다. 농부들은 나일강 수위가 높아지는 시기에 용두레를 이용해 강물을 농경지의 높이까지 끌어올려 관개를 했

그림 7-1. 이집트 문명의 원천 나일강

다(Petrie, 1923). 이 용두레는 적어도 3,000~5,000년간 사용되어 온 것이다 (Hyams, 1952).

이집트의 역사는 메소포타미아보다 훨씬 더 상세히 밝혀진 바 있다. 이집트 문명은 메소포타미아 문명에 비해 약간 뒤늦게 성립되었으므로 이미 존재했던 수메르 문명으로부터 많은 것을 배울 수 있었다. 두 문명 간의 교류에 관한 확실한 증거는 불충분하지만, 가령 초기 이집트 예술의 모티브에는 분명 메소포타미아의 영향을 엿볼 수 있다. 일찍이 사용되던 원통형 도장과 벽돌로 쌓아올린 대형 건축물에도 수메르의 영향을 찾아볼 수 있다.

초기의 이집트와 수메르 간에 어느 정도의 교류가 있었음은 틀림없는 사실이다. 두 문명이 언제 어떤 형태로 접촉했는지 알 수 없지만, 수메르의 영향은 레반트와 지중해에 면한 나일강 삼각주를 거쳐 타 문명과는 크게 다른 무대, 즉 나일강 유역으로 퍼져 나갔다. 그 무대를 준비한 것은 선사 시대부터 현재에 이르기까지 언제나 이집트 역사와 함께했던 나일강이었다.

이집트와 나일강은 예나 지금이나 뗄 수 없는 불가분의 관계인 동시에 표리

일체의 관계에 있다. 나일강은 삼각주를 제외하고는 800킬로미터에 달하는 가늘고 긴 오아시스라고 생각해도 좋을 정도의 하천이다. 이 오아시스가 이집트 역사의 무대가 된 것이다. 사막을 종단해 흐르는 나일강은 매년 정해진 시기에 범람하지만 이집트 경제를 지탱해 주고 사람들의 생활 리듬을 만들어주었다. 오히려 적절한 규모의 하천 범람은 배수 문제를 자동적으로 해결해 주었고, 메소포타미아에서 경험한 토양의 염분화를 막아주는 역할을 했다. 이집트인들은 그와 같은 천혜의 조건 속에서 지속적인 잉여 식량을 그리스와 로마 등지로 수출할 수 있었다.

고대 그리스의 지리학자 스트라본Strabo은 인간이 자연과 협력해 자연 속에 남아 있는 부족함을 보완한다고 설명하면서 이집트의 풍요가 단지 나일강이 가져다준 공짜 선물이 아니라, 이집트인들의 노동과 나일강이 하나가 되어 이룩한 결과라고 확신했다. 그리스인이었던 스트라본은 인간의 손길이 전혀 닿지 않은 자연 그대로의 상태에 경탄했고, 인간이 가꾸어 놓은 땅의 풍요로움과 질서에 대해서도 아낌없는 찬사를 보냈다. 또한 헤로도토스(Herodotos, 기원전 440)는 "나일강이 관개灌漑하는 곳이 이집트이며, 아스완부터 북쪽의 하류에 살면서 그 강물을 마시는 사람이 이집트인이다"라 기록하기도 했다.

나일강의 길이는 세계 두 번째이며, 유역 면적은 전 국토의 4%에 불과하고 연강수량이 비록 아스완 부근에서 0밀리미터로 비가 전혀 내리지 않지만, 나일강 유역은 관개 시설 덕분에 연간 2,000밀리미터의 강수량에 상당하는 물을 공급받고 있으므로 웬만한 다우 지역에 필적할 만하다. 나일Nile은 셈어와 햄어 모두 하천을 뜻하는 Nahal에서 유래된 영어식 지명이므로 사실 '나일강'이라고 부르는 것은 인더스강처럼 모순이다.

나일강이 범람하면 이집트의 하천 유역은 저지대인 탓에 모두 물에 잠겨 마치 바다를 연상케 했다. 이집트는 범람에 대비해 사람들이 집단적으로 거주하는 도시를 흙을 쌓아 터 돋우기를 했다. 이집트인들은 사형을 좋아하지 않았으

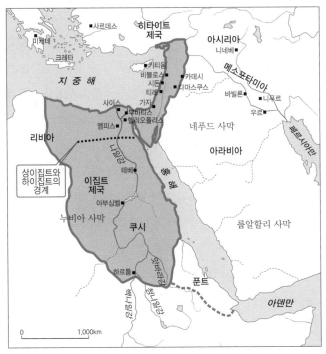

그림 7-2. 신왕국 시대의 이집트 영역(기원전 15세기)

므로 죄인의 출신 도시에 흙을 쌓는 노역을 시켰다. 이것이 반복되면서 이집트 도시들은 이전보다 지대가 높아졌다. 가장 지대가 높았던 도시는 나일강 하류 삼각주에 위치한 부바티스Bubastis였다.

나일강의 본류는 적도 다우 지대와 빅토리아호를 발원지로 하는 백나일강인데, 하르툼Khartoum 부근에서 아비시니아고원을 발원지로 하는 청나일강과 합류하며, 여름철에 청나일강과 앗바라강에서 정기적으로 발생하는 홍수는 높은 생산력의 기반을 이루게 했다. 백나일강은 침식을 받지 않는 자연 상태에서 물을 흘려보내기 때문에 청나일강에 비해 비옥하지 않다. 에티오피아의 아비시니아고원은 연중 풍화 작용이 발생하는 화산 지대이므로 미사 토양의 공급원이 된다.

이집트 문명의 기원은 고고학적인 사료와 유물의 기록 등을 연결시켜 고찰해 보면, 신석기 시대에는 나일강 상류의 하곡 지대에 속하는 이른바 상上이집트라 불리는 가늘고 긴 토지에 햄 어족이 정착해 있었음을 알 수 있다. 그들은 기원전 5000년경부터 수렵·채집 생활을 영위하다가 이윽고 농경 생활을 시작했다. 그리하여 작물을 거래하는 시장 주변에 촌락이 만들어지고 친족 집단인 씨족이 발생했다. 얼마 후 그들 씨족의 우두머리가 일족이 생활하는 영역을 지배하기에 이르러 정치 체제의 기초가 만들어진 것으로 생각된다.

그들 중 일부는 메소포타미아의 농민들과 거의 동시대에 일찍부터 고도의 기술을 습득했다. 가령 나일강 연변에 자생하는 무성한 파피루스를 사용해 배를 만들 수 있게 되었고, 현무암과 같은 가벼운 돌의 가공법과 구리를 망치로 두들겨 작은 도구를 제작하는 방법을 터득했다. 전문직의 기술자들이 존재했으며, 장신구 유물로 판단컨대 사회적 신분도 생겨났다.

기원전 4000년대 중반이 되면, 나일강 북쪽의 하류에 위치한 삼각주를 중심으로 인접국과의 접촉도 활발했다. 메소포타미아를 비롯한 각지와의 교류와 교역을 행한 흔적이 이 무렵부터 급증했다. 예를 들면, 이 시대의 예술에 메소포타미아의 영향이 뚜렷하게 나타나고 수렵으로부터 농경으로 바뀐 후의 조각품에도 교역의 흔적이 나타난다. 아무튼 이집트 문명은 전례를 찾아볼 수 없을 만큼 일거에 탄생한 것이다. 이집트 왕국의 정치 체제의 기초가 마련된 것 역시 이 무렵의 일이었다. 독자들은 고대 이집트 역사의 연표를 보면서 내용을 파악하면 이해하기 쉬울 것 같다. 각 왕조의 연대는 불명확한 점이 포함되어 있으며, 연대가 정확한 시기는 말기 왕조 시대인 제26 왕조부터라 할 수 있다.

기원전 4000년경, 나일강 상류의 하곡 지대에 위치한 상이집트와 하류 북부 델타 지대의 하이집트에 각각 왕국이 탄생했다. 수메르 문명에서 본 것처럼 도시로부터 시작해 서서히 국가로 성장한 것이 아니라 문명이 성립함과 동시에 광대한 지역을 지배하는 왕국이 출현한 것이다. 농작물을 사고파는 시장이 들

이집트 역사의 연표

초기 왕조 시대(기원전 3000~2625년)
제1 왕조 3000~2800년
제2 왕조 2800~2675년
제3 왕조 2675~2625년

고古 왕국 시대(기원전 2625~2130년)
제4 왕조 2625~2500년
제5 왕조 2500~2350년
제6 왕조 2350~2170년
제7·제8 왕조 2170~2130년

제1중간기(기원전 2130~1980년)
제9·제10 왕조 2130~1980년
제11 왕조(테베기) 2081~1938년

중왕국 시대(기원전 1980~1630년)
제11 왕조(통일 왕조) 2040~1991년
제12 왕조 1938~1759년
제13·제14 왕조 1759~1630년경

제2중간기(기원전 1630~1523/39년)
제15 왕조(힉소스 왕조) 1630~1523년
제16 왕조 1630~1523년
제17 왕조(테베 왕조) 1630~1539년

신新 왕국 시대(기원전 1539~1075년)
제18 왕조 1539~1292년
제19 왕조 1292~1190년
제20 왕조 1190~1075년

제3중간기(기원전 1075~656년)
제21 왕조 1075~945년
제22 왕조 945~712년
제23 왕조 838~712년
제24 왕조 727~712년
제25 왕조(누비아 왕조) 760~756년

말기 왕조 시대(기원전 664~332년)
제26 왕조(사이스 왕조) 664~525년
제27 왕조(제1차 페르시아 지배)
　525~405년
제28 왕조 409~399년
제29 왕조 399~380년
제30 왕조 381~343년
제31 왕조(제2차 페르시아 지배)
　343~332년

헬레니즘 시대(기원전 332~30년)
제32 왕조(마케도니아 왕조) 332~305년
제33 왕조(프로레마이오스 왕조)
　305~30년

어선 곳에 최초의 마을이 생겨났으며, 나아가 인접한 농촌과 씨족이 모여 지역 공동체로 성장했다. 이집트에서는 메소포타미아보다 700년 일찍 통일 국가가 탄생했다. 두 왕국이 수세기에 걸친 항쟁 끝에 세력을 확장할 무렵에 문자가 만들어졌다. 이집트는 일찍이 문자가 발명된 덕분에 수메르와 달리 초창기의 역사적 사료가 남겨지게 되었다. 그들은 문자를 행정과 경제 활동을 위해서뿐만 아니라 중요한 기록을 건조물에 새겨 후세에 전하려는 목적으로도 사용했다.

기록에 따르면, 기원전 3200년경에 나일강 하류의 상이집트가 중하류의 하이집트를 정복하고 아브 심벨Abū Simbel로부터 나일강 하곡에 이르기까지 총 800킬로미터에 달하는 대통일 국가가 탄생했다. 일반적으로 이 시기를 고대 이집트 문명의 성립기로 보고 있다. 그 후, 이집트 왕국은 나일강 상류까지 세력을 떨쳐 영토를 확장했다. 고대 이집트 역사는 기원전 1000년경부터 급속히 쇠퇴하여 로마가 지중해에 패권을 거머쥘 때까지 약 3,000년간 지속되었다. 역사가 장구한 만큼 그 특색을 한마디로 표현할 수 없지만, 고대 이집트 문명의 최대 특징은 변화와 혁신을 창출했다기보다는 안정된 사회와 면면히 이어져 내려온 전통에 있었다는 사실만큼은 확실하다.

이집트의 역사는 일반적으로 다섯 개의 시대로 구분되는데, 고古왕국 시대, 중中왕국 시대, 신新왕국 시대라 불리는 세 시대와 그 사이에 있는 제1중간기와 제2중간기가 그것이다. 세 번에 걸친 왕국 시대는 이집트가 번영을 누렸던 시대거나 적어도 통일 정권이 존재하던 시대였다. 두 번의 중간기는 이집트가 약체화하고 안팎의 문제들로 흔들리던 시대였다.

상술한 시대 구분만이 있는 것은 아니다. 또 다른 시대 구분은 이집트 역사를 33개 왕조사王朝史의 연속으로 인식하는 것이다. 이런 시대 구분은 까다로운 분류로 시간을 낭비할 필요가 없다는 장점이 있다. 가령 초기의 왕조를 고왕국 시대에 포함시킬지 아니면 독립된 초기 왕조 시대에 포함시킬지, 각 중간기의 시작과 끝을 어느 시대에 포함시키는 것이 좋은지 고민할 필요가 없다. 그렇지만 33개 왕조로 구분하는 것은 구분이 너무 세분되므로 이집트 역사를 전체적으로 다루기 불편하다. 그러므로 3개의 왕국 시대와 두 개의 중간기를 핵으로 정해 초기 왕조 시대와 쇠퇴후의 시기(제3중간기), 말기 왕조 시대, 헬레니즘 시대를 추가하는 방식의 시대 구분이 더 알기 쉽다.

이집트 역시 메소포타미아와 마찬가지로 기원전 1000년에 이르러 수많은 혼

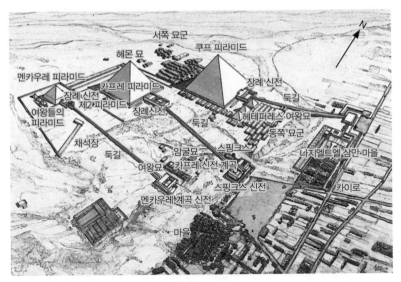

그림 7-3. 이집트 고왕국 시대 제4 왕조의 피라미드(기자)

란에 빠져들게 된다. 국경 밖으로부터 조여 오는 동란으로 이집트는 위기 상태에 빠져 예로부터 이어 내려오던 전통도 그로부터 수 세기 후에는 소멸하고 만다. 물론 그 후에도 이집트인들은 존재했지만, 고대 이집트 문명의 경우에는 기원전 1000년경을 기점으로 구분해서 생각하는 편이 옳을 듯하다.

고대 이집트의 위업은 신정 국가神政國家를 기반으로 달성되었다. 이런 국가 형태 자체가 이집트 문명을 나타내는 것이라 해도 과언이 아니다. 최초로 나일강 하류에 건설된 멤피스Memphis는 초기 왕조 시대뿐 아니라 고왕국 시대에도 수도로서 번창했다. 카이로 남쪽 나일강 좌안에 위치한 멤피스는 비록 낮은 성벽이지만 이집트 도시에서는 보기 드문 성곽 도시였다. 신왕국 시대에는 멤피스로부터 나일강 중류에 위치한 테베로 천도되었다. 두 도시 모두 왕국의 소재지인 동시에 신앙의 중심지였으나 더 이상 도시화되지 않았다.

이집트 왕국의 도시들은 특이점을 가지고 있는데, 바로 도시 기능의 약 2/3 정도가 창고라는 점이다. 테베와 인접한 룩소르 서안의 람세스 2세 장제전葬祭

殿에도 주거지보다 창고 시설이 압도적으로 많다. 백성들로부터 거둬들인 세금을 전부 지배자의 거처에 보관해 다시 분배하기 위해서는 창고라는 도시 기능이 중요시되었다. 즉 도시의 개념 규정에서 징세와 분배라는 기능이 매우 중요했던 것이다. 이는 메소포타미아의 도시들에서도 보였던 현상이다.

헤로도토스에 따르면 멤피스는 기원전 3000년경 제1 왕조의 파라오였던 메네스Menes에 의해 창건되었다. 멤피스의 고대 이집트 국명은 그리스어의 이네브 헤지Aneb-Hetch였으며, 그 의미는 '두 땅의 생명'이라는 뜻으로 상이집트와 하이집트 사이의 전략적인 요충지임을 강조하는 이름이었다. 멤피스는 제6 왕조 왕의 피라미드 도시의 명칭인 멘 네페르Men-nefer에서 비롯된 것이며, 기원전 2200년까지 이집트 고왕국 시대의 수도였다.

그 후 테베로 수도를 천도한 뒤에도 멤피스는 상업과 예술의 중심지로 남아 있었으며, 신왕국 시대에는 왕족과 귀족 자제들의 교육의 중심지였다. 이집트란 이름은 그리스인들이 작명한 것이며 이미 역사학자들에게 잘 알려진 것처럼

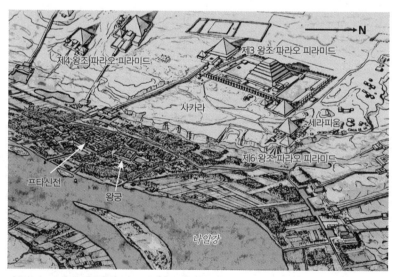

그림 7-4. 이집트 고왕국 시대의 이집트 멤피스 복원도

본래의 명칭은 '프타의 집Het-Ka-Ptah'이다. 고대 멤피스에는 왕궁과 프타신전이 나일강 서쪽에 위치해 나란히 입지해 있고 시가지 서쪽 언덕의 사카라에는 제3 왕조의 파라오였던 조세르Djoser가 건립한 계단식 피라미드가 위치해 있다. 계단식 피라미드는 초가잔빌의 지구라트와 형태가 유사하지만 이집트 피라미드의 효시라 알려져 있다.

프타Ptah란 고대 이집트에서는 장인匠人들의 최고 지도자를 의미했으며, 최고의 창조신임과 동시에 환생의 신으로서 윤회를 관장했다. 불교의 창시자인 석가모니를 가리켜 부다Buddha라 부르는데, 이는 '깨달은 자'를 가리키는 것이다. 불교에서 선승들이 자신의 깨달음을 읊은 선시禪詩인 오도송悟道頌에서는 원래 '집을 짓는 자'라는 뜻으로 장인의 최고 지도자란 의미도 포함하고 있다. 따라서 양자가 매우 흡사하다. 이집트의 프타와 인도의 부다는 시기적으로 프타가 앞서는데, 둘이 어떤 관계였는지 불분명하다.

다른 나라에 비해 이집트에 도시가 많이 발생하지 않은 것은 정치적으로 중요한 의미를 갖는데, 그것은 이집트 왕이 수메르 왕처럼 도시 국가의 대표로부터 지도자가 되는 것이 아니기 때문이었다. 이집트의 왕들은 수메르처럼 백성

그림 7-5. 이집트 멤피스 사카라의 계단식 제3 왕조 파라오 피라미드

들과 함께 신들에게 복종하는 존재가 아니라 그 자신이 신, 즉 파라오Pharaoh였던 것이다. 파라오란 말이 왕을 가리키게 된 것은 신왕국 시대의 일이었으며, 그이전에는 궁정을 의미하는 말로 사용되었었다.

왕의 권위는 그 기원을 선사 시대까지 거슬러 올라가야 한다. 선사 시대의 왕들은 원래 풍작과 번영을 가져다주는 신성한 존재로 생각되었었다. 고대 이집트에서는 사실상 풍작과 번영을 가져다주는 것은 물론 나일강이었지만, 그 수위를 조절하는 것은 파라오라 생각했다. 고왕국 시대에 들어오면서 왕은 이집트의 절대적 지배자라는 생각이 움트게 되어 왕은 신들의 자손이라 여기게 되었다. 신왕국 시대에 돌입하면서 다른 왕국의 왕들처럼 파라오는 위대한 전사로 그림이나 조각에 등장해 세속화하기 시작했다. 중왕국 시대까지의 이집트는 '영원한 행복이 약속된 미래'가 파라오에 달렸다고 생각했다. 당시에는 철저하게 왕이 신의 화신이란 생각을 가진 나라는 이집트밖에 없었다.

이집트의 땅은 퍼타일 크레슨트의 범위에 속하지만, 가장 지절률이 낮은 땅이었다. 그런데도 어떻게 찬란한 문명을 창출할 수 있었을까? 우선 생각할 수 있는 것은 하천 문화와 사막 문화, 해안 문화와 육지 문화의 접합 지역을 떠올릴수 있을 것이나, 이것만으로는 이집트 문명의 발생 메커니즘을 설명하기에 불충분하다. 고대 이집트의 지절을 설명할 수 있는 키워드로는 에티오피아고원, 나일강, 누비아 사막, 나일 삼각주를 떠올릴 수 있다. 고대 이집트 백성의 대부분은 농민들이었는데, 그들은 대규모 건축 공사와 관개 시설의 토목 공사에 동원되어 가혹하게 노동을 착취당했다. 그 덕분에 나일강을 따라 농경지가 확대될 수 있었으므로, 이집트 문명은 나일강에 대규모 노동력을 동원한 땅의 기생문명寄生文明이라 할 수 있다.

누구나 이집트를 생각할 경우 먼저 떠올리는 것은 피라미드와 스핑크스일 것이다. 이집트를 여행해 본 독자들도 역시 카이로Cairo에 도착하면 이집트 국립고고학 박물관을 들른 후 곧장 피라미드를 보기 위해 카이로 근교의 기자로 향했을 것이다. 아프리카 최대 도시 카이로는 아랍어로 승리를 뜻하는 '알카히라 al-Qāhira'의 영어식 지명이다. 박물관은 나일강과 가까운 곳에 위치해 있다. 누구나 나일강을 보면서 메소포타미아의 유프라테스강과 티그리스강을 볼 때처럼 깊은 감회에 젖게 된다. 알렉산더의 정복 후 알렉산드리아가 건설되기 전까지 이집트 왕국의 수도는 멤피스와 테베 이외에도, 문명사에서 별로 언급되지 않는 하이집트에 위치한 알 파이움Al Fayyum, 이트즈토위Ituez-towi, 엘아마르나 El-Amarna, 사이스Sais 등이 있었다.

현재의 카이로는 이집트가 로마 제국에 속했던 때까지는 작은 마을이 흩어져 있을 뿐인 습지대에 불과했다. 이 습지대에 최초로 도시를 만든 사람들이 이슬람 제국의 아랍인이다. 그로부터 여러 민족들이 패권을 장악하기 위해 앞을 다퉈 카이로를 습격했다. 이슬람 제국은 641년에 이집트를 점령해 지금의 카이로에 푸스타트Fustat란 도시를 건설했다. 그러므로 고대에는 카이로 인근에 멤피스Memphis와 기자만 존재했다.

기자 시가지에 들어서면 멀리 웅장한 피라미드가 시야에 들어온다. 메소포타미아에서 보았던 지구라트와는 규모가 다르다. 피라미드를 위시한 거대 건축물은 고대 이집트가 후세에 남긴 위대한 유산이다. 후세 사람들이 이집트인을 '위대한 과학자'라 평가한 것은 당연하다. 이 정도의 거대한 규모의 건설을 하려면 상당한 수준의 과학과 수학적 지식이 필요했을 것이라고 생각하기 쉽지만 사실은 그렇지 못했다. 고대 이집트의 측량 기술이 상당한 수준에 있었던 것은 사실이나, 바빌로니아의 수학적 지식에 비하면 낮은 편이었다. 피라미드는 초기 왕조 시대의 제3 왕조부터 축조되기 시작했으나, 우리들이 본 그림 7-3의 피라미드는 고왕국 시대 제4 왕조의 파라오가 건설한 것이었다.

고대 이집트의 천문학은 수학에 비해 발달한 것이 사실이지만, 후세 사람들이 지나치게 과장한 측면도 있는 것 같다. 물론 천문을 정확히 관찰한 덕분에 나일강의 수위를 예측할 수 있었고, 정확한 방위에 기초해 건축물을 건설한 것은 사실이다. 천문학에서 평가받을 만한 것은 태양력의 발명에서 찾을 수 있다. 그들은 1년을 12개월 365일로 계산한 태양력을 사용했다. 이것은 시리우스별과 나일강 수위 간의 관계에 착안한 이집트인들에 의해 고안되었다. 당시의 1주일은 10일, 3주간이 1개월, 12개월 마지막에 5일을 추가하여 1년으로 정했다. 헤로도토스는 이집트인이 1년이란 단위를 발명한 것과 1년을 계절에 따라 12개 부분으로 구분한 것이 매우 놀랍고, 이집트의 달력은 계산 방법이 뛰어나 그리스보다 합리적이라고 생각했다. 이집트는 엔네아드Ennead라 불리는 신의 호칭을 정하고, 신전을 세우며 돌에 문양을 조각하는 방식을 창안했는데(Herodo-tos, 기원전 440), 이처럼 신을 의인화한 것은 그리스 신화에 나오는 12신과 동일한 개념이다.

이집트인들에게 나일강은 모든 생활의 중심에 있었다. 또한 이집트 농민들은 나일강이 지닌 자연의 사이클을 정확히 관찰해 1년을 홍수의 계절, 농작물을 재배하는 계절, 그리고 수확의 계절의 3계절로 구분했다. 영원히 반복되는 나일강의 거대한 사이클은 이집트 문명에 지대한 영향을 미쳤다. 고대 이집트의 종교는 이집트인들의 세계관을 파악해야 이해할 수 있는 측면이 있다. 이집트 문명이 붕괴될 때까지 일관되게 보여 준 그들의 세계관은, 영원한 행복이 약속된 내세에 도달하는 방법을 종교 속에서 찾는 데에 있었다. 여기에도 역시 나일강의 존재가 깊이 관련되어 있다. 나일강은 매년 정해진 시기에 범람해서 홍수를 일으켰다가 다시 원래 상태로 돌아가는 사이클을 반복했다. 이러한 사이클은 안정된 자연환경 속에서 살아가는 고대 이집트인들에게는 우주의 리듬이며 생활의 질서였다. 그러나 그들에게 두려운 것은 그 사이클이 무너지는 '죽음'이란 존재였다.

이집트 문명과 종교는 처음부터 죽음의 문제에 직면했다고 해도 과언이 아닐 것이다. 이러한 생각은 중왕국 시대에 들어서면서 왕만이 아니라 모든 이집트인들도 내세에 도달할 수 있다고 믿게 되었다. 이집트의 종교가 장기간에 걸쳐 지속될 수 있었던 배경에는 행복한 내세에 이르고 싶다는 이집트인들의 간절한 염원이 있었기 때문이다. 그런 까닭에 이집트의 도시들은 삶의 도시와 죽음의 도시(네크로폴리스)라는 두 개의 도시가 병존했다. 네크로폴리스에는 묘뿐 아니라 여러 시설물을 포함한 전체로서의 복합체였다. 삶의 도시에 건설된 신전은 신들이 머무는 곳이었던 데 비해 네크로폴리스는 죽은 자의 대기 장소였던 셈이다. 그것이 바로 이집트 문명이 간혹 '도시 없는 문명'이라 불리는 까닭이다. 고대 이집트의 종교는 제18 왕조 때에 정치적 의도로 태양신이 유일신이 되었던 적도 있었지만, 지역마다 다양한 신들이 숭배되기도 했다.

신성 문자와 이집트 왕국의 풍습

이집트인들은 기원전 3000년에 이르러 수메르 문명으로부터 표음 문자로 기록하는 발상을 터득하기는 했지만 그들이 사용한 설형 문자를 도입하지는 않고 사실적인 그림 문자를 고안하기에 이르렀다. 이것이 신성 문자hieroglyph라고도 불리는 상형 문자인데, 설형 문자에 비해 형태가 더 예술적이긴 하지만 나폴레옹의 이집트 원정 때까지 해독이 불가능했다. 1822년 나폴레옹을 수행했던 프랑스의 역사학자 장프랑수아(Jean-François, 2000)가 이집트의 상형 문자를 해독하는 데 성공한 덕분에 고대 이집트 역사가 밝혀졌다.

고대 이집트에서는 상형 문자를 읽을 수 있는 계층이 신관 계급에 국한되어 있었다. 당시 문자를 기록하는 서기를 양성하는 데에는 최소 12년이란 세월이 소요될 정도로 전문직이었다. 제1 왕조 시대에 파피루스가 발명됨에 따라 상당량의 문서가 서기들에 의해 작성되기에 이르렀다. 나일강 유역에 대량으로 자생하는 풀인 파피루스의 잎을 모아 껍질을 벗겨 내어 가늘게 잘라 엮어 몇 번이고 두들겨 편평하게 만든 것이 파피루스 종이다. 파피루스 종이는 양가죽으로 만든 양피지에 비해 값이 싸고 점토판이나 석판에 비해 훨씬 얇고 가벼워 보관하기 쉽다는 장점이 있다. 그러므로 중국으로부터 종이 제조법이 전해지기 전까지 오리엔트에서 대부분의 통신과 기록은 파피루스 종이를 통해 가능했다. 파피루스 종이가 발명됨에 따라 곧이어 그것을 연결하여 길게 만든 두루마리가 만들어졌다. 다시 말해서 고대 이집트인들은 알파벳의 원조에 해당하는 상형 문자와 파피루스 종이를 발명한 것뿐만 아니라 책을 발명하는 업적을 남긴 것이다.

농경 민족의 전통에 기반한 고대 이집트의 모계 체제는 제12 왕조까지 사회 전반에 걸쳐 지속되었으며, 남성의 가치가 부각되면서 부계 체제로 바뀌었다. 이는 일종의 사회적 혁명에 다름 아니었다. 이 혁명은 이집트를 힉소스Hyksos 왕조가 정복함으로써 더욱 가속화되었다. 힉소스 정복자들은 중앙아시아의 초원 지대에서 양치기를 하던 기마 민족 출신인 까닭에 유목민의 전통에 따라 부계적이었다. 그럼에도 불구하고 모계 사회의 전통은 여전히 남아 있었다.

고대 이집트 여성은 매력적이며 사교적이었다. 위에서 설명한 바와 같이 이집트 여성은 전통적으로 다른 나라 여성에 비해 자립적이었고 사회적 지위가 높았다. 현존하는 벽화를 보더라도 궁중의 여성들은 노출이 심한 의상을 입었고, 머리를 곱게 땋아 올린 헤어스타일에 화려한 장신구를 지니고 있었음을 확인할 수 있다. 왕족과 귀족들이 부부 동반하여 위엄 있게 서있는 모습은 매우 인상적이다. 기원전 1000년 이전에 남녀가 그와 같이 친밀하게 서있는 모습은 이집트 이외의 다른 왕국에서는 찾아볼 수 없는 장면이다.

이집트에서 화장품이 등장한 것은 기원전 3500년경이었다. 여성들이 사용하던 화장품은 당시의 중요한 산업 중 하나였으며, 미용실과 화장품 공장이 번성했고 화장술도 널리 퍼져 있었다. 당시의 얼굴 화장의 포인트는 오늘날처럼 눈 화장에 초점이 맞춰져 있었는데, 아이섀도는 녹색, 립스틱은 검파랑, 볼연지는 빨강색이 유행했다. 고대 이집트의 여성이 가장 짙게 화장한 것은 제33 왕조에 해당하는 클레오파트라 시대였다. 검정색 먹을 사용해 눈 화장을 한 이유는 강열한 햇빛으로부터 눈을 보호하기 위함과 눈을 매력적으로 보이기 위함이었고,

그림 7-6. 이집트 제18 왕조의 미완성 네페르티티 여왕의 흉상과 상상도

이집트에 흔히 유행되던 눈병을 예방하는 주술적 의미가 있었다. 또한 여성들은 식물에서 추출한 헤나를 사용해 손과 발을 치장하기도 했다.

　이집트의 파라오 통치는 기원전 1539년인 신왕조 시대부터 시작된 것으로 추정된다. 이 무렵이 이집트 왕조의 전성기에 해당한다. 네페르티티Nefertiti(기원전 1370~1330년경)는 귀족 출신으로 이집트 제18 왕조의 파라오 아크나톤의 왕비이자 투탕카멘의 이모였고, 왕과 같이 태양신 아톤을 찬미했다. '미녀가 왔다'라는 의미의 이름대로 1914년에 수도였던 아마르나Amarna에서 발견된 석회석의 채색 흉상은 고대 이집트 여성의 화려함을 잘 나타낸 당대 최고의 걸작 중 하나로 평가받으며, 미완성의 두상 또한 그의 화려한 미모를 잘 표현해 주고 있다. 그녀는 람세스 2세의 총애를 잃고 왕궁에서 물러났지만, 기원전 1334년에 투탕카멘이 왕위에 오르자, 그를 대신해 약 2년간 나라를 다스렸다.

　이집트의 화장술은 그 후에 로마와 서아시아에도 영향을 미쳤다. 손톱 화장도 유행했는데 손톱 색깔은 사회적인 지위를 상징하기도 했다. 클레오파트라(기원전 69~30년)는 짙은 빨간색을 칠한 반면, 하층 계급의 여성들은 엷은 색을 사용했다. 이집트 남성뿐만 아니라 바빌로니아 군대의 지휘관들은 전투를

BOX 7.2

헤로도토스가 관찰한 이집트 풍습

이집트인은 거의 모든 점에서 다른 민족과 정반대의 습관을 가지고 있다. 예를 들어 여자는 시장에서 장사를 하고, 남자는 집에서 베를 짠다. 짐을 운반할 때에 남자는 머리에 이고 여자는 어깨에 짊어진다. 소변을 볼 때 여자는 선 채로, 남자는 쪼그려 앉은 채로 본다. 일반적으로 배변은 집안에서 하지만, 식사는 집 밖에서 한다. 부끄러운 일은 남몰래 할 필요가 있지만, 부끄럽지 않은 일은 공공연하게 드러내도 좋다는 뜻이다.

신들의 사제는 다른 나라에서는 머리를 길게 기르지만 이집트에서는 짧게 자른다. 다른 나라에서는 죽은 사람의 근친은 머리를 깎고 상복을 입지만, 이집트인은 머리카락과 수염을 자라는 대로 내버려둔다. 그리고 다른 민족은 가축과 별도로 생활하지만, 이집트인은 가축과 함께 생활한다. 이집트에서는 돼지를 부정한 가축으로 여기기 때문에 돼지를 사육하는 사람들은 그들끼리만 혼인한다. 돼지는 신에 바치는 제물로도 사용하지 않는다.

이와 같이 여러 면에서 이집트와 그리스의 풍습이 다르지만, 사실은 이집트의 여러 풍습이 그리스로 전파되었다. 예컨대 그리스인이 발기된 남근을 한 제우스의 아들 헤르메스 Hermes 조각상을 만드는 것조차 이집트인으로부터 배운 것이다.

고대에 할례를 행한 민족은 이집트인, 콜키스Colchis인, 에티오피아인뿐이었다. 콜키스인은 고대 조지아 부족들을 가리키는 총체적 명칭이다. 페니키아인과 팔레스타인은 그 풍습을 이집트인으로부터 배웠다는 것을 스스로 인정하고 있다. 같은 페니키아인이라도 그리스와 교류가 있는 사람은 이집트인을 따르지 않고 아이들에게 할례를 시키지 않았다.

이집트인은 무수히 많은 모기 때문에 고생했다. 이에 대한 대책으로 이집트인은 탑에 올라가 잠을 잔다. 모기는 바람의 방해를 받아 높이 날아갈 수 없기 때문이다. 저지대의 소택지대에 사는 주민은 물고기를 잡는 어망을 치고 그 속에 들어가 잠을 잔다.

앞두고 빨간색 매니큐어를 칠했다. 당시의 매니큐어는 문명의 상징인 동시에 지배 계급임을 드러내는 것이었다.

미국의 이집트 고고학자였던 브레스테드(Breasted, 1909)의 저서 《이집트 역사》에 의하면, 이집트 남자들은 신왕국 이전 시대에는 재산을 소유하지 않았다. 재산은 부인에게 귀속되어 있었고, 남자는 결혼에 의해서만 재산을 사용할 수 있었다. 부모가 죽으면 재산은 딸에게 상속되었다. 이러한 관행에 따라 이집트의 왕위는 여성에게 계승되었다. 이러한 모계 체제는 제12 왕조까지 지속되었으나, 전술한 것처럼 제15 왕조인 힉소스 왕조에 의해 역전되었다.

이집트의 왕위는 기본적으로 여성을 통해 계승되는 경우가 많았다. 왕위는 왕자가 아닌 제1왕녀에게 계승권이 있으며, 그녀의 결혼 상대가 왕이 되었다. 왕자가 왕이 되기 위해서는 근친상간이 필요했다. 그러니 여성의 지위가 높을 수밖에 없었으며 성 문화가 매우 개방적이었다. 여성들의 피임약과 피임기구를 비롯한 임신 테스트기가 고대 이집트에서 발명된 것은 어찌 보면 당연한 일이었다. 그리스의 헤로도토스가 이집트의 나일강 중류까지 여행하면서 기록한 내용 중에는 이집트에는 '처녀virgin'란 단어가 없다고 할 정도로 성 문화가 개방적이었다는 이야기가 남아 있다. 그것이 사실인지 확인해 볼 수는 없지만, 그리스의 고급 매춘부인 헤타이라hetairaHercules란 말은 이집트인이 그리스인으로부터 전해받은 것이 아니라 반대로 그리스인이 이집트인으로부터 받아들인 것이다. 헤라클레스는 상술한 그리스의 12신 중 하나였다.

이집트 문명의 특징

이집트 문명은 거대한 석조 건축물과 예술 작품을 비롯해 파피루스 종이로 만든 책 덕분에 오늘날까지 높은 평가를 받고 있다. 그러나 다른 문명과 비교해 볼 때 극찬을 아끼지 않을 정도로 인류의 풍부한 문화유산은 아닌 것 같다. 기술 수준만으로 문명의 발전 정도를 정하는 것은 아니겠지만, 고대 이집트인들은 문명이 탄생한 후에는 변화를 두려워하는 것처럼 보일 정도로 새로운 기술 도입에 소극적이었다.

상형 문자를 발명한 후에는 이렇다 할 만한 또 다른 발명이 없이 오랜 세월이 지난 후에야 석조 건축물을 만들었을 정도였다. 돌로 만든 이집트의 거대한 건축물에는 콘텐츠가 없었다. 대규모 토목 공사와 건축 공사에서 그 내부를 채울

그림 7-7. 유네스코의 지원으로 옮겨진 제19 왕조의 아부심벨 신전

만한 내용물이 없었던 점이 고대 이집트 문명의 허점이었다. 앞에서 언급한 기자의 피라미드와 아부심벨Abu Simbel의 신전, 테베의 룩소르 유적이 대표적인 사례일 것이다. 파피루스와 바퀴의 발명은 제1 왕조 시대에 등장한 것일 뿐, 일찍이 메소포타미아의 관개 시설을 도입한 것은 그 지방과 접촉한 지 무려 2,000년이 지난 후의 일이었다.

아부심벨 신전은 람세스 2세의 재위 시절 때 건설된 것이다. 높이가 20미터에 달하는 4개의 람세스 좌상은 움푹 들어간 사암 절벽을 등지고 있으며 2개는 주신전 입구 양쪽에 각각 놓여 있다. 이 좌상의 발 둘레에는 제19 왕조 람세스의 왕비 네페르타리Nefertari(기원전 1301~1255년경)와 후손들을 상징하는 작은 상이 조각되어 있다. 이 신전은 파라오였던 람세스 자신이 신과 동격임을 과시하려는 의도가 숨어 있었다. 네페르타리와 전술한 네페르티티에서 보는 것처럼 네페르Nefer는 고대 이집트의 신성 문자에서 '좋은', '아름다운', '기쁜'이란 뜻을 내포하고 있다.

신전 내부는 왕의 조상과 함께 왕의 생애와 업적을 보여 주는 채색 부조로 장식되어 있다. 주신전의 북쪽에 있는 작은 신전은 태양신의 막내딸 하토르Hathor를 경배하기 위해 왕비에게 바쳐진 것이며 10.5미터 크기의 왕과 왕비의 조각상이 장식되어 있다. 이 신전은 1960년대 아스완댐 토목 공사에 의한 나일강 수위의 상승으로 수몰 위험에 처했으나 국제적인 원조와 유네스코의 지원을 받아 약 4만 개의 거대한 돌덩어리로 된 건축물을 원래 위치보다 65미터 높은 위치로 이전해 구제되었다.

테베 남쪽에 건설한 룩소르 유적은 몇 대 왕에 걸쳐 아몬(카르나크) 대신전을 중심으로 건설된 까닭에 이집트에서 가장 많이 남아 있다. 아몬Amon 대신전은 투탕카멘과 호렘헤브가 완성했고, 람세스 2세가 증축했으며, 프톨레마이오스 왕조 시대에 이를 좀 더 증축했다. 람세스 2세는 바깥쪽 정원을 증축했는데, 2열 주랑의 각 기둥 사이에 거대한 자신의 동상들을 만들고 축제와 시리아 전쟁 장면을 조각한 높은 탑을 세웠다. 이 오벨리스크 앞에 거대한 파라오 상들과 한 쌍의 오벨리스크가 있었는데, 그 가운데 하나는 현재도 남아 있으나 다른 하나는 1831년 파리 콩코드 광장으로 옮겨졌다. 하산Hassan 사원의 시계탑은 그에 대한 보상으로 프랑스인들이 선사한 것이다. 이에 비해 테베의 나일강 서쪽은 죽은 파라오들의 무덤이 많아 '무덤의 도시'라 불린다. 전술한 네페르티티 왕비의 묘도 이곳에 있다. 도굴의 위험성 때문에 더 이상의 피라미드는 필요하지 않았다.

상이집트에 속하는 테베는 아몬신 숭배의 종교 중심지로 성장한 도시다. 나일강 동안은 왕궁과 신전, 관청이 밀집해 있는 데 비해 서안은 고왕국 시대와 신왕국 시대에 조성된 왕묘와 귀족묘가 밀집해 네크로폴리스라 불리기도 한다. 제15 왕조인 힉소스 지배에서 이집트를 해방시킨 것이 테베 출신의 제17 왕조였으므로 제18 왕조 시대에는 매우 번창해 왕국의 수도가 된 것이다.

나일강이 가져다준 안정된 자연환경의 사이클은 당시의 사람들에게 커다란

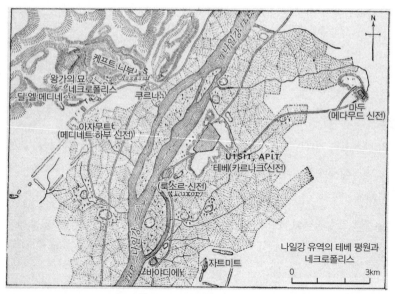

그림 7-8. 테베, 룩소르, 네크로폴리스의 지형도(1903년 제작)

안심감을 안겨주었을 것이다. 부여된 환경에 안주한 이집트인들은 새로운 기술을 배우는 것보다 전통적 삶을 지속하는 쪽이 더 중요하다고 생각했을지도 모르겠다. 우리는 고대 이집트 문명에서 보는 것처럼 현재의 상황에 안주하여 새로운 문물을 받아들이지 않거나 게을리한다면, 아무리 찬란한 문명이라도 쇠퇴할 수밖에 없다는 교훈을 얻을 수 있다. '고인 물은 썩는다'라는 속담이 어울릴까?

신왕국 시대 말기에 접어들면서 외국과의 교류가 많아지기 시작했다. 기원전 1700년 메소포타미아의 유프라테스강 중류 연안에 후르리인들이 세운 미탄니 Mitanni 제국은 말과 전차를 가진 군대를 앞세워 새로운 강국으로 부상했으나, 히타이트의 세력이 강대해지자 이집트에 접근해 파라오들과 정략 결혼으로 우호 관계를 맺어 그들과 대항했다. 이집트의 입장에서는 지중해 동부 연안 지방의 팔레스타인을 제압하려 했지만 정복이 불가능하자 미탄니 왕녀와 결혼해 우

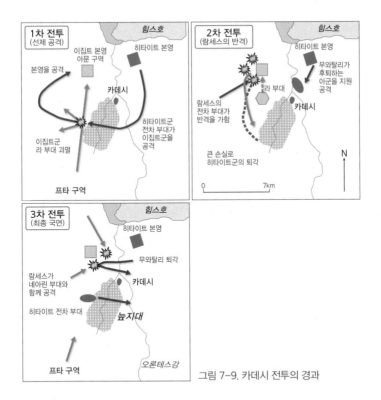

그림 7-9. 카데시 전투의 경과

호 관계를 맺은 것으로 설명될 수 있다. 이를 계기로 이집트는 고립 정책에 종지부를 찍게 되었다.

기원전 13세기 이집트의 람세스 2세 때에는 팔레스타인을 사이에 두고 히타이트와 세력을 다투고 있었다. 마침내 기원전 1274년 람세스 2세는 카데시 전투에 직접 출정해 히타이트 왕 무와탈리Muwatallish 2세와 전투를 벌였다. 전투의 결과에 대해서는 양측의 기록이 달라 아직까지 논란의 대상이지만 히타이트 세력을 팔레스타인에서 몰아내지 못한 것은 확실해 보인다.

개전 초기에는 히타이트의 무와탈리 군대에 선제 공격을 당해 태양신의 이름을 딴 라Ra 부대가 괴멸되었지만, 전열을 가다듬은 람세스의 전차 부대가 반격해 히타이트 군대는 큰 손실을 입고 퇴각했다. 이 전투는 사상 최초로 공식적인 군사 기록을 남긴 전쟁이었다.

제18 왕조의 파라오였던 투탕카멘이 역대 파라오 가운데 가장 유명한 이유는 그의 짧았던 치세에 비해 화려한 부장품을 많이 남겼기 때문이다. 그것들 가운데 무엇보다도 놀라운 것은 투탕카멘왕의 미라와 함께, 칼날이 철로 만들어진 검은 단검과 황금 칼집이 발굴된 것이었다. 고대 이집트에 제철 기술이 도입된 것은 그보다 훨씬 뒤인 제25 왕조가 누비아를 정복하던 전후 시기였는데, 어찌 된 영문일까? 그것은 외계 물질로밖에 설명될 수 없는 것이었다.

투탕카멘의 단검을 연구하던 이탈리아와 이집트 과학자들(Comelli et al., 2016)은 단검의 성분이 이집트 홍해 인근에서 발견된 우주에서 떨어진 운석들과 유사한 성분이라는 믿기 힘든 사실을 밝혀냈다. 그들은 놀랍게도 당시에 운석 속에 철 성분이 포함된 운철隕鐵이란 사실을 알고 있었던 것이다. 그래서 후세 사람들은 이것을 '운철검'이라 불렀다. 그가 죽은 후에도 신왕국 시대는 200년간 더 지속되었으나, 이 시기를 제외하면 이집트 왕국은 쇠퇴의 길로 접어들었다고 볼 수 있다. 팔레스타인을 두고 이집트와 히타이트는 장기간에 걸친 전쟁으로 국력을 소모해야만 했다.

이 시기에 하이집트의 나일 삼각주에 거주하던 셈 어계의 유태인 조상에 속하는 히브리인들이 모세를 따라 시나이 반도로 이동해 버렸다. 이것이 바로《구약 성서》의 출애굽기에 해당하는 사건이다.

기원전 1150년경부터는 이집트 국내에서도 여러 문제가 분출하기 시작했다. 람세스 3세의 통치로 어느 정도 국력이 회복되기는 했으나, 그가 궁궐에서 암살되는 사건이 발생했다. 그 뒤를 이은 후계자들의 치세에는 이집트의 쇠퇴가 가속되어 갔다. 백성들은 굶주리고 노동자들의 저항이 일어났다. 테베에 있던 왕묘는 하나둘씩 도굴되어 파라오의 권위는 실추되고 그 대신 신관과 관료들이 권력을 장악하게 되었다. 제20 왕조의 마지막 파라오였던 람세스 6세는 사실상 명목상의 왕에 지나지 않았다. 고대 이집트 문명은 신왕국 시대가 끝나는 시점

에서 사실상 막을 내렸다고 해도 무방할 것이다. 이집트 문명뿐 아니라 이집트
가 지배했던 영토 역시 상실하게 되었다.

헬레니즘 문명이 꽃핀 알렉산드리아

나일강 하류의 삼각주에 알렉산드리아가 처음 세워진 시기는 정확하지 않지만
대체로 기원전 331년으로 추정된다. 알렉산더 대왕은 자신의 이름을 붙인 도시
를 건설한 것으로 전해진다. 알렉산더 자신은 결국 동방 원정을 떠나야 했기 때
문에 이 도시의 완성을 보지는 못하고 죽었지만 부하인 클레오메네스가 도시를
건설했다.

알렉산더의 부하 중에서 가장 유능했던 프톨레마이오스Ptolemaeos는 대왕이
후계자를 지명하지 못한 채 사망하자 부하 장군들 간에 내분이 일어남에 따라
즉시 알렉산더의 시신을 먼저 확보해 바빌론으로부터 이집트의 알렉산드리아
로 옮겨 이집트에서 권력을 장악했다. 그는 원래 알렉산더 대왕의 소꿉친구였
으며 알렉산더와 함께 아리스토텔레스의 가르침을 받았던 지식인이었다. 프톨
레마이오스는 이집트의 프톨레마이오스 왕조를 창건하고 알렉산드리아를 수
도로 삼았다. 그가 이집트에 수립한 프톨레마이오스 왕조는 300년에 걸쳐 이집
트를 지배했다.

프톨레마이오스 이후에도 알렉산드리아는 헬레니즘 문명을 대표하는 세계
최대의 도시로 성장하면서 경제적·문화적 중심지가 됨에 따라 찬란했던 멤피
스와 테베는 쇠락의 길을 걷게 되었다. 한때 알렉산드리아의 인구는 100만 명
에 달했던 것으로 전해지고 있다. 세계 7대 불가사의 중의 하나인 알렉산드리아
의 등대가 있었는데, 이것은 흔히 '파로스섬의 등대'라고도 불린다.

알렉산드리아에는 고대 세계에서 가장 규모가 큰 도서관인 알렉산드리아 도
서관이 있었던 것으로 유명하며 기하학의 대가 유클리드도 이 도시 출신이다.
이 도서관은 인류 최초의 도서관이자 가장 오래된 학문의 전당으로 많은 사상

세계 7대 불가사의

고대 그리스인이 생각한 세계의 7대 불가사의不可思議는 기적에 가까울 정도로 놀라운 인공 구조물이나 자연 경관을 대상으로 한다. 7이라는 숫자는 고전 시대부터 완전함을 표현하는 숫자로 알려져 왔기 때문에, 7개 대상을 불가사의라 명명했다. 가장 고전적인 세계의 7대 불가사의는 기원전 2세기의 작가인 시돈의 안티파테르Antipater와 그보다 약간 후대의 인물로서 정확히 누구인지는 알려져 있지 않지만 비잔틴의 수학자이며 물리학자 필론Philon이라고 불리는 기원전 2세기의 인물에 의해 정리되었다고 전해지며, 이후 이를 모델로 한 유사한 목록들도 만들어졌다. 일반적인 세계 7대 불가사의 목록은 다음과 같다.

① 기자의 피라미드(기원전 26세기)
② 바빌론의 공중 정원(기원전 6세기)
③ 올림피아의 제우스상(기원전 430년경)
④ 에페소스의 아르테미스 신전(기원전 550년경)
⑤ 할리카르나소스의 마우솔로스 영묘(기원전 353~351년경)
⑥ 로도스의 거상(기원전 292~280년경)
⑦ 파로스섬의 등대(기원전 280년경)

이와 같은 세계 7대 불가사의 목록에는 고대 그리스인들이 생각한 것이기 때문에 동양의 만리장성과 타지마할 등이 누락되어 있다.

가와 작가의 저서 및 학술서가 소장되어 있었다. 제본된 서적 형태의 책이 일반적이지 않았던 당시의 문헌들은 파피루스 두루마리의 형태였고, 장서의 수는 70만 권에 달했으며 세계 각지에서 우수한 학자들이 모여들어 학문을 연구했다. 알렉산드리아 도서관은 책을 모으기 위해 막대한 자금을 투자했는데, 책의 수집 방법 중 전해지는 일화로 프톨레마이오스 왕조 당시 알렉산드리아에 입항했던 모든 선박에 대해 소장할 만한 가치가 있는 책이 있는지 전수 조사에 들어가 만약 가치 있는 책이 발견되면 원본을 도서관이 소유하고 사본을 주인에게 주는 대신에 소정의 보상금을 지급했다고 전해진다.

알렉산드리아는 그리스 속국의 자유 도시로 존재했었지만, 기원전 80년 프톨 레마이오스 10세 때 로마 공화정의 영향하에 들어갔다. 로마의 카이사르는 이 집트 내전에 개입했고 클레오파트라 7세가 옥타비아누스에게 반기를 든 이후 프톨레마이오스 왕조가 멸망하고 아우구스투스 때부터는 로마 제국의 직접 지 배를 받았다.

그림 7-10은 크레오파트라 7세가 파라오 재위시의 대략적인 알렉산드리아 도시 계획을 나타낸 지도인데, 이것을 보면 당시의 화려했던 도시의 모습을 짐 작할 수 있다(Weigall, 1914). 이 도시의 입지는 세심한 고려 끝에 건설되었다. 알렉산드리아는 항구에 실트가 쌓이는 것을 막기 위해 나일강 서쪽에 건설되었 는데, 강에 실려온 퇴적물을 지중해의 해류가 동쪽으로 밀어보내기 때문이었 다. 이 퇴적물은 삼각주에서 시계 반대 방향으로 운반되면서 동지중해의 광대 한 지역을 뒤덮어 직선으로 뻗은 모래 해안선을 만들었다. 그런 이유로 지중해 남동부에는 천연 항구를 찾아볼 수 없는 것이다. 알렉산드리아와 카르타고를 제외한 거대 문명이 발생하지 않은 이유가 바로 그것이다(Dartnell, 2018).

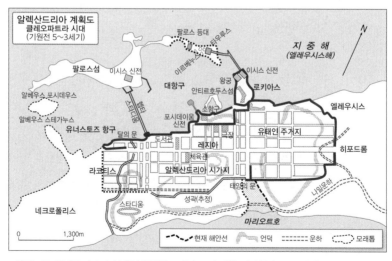

그림 7-10. 클레오파트라 시대의 알렉산드리아 도시 계획도(기원전 5~3세기)

클레오파트라는 프랑스의 지식인이던 파스칼Pascal조차도 그녀의 코가 조금만 낮았어도 역사가 바뀌었다고 할 정도로 후대의 남성들에게 성적인 관점에서만 평가받았다. 그리고 그녀는 생전에도 옥타비아누스로부터 로마를 짓밟는 성적인 그리스 여인 취급을 받은 일이 있다. 하지만 그 이전의 프톨레마이오스 왕조의 왕들과는 달리 클레오파트라가 강대국이던 로마 제국을 이용해 이집트를 보전하려고 시도했고, 그녀의 진짜 모습은 남성들을 유혹하는 요녀가 아니라, 프톨레마이오스 왕조의 파라오들 중 유일하게 고대 이집트어를 사용했으며 고대 이집트 종교의 이름으로 궁전 밖의 세계를 다스려 다시 한 번 이집트 황금기를 열고자 노력한 호걸이라는 평가도 있다.

알렉산드리아는 1세기에는 세계 최대의 디아스포라를 맞아 유대인 철학자 필론Philon(BOX 7.3에서 언급한 비잔틴의 필론과는 다른 인물이다) 등이 활약하며 헬레니즘과 히브리즘 사이의 학문적 교류가 일어났다. 헬레니즘은 의식의 자발성을 근간으로 삼고, 히브리즘은 양심의 엄격함을 근간으로 삼고 있다. 이들 간의 교류는 결국 양심과 이성의 상보적 관계를 말한 것이 된다. 알렉산드리아에서 유대인들은 그리스인들과 함께 유력한 공동체를 형성했으며 《구약 성서》의 가장 중요한 번역본인 셉투아진타septuaginta 역시 바로 알렉산드리아에서 나왔다.

셉투아진타는 라틴어로 70을 의미하는 것으로, 70명이 번역한 성경을 뜻한다. 이는 현존하는 《구약 성서》 번역본 중 가장 오래된 판본 가운데 하나다. 기독교의 중요한 거점이자, 고대 신학神學의 중심지 가운데 하나가 되어 기독교 교리와 신학 연구가 가장 활발하게 이루어졌고, 알렉산드리아를 거점으로 활약한 신학자들을 아울러 '알렉산드리아 학파'라 부른다. 이 학파는 시리아의 수도 안티오크Antioch를 거점으로 하는 안티오키아 학파와 더불어 초기 기독교 연구에 중요한 중심축이 되었다. 초기 기독교의 유명한 아리우스와 그의 반대자 아타나시우스가 이 도시에서 활동했다.

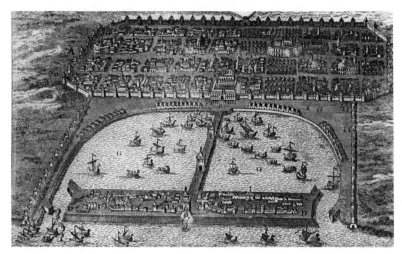

그림 7-11. 고대 알렉산드리아 항만의 상상도

로마 제국의 기독교 공인 이후 로마, 콘스탄티노폴리스, 안티오크, 예루살렘과 더불어 알렉산드리아에는 로마 제국의 총주교좌總主敎座가 설치되었고, 총 다섯 대주교좌의 한 자리를 차지하게 된 것이다. 당시로서는 알렉산드리아가 최고의 항만 도시였을 것이다.

그러나 알렉산드리아는 이른바 '3세기의 위기'라 불리는 로마 제국의 침체기에 무역과 경제가 차츰 쇠퇴해갔고, 이집트의 중심은 점차 나일강 유역으로 옮겨 갔다. 4세기에 이르러 이단에 대한 박해의 광풍이 로마 제국을 휘몰아치자 알렉산드리아의 쇠퇴는 더욱 가속화되었다. 알렉산드리아 도서관이 파괴된 것도 이때였다.

당시 도서관장이었던 에라토스테네스Eratosthenes는 "선량한 인간은 모두 동포다"란 말을 남겼다. 이 말은 알렉산드리아가 얼마나 세계화한 도시였는지 가늠할 수 있는 내용이다. 그는 《지리학》 세 권을 저술했고 최초로 지도상에 경위도를 표시한 지리학자였다. 당시 헬레니즘 세계에서는 이 민족에 대한 거부감이 사라지고 세계 시민주의라 할 수 있는 코스모폴리타니즘cosmopolitanism의

그림 7-12. 파로스 등대와 알렉산드리아 도서관의 상상도

질서가 뿌리를 내리고 있었다. 알렉산드리아는 616년 페르시아 제국의 침입으로 더욱더 쇠퇴했다.

알렉산드리아는 641년 아랍의 공격에 14개월 동안 버텼으나 결국 함락되어 이후에는 아랍 세력의 영향권에 들어갔다. 아랍 시대의 알렉산드리아는 다소 경제적으로 침체되기는 했지만 헬레니즘 시대 이래의 학술 도시로서의 성격은 남아 고대 그리스·로마 문명에 이슬람 문명이 가미된 아라비아 과학의 요람지 가운데 하나가 되었다.

홍해로부터 카이로를 거쳐 알렉산드리아까지 전해진 인도산 향신료를 찾아 베네치아를 비롯한 이탈리아반도의 여러 도시로부터 상인들이 찾아오는 등 지중해 교역의 중요 거점으로서 알렉산드리아는 다시금 번영을 누리게 되었다. 12세기 중엽에는 세계 28개 국가나 지역의 통상 대표가 상주하면서 동서양 교역업무를 담당했다.

알렉산드리아는 16세기 유럽 국가가 대서양을 거쳐 아프리카를 돌아 인도양으로 가는 항로를 개척하게 되면서 이탈리아의 여러 도시들과 함께 쇠퇴하기 시작했다. 그러나 19세기 터키와 영국의 지배하에 알렉산드리아는 재건되었다. 무함마드 알리의 근대화 개혁의 일환으로, 수출 상품으로서 나일 델타에서 면화가 대대적으로 재배되고 그 면화의 교역항이 되어, 국제 무역의 항구 도시로써 알렉산드리아는 세 번째 번영을 맞이했다.

이슬람 제국이 건설한 푸스타트와 카이로

여기부터는 이슬람에 의해 건설된 카이로와 아인 잘루트 전투를 설명하기 위해 잠시 고대 이후의 중세 시대로 확장해 설명하려고 한다. 왜냐하면 카이로의 건설과 아인 잘루트 전투는 중세 퍼타일 크레슨트의 판도를 바꾼 역사적 계기가 되었기 때문이다.

중세에 들어와 이슬람 제국은 641년에 이집트를 점령했다. 그들은 지금의 카이로에 푸스타트Fustat란 도시를 건설했음은 앞에서 이미 설명한 바 있다. 푸스타트는 미스르misr라 불리는 군주둔지軍駐屯地로 건설되었는데, 이 미스르를 보면 이슬람 제국의 점령지에 대한 통치 정책을 엿볼 수 있다. 푸스타트는 '커다란 텐트'란 뜻에서 유래되었다. 일본의 데구치는 《도시의 세계사》에서 푸스타트와 카이로가 건설된 배경에 대해 다음과 같이 설명했다(出口, 2017).

인구가 적은 이슬람 제국의 아랍인들은 병력 소모를 최소화하기 위해 현실적으로 점령지를 통치했다. 그들은 다른 나라를 점령하면 그곳 백성들에게 "세금을 내고 따를 것인가, 아니면 말 것인가?"를 물었다. 이때 점령군은 역대 지배자들보다 세율을 조금 낮춰주었다. 이런 조건을 제시한 후에 다시 "이 세금을 내고 이슬람교로 개종한다면 더할 나위 없겠지만, 개종하지 않더라도 반항만 안 하면 지금의 생활을 보장해 주겠다. 어떤가?"라고 묻는 것이다. 피정복민들은 세금이 싸지니까 나쁘지 않다고 생각했다. 그리고 또 하나의 훌륭한 통치 정책이 있었으니 그것이 바로 미스르를 건설한 것이다. 대체로 타국을 점령한 병사들은 약탈과 폭력을 서슴지 않는 경우가 다반사다. 그래서 아랍인은 병사들이 정복지 주민과 섞이지 않도록 별도의 장소에 도시를 건설한 것이다. 이렇게 만들어진 도시를 미스르라 불렀다. 유프라테스강 하류에 있는 바스라가 역시 미스르였다.

10세기에 들어와 북아프리카의 튀니지를 본거지로 발흥한 파티마 왕조(909
~1171년)는 969년에 이집트를 통치하던 이슬람 튀르크의 이흐시드Ikhshidids
왕조를 무너뜨리고 당시 수도였던 푸스타트를 점령했다. 파티마 왕조는 시아파
최초의 왕조인데, 그전까지 푸스타트를 점령했던 왕조는 수니파였다. 파티마
왕조가 푸스타트를 공격했을 때 선봉에 섰던 장군은 조하르Zohar였다. 그는 시
칠리아에서 출생한 기독교인이었는데, 파티마 왕조가 시칠리아를 정복했을 때
그 휘하에 들어가 이슬람교로 개종한 후 장군의 지위에 올랐다. 그는 푸스타트
를 함락시켰지만 그곳에 군대를 주둔시키지 않고 북동쪽에 새로운 도시를 건설
했는데, 그 도시가 오늘날의 카이로다.

조하르는 그곳을 '승리의 도시'란 뜻의 알카히라al-Qāhirah로 명명했다. 카이
로란 지명은 여기에서 유래했다. 그는 카이로에 대사원을 세우고 관청들을 건
설해 정치 도시에 필요한 기능을 갖추도록 정비했다. 내성內城을 건설할 때에는
멤피스의 피라미드에서 가져온 돌을 이용했다. 파티마 왕조는 973년 튀니지에
서 카이로로 수도를 옮겼다. 그때부터 카이로는 이집트의 정치 중심지, 푸스타
트는 상업의 중심지로서 나란히 번영의 시대를 맞이했다(出口, 2019).

파티마Fatimid 왕조는 나일강의 풍요로움을 충분히 누리면서 그 세력을 시리
아까지 넓혀 갔다. 또한 파티마 왕조의 백성들은 자신들이야말로 이슬람교의
정통파라고 자부했으며 군주도 스스로를 칼리프라 칭했다. 칼리프는 예언자의
대리인이란 뜻이다. 파티마 왕조는 자신들이 이슬람교 학문의 중심지에 있다고
주장하기 위해 알아즈하르 대학을 설립해 이슬람 세계의 학문 중심지로 뿌리를
내렸다.

파티마 왕조는 푸스타트를 상업의 중심지로, 카이로를 정치의 중심지로 삼아
번영을 누렸지만, 12세기에 들어선 후에는 십자군 국가와의 공방에서 고전을
면치 못했다. 결국 1168년 십자군 국가의 대군단이 푸스타트와 카이로를 침공
하는 사태가 발생했다. 파티마 왕조는 이 사태를 극복하기 위해 상업 중심지인

푸스타트를 불태우고 정치 중심지인 카이로에서 버티는 과감한 결단을 내렸다. 말하자면 이 전술은 초토화 작전인 셈이었다. 시리아로부터 쿠르드인 총독 시르쿠Shirkuh가 이끄는 장기 왕조의 대군단이 지원에 나서자 십자군은 싸우지 않고 퇴각했다.

장기Zengid 왕조는 수니파였고 파티마 왕조는 시아파였지만, 시리아와 이집트를 침략하는 십자군은 공통의 적이었다. 시르쿠는 파티마 왕조를 차지할 생각으로 쇠약해진 왕조를 지켜냈다. 그가 급사하자 조카인 살라딘이 재상이 되었고, 파티마 왕조의 칼리프도 병사하자 살라딘이 1171년 아이유브 왕조를 수립했다. 수도는 카이로였다. 그는 장기 왕조 술탄이 사망하자 그 왕조까지 수중에 넣었다. 살라딘은 카이로에 궁전 시타델Citadel을 남기고 사망했다. 푸스타트는 800년이 훌쩍 지난 지금도 당시 모습 그대로 방치되어 있지만, 카이로는 13~14세기에 건축 붐이 절정에 달해 이슬람 세계의 수도로서의 면모를 갖추었다.

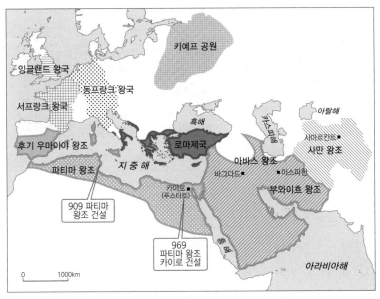

그림 7-13. 12세기의 아바스 왕조와 파티마 왕조

알아즈하르 대학

천년의 역사를 자랑하는 알아즈하르 대학al-Azhar University은 세계에서 가장 오래된 대학으로 이슬람 학문의 중심지로 자리매김했으며, 오늘날에도 카이로에 그 위용을 뽐내고 있다. 이 대학은 대학의 이상理想이라고도 할 수 있는 세 가지 신조를 설립 때부터 지켜왔다.

첫째, 입학은 유동적으로,

둘째, 출결은 자유롭게,

셋째, 수학修學은 제한된 연한이 없게.

이 대학에서 요구하는 것은 이 세 가지뿐이다. 그러니까 "배우고 싶은 것을 이해할 수 있을 때까지 배워라!"라는 것이다. 불과 10세기의 일이었지만 문화적인 측면에서 이슬람 세계가 얼마나 앞서 있었는지를 가늠케 하는 대목이다.

알아즈하르 대학 캠퍼스

이슬람 왕조를 구한 아인 잘루트 전투

아인 잘루트 전투는 몽골군과 이집트의 맘루크Mamluk 왕조가 팔레스타인에서 맞붙은 역사적인 전투였다. 이 전투는 레반트를 무대로 펼쳐졌지만, 이집트와 직접적 관련이 있는 것이므로 여기에서 설명을 하고자 한다.

이집트의 맘루크 왕조는 13~16세기에 걸쳐 이집트와 시리아를 지배하던 터키계 이슬람 왕조다. 인도의 노예부대인 맘루크와 혼동하지 말아야 한다. 전쟁 사학자 챈즈(Tschanz, 2007)에 따르면, 아랍어인 '아인 잘루트Ain Jalut'란 히브리어로 '골리앗의 눈Eye of Goliath' 혹은 '헤롯의 우물Spring of Harod'이라는 뜻에서 유래한 말이다. 9세기 초부터 이슬람권에서는 군사의 대부분을 노예로 구성된 맘루크로 충당했다. 이것은 아바스 왕조 칼리프 알무타심al-Mutasim이 바그다드에서 처음 시행한 이후 곧 이슬람 세계 전체로 확산되었다.

맘루크 왕조의 3대 술탄이 등극할 무렵에 몽골군이 시리아를 침략했다. 몽골군은 칭기즈 칸의 막내아들인 툴루이의 셋째 아들 훌라구가 이끄는 군단이었다. 그는 1258년 바그다드를 함락시키고 시리아로 쳐들어가 풍요로운 이집트를 노렸다. 맘루크 왕조는 몽골군과의 전쟁에 대비해 술탄을 쿠투즈에게 맡겼고, 그는 시리아 사막으로 쫓겨났던 맘루크 군단의 무사 바이바르스를 다시 등용해 키트부카Kitbuqa 장군을 앞세워 몽골군과 대항했다.

맘루크와 몽골군은 1260년 6월 팔레스타인의 아인 잘루트에 진을 쳤다. 맘루

그림 7-14. 홈스 전투에서 승리한 맘루크군의 궁수와 기병의 상상도(14세기 작품)

크의 군대는 몽골군의 전략에 대처하기 위해 특별한 대비책을 준비했다. 그들의 대부분은 튀르크와 북캅카스의 체르케스Cherkess계 종족들로 이집트의 술탄이 콘스탄티노플에서 구입한 용병들이었고, 이들은 나일강의 섬에 위치한 맘루크 사령부에서 훈련되었다. 그들은 스스로 위대한 기병일 뿐만 아니라 몽골의 병력과 무기와 동일한 스텝 지대의 전술에도 친숙했고, 도주하면서 뒤를 향해 활을 쏘는 파르티아 기병의 독특한 전법을 숙지하고 있었다.

그들은 9월 3일 아인 잘루트에서 격돌하기 전 이미 몽골의 선봉대를 가자에서 격퇴한 바 있고 아크레의 십자군도 맘루크군을 도왔는데, 양군의 군대는 합쳐서 약 2만 정도 되었다. 맘루크는 요르단강 서안의 나사렛 근처에서 거짓 퇴각으로 몽골군 기병을 격파했다. 그러나 대부분의 군세가 몽골의 야만적인 공격에 의해 압도되었다. 술탄 쿠투즈Qutuz는 전력의 보존을 위해 근처 계곡에 숨어 있던 기병들과 함께 성공적인 반격을 이끌도록 자신의 군대를 독려했다. 몽골군은 퇴각하기 시작했고, 키트부카는 체포되어 처형당했다. 맘루크의 중무장 기병은 누구도 명확하게 수행하지 못했던 접근전에서 몽골군을 확실하게 제압하는 작전에 성공했다.

아인 잘루트에서의 전투는 폭발하는 대포(아라비아어로 모이드파)가 사용된 최초의 전투 중 하나로 널리 알려져 있다. 이 폭발하는 대포는 몽골의 말과 기병들을 공포에 질리게 하고, 조직적인 몽골군의 부대를 혼란에 빠트리기 위해 사용된 것이다. 아인 잘루트 전투에서 승리한 뒤, 바이바르스Baibars는 알레포의 총독이 되어 자립하려고 시도했지

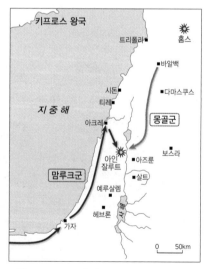

그림 7-15. 1260년 아인 잘루트 전투의 개요

만 술탄 쿠투즈는 이를 거부했다. 이에 바이바르스는 군사령관인 아미르Amir들을 부추겨 카이로로 복귀하는 쿠투즈를 암살한 뒤 자신이 새로운 술탄이 되었다. 바이바르스의 후계자들은 예루살렘 왕국의 남은 땅을 점령하고 1291년 십자군을 쫓아냈다. 맘루크군은 아인 잘루트 전투가 끝난 1299년에 제3차 홈스(와디 알카잔다르) 전투에서 또 몽골군을 격파하고, 몽골군을 시리아에서 완전히 몰아내는 데 성공했다.

왕조 발전의 초석을 다진 바이바르스는 38회나 출병을 했는데, 그중 21회는 십자군을 공격하기 위해서, 9회는 일한국을 건국한 훌라구 울루스의 몽골군을 격퇴하기 위해서였다. 울루스Ulus란 몽골 제국의 각 국가 단위를 뜻한다. 게다가 그는 바그다드를 함락한 훌라구를 견제하기 위해 킵차크한국의 주치Jochi 울루스와 동맹을 맺었다. 이 외교 전략에는 바이바르스의 숨은 뜻이 있었다.

주치 울루스는 몽골계 국가로 칭기즈 칸의 손자인 바투Batu가 세운 나라였다. 주치 울루스는 일한국의 훌라구 울루스와는 혈족 관계임에도 캅카스산맥 일대를 놓고 신경전을 벌이고 있었다. 킵차크 초원 출신인 바이바르스는 이러한 상황을 눈치채고 주치 울루스와 손을 잡은 뒤, 이집트를 노리는 훌라구 울루스를 남북에서 포위하듯 에워싼 것이다. 훌라구는 아인 잘루트의 패전을 설욕하고 싶었지만, 손실된 병력이 상당하고 킵차크한국과의 내전 때문에 충분한 군대를 보낼 수 없었다.

몽골 제국의 대칸大汗 계승을 둘러싼 내전이 끝나가고 쿠빌라이가 대칸이 되자 훌라구는 1262년 영지領地로 돌아와서 맘루크를 공격하기 위해 군대를 모았다. 하지만 그때 훌라구는 베르케Berke가 북쪽에서 내려와 약탈함에 따라 이를 물리치기 위해 북쪽으로 군대를 몰아갈 수밖에 없었다. 훌라구는 베르케를 격파할 목적으로 캅카스를 통해 킵차크한국에 진입했지만 오히려 여러 번 피해를 입었다. 훌라구는 맘루크 쪽으로는 약 2만 명 이상의 병력을 보낼 수 없었고 결국 격퇴되었다. 1265년 훌라구는 죽고 그의 아들이 일한국을 계승했다.

몽골 제국의 5대 칸이며 원나라를 건국한 쿠빌라이는 동생 아리크부카와 내전을 벌여 결국 대칸에 올랐지만 이후 제국의 서쪽에 대한 영향력을 상당 부분 상실했으며, 중세 국가치고는 지나치게 넓어진 몽골 제국은 더 이상 제국의 힘을 결집해 서방으로 대규모 원정군을 보낼 여력이 없어졌다.

아인 잘루트 전투는 무슬림이 몽골 제국군과 정면으로 충돌해 처음으로 이들을 격파한 전투로써 명성이 높다. 그러나 몽골 제국 측의 페르시아어로 기록된 사료에서는 수치스러운 패배여서 그런지 겨우 국지전 취급을 받고 있었다. 몽골의 입장에서는 훌라구의 회군으로 인해 시리아에 남아 있던 일부의 병력만이 참여했기 때문이다. 그러나 1차 고려 원정에 동원된 군대가 도합 3만여 명인 것을 생각해 보면 그 정도 병력으로 치러진 전투는 절대 국지전이 아니다. 서양학자들의 선행 연구에서는 아인 잘루트 전투의 패배로 인해 몽골군이 더 이상 서방정복을 할 수 없다고 알려져 있었다. 그러나 진정한 이유는 동쪽에서 일어난

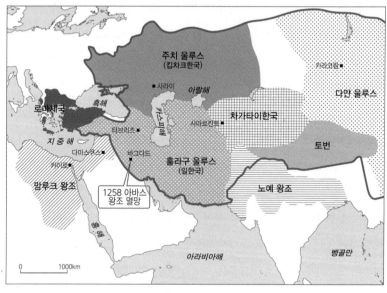

그림 7-16. 맘루크 왕조와 몽골의 각 울루스

몽케 칸의 죽음과 제국의 분열임이 학계의 정설이다. 다만 아인 잘루트에서의 손실이 상당한 치명타가 된 것은 부정할 수 없을 것이다(出口, 2017).

지금까지 설명한 내용은 중세 이집트의 카이로를 설명하기 위한 것이었다. 퍼타일 크레슨트의 고대 문명과 직접적인 관계가 없으므로 더 이상의 설명을 생략하기로 하겠다.

이집트 문명의 유산

고대 이집트 문명만큼 장기간에 걸쳐 존속된 문명은 세계사 어디에서도 찾을 수 없을 만큼 경이적이라 할 수 있다. 이집트는 수차례에 걸친 위기의 순간이 있었지만 그것을 극복해 오랫동안 존속할 수 있었다. 그럼에도 불구하고 왜 그들의 문명이 빠른 단계에서 더 진보하지 못하고 멈췄을까? 이집트는 결국 군사적 측면에서나 경제적 측면에서도 후세에 거의 영향을 미치지 못했다. 이집트의 문명이 국경을 넘어 외부 세계에 뿌리를 내린 적은 없었다.

이집트 문명의 쇠퇴 원인은 고대 세계 전체를 뒤흔든 커다란 역사의 흐름 속에서 생각해야 한다. 그러나 신왕국 시대 말기의 혼란을 보면, 이집트 문명이 처음부터 지니고 있던 약점이 표출된 것에 지나지 않는다는 생각이 든다. 그들은 피라미드와 같은 대형 건축물과 상형 문자를 발명하고 파피루스 종이에 대량으로 문서를 기록하는 찬란한 문명을 일궈냈지만, 그리스인이나 유태인에 필적할 수 있는 철학과 종교적 사상을 갖지 못했던 것이다. 이러한 시각은 비록 오리엔트 문명보다 유럽 문명의 원천이 된 그리스·로마 문명을 높게 평가하려는 의도가 있지만 간과할 수 없는 관점이기도 하다.

이집트 문명이 장기간에 걸쳐 존속할 수 있었던 요인은 지리적 환경 덕분이었다. 이집트의 젖줄인 나일강 양안의 바깥쪽에는 광활한 사막이 펼쳐져 있어서 외부 세계와 철저히 차단되어 있었다. 그런 까닭에 어떤 고대 문명도 이집트 문명에 필적할 만한 적대국이 없었다. 다만 레반트 일대에 세력을 뻗치지 못했을 뿐이다. 그런 까닭에 앞에서 지적한 것처럼 문명을 더 발전시키고 지속할 수 있는 콘텐츠가 채워지지 못했던 것이다.

고대 이집트 문명을 놓고 생각할 경우에 잊지 말아야 할 것은 나일강의 존재다. 그 존재가 너무 컸기 때문에 이집트인들은 나일강에 의존하고 있다는 사실을 깨닫지 못했다. 앞에서도 지적했지만, 이집트 영토는 나일강을 제외하고는 지절률을 높이는 지리적 요소가 없었다. 이에 비해 지절률이 높은 퍼타일 크레슨트의 왕국들은 끊임없는 전란을 겪으면서도 상호 교류로 문명 발달의 기회를 포착할 수 있었다. 그러나 이집트인들은 기원전 3200년경부터 시작된 누비아 문명과의 교류가 있기는 했으나 중심적 문명권으로부터의 접근성이 낮았다. 저위도 지방에 위치한 까닭에 융합 효과가 적었고 그 영향이 미미했으며, 오로지 나일강이 베풀어 주는 은혜에 감사하고 전통적 삶을 지속하면서 사후의 세계를 준비하는 데에만 몰두했을 뿐이었다. 이는 현세를 중시했던 수메르와의 차이였다고 할 수 있다.

나일강의 제1 폭포~제6 폭포 사이에 위치한 누비아Nubia는 고대 이집트어로 '황금의 날'이란 뜻이며, 누비아 방언으로는 '노예'란 의미를 갖는 지명이다. 그들은 햄 어족과 흑인의 혼혈이었던 것으로 추정된다. 오늘날 수단 북부에 위치했던 쿠시Kush 왕국은 이집트처럼 왕을 피라미드에 매장하는 풍습이 전해진 흑인 왕국이었다. 남부 이집트의 누비아 지방에 위치했던 고대 문명은 다른 아프리카 문명들에 비해 이집트 쪽 기록이 어느 정도 남아 있지만, 자체 기록이 전무하다시피 해 알려진 부분이 별로 없다.

미국의 도시 연구가 세넷(Sennett, 1996)이 그의 저서 《살과 돌: 서구 문명에서 육체와 도시》에서 고대 이집트 문명에는 살(인간)과 돌(인프라)뿐만 아니라 그들의 영혼도 포함되어 있었음을 지적한 바 있다. 그러나 그 영혼은 어디까지나 사후 세계에 대한 것이었다. 그들은 한때 북쪽의 레반트까지 세력을 뻗친 적도 있었지만 나일강 유역을 벗어난 외부 세계를 외면했다. 우리는 고대 이집트 역사를 보면서 문명은 교류해야 발달한다는 사실을 재차 확인할 수 있다.

일본의 역사지리학자 사사키(佐佐木, 1985)는 이집트 문명의 구조를 규명한 바 있는데, 그는 이집트인들의 공간 의식 구조에 기초한 문화적 조직이 교류의 장場이라 할 수 있는 나일강 유역의 성스러운 땅에 외적 또는 내적 영향을 받아 형성되었음을 지적한 바 있다. 이집트의 지절을 이루는 요소는 나일강뿐이며, 이질적 요소는 육지와 해양뿐이다.

이집트의 자생 문화는 본래 수렵·유목 문화가 발생한 육지에 기원을 두고 있으며, 해양·농경 문화가 발생한 외래 문화는 해양으로부터 나일강을 거슬러 올라간 북쪽에 기원을 두고 있다. 육지에서 발생한 자생 문화는 1차 집합체를 구성하고, 해양 연안부에서 발생한 외래 문화는 2차 집합체를 구성했는데, 하천 문명과 해양 문명이 융합해 최종적으로 이집트 문명을 형성했다는 것이 사사키의 주장이다. 그러나 전술한 바와 같이 그 융합 효과는 미미했다.

오늘날 이집트는 장구한 세월에 걸쳐 많은 역사적 부침을 거치면서 고대 문명을 발전시켜 왔고, 이슬람 제국으로 바뀌면서는 중세 문명을 꽃피웠다. 이 문명을 탄생시킨 주인공은 나일강 유역에서 살던 이집트인들도 있었고, 외지에서 유입된 외부 세력도 있었다. 이집트 문명에 대한 평가는 이중적인 경우가 많다. 이집트 문명을 높게 평가하는 경우와 그렇지 못한 경우가 교차한다. 이집트가 우리에게 주는 인상 역시 한편에서는 미워할 수밖에 없다고 하는 사람이 있는가 하면, 다른 편에서는 이집트 문명의 매혹에 어쩔 도리 없이 빠져들 수밖에 없다는 사람도 있다.

오늘날 이집트의 관광 산업은 국가경제를 이끄는 강력한 엔진으로, 2010년 한 해에 이집트 방문객 수는 1,470만 명, 매출액은 120억 달러에 달했다. 이는 무려 이집트 경제의 11%, 외화 수입의 20%를 차지하는 비중이다. 그러나 이른바 '아랍의 봄' 이후 이집트의 정치 정세의 불안정으로 2017년에는 방문객 830만 명에 매출액도 55~60억 달러로 급격히 감소해 이집트 경제의 7.6%를 차지하는 데 그쳤다. 이집트 정부는 해외 관광객을 유치하기 위해 고왕국 시대에 건설된 카이로 인근의 기자 피라미드 일대를 개발하는 등의 노력을 기울이고 있다. 그럼에도 불구하고 이집트의 내정과 치안이 불안해 관광객을 유치하는 데 많은 문제점이 노출되고 있다.

지금까지 설명한 바와 같이 고대 문명은 우선 메소포타미아와 이집트에서 막을 내리게 된다. 페니키아인들은 카르타고를 위시한 지중해 연안 지역과 같은 타지로 이주했지만, 전체적으로 퍼타일 크레슨트 문명은 세계 문명사에서 뒤안길로 사라지는 운명에 처하게 되었다. 그렇다고 해서 퍼타일 크레슨트 문명이 완전히 사라진 것은 아니었다. 그 문명은 크레타 문명에 영향을 미치게 되어 그리스 문명의 기초를 이루게 되었으며 포에니 문명을 꽃피워 지중해 문명의 지평을 동쪽에서 서쪽으로 확대했다.

지중해 문명의 여명기를 고대 이집트로부터 페니키아 시대까지의 약 2,000년 동안이라고 한다면, 이 문명의 형성기는 고대 그리스·로마 시대부터 이슬람 제국의 붕괴시기에 이르는 약 2,100년 동안을 가리킨다. 특히 동지중해 문명의 특징은 이집트의 햄 어계와 메소포타미아와 페니키아의 셈 어계를 포함한 에게 해의 인도·유럽 어계의 3대 문명이 융합되었다는 점에서 중요한 의의를 찾을 수 있다. 이집트–페니키아–에게해–그리스–이탈리아반도로 이어지는 지중해 문명은 지절 효과와 앞접시 효과를 극대화함으로써 탄생한 것이었다.

나는 나의 저서 《땅의 문명》에서 문명의 교류를 설명하는 가운데 다양한 외래 문화를 받아들여 융합 문화를 만드는 현상을 위에서 '앞접시 효과'라 부르고 그 효과로 형성된 문화를 '앞접시 문화'라 부른 바 있다. 음식을 먹을 때, 식탁에 차려진 음식 중 자신이 먹고 싶은 것을 골라 개인 접시에 떠먹는 것을 한국에서는 앞접시라 부른다. 바이킹에 의해 시작된 유럽식 식탁 문화인 뷔페buffet는 여러 가지 음식을 차려놓고 손님이 스스로 골라 먹도록 한 것이다. 이러한 식탁 문화는 유럽의 영향으로 한중일 3국 중 중국의 샤오디에즈小碟子와 일본의 우케

자라뜻 (개血에서 볼 수 있는 공통점이다.

내가 주장하는 이른바 '앞접시 문화'는 문화적 편식이라는 취약점이 있지만 자국민의 취향에 따라 선택이 가능하므로 합리적일 뿐 아니라 타협 또는 상식과 상통하는 개념으로 평가될 수 있으며, '앞접시 문화'가 영국적 특징의 기본 중 하나라고 생각한다. 이러한 앞접시 문화의 특징은 역사적으로 볼 때 영국의 브리튼섬은 물론 크레타와 펠로폰네소스, 이탈리아반도, 북아메리카 동안의 뉴잉글랜드, 동아시아의 한반도와 일본 열도 등지에서도 찾아볼 수 있다. 이들 땅들은 각각의 앞접시에 다른 문화를 그들의 식성에 맞게 새로운 문화로 비벼서 섭취한 것이다. 그것은 마치 오늘날 한국인들이 서양으로부터 들여온 햄버거를 불고기 버거나 라이스 버거로 변형시킨 것에 다름 아니다.

제8장

에필로그:
퍼타일 크레슨트 문명의 특징

우리는 지금까지 인류 문명의 요람이었던 퍼타일 크레슨트에 대해 살펴보았다. 문명의 자궁이라 할 수 있는 수메르 문명으로부터 시작된 인류 문명은 메소포타미아의 전 지역으로 확산되었고 이와 동시에 나일강 유역에서는 이집트 문명이 탄생했다. 메소포타미아 문명은 수메르, 바빌로니아, 아시리아, 신바빌로니아의 4개 왕조에 걸쳐 4500년간 지속되었고, 이집트 문명은 2500년간 존재했다. 두 지역 사이에는 레반트에서 생겨난 페니키아 문명과 기독교 문명이 있었다. 이들 문명은 시간의 경과에 따라 헬레니즘 문명으로, 또한 페르시아 문명으로부터 이슬람 문명으로 대체되기도 했다.

우리는 흔히 인류 문명의 기원이 그리스·로마 문명에 뿌리를 둔 유럽 문명이라고 생각하기 십상이다. 그러나 나는 그와 같은 생각이 오류임을 이 책의 곳곳에서 지적한 바 있다. 수메르인들은 죽을 힘을 다해 관개 기술을 발전시켜 최초로 인류 거주 불가능 지역Unökumene인 사막과 소택지를 인류 거주 가능 지역Ökumene으로 탈바꿈시켰다. 퍼타일 크레슨트 문명이 '하천형 문명'이라면, 그리스·로마 문명은 '해양형 문명'이라 할 수 있다. 그러나 이 책에서 알 수 있는 것처럼 그들 문명의 유전자는 퍼타일 크레슨트에서 찾아야 한다. 퍼타일 크레슨트 문명에 포함된 페니키아 문명은 다분히 해양형 문명이었던 것이다.

문명을 해석하고 이해하는 관점은 다양할 수 있다. 철학자이며 역사학자인 벌린은 사물을 보는 두 가지 관점을 고슴도치와 여우에 비유한 바 있다(Berlin, 1953). 그는 사상가를 두 가지 유형으로 구분했는데, 하나의 렌즈를 통해 세상을 보는 '고슴도치형'과 단일한 관념으로 축약하지 않으면서도 다양한 많은 경험에 의존하는 '여우형'이 그것이다. 전형적인 고슴도치형에는 플라톤, 헤겔, 브로델 등이 있고, 전형적인 여우형은 아리스토텔레스, 헤로도토스 등이 있다.

우리는 문명을 이해할 때 이들 두 유형의 관점을 고려할 필요가 있을 것이다. 왜냐하면 문명 연구의 접근법은 항상 변하기 때문이다. 역사학자 카(Carr, 1961)는 "역사는 항상 움직이는 과정에 있으며 역사가는 그 과정에서 움직인다"라고 갈파했다. 그러므로 우리는 문명사를 연구하기 위해서는 부단히 새로운 모색을 게을리하지 말아야 한다(차하순, 2019). 지리학자 머피는 급변하는 세계에서 여전히 지리학의 중요성을 강조하며 문명 간의 관계를 둘러싼 복잡한 사안들을 설명하기 위해 다양한 관점에 주의를 기울일 필요가 있다고 주장하면서, 장소가 중요한 이유와 지도화에 대해 강조한 바 있다(Murphy, 2018). 이 책에서도 문명이 탄생되는 장소(땅)에 관한 설명과 지도화 작업을 통한 문명 간 교류에 대해 설명한 이유가 바로 머피의 주장과 괘를 같이 하는 것이다.

그럼에도 불구하고 지리학자 헌팅턴은 오늘날 문명의 수준과 기후적 상태를 비교하며 양자 간에 현저한 비례적 유사성이 존재하고 있음을 인정해야 한다고 주장했다(Huntington, 1915). 그는 현대 문명뿐만 아니라 고대 문명 역시 마찬가지일 것이라는 주장을 폈다. 고도로 발달한 문명권은 원래 외부로 세력을 뻗어나가는 중심지인데, 오늘날에는 고대 문명의 중심지 가운데 지구 면적의 2%에 불과한 서부 및 중앙유럽이 여전히 문명권의 중심지로 남아 있다는 것이다.

고대 메소포타미아에서 번영을 누렸던 것은 문명의 중심과 야만의 중간에서 발흥한 바빌론, 아시리아, 페르시아 등이었다. 그 후, 문명의 중심은 그리스, 마케도니아, 로마 제국으로, 또 피렌체, 파리, 런던 등의 도시처럼 선대 문명의 중심과 야만의 경계에서 차례로 이동했다. 우리가 서양인의 정신세계의 근원이 동양의 메소포타미아 혹은 퍼타일 크레슨트에 있다는 사실을 반복해 주장하는 이유가 바로 여기에 있다.

중세와 현대에도 존속하고 있는 문명의 중심지 중 가장 중요한 곳은 메소포타미아 평원이다. 이 땅에는 수메르인과 아카드인이 설형 문자를 발명하고 도시를 건설하며 거대한 관개 시설을 만들고 소택지에 배수로를 만들며 복잡한 종교와 법률 제도의 기초를 닦는 업적을 남겼다. 그들은 오늘날 근대 문명의 특징에서 볼 수 있는 것과 같은 독창적 사상을 정립해 실행에 옮긴 역동성을 보여주었다. 그들이 어디에서 유입된 종족인지 불명하지만 수메르에 들어와 여러 종족이 섞이면서 새로운 문명을 계발해 탄생시킨 것은 인류 역사상 가장 특유한 사건이었다.

뒤를 이어 연속적으로 수메르로 유입된 종족들은 기존의 문명으로부터 독창적 사업을 이룩해 새로운 사상을 창출해냈다. 바빌로니아로 유입된 종족들도 그러했다. 그들은 문화 수준을 한층 더 높여 주류세력이 셈 어족, 스키타이인, 메디아인 등으로 바뀌는 와중에도 위대한 사업을 전개했다. 페르시아에 정복된 후에도 선행 문명의 수준을 향상시키는 자극적 과정이 쉼 없이 지속되었다. 메소포타미아 문명 중에서 가장 중요한 사실은 그 땅에 침입한 종족이 새로운 땅으로 유입되면서 일약 문명화가 가능해졌다는 것이다. 이는 그들이 특별한 능력을 가졌기 때문일까, 아니면 침입한 땅에 자극을 받은 때문일까? 만약 그들이 문명을 이룩한 이유가 수메르 땅에 자극을 받은 때문이라면 그 자극의 무엇이 고도의 문명을 만들어냈을까?

지리학자 헌팅턴은 그에 대한 답변으로 새로운 땅에 유입된 침입자들이 새로운 환경에서 풍부한 기회를 포착해 직접 육체적 활동력이 증가된 것에 따른 현상이었다고 설명했다. 침입자들이 받은 자극은 기존의 주민이 이룩한 업적에 마주하여 메소포타미아의 농업적 발전 가능성에 그들의 능력을 첨가하게 만들었다. 여기에는 메소포타미아 지방의 기후적 자극이 작용했다는 것이 헌팅턴이 제시한 가설이다(Huntington, 1915). 그가 말하는 기후적 자극이란 정신적 에너지와 육체적 에너지를 말한다. 그럼에도 불구하고 우리는 여전히 헌팅턴의 가설에 동의할 수 없다.

일반적으로 국가는 성장기를 거쳐 번영기를 맞이하게 되며, 번영기에 도달한 국가는 시간의 경과에 따라 절정기를 거쳐 쇠퇴하기 시작해 노화기에 이르러 결국 멸망기에 직면해 사멸하게 된다. 일련의 태동기→성장기→번영기→절정기→노화기→멸망기로 이어지는 과정 가운데 노화기와 멸망기를 극복하려면 성장기 후기부터 번영기 초기의 단계에서 새로운 세대가 주도하는 혁신적 정치 구조와 사회 체제를 정비하여 적절한 시기에 세대교체가 이루어지지 않으면 안 된다. 그래야만 선진 문명의 강점을 점진적으로 흡수하려는 노력이 시도되며 끊임없는 야성의 역동성을 생성시킬 수 있는 것이다. 신라와 동로마는 1,000년간 지속될 수 있었지만, 멸망한 국가의 경우는 대부분 그런 노력을 게을리한 경우가 많았다.

일제 강점기 한용운은 우리 민족에게 "각성하라!"라는 화두를 던지면서 만고에 어떤 나라든 자멸하는 것이지 남이 망하게 할 수는 없다면서, 망국의 한을 품고 분노만 하면 민족의 미래가 없다고 일갈했다. 이는 위에서 지적한 멸망기에 대처하지 못한 한민족의 어리석음을 통탄한 뜻이리라. 수메르인과 미케네인들은 난민이 되어 어디론가 사라져 버렸고 유럽인들이 두려워했던 훈족 역시 자취를 감췄다. 아직도 메디아 왕국의 후손들인 쿠르드인들은 나라 없이 이곳저곳을 떠돌고 있다.

문명의 요람이었던 퍼타일 크레슨트에서는 여러 왕국과 제국이 명멸했다. 한 제국이 일어나려면 다른 제국이 쓰러져야만 했다. 어떤 왕국은 장수했고 또 어떤 왕국은 단명했다. 알렉산더 대왕의 마케도니아 왕국처럼 단명한 왕국이라 하여 반드시 그 영향력이 작았던 것은 아니었다. 이와는 반대로 장수한 왕국이라 하더라도 그 파급력이 크지 않았던 경우도 있었다. 또한 영토규모가 페니키아처럼 작아도 해양 국가로서 새로운 역사의 지평을 연 왕국도 있었다. 역사의 울림에서 차이가 있었던 것이다. 퍼타일 크레슨트의 복잡한 문명 간의 관계를 요약해 스키마schema로 제시한 것이 그림 8-1이다.

오래 지속된 왕국과 제국들은 대체로 나름대로의 장수한 이유가 있었다. 인간은 뜻이 같아야 오랫동안 함께할 수 있다. 사랑과 우정도 뜻이 같아야 오래 지속되는 법이다. 백성들의 생각하는 바가 같으면 뜻을 모아 이룩하는 바가 많았다. 백성들의 생각을 읽고 뜻을 모은 왕은 훌륭한 업적을 낳았으며, 아울러 언어와 풍습이 다른 이 민족을 포용한 왕은 새로운 문명을 창출할 수 있었다. 그것이

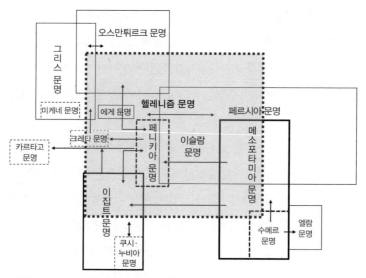

그림 8-1. 퍼타일 크레슨트 문명 간의 교류

바로 포용 정책이었다.

비잔틴 문명에는 그리스와 로마 문명, 오리엔트 문명이 공존했던 것처럼, 오리엔트의 퍼타일 크레슨트 문명 속에는 문명의 복합체라 할 수 있는 다양성이 포함되어 있었다. 그들이 만들어 낸 문명은 인류의 DNA가 되어 물질문명뿐 아니라 정신문명 속에 녹아들었다.

퍼타일 크레슨트 문명의 복합체는 메소포타미아를 중심으로 한 하천형 농업 문명과 이집트의 하천형 석조 문명만 존재했던 것이 아니라 아나톨리아를 중심으로 한 고원형 융합 문명과 레반트의 페니키아를 중심으로 한 해양형 교역 문명이 있었다. 이들 문명은 각각의 특징도 있었지만, 문명 간 교류로 융합적 특징이 다분했다.

문명의 탄생은 다양한 변화를 일으켰는데, 무엇보다 가장 먼저 알아두어야할 것은 문화의 다양화에 있다. 이는 고대 문명 가운데 가장 확실한 현상이었으나 간과하기 일쑤다. 문명의 탄생과 더불어 건축, 의복, 기술, 행동 양식, 사회 구조, 사상 등의 다양한 분야에서 지역의 고유성이 나타나기 시작했다. 사실 이런 경향은 선사 시대부터 이미 시작되었지만, 문명의 탄생으로 한층 더 확대된 것이다. 선사 시대에 다양화를 촉진한 것은 땅의 생김새인 지절에 따른 것이었고, 그 후부터는 각 문명이 지닌 창의력이 새로운 다양성을 창출하는 원동력이 되었다.

또한 우리가 간과해서는 안 될 점은 이들 문명의 땅을 이용하는 태도다. 아나톨리아의 고원형 융합 문명은 '땅 적응자'였고 메소포타미아의 하천형 농업 문명은 '땅 창조자'였는 데 비해, 이집트의 하천형 석조 문명은 '땅 기생자'였으며, 레반트 페니키아의 해양형 교역 문명은 '땅 초월자'였다고 명명할 수 있을 것이다. 바로 이 점이 퍼타일 크레슨트 문명의 특징이었다고 볼 수 있다. 문명은 모든 문화와 마찬가지로 인위적 또는 인공적인 것이며, 집단생활의 의식이 인간의 의식 속에서 차츰 확대해 감에 따라 물질적이며 정신적인 복잡한 도구들을 만든 행위의 결과인 것이다.

수메르 동쪽에 위치한 엘람 및 페르시아도 오늘날의 이라크와 이란의 차이처럼 평야의 저지대와 산악의 고원 지대라는 극단적 지리적 차이를 보이며 고원형 융합 문명을 형성했다. 또한 아나톨리아고원의 '땅 적응자'는 나일강 유역의

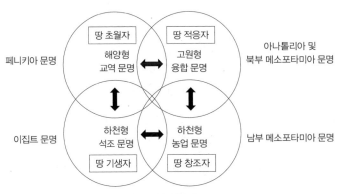

그림 8-2. 퍼타일 크레슨트 문명의 융합적 특징

'땅 기생자' 간에 '땅 초월자'인 페니키아를 놓고 충돌하기도 했다. 이 차이가 퍼타일 크레슨트 지대의 문명과 역사적 발자취를 설명해 주는 열쇠가 된다.

구체적으로 메소포타미아(이라크)는 도시 생활에 불가결한 원료 물자가 빈약하기 때문에 정치 체제를 경제적 필요에 맞출 필요가 있었는 데 비해, 페르시아(이란)는 산악 지대의 목초와 풍부한 광산 자원이 있었기 때문에 소규모 취락을 더 확대해 대규모 집단을 형성해야 할 자극이 결여되어 있었다. 따라서 건축술의 진보란 측면에서는 도시가 발달된 메소포타미아가 앞서게 되고 문자 사용의 측면에서도 역시 더 빨리 보급되는 결과를 보인 것이다. 고원 지대의 이란(페르시아)이 평야 지대의 메소포타미아처럼 복잡하고 다양한 정치 체제를 갖춰 분발하기 시작한 것은 기원전 6세기의 아케메네스 왕조가 성립될 때까지 기다려야만 했다.

현대인들은 오리엔트 문명의 오랜 전통이 페르시아군이 기원전 490년과 480년에 벌어진 마라톤 전투와 살라미스 해전에서 그리스군에게 패함으로서 서양으로 넘어가게 된 사실을 간과하거나 잊어버리는 경우가 많다. 그리스 문명에 영향을 준 오리엔트 문명, 즉 수메르 문명을 위시한 메소포타미아 문명과 이집트 문명을 과소평가하는 경향이 있는 것이다. 그러나 메소포타미아 문명은 창의적으로 개발되고 능동적으로 발전시킨 인류 문명의 위대한 유산이다.

19세기말 이탈리아의 경제학자이며 사회학자였던 파레토는 '20 대 80 법칙'으로 불리는 '파레토의 법칙Pareto's law'을 알아냈다. 전체 결과의 80%가 전체 원인의 20%에서 일어나는 현상을 일컫는다. 문명의 경우도 야만이 주도했다는 점에서 이와 마찬가지였다. 악조건하에서도 문명이 부단히 지속적으로 발전한 것은 20%가 정신문명이었기에 가능했다고 봐야 한다. 그리하여 주류를 이루는 문명이 대세가 되었고, 그것이 역사를 주도한 것이다.

우리는 고대 그리스·로마 문명을 만나면 가슴이 두근거리듯 메소포타미아 문명과 이집트 문명을 위시해 페니키아 문명, 페르시아 문명, 기독교 문명, 이슬람 문명 등의 오리엔트 문명을 만나면 가슴이 뛰어야 한다. 아울러 이들 문명이 얼마나 위대한 것이었는지 생각해 봐야 한다. 특히 1,400여 년간 이어온 이슬람교는 여러 편견으로 폭력과 타락의 종교로 폄하되었고, 중세를 풍미한 이슬람 문명의 역사적 기여는 외면당하기 일쑤였다. 이는 이슬람 문명 본연에 대한 이해 부족이나 왜곡에서 비롯되었다. 이슬람 문명에 대한 여러 오해 중 가장 심각한 점은 이슬람 문명과 이슬람교를 동일시하는 것이다. 다른 문명이 그렇듯, 이슬람 문명도 신앙체계만이 아니라 정치, 경제, 생활 문화, 학문, 예술, 사회 운동 등 사회생활의 모든 영역을 포괄하는 합일된 생활 양식으로서의 문명이다(정수일, 2002).

"나는 생각한다. 그러므로 나는 존재한다"라는 말은 라틴어로 '코기토 에르고 숨*Cogito, ergo sum*'이라 표현하는 유명한 명제로, 이것은 데카르트(Descartes, 1637)가 방법론적 회의懷疑 끝에 도달한 철학의 출발점이 되는 핵심적 내용이다. 이 명제는 정신문명을 물질문명보다 더 확실한 것으로 간주하는 의미를 내포하고 있다.

인간이 사물을 다룰 때에는 두 가지 도구를 사용한다. 즉 물리적 도구와 심리적 도구가 그것이다. 물리적 도구란 목재, 뼈, 돌, 금속 등이며, 심리적 도구란 도구를 사용하는 방법과 기술로 형성화되는 것을 뜻한다. 이 두 가지 사이에는 아무런 차이가 없다. 인간이 무거운 물체를 움직이기 위해 고안한 계획은 지렛대였다. 심리적 도구는 지적인 것과 정신적인 것으로 나눌 수 있다. 구체적으로 지적 도구는 방법에 관련된 것으로 과학으로 연결된다. 그리고 정신적 도구는 신화와 종교에서 비롯된다. 지금까지 인류는 미개를 문명으로 발전시키기 위해 —황무지를 농경지로 전환하는 일—세 가지 도구, 즉 물리적 도구, 지적 도구, 정신적 도구를 사용해 왔다. 신석기 시대의 인간은 나무를 베기 위해 사용했던 도끼가 유일한 물리적 도구였고, 지적인 도구가 인간으로 하여금 가장 효과적으로 도끼를 휘두를 수 있는 방안을 고안해냈다. 즉 나무를 간단히 베어내기 위한 방안을 생각한 것이다. 그것이 바로 정신적 도구였다.

　신석기 시대에 들어와 인간이 해결해야 할 최초의 문제는 나무를 베어 농경지를 만드는 것이었는데, 시간이 경과하자 인간은 훌륭한 돌도끼를 만들어 냈다. 역시 필요는 창조의 어머니였던 것이다. 도끼의 형태는 변함이 없었다. 다만 사용된 재료가 돌→청동→철→강철의 순으로 변한 것뿐이다. 그러나 도구의 손잡이인 자루는 여전히 목재를 사용하고 있다.

　우리나라에서는 각종 도구의 손잡이로 박달나무를 주로 사용했다. 과거에는 각종 병기를 비롯해 군졸들의 육모 방망이, 수레바퀴 살, 절구 공이, 홍두깨 등은 모두 박달나무로 만들었다. 그 이유는 온대 지방에서는 박달나무가 가장 단단한 나무이기 때문이다. 그리하여 한민족은 그 나무에 대한 고마움으로 '박달'이란 명칭을 부여했다. 박달은 과거 붉 돌로 표기되었는데, '붉'은 광명 혹은 태양이란 뜻이고 '돌'은 땅 혹은 국토란 의미를 지닌다. 따라서 박달은 신성한 땅을 뜻하며, 오늘날에는 이를 배달倍達로 한자화해 우리 민족을 배달의 민족이라 칭하게 되었다. 우리 민족은 '박달'이란 영예로운 명칭을 고마운 나무뿐만 아니라 가까운 지름길이 되어준 고개에도 박달재란 지명을 부여했다. 이러한 사례는 물질과 정신의 결합이란 점에서 큰 의미를 갖는다. 독자들은 이처럼 인간이 물질문명과 더불어 정신문명을 창출하게 되었다는 사실을 기억할 필요가 있다.

　도끼만이 아니라 낫 역시 마찬가지였다. 인간은 낫의 곡선 반경을 어떻게 만들어야 효율적인지에 대해 생각했다. 그것은 풀이 팔의 움직임에 따라 낫의 날에 배어지도록 고안하는 일이었다. 이처럼 도구의 형태적 영속성은 오늘날까지 이어져 내려왔다. 도끼와 낫과 마찬가지로 삽과 망치도 예전 것과 별 차이가 없다. 인간의 행위가 다양해짐에 따라 각종 형태의 도구가 발명되었다. 일의 종류에 따라 도구의 형태가 결정된 것이다.

　문명에 영향을 미친 것은 도구뿐만이 아니었다. 전쟁에 필요한 무기 역시 청동제 무기가 철제 무기로 진화했다. 역설적으로 들리겠지만 전쟁사戰爭史는 문명사와 깊은 관련이 있다. 미국 자연사 박물관의 디베일은 600개 이상의 원시 집단들에게 실시한 설문조사에서 15세 이하의 미성년층에 해당하는 인구 중에서 남자가 수적으로 월등히 많은 현상이 일관성 있게 나타나는 사실을 조사했다(Divale, 1972). 소년 대 소녀의 평균 비율은 150:100이었다. 이 현상은 순환적으로 일어나는 부족 간의 격렬한 전투를 치르기 위해 남자아이의 양육에 힘을 쏟은 결과였다. 그리하여 남아 선호 사상이 생겨났다. 왜냐하면 성인 남자가 많을수록 무기를 들고 전투에 참가하는 병력이 확보되어야 외부로부터의 침입에 저항해 그들의 영토를 지킬 수 있기 때문이다. 적의 침입에 대항하기 위해서는 병력도 중요하지만 무기의 성능 역시 중요한 요소였다. 이러한 현상은 뉴기니아의 쳄바가Tsembaga족에서 확인되었다(Harris, 1975). 무기의 발달은 전쟁 피해를 더욱 커지게 만들었으며, 인간은 살상에 대해 무감각해지게 되었다. 역설적이게도 우리는 이제 묻지 않을 수가 없다. 이것은 문명인가, 반문명인가?

문명의 중심이 어느 땅으로 옮겨가는가에 대한 관심도 흥미롭지만, 인류는 모두 문명의 혜택을 받으며 자유롭게 살아야 한다. 그러나 물질문명은 인간의 터전인 지구 환경을 이롭게 하는 경우보다 오염시키는 경우가 더 많다. 문명이 발달될수록 환경 문제가 대두되는 이유다.

지리학자 다이아몬드(Diamond, 2005)는 저서 《문명의 붕괴》에서 세계화로 인해 과거 남태평양의 이스터섬이나 빙하로 덮인 노르웨이령 그린란드처럼, 홀로 붕괴되는 것이 아니라 공멸할 수 있다는 점에서 경각심을 일깨우고 있다. 지구의 허파로 알려진 아마존 밀림의 벌채 역시 예외는 아니다. 오늘날의 지리적 공간은 과거와 달리 의미가 약해졌으므로 한 사회가 혼란에 빠지면 다른 사회에도 영향을 미쳐 곤란을 겪게 된다는 사실이다. 최근 전 세계를 공포에 몰아넣었던 중국 우한 발생의 신종 코로나바이러스와 같은 전염병 사례 역시 마찬가지다. 인류 문명의 위기는 환경 파괴에서 올 것인가, 아니면 변종 바이러스에 의해 종말을 맞이할 것인가? 그것이 아니라면 이들 문제의 극복으로 새로운 문명을 창출할 것인가?

고대와 달리 오늘날에는 땅의 지절이 문명 창출에 미치는 영향력이 고도로 발달한 기계 문명과 인간의 이동력과 정보력에 의해 미약해졌지만, 그 땅에 남아 있는 물질문명은 비록 화석화되었더라도 정신문명이 되살아날 가능성은 남아 있을 것이다. 지절의 영향력이 미약해졌다기보다는 지절의 개념이 바뀐 것으로 이해하는 편이 옳을는지도 모르겠다. 문명의 교류는 문자의 발명 이후 종이의 발명과 인쇄술의 발달로 또 다른 빅뱅을 일으켰으며 디지털 기술의 발달은 지절의 개념을 바꿔 놓고 있다.

문명의 발달은 물질문명, 정확하게는 영혼이 없는 기계 문명에 의해 촉진되지만 정신문명을 수반한다. 그러나 정신문명은 물질문명에 우선한다. 다만, 제도에서 문명 소생 및 발달의 실마리를 찾아야 하며, 무엇보다 자기 혁신이 필요하다. 중국 은나라 시조 탕왕은 "苟日新 日日新 又日新(구일신 일일신 우일신)"이라는 고사성어를 세숫대야에 새겨놓고 매일 세수할 때마다 새로워질 것을 스스로 다짐했다. 수메르의 영웅 길가메시는 죽음을 두려워했고, 카르타고의 영웅 한니발은 비참하게 죽었으며, 훈 제국과 마케도니아의 영웅 아틸라와 알렉산더는 허무하게 세상을 떠났다. 또 몽골 제국의 영웅이었던 칭기즈 칸의 최후도 예외는 아니었다.

물질문명은 물론 정신문명을 수반하지 못한 왕국과 제국은 인류의 문명사에 족적을 남기지 못해 잊혀졌다. 우리는 장기간 지속되었던 이집트 문명과 단기간 명멸했던 아라비아 펠릭스의 영혼 없는 문명에서 확인한 바 있다. 문명은 야만과 미개의 단계를 거쳐 성립된 것이라면 인류의 보편적 가치를 포함해야 한다. 물질문명이 인류를 편하게 만들었다면, 정신문명은 인류를 자유롭고 행복하게 해 주어야 한다. 그래서 인류는 많은 과학 문명을 발달시켰고 각종 제도를 보완해 나아가고 있다. 그럼에도 불구하고 인류의 역사를 더듬어 볼 때 문명은 고대에서 현대까지 야만과 동행하는 경우가 많았다.

문명 역시 마찬가지 이치여서 고대 이집트 왕국이 쇠퇴한 것처럼 새로워지지 않으면 소멸하기 십상이다. 새로워진다는 것은 사람만을 뜻하는 것이 아니라 각종 제도와 문물이 새로워져야 함을 포함하는 말이다. 가보지 않은 길을 가는 것과 해 보지 못한 일을 하는 것에는 고통이 따를 것이다.

문명을 창출하여 재차 문명국으로 거듭나기 위해서는 구성원의 창조력을 고양시키면서 정치 권력을 한층 고르게 분배해야 하고, 시민과 땅(국토)에 대한 정부의 책임과 의무가 강조되어야 하며, 일반 대중이 경제적 기회와 자연의 향유를 균등하게 누릴 수 있는 사회를 만들어야 한다. 이러한 사회를 실현하기 위해서는 지도자를 잘 선택할 수 있는 기회가 부여되어야 할 것이다. 그것을 게을리 한 청나라와 조선 왕조는 이집트 왕국처럼 멸망할 수밖에 없었다. 문명이 인류를 행복하게 만들기 위해서는 양적 크기가 아니라 질적 내용에 달려 있다. 또한 문명의 발전 방향도 매우 중요하다.

야훼는 다윗 왕조가 결코 멸망치 않게 하겠다고 약속했지만, 다윗 왕국은 실제로는 다윗이 사망한 후 얼마 되지 않아 흔들리기 시작해 기원전 586년 바빌로니아의 침략으로 예루살렘은 함락되고 말았다. 기독교의 관점에서는 그 원인을 유태인들이 야훼와의 약속을 지키지 않았기 때문이라고 설명하지만, 지리적으로 가나안 땅은 아시아, 유럽, 아프리카의 제국들의 야욕이 교차하는 전략적 요충지였기 때문에 온존할 수 없었다. 구체적으로 아시리아, 바빌로니아, 이집트, 페르시아, 그리스, 로마, 오스만 등이 가나안의 이스라엘을 유린한 것은 지리적 관점에서도 해석할 필요가 있을 것이다.

어느 지식인은 난세에는 진실에 기대어 목숨을 걸고 투쟁하며 인류 역사의 등불이 된 인물들이 잘 부각되고 평가되지만, 평화로운 세상처럼 보이는 평시에는 숨어 있는 인재들이 발을 붙일 공간이 줄어들고 있음을 우려했다. 물질문명이 정신문명을 앞질러 물질로 모든 것을 재단하는 천민 자본가들이 득세하는 세상에서 양심과 정의는 퇴물 취급받기가 쉬운 것이다. 우리는 이미 이러한 물질문명의 득세를 보고 있다. 정신문명과 물질문명이 균형 잡히게 같이 발전하는 모습이 부족한 것이 현실이다.

인간은 완전한 신도 아니고 완전한 동물도 아닌 중간자적인 존재로써 이 세상의 모든 진리에 대한 불완전한 인식의 체계로 살아가고 있다. 동물적 야심에만 기댄 숨겨진 인물이 이 세상을 지배하게 된다면, 양심과 정의의 소리는 줄어들고 약육강식의 논리가 범람하면서 인류의 문명 패러다임은 선善의 가치를 추구하는 양심의 영역이 더 축소될 것이다. 탐욕적인 본능만이 지배하게 되는 암담한 인류의 미래가 도래하는 현실을 우리는 그냥 방치하고 갈 수는 없는 것이다. 인류가 끝까지 지켜야 할 가치는 과연 무엇일까?

메소포타미아에서 잉여 식량이 산출되었을 때 당시의 인간들은 세 가지 판단을 해야만 했다. 첫째는 식량을 어떻게 증산할 수 있는가? 둘째는 잉여 식량을 어떻게 분배할 것인가? 셋째는 이러한 문제를 누가 어떻게 결정할 것인가? 이런 문제에 봉착하여 의견이 엇갈렸다. 이때부터 인류 사회에서는 보수와 진보가 생겨났다. 진보적 계층은 평등을 주장했고, 보수적 계층은 자유를 선택했다. 평등이란 이념은 좋지만 땅의 지절을 무시하거나 개개인의 역량이 발현되지 못한다는 단점이 있는 데 비해, 자유란 이념은 불행히도 불평등이란 부작용이 발생하기 마련이다. 자유와 평등은 서로 갈등적 이념이지만 동전의 양면과 같다. 그럼에도 불구하고 인류는 자유와 평등을 모두 가지려 했다. 평등이 행복의 덧셈이라면 자유는 곱셈에 해당한다. 물질문명과 정신문명 간의 관계 역시 이와 마찬가지일 것이다.

기원전 463년경에 고타마 싯다르타悉達多喬達摩가 힌두스탄 평원과 히말라야산맥 사이에 위치한 룸비니Lumbini라는 동산에서 태어났다. 석가모니라 불리는 그는 판단 중지判斷中止를 가르침으로 삼았다. 즉 모든 사물은 사람에 따라 다르게 보이므로 일률적으로 어떠하다고 판단할 수 없으며 따라서 일체의 판단을 중지해야 한다는 교시였다. '판단 중지'의 사상적 기반은 습윤한 삼림 지대에서 찾을 수 있지만, 그 사상의 시간적 연장선상에서 후에 닥친 건조화를 생각하면 일견 모순으로 보일 수 있다. 그러나 그것은 공간적 연장선상에서 건조 지대로부터 습윤 지대로 옮아가는 지역이었으므로 장소적 점이 지대인 동시에 시간적 점이 지대였다고 생각하면 될 것이다. 문명과 마찬가지로 사상 역시 그러한 장소와 시기에 탄생하는 것이므로 문명은 지리적 환경과 역사의 영향을 받으면서 창출되는 것이라 할 수 있다.

부처는 형이상학적 문제에 대한 해답을 거부했다. 여기서 흥미로운 점은 부처의 출현은 여러 차례 있었지만, 유대교와 기독교에서는 메시아의 출현이 단 한 번에 그쳤다는 것이다. 바로 그것이 윤회적 사상과 직선적 사상의 차이라는 것인데, 이는 두 종교의 지리적 환경의 차이에서 비롯된 것이라 생각할 수 있다. 일본의 지리학자 스즈키(鈴木, 1988)는 저서《초월자와 풍토》에서 삼림적 논리와 사막적 논리는 구조가 다르다는 사실을 지적했다. 즉 삼림 환경에서는 앞에서 설명한 것처럼 판단 중지가 가능하지만, 사막 환경에서는 가야 할 길을 누군가로부터 계시를 받아야 한다. 단순한 사막에서는 신뢰할 만한 절대자가 나타나 계시, 즉 인간이 주체가 되는 레마rhema로 길을 인도해 주지만, 복잡한 삼림에서는 자신이 갈 길을 스스로 판단해야 한다. 기독교인이라면 누구나 성경 말씀이라 번역되는 로고스logos의 논리를 잘 알고 있을 것이다.

사막에서는 오아시스에 이르는 길이 맞는지의 여부를 신으로부터 명확하게 단정적 계시를 받아야 하지만, 삼림 속에서는 방향의 선택을 맞건 틀리건 간에 인간의 직관에 맡긴다. 사막에서는 삼림 환경에서처럼 판단 중지면 죽음에 이르게 되므로 어디로인가 나아가야만 한다. 기독교에서는 그 길을 인도해 주는 존재가 예수였던 것이다. 이스라엘에서 확립된 일신교는 서쪽으로는 로고스의 논리를 수반한 직선적 세계관을 만들며 확산되었고, 동쪽으로는 레마의 논리를 수반한 윤회적 세계관을 만들며 확대되었다. 건조한 땅이 유일신을 이해하는 데 공헌했다면, 습윤한 땅은 판단 중지라는 사상의 근저에 도달하는 데 공헌했다고 볼 수 있다. 사막적 성격을 갖는 기독교와 이슬람교는 인간의 판단을 절대 자인 신의 판단까지 끌어올려 단정적 방향으로 나아간다.

메소포타미아 문명과 교류한 인더스 문명권의 종교에서도 유사한 점이 발견된다. 대륙적 스케일로 볼 때 삼림 지대와 건조 지대의 점이적 환경을 지닌 메소포타미아에서는 "신은 힘이 강하다"라는 표현을 "신은 무능하지 않다"라는 부정형으로 사용한다. 또한 "무엇을 해야 천국의 길이며, 무엇을 하면 지옥의 길인가?"라는 문제를 놓고 판단을 유보한다. 이러한 삼림적 사상은 유사한 환경을 보이는 인도에 전파되었다. 그러나 이질적 환경에서 탄생한 이슬람이 인도에 들어와서는 즉시 힌두교에 흡수되고 말았다. 흡수의 정도는 다양했다. 무슬림처럼 머리에 두르는 터번을 벗지 않은 시크교도들은 유일신에 대한 신앙을 강조하며 우상숭배를 금지하고 도덕률을 강조했는데, 이것은 퍼타일 크레슨트에서 생겨난 이슬람의 영향을 받은 탓이다(남영우, 2018).

이와 같이 문화와 문명은 지리적 환경의 영향을 직간접적으로 받았음을 부인할 수 없다. 사막 지대에서는 청각 문화聽覺文化가 발달하며, 스텝 지대에서는 시각 문화視覺文化가, 삼림 지대에서는 영적 문화靈的文化가 발달하는 경향이 있다. 사막 지대에는 바람에 의해 사구沙丘가 생성 소멸되므로 청각을 곤두 세워야 하고, 허허벌판의 스텝 지대에서는 피아를 구별하고 가축을 지키려면 시력에 의존해야 생존할 수 있었으며, 공포스러운 숲으로 둘러싸인 삼림 지대에서는 인간의 직관에 의존해야 했다.

이제 우리는 정치적 영토가 아니라 경제적 영토를 넓히기 위한 무한 경쟁 시대에 돌입했다. 세계가 하나의 폴더에 담긴 셈이다. 다이아몬드는 과거 인류의 조상들이 겪은 성공과 실패에서 얻은 소중한 교훈을 망각한다면 전 세계의 붕괴에 직면하게 될지도 모른다고 경고하면서도 해결해나갈 수 있을 것이라는 낙관론을 폈다. 이제 우리에게는 억압의 시대와 식민의 시대를 지나 가난의 시대를 뛰어 넘어 희망의 시대를 바라봐야 한다. 그러기 위해서는 기적의 시대를 만들어야 할 것이다.

19세기의 서양인들이 인식하고 있던 아시아의 이미지는 4대 고대 문명 중세 곳—메소포타미아 문명, 인더스 문명, 황허 문명—이 포함되며, 육지 면적의 1/5, 세계 인구의 3/5이 살고 있음에도 문명의 중심과는 거리가 먼 것이었다. 유럽의 지성들 역시 크게 다를 바 없었다. 헤겔은 아시아가 자유가 없는 '아시아적 전제주의'를 펴는 지역이며, 마르크스는 '미개한 아시아적 생산 양식'을 가진 대륙이라고 폄하했다. 또한 랑케는 중국을 비롯한 아시아 문화에서는 중세 이전의 시기에 문화적 전성기를 누렸을 뿐, 몽골족과 같은 야만족의 침입과 함께 아시아적 문화는 완전히 종말을 고했다며 멸시적 발언을 서슴지 않았다(Von Ranke, 1880~1888). 그들은 일본을 제외한 아시아를 야만이라 간주한 것이다.

헌팅턴(Huntington, 1996)의 문명 충돌론은 적어도 유교적 가치관으로는 받아들이기 어렵다. 유교 문화권에 속한 한국, 중국, 일본 등은 이른바 유교 자본주의를 발달시켜 장차 새로운 '유교 경제권'을 형성할지도 모른다. 유사한 가치관과 문화를 공유한 이들 민족 간에 경제력 격차와 이데올로기의 차이가 해소된다면 유교 경제권의 도래는 그 시기를 앞당길 수 있을 것이다. 그렇게 되면 서구 세계가 아닌 동양 세계 또는 아시아 세계가 세계 질서의 중심에 서게 된다.

일본의 야스다(安田, 2004)는 저서 《문명의 환경 사관》에서 아시아 발전의 원점은 도작어로稲作漁撈 문명에서 찾을 수 있다고 주장했다. 아시아 대륙의 내륙 지방은 전작 목축민田作牧畜民이 거주하는 건조 아시아가 펼쳐져 있다. 서양 중심적 역사관에서는 문명이란 것이 밀(빵)을 먹고 포크와 나이프를 이용해 고기를 먹으며 우유를 마시고 밭농사를 하는 목축민이며, 벼농사를 짓는 어로민은 문명을 보유하지 못한 것으로 설명하고 있다. 전작 목축민의 사회란 힘과 투쟁의 남성 중심 사회이므로, 그것으로부터 그들의 문명적 성격으로 중요한 것은 '확대'란 것을 내포하고 있다. 그것은 밭농사와 목축은 경지를 확대하면 할수록 생산성이 오르기 때문이다. 확대를 위해서는 타국의 영토를 침략해야 하므로 그것을 납득시킬 수 있는 초월적 질서 또는 이념과 대의명분이 필요했다. 그것이 때에 따라서는 가령 기독교일 경우도 있었고, 미국의 자유와 민주주의란 이념이기도 했다. 그들은 초월적 질서, 즉 자신들이 생각한 가공의 스토리에 최대의 가치를 두고 있다. 그것이 사막에서 탄생한 그들의 태생적 문명이었던 것이다.

이에 대해 도작어로 문명의 성격은 전작 목축의 '확대'와 달리 '지속'에서 찾을 수 있다. 가령 아시아에서 흔히 볼 수 있는 계단식 경작지가 그것이다. 계단식 경작지는 본래 급사면인 탓에 경작이 불가능한 땅을 인간이 에너지를 투입해 논으로 만든 것이다. 이를 위해서는 토지를 수평으로 만드는 평탄 작업과 물의 순환 기능을 유지할 수 있는 치밀한 기술이 요구된다. 그들은 현세적 질서의 아름다움에 가치를 둔 문명을 창출했다. 일본의 문명론자들은 전술한 젓가락 문화권에서 비롯된 손재주와 달리 아시아의 정밀을 요하는 반도체 산업에 기초한 눈부신 경제성장의 뿌리를 수전水田 농업에서 찾으려 했다. 논과 밭을 비교한다면 토양을 유실시키는 밭농사보다 물 순환을 돕고 토양 파괴와 홍수를 막아주는 논농사가 더 친환경적이다(남영우, 2018).

그럼에도 불구하고 지금까지 인류의 역사는 서양 중심적 관점에서 기술된 측면이 많았다. 고대 그리스의 이오니아 학파로부터 유래된 서양 중심적 역사관은 그대로 계승되어 숭백주의崇白主義로 이어졌다. 이는 서양인이 동양인에 비해 우월하다는 생각에서 비롯된 것이다. 과연 그럴까?

캐나다의 심리학자 러쉬턴은 《인종, 진화와 행동》에서 동양인(동아시아인), 서양인(백인), 아프리카인(흑인) 간의 지능, 성격, 생식 능력 등을 일목요연하게 비교 분석하였다(Rushton, 1995). 그는 세 인종의 지적 능력을 비교하기 위해 세 가지 실험을 했다. 즉 숫자를 듣고 그 순서대로 반복하는 단순 기억력 테스트, 숫자를 듣고 거꾸로 기억하는 논리 기억력 테스트, 문제를 듣고 즉각적으로 맞춰야 하는 반응 테스트였다. 그 결과 단순 기억력은 동양인, 백인, 흑인이 모두 동일했지만, 논리 기억력은 동양인, 백인, 흑인의 순이었고, 반응 능력 역시 동양인, 백인, 흑인의 순으로 나타났다. 뇌의 용량과 지능 지수인 IQ 역시 동양인이 백인과 흑인보다 우월했다. 사실 문명사적으로 볼 때, 18세기까지만 하더라도 동양 문명이 우월했음은 여러 유럽의 학자들도 인정한 바 있다. 백인과 흑인이 동양인에 앞서는 능력은 생식 능력뿐이었다.

역사에서는 '만약'이란 가정이 통용되지 않지만, 그래도 만약 마케도니아의 알렉산더가 힌두쿠시산맥을 넘어 둔황敦煌을 지나 중국으로 진군했다면 어찌되었을까? 그리스 정예 병사와 페르시아, 인도 등지에서 모집한 다국적군으로 구성된 10만의 마케도니아 군대는 유명한 팔랑크스 방진으로 다리우스 군대를 일거에 무찌른 것처럼 용맹스럽게 진시황의 군대와 마주쳤을 것이다. 이에 맞서 진나라 군대는 V자형의 안행지진安行之陳을 운용해 전차병과 기병을 서로 호응케 하는 전술을 사용했을 것이다. 가우가멜라 전투를 승리로 이끌어 세계사를 바꾸게 한 마케도니아 군대와 중국 천하를 처음으로 통일한 진시황의 군대가 격돌하는 고대 최초의 세계 대전이 벌어질 수 있었던 것이다. 이 가상 전투는 과연 어느 쪽의 승리로 끝날까?

1976년 전까지만 하더라도 알렉산더의 막강한 밀집 장창부대나 로마 제국의 장갑 보병군단을 막아낼 군대는 세계 어디에도 없을 것이라는 견해가 지배적이었다. 그러나 진시황릉에 딸린 제1~제3 병마용갱이 발굴되어 진나라의 군사력이 밝혀진 후부터는 이야기가 달라졌다. 서양의 전투 대형이 밀집 방진의 팔랑크스를 기본으로 했다면 중국에서는 춘추전국 시대부터 공격과 후퇴, 분산과 포위를 능수능란하게 운용하는 진법을 사용했다. 병력의 규모에서도 약 1천만에 훨씬 못 미치는 기원전 4세기 당시 퍼타일 크레슨트의 인구에 비해 약 3천만의 중국 인구로 추정컨대, 각각 최대 10만 군대와 50~60만의 군대가 동원될 수 있다. 퍼타일 크레슨트의 인구는 395년이 되어서야 1,000만 명을 넘어섰다. 만약 알렉산더가 중국까지 원정을 했더라면 알렉산더는 처음이자 최후의 패배를 당했을 것이다(조관희, 2006). 그리고 알렉산더의 군대는 기후에 적응하기도 힘들었을 것이다.

지금은 중국의 군세와 전술이 페르시아와 서양의 마케도니아를 비롯한 카르타고와 로마를 능가했었음을 의심하는 학자는 없다. 수나라는 598년과 612년 각각 30만과 113만 대군으로 고구려를 공격했지만 고구려는 잘 훈련된 군대와 우수한 무기, 견고한 성(산성), 그리고 축적된 경제력을 바탕으로 물리칠 수 있었고, 645~648년에는 당나라가 40~50만의 병력으로 고구려를 침공했지만 지구전과 산성 간의 네트워크 전략으로 격퇴한 바 있다.

이상에서 알렉산더와 진시황의 군대 간에 벌어진 가상 전투를 끄집어 낸 이유는 서양 중심 사관에서 비롯된 종래의 역사관에 문제가 있어 보이기 때문이다. 서양 학자들이 주장하는 것처럼 인간이 공간을 지배한다는 사관보다는 공간이 인간을 지배한다는 사관이 더 합리적으로 보인다. 그 사실은 이 책의 모두(제1장)에서 지적한 것처럼 문명이 지절률이 높은 땅에서 만들어졌다는 사실에서 알 수 있다. 고대 세계와 달리 현대 세계는 문명 창출에 땅의 지절률이 미치는 영향력에서 고도로 발달한 물질문명 또는 기계 문명과 인간의 이동력과 정보력에 의해 미약해졌다. 하지만 그 땅에 남아 있는 물질문명이 비록 화석화될지라도 정신문명이 되살아날 가능성은 남아 있을 것이다.

우리는 일단 창출된 문명은 좀처럼 소멸되지 않지만, 거꾸로 지절률이 높은 땅이라도 한번 소멸된 문명은 수천 년이 지나도 다시 소생하기 어렵다는 점을 문명사에서 배웠다. 그러나 메소포타미아 문명의 이라크를 비롯해 나일 문명의 이집트, 페르시아 문명의 이란과 아프가니스탄, 미노아 문명과 미케네 문명의 그리스, 인더스 문명의 인도와 파키스탄 등은 상대적으로 쇠퇴했지만, 그 땅의 자연환경이 변하고 사람이 바뀌었더라도 그 땅에 살고 있는 사람들의 정신문명을 창출한 유전 인자가 남아 있다면 다시 소생할 기회가 올지도 모른다.

알렉산더 대왕의 마케도니아는 칼키디키반도를 그리스에 빼앗긴 채이며, 그리스는 터키에 영토를 빼앗겼고, 또 오스만 제국은 다시 축소되었다. 마야 문명과 잉카 문명을 창출한 인디오의 후손들은 여전히 생존해 있지만, 그들은 자연 재해를 극복하는 데 게을리 했으며 모방성과 창의성이 시들고 자기 결정 능력을 상실한 탓에 쇠퇴한 것이다. 이라크와 이란을 비롯한 이집트, 터키, 레바논, 그리스, 파키스탄 등의 국가는 과연 과거의 영광을 회복할 수 있을까? 한국인이 고구려의 옛 영토 회복을 염원하는 것처럼 그들도 과거의 영광을 염원하고 있을 것이다. 그러나 한번 붕괴된 문명의 메커니즘을 복원하는 것은 매우 힘들다.

그럼에도 불구하고 나는 프랑스 소설가 생텍쥐페리(Saint-Exupery, 1943)의 "산이 장소를 바꿀 리도 만무하고 바닷물이 마를 일도 없다"라는 말과 인류의 역사가 '지리의 포로'였음을 지적한 마샬(Marshall, 2015)의 주장을 인용하고 싶다. 아무리 기후 환경과 국제 정치적 환경이 바뀌었더라도 문명을 창출한 그들의 DNA와 지절은 변치 않았으므로 그들에게 희망과 용기를 불어넣어 주고 싶다. 모태로부터 유전되는 미토콘드리아 DNA는 100만 년에 2~4%만 변형될 정도로 안정적이기 때문에 고대는 물론 선사 시대의 인간까지도 그 형질이 현대인과 크게 다르지 않다. 현세 인간의 유전자는 상당 부분이 채집·수렵 시대와 메소포타미아의 고대 문명이 만들어진 시대에 형성되었을 것이다.

인류는 약 500년 전부터 과학 혁명 덕분에 비약적으로 발전하기 시작했지만, 장차 100년, 또 1,000년 후에도 오늘처럼 태양과 달이 지구를 비추고 비와 바람이 대지를 적시는 환경이 지속될 것인지 아무도 모른다. 그 때에도 여전히 인류가 문명의 혜택을 받으며 새로운 문명을 창출할 수 있을지 누구도 확신할 수 없을 것이다. 만약 그 때에도 인류가 생존하고 있다면, 그들은 지금의 우리가 아니다. 다만 현생 인류의 유전 인자를 물려받은 후손일 것이다(남영우, 2018).

인류의 탄생은 아프리카 동부의 올두바이Olduvai 협곡이거나 남부의 칼라하리 사막이었지만, 문명의 탄생은 오리엔트의 수메르로부터 메소포타미아와 레반트, 그리고 나일강 유역에 이르는 퍼타일 크레슨트 지대였다. 가령 수메르인들에게는 7, 12, 60이란 숫자가 특별했다. 수메르의 신 이난나가 저승으로 여행할 때의 준비물이 7개였고 7개의 문을 지났다. 우루크의 왕 길가메시가 삼나무의 수호자 괴물을 물리치러 갈 때 넘은 산이 7개였다. 현대인들은 7을 행운의 숫자라 여기며 1주일을 7일로 정했고, 30일을 1개월로 하여 1년을 12개월로 구분했다. 그리고 수메르의 위대한 신의 숫자는 12였고, 히타이트와 그리스·로마에서도 마찬가지였다. 그리스는 신의 체계를 수메르로부터 빌려왔다. 영어의 다스dozen는 12개를 가리킨다. 서양인들이 가장 불길하다고 여기는 숫자는 12 다음의 숫자인 13인데 이것도 수메르에서 비롯된 것이 아닐까?

수메르인들은 10진법과 60진법을 사용했는데, 숫자를 세기 위해 손가락을 이용했다. 손가락을 자연스레 쓰는 10진법과 왼쪽 손가락 하나를 올리면서 60까지 셀 수 있는 60진법은 인류의 시계 발명은 물론 곱셈법과 주판 사용법에 큰 영향을 주었다. 원을 360도로 정한 것 역시 60진법의 유산이다. 고대 그리스에서 피타고라스의 정리가 발명되기 2,000년 전에 수메르인들은 삼각형의 원리를 고안해 냈다. 원통형 도장을 처음 만든 수메르의 도장 문화는 이집트와 페르시아를 비롯해 인더스의 모헨조다로 문명에도 영향을 주었고 후에 그리스·로마 문명도 이를 계승했으며, 우리들이 사용하고 있는 도장 문화 역시 마찬가지다(신현중, 2000).

오늘날 유럽의 도시 구조는 수메르 도시의 영향을 받은 결과물이다. 즉 종교 시설과 광장을 중심으로 군주 및 상류 계급의 거처와 관공서 및 시장이 하나의 묶음을 형성해 도시 구조의 기본 골격이 된 것은 수메르로부터 그리스-로마를 거쳐 이어진 전통이었다. 이에 따라 도시 생활의 삶의 방식인 어바니즘urbanism 역시 대동소이했다. 이밖에도 메소포타미아 문명의 흔적은 수 없이 많다. 그러므로 우리는 이 지역을 문명의 요람이라 부르는 소이연所以然이다.

우리가 살고 있는 지구의 구석구석에서는 여러 인종과 만족들이 살아오면서 그들 나름대로의 역사를 만들어 흥망성쇠를 거듭했지만 그들 모두가 문명을 탄생시킨 것은 아니었다. 지절률이 높은 땅을 골라 문명이 탄생했고, 교류했으며 이동했다. 문명 교류는 물질문명만 공유한 것이 아니라 정신문명을 교감할 수 있게 만드는 계기를 제공했다. 그리하여 차츰 삶의 양식으로 글로벌 스탠더드를 만들어 냈다. 시대정신을 반영한 가치는 불변하지 않더라도 우리가 지켜야 할 가치일 것이다.

문제는 언제나 군주의 야욕 외에도 종교에 있었다. 모든 군주들은 페르시아의 아케메네스 제국을 건국하고 인류 최초의 인권 선언문을 발표해 이스라엘 백성을 풀어준 키루스 2세와 같은 성군聖君이 아니었다. 종교의 전파와 확산은 자민족의 종교만 옳다는 오만과 독선이 앞서 갈등을 낳았고 서로를 존중하지 않았다. 인간의 덕목은 종교적 규범에 있다기보다는 도덕률에 있다고 봐야 한다. 왜냐하면 도덕률은 인류의 보편적 가치이기 때문이다. 토인비는 동아시아가 지닌 역사적 유산 중 유교적 세계관이 내포하고 있는 세계 정신과 합리주의를 높게 평가한 바 있다. 로마 제국이 해체된 이후 서양의 정치적 전통은 민족주의적인 것이지 결코 세계주의적인 것이 아니었지만 도처에 남아 있는 로마 유적은 매우 소중하다. 최근 미국의 트럼프 대통령은 이란과의 갈등에서 문화재를 폭파하겠다고 위협한 바 있다. 페르시아의 인류 유산을 군사적 공격으로 파괴하는 것은 전쟁 범죄인데도 말이다.

얼마 전 어느 아프리카 세네갈을 무대로 한 소설책《수상한 나무》에서 읽은 내용이다. "스스로 초래한 문제를 해결할 능력을 잃은 문명은 부패한 문명이다. 가장 핵심적인 문제에 슬그머니 눈을 감아버리는 문명 역시 병든 문명이다. 스스로를 지탱하는 원칙을 속임수나 사기의 목적으로 사용하는 문명은 물론 사멸해가는 문명이다"(우한용, 2019). 이 내용은 결코 탈식민주의를 염원하는 아프리카인들만의 소회가 아닐 것이다.

우리가 문명사를 배우는 목적은 단순히 지나간 과거의 역사를 기억하기 위해서가 아니다. 이는 우리가 인류의 발자취를 되돌아보고 그 문명의 역사 속에서 장점을 찾고 단점을 반성하면서, 오늘을 살아가는 우리들에게 필요한 지혜와 정신을 일깨우고 고양하며 삶의 방향을 찾고자 할 뿐만 아니라 미래를 내다보는 안목을 기르기 위함이다. 우리는 퍼타일 크레슨트 문명에서 문명간 상호 작용에 의한 창의성, 융합성, 포용성, 진취성을 교훈으로 삼을 수 있을 것이다.

김정민, 2018, 단군의 나라 카자흐스탄, 글로벌콘텐츠.

남영우, 1999, "터키 아나톨리아의 선사취락 차탈휘위크", 한국도시지리학회지, 2(2), 47-59.

남영우, 2011, "인류최초의 도시적 취락 차탈휘위크," 지리학자가 쓴 도시의 역사, 푸른길, 13-61.

남영우, 2012, "Ibn Khaldun의 『역사서설』에 나타난 도시 문명의 성쇠," 한국도시지리학회지, 15(1), 163-175.

남영우, 2017, "지리학의 자성과 도시지리학의 나아갈 길," 한국도시지리학회지, 20(3), 1-12.

남영우, 2018, 땅의 문명, 문학사상.

남영우·최재헌·손승호, 2019, 한국의 도시와 국토, 법문사.

남영우·김부성, 2013, "요르단 마다바 모자이크 지도의 지도학적 의미," 한국지도학회지, 13(2), 1-10.

남영우·박선미·손승호·김걸·임은진, 2019, 아주 쓸모 있는 세계 이야기, 푸른길.

송병건, 2017, 세계화의 풍경들, 아트북스.

신현중, 2000, "수메르 조각," 안성림 편, 고대 메소포타미아 문명전, ㈜SPACE2000, 26-27.

우한용, 2019, 수상한 나무, 푸른사상.

정수일, 2002, 이슬람 문명, 창작과비평사.

정수일, 2009, 문명담론과 문명교류, 살림출판사.

조관희, 2006, 이야기 중국사, 청아출판사.

차하순, 2019, "개회사," 문명사 연구를 위한 새로운 모색, 대한민국학술원, 10-13.

한용운, 1936, 尋牛莊漫筆, 조선일보 기사.

胡阿祥·彭安玉, 2004, 中國地理大發現, 이익희 역, 2007, 중국지리 오디세이, 일빛.

杉谷隆·平井幸弘·松本淳, 2005, 風景のなかの自然地理, 古今書院, 東京.

安田喜憲, 2004, 文明の環境史觀, 中公叢書, 東京.

田制佐重·石田善佐 編訳, 1919, 英獨敎育の比較, 大日本文明協會, 東京.

藤岡謙二郎 編, 1983, 考古地理學: 古代都市, 學生社, 東京.

鈴木秀夫, 1988, 超越者と風土, 大明堂, 東京.

松本健, 1993, "掻き文土器からみたウバイド期の諸問題," オリエント, 36(2), 120-138.

松本健, 1996, 文明と環境, 朝倉書店, 東京.

松本健 編, 2000, 四大文明: メソポタミア, NHK出版, 東京.

村山磐, 1990, 聖地の地理, 古今書院, 東京.

出口治明, 2017, グローバル時代の必修教養'都市'の世界史, 김수지 역, 2019, 도시의 세계사, 문학사상.

Adams, R.M., 1966, *The Evolution of Urban Society,* Weidenfeld & Nicholson, London.

Adams, R.M., 1981, *Heartland of Cities: Surveys of Ancient Settlement and Land Use on the Central Floodplain of the Euphrates,* The University of Chicago Press, Chicago.

Allen, J., 2014, *As A Man Thinketh,* Sublime Books, England.

Amitai-Preiss, R., 1995, *Mongols and Mamluks: The Mamluk-ilkhānid War, 1260-1281,* Cambridge University Press, Cambridge.

Andrew, R., 2006. *The Last Man Who Knew Everything: Thomas Young, the Anonymous Genius who Proved Newton Wrong and Deciphered the Rosetta Stone, among Other Surprising Feats,* Pi Press, New York.

Anuchin, V.A., 1973, Theory of Geography, in Chorley, R.J.(ed.), *Directions in Geography,* Methuen, London, 43-63.

Anthony, D.W., 2007, *The Horse, the Wheel, and Language: How Bronze-Age Riders from the Eurasian Steppes Shaped the Modern World Archives of Saudi Aramco World,* Princeton University Press, New York.

Arranz-Ottagui *et al.*, 2018, Archaeobotanical evidence reveals the origins of bread 14,400 years ago in northeastern Jordan, *Proceedings of the National Academy of Sciences,* 115(31), 7925-7930.

Bahn, P.(ed.), 2001, *The Archeology Detectives,* The Ivy Press, East Succex, England.

Balter, M., 1998, Why Settle Down? The Mistery of Communities, *Science,* 282(5393), 1442-1445.

Berlin, I., 1953, *The Hedgehog and the Fox,* Weidenfeld & Nicolson, London.

Benjamin, R.F. and Karen, P.F., 2009, *Civilization of Ancient Iraq,* Princeton University Press, Princeton.

Blackman, A.C., 1981, *The Luck of Nineveh,* 안경숙 역, 1990, 니네베 발굴기, 대원사.

Blažek, V., 1989, Lexica Nostratica: Addenda et Corrigenda I, *Archiv Orientální,* 57(3),

201-210.

Bolz, D.M., 2009, Endangered Site: The City of Hasankeyf, Turkey: A new hydroelectric dam threatens the ancient city, home to thousands of human-made caves, *Smithsonian Magazine,* 17, retrieved 17 December 2014

Bomhard, A.R., 1996, *Indo-European and the Nostratic Hypothesis,* Signum, Charleston, SC.

Boswell, J., 1791, The Life of Samuel, Hibbert, C.(ed.), 1986, *The Life of Samuel Johnson,* Penguin Classics, New York.

Bozeman, A.B., 1975, Civilization Under Stress, *Virginia Quarterly Review,* 51, 1-18.

Brain, C.K., 1981, *The Hunters or the Hunted?: An Introduction to African Cave Taphonomy,* University of Chicago Press, Chicago.

Braudel, F., 1994, *History of Civilizations,* Allen Lane-Penguin Press, New York.

Breasted, J.H., 1909, *History of Egypt,* Charles Scribner's Sons, New York.

Brome Weigall, E.P., 1914, *The Life and Times of Cleopatra, Queen of Egypt: A Study in the Origin of the Roman Empire,* William Blackwood and Sons, Edinburgh and London.

Butzer, K.W., 1965, *Conditions in Eastern Europe, Western Asia and Egypt Physical before the Period of Agricultural and Urban Settlement,* Cambridge Ancient History, Revised Edition of Volumes I & II, Cambridge University Press, Cambridge.

Callaway, J.A., 1979, Dame Kathleen Kenyon, 1906-1978, *The Biblical Archaeologist,* 42(2), 122-125.

Carol, R., 2001, *Giants, Monsters, and Dragons: An Encyclopedia of Folklore, Legend, and Myth,* W. W. Norton & Company, New York. p. 72

Chataigner, C., Poidevin, J.L. and Arnaud, N.O., 1998, Turkish Occurrences of Obsidian and Use by Prehistoric Peoples in the Near East from 14.000 to 6.000 BP, *Journal of Volcanology and Geothermal Research,* 85, 517-537.

Childe, V.G., 1951, *Man Makes Himself,* 김성태 역, 2013, 신석기혁명과 도시혁명, 주류성.

Chlilde, V.G., 1947, *History,* Cobbett Press, London.

Childe, V.G., 1950, The Urban Revolution, *The Town Planning Review,* 21 (1), 3-17

Cholley, A., 1951, *La Géographie de L'Etudiant,* 山本正三 外 譯, 地理學の方法論的考察, 大明堂, 東京.

Clay, A.T., 1924, The so-called Fertile Crescent and desert bay, *Journal of the American Oriental Society.* 44, 186-201.

Daly, O.E., 2005. *Egyptology: the missing millennium, ancient Egypt in medieval Arabic writings.* UCL, London.

Dartnell, L., 2018, *Origins*, 이충호 역, 2020, 오리진, 흐름출판.

De Blij, H.J. 2005, *Why Geography Matters: Three Challenges Facing America,* 유나영 역, 2007, 분노의 지리학: 공간으로 읽는 21세기 세계사, 천지인.

De Blij, H.J., 2007, *Human Geography: Culture, Society, and Space,* John Willey & Sons, New York.

Deetz, J., 1967, *Invitation to Archaeology,* 關俊彦 譯, 1988, 考古學への招待, 雄山閣, 東京.

Diamond, J., 1993, *The Third Chimpanzee,* 김정흠 역, 2015, 제3의 침팬지, 문학사상.

Diamond, J., 1997, Guns, Germs, and Steel, Brockman, Inc., 김진준 역, 1998, 총, 균, 쇠, 문학사상사.

Diamond, J., 2005, *Collapse: How Societies Choose to Fail or Succeed,* 강주헌 역, 2005, 문명의 붕괴, 김영사.

Divale, W.T., 1972, Systemic Population Control in the Middle and Upper Paleolithic: Inferences Based on Contemporaty Hunters and Gatherers, *World Archaeology,* 4, 222-243.

Dubos, R., 1865, *Man Adapting,* 木原弘 譯, 1970, 人間と適應, みすず書房, 東京.

Ehrich, R., 1992 *Chronologies in Old World Archaeology,* The University of Chicago, Chicago.

Febvre, L., 1922, *La terre et l'évolution humaine, Introduction géograpique à l'histoire,* 飯塚浩二・田辺裕 譯, 1972, 大地と人類の進化, 岩波書店, 東京.

Fevzi, V.G., 2010, *Obsidian, Trade and Society in the Central Anatolian Neolithic,* Department of Archaeology and History of Art, Bilkent University, Ankara.

Gimbutas, M., 1956, The Prehistory of Eastern Europe. Part I: Mesolithic, Neolithic and Copper Age Cultures in Russia and the Baltic Area, *American School of Prehistoric Research*, Harvard University Bulletin No. 20, Peabody Museum, Cambridge, MA.

Gleick, P.H., ed., 1993, *Water in Crisis: A Guide to the World's Fresh Water Resources,* Oxford University Press, New York.

Gourou, P., 1948, La civilisation du végétal, *Indonesië*, 1, 385-396.

Gourou, P., 1966, *Pour une géographie humaine,* Finisterra, Paris.

Gourou, P., 1973, *Pour une géographie humaine,* Flammarion, Paris.

Grant, M., 1969, *The Ancient Mediterranean.* Charles Scribner's Sons, New York.

Gray, R.D. and Atkinson, Q.D., 2003, *The Indo-European Controversy: Fact and Fallacies in Historical Linguistics*, Cambridge University Press, Cambridge.

Greenberg, J., 2005, *Genetic Linguistics: Essays on Theory and Method*, edited by William Croft. Oxford University Press, Oxford.

Hägerstrand, T., 1967, *Innovation Diffusion as a Spatial Process*, Pred, A.,(trans.), University of Chicago Press, Chicago.

Haggett, P., 1977, *Locational Analysis in Human Geography 1: Locational Model*, Edward Arnold, London.

Hallo, W. and Simpson, W., 1971, *The Ancient Near East: a history*, Harcourt Brace Jovanovich, New York.

Hanson, V.D., 2007. *Carnage and Culture: Landmark Battles in the Rise to Western Power*, Anchor Books, New York.

Hamblin, D.J. and Time-Life Books(ed.), 1973, *The First Cities*, Time-Life Books, New York.

Harlan, J.R., 1967, A Wild Wheat Harvest in Turkey, *Archeology*, 20, 197-201.

Harris, M., 1975, *Cows, Pigs, Wars and Witches: the Riddles of Culture*, 박종렬 역, 1997, 문화의 수수께끼, 한길사.

Heroda, A., 2011, *Burying a Sage: The Heroon of Thales in the Agora of Miletos*, alexander.cherda@web.de

Herodotos, B.C. 440, *Historiai*, Grene, D.(trans.), 1987, *The History*, 박광순 역, 1996, 역사, 범우사.

Hesman, T., 2018, DNA Evidence Is Rewriting Domestication Origin Stories, *Science News*, 2 Aug.

Hodder, I., 1997, *On the Surface: Çatalhöyük*, McDonald Institute for Archeological Research, Cambridge Univ. Press, Cambridge.

Hodder, I., 2004, Women and Men at Çatalhöyük, *Scientific American Magazine*, January(update V15:1, 2005).

Hodder, I., 2005, ÇATALHÖYÜK 2005 ARCHIVE REPORT, *Çatalhöyük Research Project*.

Hodder, I., 2008, Hitting the Jackpot at Çatalhöyük, *ÇATALHÖYÜK 2008 ARCHIVE REPORT*.

Hughes, D.J., 1975, *Ecology in Ancient Civilizations*, 표정훈 역, 1998, 고대 문명의 환경사, 사이언스북스.

Huntington, E., 1915, *Civilization and Climate*, 間崎万里 譯, 1938, 氣候と文明, 岩波書店, 東京.

Huntington, S.P., 1996, *The Clash of Civilization and the Remaking of World Order*, 이희재 역, 1997, 문명의 충돌, 김영사.

Hyams, E., 1952, *Soil and Civilization*, Thames and Hudson, London.

Isaac, E., 1970, *Geography of Domestication*, Pretice-Hall, Englewood Cliffs.

Jacobs, J., 1969, *Economy of Cities*, Random House, New York.

Jacques-Guillaume, L., 1806, *Collection des chefs d'oeuvre de l'architecture des différents peuples éxécutés en modèles sous la direction de L.F. Cassas: décrite et analysée*, Leblanc, Paris.

Jean-Baptiste, D., 1964, *L'idée d'Europe dans l'histoire*, 이규현·이용재 역, 2003, 유럽의 탄생, 지식의풍경.

Jean-François, C., 2000, *ARABIA FELIX from the Time of the Qeen of Sheba: Eighth Century B.C. to First Century A.D.*, A. LaFarge,(trans.) 2002, University of Notre Dame, Notre Dame.

Kaniewski D *et al.*, 2011, *The Sea Peoples, from Cuneiform Tablets to Carbon Dating*, https://doi.org/10.1371/journal.pone.0020232.g001

Klaproth, J.H. von, 1823, *Asia polyglotta*, Schubart. Paris.

Koldewey, R., 1914, *The excavations at Babylon*, Macmillan and co., London.

Kramer, S.N., 1959, *History Begins at Sumer: Thirty-Nine Firsts in Man's Recorded History*, University of Pennsylvania Press, Philadelphia(PA).

Kramer, S.N., 1963, *The Sumerians: Their History, Culture, and Character*, The University of Chicago Press, Chicago.

Kramer, S.N., 1988, *In the World of Sumer, An Autobiography*, Wayne State University Press, Detroit(MI).

Kramer, S.N., 2012, History Begins at Sumer: Thirty-Nine Firsts in Recorded History, 박성식 역, 2018, 역사는 수메르에서 시작되었다, 가람기획.

Kostof, S., 1991, *The City Shaped: Urban Patterns and Meanings Through History*, 양윤재 역, 2009, 역사로 본 도시의 모습, (주)공간사.

Lacoste, Y.(trans.), 1981, *Ibn Khaldun*, 김호동, 2003, 역사서설: 아랍, 이슬람, 문명, 까치.

Lamberg-Karlovsky, C.C. and Lamberg-Karlovsky, B., 1973, An Early City in Iran, in Davies, K.(ed.), *Cities: Their Origin, Growth and Human Impact,* W.H. Freeman and Company, San Francisco.

Layard, A.H., 1849a, *Nineveh and Its Remains,* John Murray, London.

Layard, A.H., 1849b, *The Monuments of Nineveh; From Drawings Made on the Spot,* John Murray, London.

Layard, A.H., 1853a, *Discoveries in the Ruins of Nineveh and Babylon*, John Murray, London.

Layard, A.H., 1853b, *A second series of the monuments of Nineveh*, John Murray,

London.

Lawrence, T.E., 2016, *ARABIA FELIX: Bertram Thomas*, Amazon Digital Services LLC.

Le Strange, G., 1922. *Baghdad during the Abbasid Caliphate: from contemporary Arabic and Persian sources*, Clarendon Press, Oxford.

McCall, H., 1990, *Mesopotamian Myths*, 임웅 역, 1999, 메소포타미아 신화, 범우사.

Mahan, A.T., 1890, *The Influence of Sea Power upon History*, Little, Brown and Company, Boston.

Mallory, J.P., 1989, *In Search of the Indo-Europeans: Language, Archaeology, and Myth*, Thames and Hudson, London.

Mallowan, M.E.L., 1965, *Mesopotamia and Iran*, 衫勇 譯, 1974, メソポタミアとイラン, 創元社, 東京.

Mallowan, M.E.L., 1966, Nimrud and Its Remains, *Archaeological Journal*, 123(1), 223-224.

Mario, L., Bahrani, Z. and Van de Mieroop, M., 2006, *Uruk: The First City*, Equinox Publishing, London.

Mark, J.J., 2014, *Ashur*, Ancient History Encyclopedia. Retrieved from https://www.ancient.eu/ashur/

Marsh, G.P., 1965, *Man and Nature: or Physical geography as modified human action*, 홍금수 역, 2008, 인간과 자연, 한길사.

Mancini, J.G., 1951, *Prostitution et Proxénétisme*, 壽里茂 譯, 1990, 賣春の社會學, 白水社, 東京.

Manuel, R., 2001. *Collapse of the Bronze Age: the story of Greece, Troy, Israel, Egypt, and the peoples of the sea*. Authors Choice Press, San Jose Calif.

Marshall, T., 2015, *Prisoners of Geography: Ten Maps That Tell You Everything You Need To Know About Global Politics*, 김미선 역, 2016, 지리의 힘, 사이.

Matthews, J.A., 1981, *Quantitative and Statistical Approaches to Geography*, Elsevier, London.

McGovern, P. *et al.*, 2017, Early Neolithic wine of Georgia in the South Caucasus, *Proceedings of the National Academy of Sciences of the United States of America*, 114(48), 309-318.

Meece, S., 2006, A bird's eye view- of a leopard's spots: The Çatalhüyük 'map' and the development of cartographic representation in prehistory, *Anatolian Studies*, 56, 1-16.

Mellaart, J., 1964, Excavations at Çatal Hüyük, 1963: third preliminary report,

Anatolian Studies, 14, 39-120.

Mellaart, J.A., 1967, Çatal Hüyük: A Neolithic Town in Anatolia, McGraw-Hill, New York.

Mill, J.S., 1834, Civilization: Signs of the Times, Levine, G.(ed.), 1967, *The Emergence of Victorian Consciousness*, Free Press, New York.

Mill, J.S., 1859, *On Liberty*, John W. Parker and Son, London.

Milleman, A.J., 2015, *The Spinning of Ur,* the University of Manchester for the degree of Doctor of Philosophy in the Faculty of Humanities.

Morris, A.E.J., 1979, *History of Urban Form*, John Wiley & Sons, New York.

Moscati, P. ed., 2007, From the Object to the Territory: Image-Based Technologies and Remote Sensing for the Reconstruction of Ancient Contexts, *Archeologia e Calcolatori*, Supplemento 1, 123-142.

Müller, M., 1998, *Das Zusammenenleben der Kulturen*, 이영희, 1999, 문명의 공존, 푸른숲.

Murdock, G.P., 1964, Cultural correlates of the regulation of premartial sex behavior, in Robert, A.M.(ed.), *Processes and Patterns in Culture: Essays in Honor of Julian H. Steward*, 399-410, Aldine, Chicago.

Murphy, A.B., 2018, *Geography: Why It Matters*, Polity Press, Cambridge(UK).

Negev, A. and Gibson, S., 2001, *Archaeological Encyclopedia of the Holy Land,* Continuum, New York.

Nietzsche, F.W., 1883, *Thus Spoke Zarathustra*, 장희창 역, 2012, 자라투스트라는 이렇게 말했다, 민음사.

Oates, J. and Oates, D., 2001, Nimrud: An Imperial City Revealed, *British School of Archaeology in Iraq*, 69, 1-4.

Oates, J., 2008, *Babylon*, Thames & Hudson, London.

Omraam, M.A., 1984, *L'Amour et la Sexualité*, 福井憲彦・松本雅弘 譯, 1989, 愛とセクシュアリテの歴史, 新曜社. 東京.

Oppenheim, A.L., 1964, *Ancient Mesopotamia: Portrait of a Dead Civilization,* The University of Chicago Press, Chicago.

Öztürk, Ö., 2005, *Karadeniz: ansiklopedik sözlük*, Heyamola Yayinlari, Türkçe.

Öztürk, 2005, GNU Free Documentation Licensed

Petrie, W.M.F., 1`923, *Social Life in Ancient Egypt 1923*, Kessinger Legacy Reprints, New York.

Pliny the Elder, 77-79, *Naturalis Historia*, 中野定雄・中野里美・中野美代 訳, 2012, プリニウスの博物誌, 雄山閣出版, 東京.

Plutarchus, L.M., 1470, *Lives of the Noble Greeks and Romans,* Romm, J.(ed.), 2012, *Plutarch: Lives that Made Greek History,* 천병희 역, 2016, 플루타르코스 영웅전 전집, 현대지성.

Potts, D.T., 2012, *A Companion to the Archaeology of the Ancient Near East. 1.* John Wiley & Sons. New York.

Rashevsky, N., 1968, *Looking at History Through Mathematics,* MIT Press, New York.

Ratzel, F., 1896, *The History of Mankind,* MacMillan and Co., Ltd., New York.

Rappaport, R.A., 1967, *Pigs for the Ancestors: ritual in the ecology of a New Guinea people,* Yale University Press, New Haven.

Redman, C.L., 1978, *The Rise of Civilization,* 최몽룡 역, 1995, 문명의 발생, 민음사.

Rihll, T.E. and Wilson, A.G., 1992, Modelling Settlement Structures in Ancient Greece: New Approaches to Polis, in Rich, J. and Wallace-Hadrill, A.(eds.), *City and Country in the Ancient World,* Routledge, London, 59-96.

Roberts, J.M., 1998, *Eastern Asia and Classical Greece,* 櫻井萬里子 譯, 2003, 世界の歷史: 古代ギリシアとアジアの文明, 創元社, 東京.

Ronan, M., 2015, *The Rise and Fall of Nimrud,* History Today Search.

Rousseau, J.J., 1762, *Du Contract Social,* 김성은 역, 2016, 사회계약론, 생각정거장.

Rushton, J.P., 1995, *Race, Evolution and Behavior: a life history perspective,* Transaction Books, New Brunswick.

Saint-Exupery, A.M.R. de, 1943, *Le Petit Prince,* 김화영 역, 2007, 어린 왕자, 문학동네.

Salmons, J.C. and Joseph, B.D., 1998, *Nostratic: Sifting the Evidence,* John Benjamins Publishing Company, Amsterdam.

Scarre, C. and Fagen, B.M., 2007, *Ancient Civilizations,* 이청규 역, 2015, 고대 문명의 이해, 사회평론아카데미.

Seely, P.H., 2001, The Date of the Tower of Babel and Some Theological Implications, *Westminster Theological Journal,* 63, 15-38.

Semple, E.C., 1922, The Influence of Geographic Conditions Upon Ancient Mediterranean Stock-Raising, *Annals of the Association of American Geographers,* 12, Issue 1.

Sjoberg, G., 1973, The origin and evolution of cities, *Cities: Their Origin, Growth and Human Impact,* W. H. Freeman and Co., San Francisco.

Smith, P.E.L., 1976, *Food Production and Its Consequences,* 戶澤充則・河合信和 譯, 1986, 農耕の起源と人類の歷史, 有斐閣, 東京.

Smith, S., 2017, Surveying the Black Desert: Investigating Prehistoric Human Occupation in North-Eastern Jordan, *Mis à jour,* 20, https://archeorient.

hypotheses.org/7882

Spengler, O., 1918, *Der Untergang des Abendlandes: Umrisse einer Morphologie der Weltgeschichte*, 박광순 역, 1995, 서구의 몰락, 범우사.

Stephanie, D., 2013, *The Mystery of the Hanging Garden of Babylon: an elusive world Wonder traced,* Oxford University Press, Oxford.

Stève, J.B.M., 1993, *Il ètait une fois la Mèsopotamie,* 최경란 역, 2011, 메소포타미아: 사장된 설형 문자의 비밀, 시공사.

Taylor, E.B., 1884, Definition of Culture Session 2, *Popular Science Monthly*, 26, Wikimedea Commons, 145.

Thomas, B., 1932, *ARABIA FELIX: Across the "Empty Quarter" of Arabia,* Gyan Books Pvt. Ltd. Delhi.

Toynbee, A.J., 1957, *A Study of History*, 홍사중 역, 2007, 역사의 연구, 동서문화사.

Thompson, E.A., 1948, *A History of Attila and the Huns*, 木村伸義 訳, 1999, フン族: 謎の古代帝国の興亡史, 法政大学出版局, 東京.

Ülkekul, C., 1999, *8200 Yillik Bir Harita: Çatalhüyük Şehir Plan/ An 8,200 Year Old Map-The Town Plan of Çatalhüyük*, Istanbul.

Van Beek, G.W., 1973, The Rise and Fall of Alabia Felix, in K. Davies(ed.), *Cities: their origin, growth and human impact*, W.H. Freeman and Company, San Francisco, 38-48.

Van der Toorn, K. and van der Horst, P.W., 2011, Nimrord before and after the Bible, *The Harvard Theological Review*, 83(1), Published online by Cambridge University Press, Cambridge, 1-29.

Van Loon, H.W., 1932, *Van's Geography: The Story of the World,* 임경민 역, 2011, 반 룬의 지리학, 아이필드.

Vidal de la Blache, P., 1922, *Principles de Géographie Humaine*, 飯塚浩二 譯, 1940, 人文地理學原理, 岩波書店, 東京.

Von Ranke, L., 1880~1888, *Weltgeschichte*, 장병칠 역, 1976, 젊은이를 위한 世界史, 삼성문화재단.

Von Soden, W., 1994, *The Ancient Orient*. Wm. B. Eerdmans Publishing Company, New York.

Waldbaum, J.C., 1978, From Bronze to Iron: The Transition from the Bronze Age to the Iron Age in Eastern Mediterranean, *Studies in Mediterranean archaeology*, 54, Paul Astroms Forlag, Göteborg.

Wallerstein, I.M., 1991, *Geopolitics and Geoculture: Essays on the Changing World-System,* Cambridge University Press, New York.

Walter, M.H., 2001, *The Sanskrit language: an introductory grammar and reader*, Curzon Press, Richmond Surrey.

Weigall, A.E.P.B., 1914, The Life and Times of Cleopatra, *Queen of Egypt: A Study in the Origin of the Roman Empire*, William Blackwood and Sons, London.

Wenke, R.J. and Olszewski, D.I., 2006, *Patterns in Prehistory: Humankind's First Three Million Years,* Oxford University Press, Oxford.

Wheeler, M., 1966, *Civilization of the Indus Valley and Beyond*, Thames and Hudson, Cambridge.

Wilkinson, T., 2016, *ARABIA FELIX: An Exploration of the Archaeological History of Yemen*, Stacey International, London.

Wiseman, D.J., 1964, Fragments of Historical Texts from Nimrud, *Iraq*, 26(2), 118-124.

Wiseman, D.J., 1968, The Nabu Temple Texts from Nimrud, *Journal of Near Eastern Studies,* 27(3), 248-250.

Wood, M., 1981, *In Search of The Dark Ages*, BBC, London.

Woolley, C.L. Sir, 1955, *Excavations at Ur: a Review of Twelve Years' Work*, Benn, London.

Woolley, C.L. Sir, 1965, *The Sumerians,* Norton and Co., New York.

Yadin, Y., 1965, *Israel Exploration Journal,* 15, excavation report Masada.

Yadin, Y., 1966, *Masada: Herod's Fortress and the Zealots' Last Stand.* Weidenfeld and Nicolson, London.

● 그림 자료 출처

그림 1-2. Brain(1981) and Hesman(2018)
　　www.sciencenews.org/article/dna-evidence-rewriting-domestication-origin-stories

그림 1-4. Huntington(1915)의 것을 수정.

그림 1-5. Matthews(1981), p.7.

그림 1-6. 남영우·최재헌·손승호(2019), p.29.

그림 1-8. 남영우(2018), p.677.

그림 1-9(a)(b). 남영우(2018), p.678, p.679.

그림 1-10. 남영우(2017), p.9.

그림 2-2. 남영우·박선미·손승호·김걸·임은진(2019), p.169의 그림 2-6.

그림 2-5. 村山磐(1990), p.58을 수정.

그림 2-7. 藤岡謙二郎 編(1983), p.256.

그림 2-8. Arranz-Ottagui *et al*., 2018, p.7,926의 Fig. 1을 수정.

그림 2-9. Arranz-Ottagui *et al*., 2018, p.7,926.

그림 2-11. Mellaart,(1967), Hodder(1997; 2004; 2005; 2008).

그림 2-12. 남영우(2011), p.14.

그림 2-13. http://www.catalhoyuk.com/site/west_mound

그림 2-14. Mellaart(1964)의 발굴도를 참고하여 재작성.

그림 2-15. http://www.catalhoyuk.com/site/west_mound

그림 2-16. Chataigner, Poidevin and Arnaud(1998), pp.83-84를 수정.

그림 2-17. http://www.catalhoyuk.com/site/west_mound

그림 2-18. http://www.catalhoyuk.com/site/west_mound

그림 2-19. Republic of Turkey, Ministry of Development(2014).

그림 2-20. 남영우(2015), p.18.

그림 3-1. Toynbee(1957)의 연표를 수정.

그림 3-3. Huntington(1996)을 참고하여 재작성.

그림 3-4. De Blij(2007), pp.148-149.

그림 3-8. Archives of Saudi Aramco World(2014), p.20.

그림 3-9. Roberts(1998), p.114를 수정.

그림 3-14(a). Mallowan(1965), p.14를 수정.

그림 3-14(b). Pinterest.com.

그림 3-15. Pinterest.com.

그림 3-16(a)(b). Moscati,. 2007, pp.131-134를 수정 및 전재.

그림 3-17. Pinterest.com⟨recommendations@ideas.pinterest.com⟩을 수정.

그림 3-23. Deetz(1967), p.69를 수정.

그림 3-24. Kramer(1963), p.63.

그림 4-2. 남영우·박선미·손승호·임은진(2019), p.15.

그림 4-3. 남영우(2018), p.79.

그림 4-5. Potts(2012), p.1,445.

그림 4-7. User:OgreBot/Uploads by new users/2018

그림 4-9. Öztürk(2005)를 참고하여 재작성.

그림 4-10(a). Anthony(2007), p.275의 Fig. 5.1을 수정.

그림 4-11. Carol(2001), p.72

그림 4-12. Bomhard, 1996, p.22를 수정.

그림 4-13. Gleick(1993)를 수정.

그림 4-16. https://traveltoeat.com/wp-content/uploads/2014/02/wpid-Photo-Feb-23-2014-818-PM.jpg

그림 4-17. Mallowan(1965), p.12를 수정.

그림 4-18. 松本健 編(2000), pp.246-247을 수정.

그림 5-1. 남영우(2018), p.106.

그림 5-2. 대영박물관.

그림 5-9. 독일 라인 프리드리히 빌헬름 본 대학교 박물관.

그림 5-13. 대영박물관.

그림 5-14. Koldewey(1914)를 참조.

그림 5-15. 루브르 박물관.

그림 5-16. 대영박물관.

그림 5-18. 남영우(2018), p.144.

그림 5-19. 피렌체 산타마리아 성당.

그림 5-20. 대영박물관.

그림 5-21. NHKスペシャル.

그림 5-22. 루브르 박물관.

그림 5-23. 루브르 박물관, 대영박물관.

그림 5-25. Scarre, and Fagen(2007)의 Fig. 7.3을 수정.

그림 5-26. 터키 이스탄불 고고학박물관.

그림 5-27. http://www.ngdc.noaa.gov/mgg/global/global.html

그림 5-28. 피렌체의 산타마리아 성당.

그림 5-29. 남영우(2018), p.144

그림 5-28. 대영박물관.

그림 5-29. NHKスペシャル.

그림 5-30. Mark(2014), Ashur, Ancient History Encyclopedia. Retrieved from
    https://www.ancient.eu/ashur/

그림 5-32. Layard(1853). Temple(2003)를 수정.

그림 5-32. imgur.com의 old city maps/나무위키.

그림 5-33. 터키 국립박물관.

그림 5-35. Wallis(1920)에서 발췌한 F. Jones의 발굴결과.

그림 5-37. Ronan(2015), History Today Search.

그림 5-41. Hanson(2007), Frank Martini Cartographer, Department of History
    United States Military Academy.

그림 5-41. Oates(2008), p.146.

그림 5-44. Oates(2008), p.147과 Puntúa este pos.

그림 5-45. Pinterest.com을 수정.

그림 5-48. The Challenger Reports(summary)의 세계지도.

그림 5-49 alamy stock photo.

그림 5-50. http://www.muhammadanism.org/maps/default.htm

그림 5-51. alamy stock photo.

문명의 요람 퍼타일 크레슨트

초판 1쇄 발행 2021년 9월 17일

지은이 남영우

펴낸이 김선기
펴낸곳 (주)푸른길
출판등록 1996년 4월 12일 제16-1292호
주소 (08377) 서울시 구로구 디지털로 33길 48 대륭포스트타워 7차 1008호
전화 02-523-2907, 6942-9570-2
팩스 02-523-2951
이메일 purungilbook@naver.com
홈페이지 www.purungil.co.kr

ISBN 978-89-6291-914-1 93980